U0295167

弹性力学

国凤林　王国庆　编著

上海交通大学出版社
SHANGHAI JIAO TONG UNIVERSITY PRESS

内容简介

  本书是为适应新形势下的教学要求而编写的弹性力学教材。本书力图以简洁、通俗的风格介绍弹性力学的完整理论体系,为学生之后学习其他课程打下坚实的基础。本书着重对力学概念和基本原理以及力学、物理内涵进行阐述和诠释,此外还增加了一些新的、能够反映 20 世纪后期学科发展的内容,以便帮助学生更好地衔接其他课程的学习。

  本书论述清楚,逻辑严谨,内容深入浅出。全书共 17 章,既涵盖变形分析、应力分析、本构关系、平面问题、空间问题、圣维南问题以及能量原理和变分解法等弹性力学的经典内容,又涉及热应力、弹性波、薄板弯曲、振动、稳定性等专题。

  本书可用作高等院校工程力学专业本科弹性力学课程的教材或教学参考书,也可供从事工程力学相关专业的教学、科研工作者参考。

图书在版编目(CIP)数据

  弹性力学/ 国凤林,王国庆编著. —上海:上海
交通大学出版社,2023.7
  ISBN 978 - 7 - 313 - 24076 - 7

  Ⅰ.①弹… Ⅱ.①国… ②王… Ⅲ.①弹性力学—高
等学校—教材 Ⅳ.①O343

  中国国家版本馆 CIP 数据核字(2023)第 128938 号

弹性力学

TANXING LIXUE

编　　著:	国凤林　王国庆			
出版发行:	上海交通大学出版社		地　　址:	上海市番禺路 951 号
邮政编码:	200030		电　　话:	021 - 64071208
印　　制:	上海文浩包装科技有限公司		经　　销:	全国新华书店
开　　本:	787 mm×1092 mm　1/16		印　　张:	17.25
字　　数:	427 千字			
版　　次:	2023 年 7 月第 1 版		印　　次:	2023 年 7 月第 1 次印刷
书　　号:	ISBN 978 - 7 - 313 - 24076 - 7			
定　　价:	49.00 元			

前　言

　　弹性力学是工程力学专业的主干课程,是固体力学学科的核心课程,同时也是固体力学专业后续课程(塑性力学、断裂力学、计算力学、连续介质力学等)的基础,它在工程力学专业的课程体系中是一门承上启下的课程。近年来,由于高校本科生培养方案的调整及计算机和通识课程学时的增加,各高校普遍压缩了弹性力学课程的学时或减少了部分教学内容。在减少学时的情况下,如何保证教学质量,让学生掌握比较完整的弹性力学理论体系和思想方法,成为弹性力学教学工作者面临的共同挑战。因此,本书编者认为应当对传统弹性力学教材做必要的修改和调整。此外,随着学科的发展,一些不必要和陈旧的内容应当删减,而一些新的、能够反映学科发展的内容则应当引入。

　　本书的编写正是在此背景下的一次尝试,编写的指导思想是① 用比较简洁的数学表述,介绍完整的弹性力学理论体系,为学生以后学习其他后续课程打下坚实的基础;② 在保持弹性力学理论推导严谨性的同时,注重力学概念和基本原理的阐述及力学、物理内涵的诠释;③ 适当增加一些新的、反映 20 世纪后期学科发展的内容,以便更好地衔接后续课程的学习。

　　与其他弹性力学教材比较,本书的特色和新增内容主要包括:

　　(1)针对弹性力学概念抽象、推导过程繁复的特点,编者在教材的编排中侧重对基本概念、基本原理的阐释,着力化解难点。例如,在变形分析部分,传统教材往往一开始就写出应变张量的表达式,学生很难立刻理解,而本教材通过分析微线元长度的伸长率和两个垂直微线元角度的改变量,引导学生发现这些都与同一个矩阵有关,那么就可以用这个矩阵来描述变形,从而引出应变张量的概念,这样启发性的论述方式会让学生更容易接受和理解。

　　(2)第 5 章本构关系增加了立方晶系材料应力-应变关系的推导,结果表明晶体中对称性最强的晶类——立方晶系有 3 个独立弹性常数。进一步说明晶体都是各向异性的,而金属宏观上表现为各向同性是由于金属通常都呈多晶态,每个晶粒都是各向异性的,但各个晶粒的取向是随机的,故宏观上呈现为各向同性。

　　(3)介绍了弹性的物理机制:内能弹性和熵弹性的初步知识。

　　(4)通过采用极坐标解法求解一个平面夹杂问题,并以此简单夹杂问题为例介绍了 Eshelby 理论的基本概念,为以后学习复合材料细观力学做好衔接。

　　(5)在柱体扭转一章中增加了闭口薄壁杆件扭转问题与电路问题的比拟,通过与电路问题比拟,借鉴了电路理论中的网络理论解法,可以起到拓宽学生思路的作用,让学生认识到各个学科之间是相互联系的,可以相互类比和借鉴。

　　(6)作为能量原理应用的一个实例,应用最小势能原理推导了铁摩辛科梁的方程。铁摩辛科梁理论是欧拉梁理论的拓展,这样一方面可以拓展学生对梁理论的学习,另一方面从推导结果可以看出材料力学的符号规定与弹性力学的符号体系的差别。

　　(7)对传统教材的部分内容做了修改,例如对薄板振动和稳定性的一些问题做了重新推导和计算,澄清了以往教材中的一些模糊论述;对薄板弯曲中扭矩等效为集中剪力和分布剪力的内容,按弹性力学的符号规则进行了改写。

(8) 在介绍薄板振动的节线概念时,介绍了湖北随州出土的战国时期楚国编钟具有"一钟双音"的特点,即敲击不同位置可发出不同音高的声音。这一特点正是利用了不同振型的节线位置不同的性质,楚国编钟体现了我国古代劳动人民的非凡智慧和精湛技艺。

本书第一作者在就读大学本科时有幸聆听过王敏中教授的"弹性力学"课程,在课上作者第一次感受到弹性力学理论的严谨和优雅。虽然当时懵懵懂懂,未能理解全部讲授内容,但这门课开启了编者对"弹性力学"乃至"固体力学"的兴趣之门。多年后,作者在上海交通大学工程力学系承担弹性力学课程的教学工作,从王敏中教授的弹性力学教学网站和教学视频中学到了不少其他书中学不到的知识和教学技巧,受益良多。

由于弹性力学涉及众多繁复的方程和公式,学习者容易迷失于数学推导、方程求解而忽视力学、物理概念的理解和阐释。为此,本书特别注重力学概念和基本原理的阐述及其内涵的诠释。例如,受到杨卫院士的著作《力学导论》的启发,第 5 章本构关系介绍了内能弹性和熵弹性的基本知识,使读者对弹性的物理机制有初步的了解。作者在编写过程中还参考和借鉴了许多国内外出版的弹性力学教材和专著。

这里要特别感谢作者的博士导师浙江大学丁皓江教授,丁老师生前对作者的弹性力学教学工作给予了热情鼓励和帮助,向作者提供了其推导的按平面问题求解均布载荷下两端固支梁的解析解,本书也将此解编入了平面问题的基本理论和直角坐标解法一章中。

本书中对外国科学家人名的写法采用中外文混用,如果是尽人皆知的著名学者且有公认的通用中文译名,则采用中文译名;如果不是知名学者也没有通用中文译名,则直接采用英文或原文姓名。

本书由于篇幅所限,仍有更多、更深入的内容未能编入。读者如果想要了解弹性力学更多、更全面的内容,可阅读相关教材和专著,例如王敏中,王炜,武际可编写的《弹性力学教程(修订版)》(北京大学出版社,2011),王敏中编写的《高等弹性力学》(北京大学出版社,2002),陆明万,罗学富编写的《弹性理论基础》(上、下册)(清华大学出版社,2001)。

本教材的编写和出版得到了作者所在单位上海交通大学工程力学系和船舶海洋与建筑工程学院的大力支持,并得到上海交通大学出版社教材出版基金的资助,作者表示衷心感谢。同济大学万永平教授阅读了初稿并提出了许多宝贵意见,还有不少同事和研究生对本书的编写给予了热情支持和帮助,本书责任编辑也在出版过程中付出了大量辛勤劳动,作者在此一并表示由衷的感谢。

由于作者知识结构、学术水平和能力的限制,书中存在的疏漏和谬误之处,敬请从事弹性力学教学和研究的各位同行、专家和广大读者批评指正,对本书的评论、探讨、批评和建议请发至作者邮箱:flguo@sjtu.edu.cn,wanggq@sjtu.edu.cn,作者在此表示感谢。

国凤林,王国庆

目　　录

1 绪 论

弹性力学又称为弹性理论,是研究载荷作用下弹性体内受力状况和变形规律的一门学科。在弹性力学建立后,一系列重要和新兴的力学分支如塑性理论、黏弹性与黏塑性理论、复合材料力学、细观力学和断裂力学等都在其基础上陆续发展起来。弹性力学的特点是体系结构严谨,逻辑缜密,经过数百年的发展,已成为工程结构分析的基础和工具。历史上,弹性力学曾经对其他学科(地震的研究、地球物理学、声学和光学等)的发展做出重要贡献,特别是以太假说和弹性波的研究对光学的发展和相对论的提出起到了很大的推动作用。从弹性力学发展出来的计算方法(如有限元法、边界元法等)还广泛应用于其他学科,并成为通用的计算数学方法。关于弹性力学的历史发展和工程应用,读者可参阅本书的参考文献。

弹性力学以理论力学、材料力学和高等数学等课程的知识为基础,系统介绍弹性理论的基本概念、基本原理和处理二维、三维弹性体一般问题的基本方法,为进一步学习塑性理论、连续介质力学、有限单元法、实验应力分析、板壳理论、复合材料力学和断裂力学等后续课程打下良好基础。在力学专业的课程体系中,弹性力学是一门承上启下的重要专业基础课,同时也是塑造严谨学风、培养分析问题、解决问题能力的良好素材。

1.1 弹性力学的研究对象和任务

1. 研究对象

众所周知,自然界中的物质主要以固体、液体和气体三种形态存在,固体与液体的根本区别在于固体能够承受持续的剪力作用而保持原有的形状或只发生微小的变形。固体中有一类理想化固体称为弹性体,指具有弹性性质的理想固体;而弹性是指外力撤除后物体恢复原状的性质。弹性力学是研究弹性体在外界因素(如机械接触力、引力、电磁力和温湿度变化等)作用下或内力(如引力)作用下其内部变形和应力分布的学科。

回顾以前我们学习过的一些课程:理论力学的研究对象是质点和刚体;材料力学的主要研究对象是梁和杆,即一个方向的尺寸远大于另外两个方向尺寸的物体;弹性力学的研究对象是一般的任意形状的弹性体。

2. 研究任务

弹性力学的研究任务是建立分析一般三维弹性体变形和应力分布的方法,通过位移、应力、应变等物理量来描述物体的变形、受力状况,了解物体内部应力、应变的分布规律,最终达到优化结构设计和评估结构安全的目的。

3. 适用范围

弹性力学至今已经过几百年的发展,不仅在工程中成为结构设计和强度评估的重要理论依据,还在地球物理和地震研究中用于分析地壳的变形和地震波的传播。近年来,随着纳米技术的发展,弹性力学还应用于微机电系统(micro-electro-mechanical system,MEMS)力学性能和传感原理的研究。由此可见,弹性力学的适用范围可从微观到宏观,再到地球/行星的尺度。

当然,弹性力学是基于经典物理发展而来的学科,经典物理失效的场合弹性力学也不再适用。

弹性力学的重要性不仅在于它能给出分析三维弹性体受力和变形的一般方法,对一些问题能求得应力和位移场的理论解,使我们能够把握问题的整体特性,便于发现一般的规律和趋势。它还是数值计算方法的理论基础,在此基础上可发展数值方法,如有限元法和边界元法,使我们能解决工程中遇到的各种复杂问题。

材料力学一般从整体平衡出发并通过对变形和应力分布做一些假设以简化问题的求解,这些假设往往是从经验和实验观察中得出的,从材料力学本身并不能判定这些假设的正确与否或近似程度,材料力学缺乏一个统一的适用于任何形状结构的理论体系。而弹性力学从连续性假设、牛顿定律和广义胡克定律出发建立了一个统一的理论体系,适用于任何形状的弹性体,可解决任何形状、边界条件弹性体受力和变形的问题(大多数情况下,虽得不到解析解,但可数值求解)。

为了便于推导定量的表达式和工程应用,材料力学往往对位移和应力做一些近似假设,这样导致得出的是近似结果。弹性力学不用引入过多的假设,得到的是精确解,可以用来校核材料力学的近似结果,并指明材料力学理论得出结果的适用范围。

1.2　弹性力学的理论基础

1. 牛顿三大定律

力是改变物体运动状态的相互作用,与力有关的现象和运动都遵循牛顿三大定律。弹性力学研究弹性体在外力或内力作用下的变形规律,自然也要以牛顿三大定律为基础。弹性静力学以牛顿第一、第三定律为基础;弹性动力学以牛顿第二、第三定律为基础。

2. 连续性假设

连续性假设就是认为弹性体连续分布于三维空间中的某个区域内,弹性体可抽象成一个形状和位置与之相同的、连续而密实的空间几何体,同时还认为弹性体内各点所有的物理量(密度、位移、应力、应变等),除了在某些孤立的点、线、面上可能奇异或间断外,都是定义在该几何体上各点的连续函数;连续性假设的另一层含义是弹性体在变形过程中保持连续,变形前的点和变形后的点一一对应,即变形前的两个点不能变成一个点,变形前的一个点也不能变成两个点。或者说,变形过程中不能出现撕裂和重叠。这种抽象的数学模型称为连续介质,弹性力学是连续介质力学的一个分支。

弹性力学所说的点并不是纯粹几何意义上的点,简单地说,是从宏观上看充分小、从微观上看足够大的点。

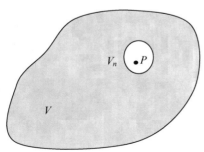

如图 1-1 所示,假设弹性体 V 内一点 P,V_n 为包含 P 点小球的体积,M_n 为包含 P 点小球的质量,D_n 为 V_n 的直径,P 点的密度可定义为 $\rho_n(P) = \dfrac{M_n}{V_n}$。

图 1-2 所示为 P 点的密度随直径 D_n 的变化,当所取的小球直径很小,接近晶格或分子尺寸时,求出的密度值会有波动,当直径较大时密度也不确定,只有当直径 D_n 在某个数值 ε 附近时,求出的密度值才相对恒定,这个直径 ε 的

图 1-1　弹性体内一点处密度的定义

微元正是弹性力学中点的含义。不同材料的 ε 值不同，取决于材料内部微结构的尺度。虽然从微观角度看真实物体是由分子和原子组成的，但大量实验和理论分析结果表明连续性假设是宏观条件下真实物体状况的极好近似。

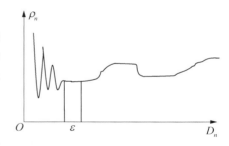

图 1-2 **P** 点密度随小球直径 D_n 的变化

在本书中，一般来说，不但假设所有物理量都连续，而且如无特别说明还假设各物理量的各阶导数也连续。在这些假设下，可以应用微积分、微分方程、积分方程、积分变换和变分法等数学工具来研究弹性力学问题。

3. 广义胡克(Hooke)定律

所谓广义胡克定律就是认为弹性体受外载荷后其内部所产生的应力和变形具有线性关系。大多数天然材料和人造材料在一定条件下都符合这个实验定律，是弹性体受力-变形的特有规律，也是弹性力学区别于其他连续力学分支(塑性力学、黏弹性力学等)的标志。

综上所述，牛顿三大定律、连续性假设和广义胡克定律是弹性力学的理论基础。在本书中，为了简化问题的数学处理，还引入了其他假设：小变形、无初应力、各向同性和均匀性。

(1) 小变形。假设物体在外载作用下产生的变形与物体尺寸相比很小，因而应变分量和转角远小于 1。应用这一假设可以使问题大为简化。例如，在研究物体受力平衡时，可不考虑由于变形所引起的物体尺寸和位置的变化；可以不考虑外力作用点在变形后的变化；在几何方程和应力-应变关系中，可以略去位移偏导数的二次幂或二次乘积项，使得到的基本方程是线性偏微分方程组。

(2) 无初应力。物体在加载前和卸载后都处于无初始应力的自然状态，即不考虑由制造工艺引起的残余应力和装配应力。

(3) 各向同性。物体在同一点处不同方向上的弹性性质相同，因而物体的弹性常数不随坐标方向的改变而改变。实际上，绝大多数金属材料宏观上都表现出各向同性的性质，但是对木材、竹子、复合材料等必须考虑各向异性。

(4) 均匀性。物体在不同点处的弹性性质处处相同，即物体的弹性常数不随位置坐标而变化。根据这一假设，我们可以取出物体内的任意一部分测定其弹性常数，然后将结果用于整个物体。

通常所说的弹性力学实际上是指线弹性、各向同性、均匀材料的弹性静力学。

1.3 弹性力学的基本方法

与材料力学一样，弹性力学求解问题时都需要从静力学、几何学和物理学三方面来考虑。但是与材料力学相比，弹性力学在具体的处理方法上是不同的。

在材料力学中，一般将问题分为静定问题和超静定问题，常常采用截面法，即假想将所研究的物体从某一位置处剖开，取截面一边的物体作为隔离体，利用静力平衡条件，求解截面上的应力。

在弹性力学中，假想将物体划分为无数个微小六面体，考虑每个物体微元的平衡，可以列出一组(3个)平衡微分方程，在物体表面处假想将物体划分为无数个四面体微元，考虑这些四面体微元的平衡,可以得到边界处的平衡条件(应力边界条件)。但未知应力数(6 个)总是超出平衡微分方程数(3 个),因此弹性力学总是超静定的,必须考虑变形条件。由于物体在变形之后仍保持为连续体,所以物体微元之间的应变必须是协调的,因此可得出一组表示变形连续的微分方程,还要用广义胡克定律表示应力和应变之间的关系。另外,在物体表面上还必须考虑物体内部应力与外载荷之间的平衡,外加约束对物体变形的限制,称为边界条件。这样,就有足够数量的微分方程来求解未知的应力、应变和位移。

上述这些微分方程可以综合简化为以位移或者应力为基本未知函数的偏微分方程组,往往不能求得通解。常用的求解方法是逆解法和半逆解法。所谓逆解法,即事先假设 1 个解,如果这个解能满足所有的偏微分方程,同时也满足边界条件,则这就是问题的正确解,也是问题的唯一的解;所谓半逆解法,即假设问题解析解表达式的一部分为已知函数形式,另一部分在解题过程中求出。由于数学上的困难,弹性力学问题不是总能得到解析解的。对于复杂的工程实际问题,往往采用差分法、变分法、有限元等近似方法来解决。

2 矢量和张量

力学中常用的量可以分成几类：只有大小没有方向的物理量称为标量，例如温度、密度、时间等，既有大小又有方向的物理量称为矢量，例如矢径、位移、速度、力等。具有多重方向性、更为复杂的物理量称为张量，例如一点的变形情况需要用 6 个应变分量来描述，一点的应力状态可以用应力张量来表示，它们具有二重方向性。本章简要介绍矢量和张量运算的一些基本概念和相关知识，标量和矢量也可以看作是零阶和一阶张量。

2.1 矢 量

三维空间中矢量定义为具有给定大小和方向的有向线段。在给定的直角坐标系 (x_1, x_2, x_3) 下，其单位基矢量为 $\{e_1, e_2, e_3\}$，在这个坐标系中一个矢量表示为 $a = a_1 e_1 + a_2 e_2 + a_3 e_3$。设有另一个直角坐标系 (x_1', x_2', x_3')，其单位基矢量为 $\{e_1', e_2', e_3'\}$，如图 2-1 所示。

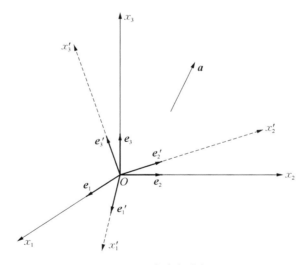

图 2-1 两个直角坐标系

两个坐标系之间的关系为

$$\begin{cases} e_1' = c_{11} e_1 + c_{12} e_2 + c_{13} e_3 \\ e_2' = c_{21} e_1 + c_{22} e_2 + c_{23} e_3 \\ e_3' = c_{31} e_1 + c_{32} e_2 + c_{33} e_3 \end{cases} \tag{2-1}$$

式中，$c_{ij} = \cos(e_i', e_j)$ $(i, j = 1, 2, 3)$ 表示坐标轴 x_i' 与 x_j 夹角的方向余弦。

写成矩阵的形式为

$$\begin{Bmatrix} e'_1 \\ e'_2 \\ e'_3 \end{Bmatrix} = C \begin{Bmatrix} e_1 \\ e_2 \\ e_3 \end{Bmatrix} \tag{2-2}$$

$\{e'_1, e'_2, e'_3\}$、$\{e_1, e_2, e_3\}$ 均为直角坐标系,单位矢量 e_1, e_2, e_3 互相正交,e'_1, e'_2, e'_3 也互相正交,由此可推出

$$I = \begin{Bmatrix} e'_1 \\ e'_2 \\ e'_3 \end{Bmatrix} \cdot \{e'_1, e'_2, e'_3\} = C \begin{Bmatrix} e_1 \\ e_2 \\ e_3 \end{Bmatrix} \cdot \{e_1, e_2, e_3\} C^T = CIC^T = CC^T \tag{2-3}$$

所以 $CC^T = I$,I 为单位矩阵,即坐标系之间的变换矩阵 C 为正交矩阵。

设矢量 a 在坐标系 $\{e_1, e_2, e_3\}$ 中的坐标为 (a_1, a_2, a_3),则

$$a = \{e_1, e_2, e_3\} \begin{Bmatrix} a_1 \\ a_2 \\ a_3 \end{Bmatrix} = \{e'_1, e'_2, e'_3\} C \begin{Bmatrix} a_1 \\ a_2 \\ a_3 \end{Bmatrix} \tag{2-4}$$

由此可知,矢量 a 在坐标系 $\{e'_1, e'_2, e'_3\}$ 中的坐标为

$$\begin{Bmatrix} a'_1 \\ a'_2 \\ a'_3 \end{Bmatrix} = C \begin{Bmatrix} a_1 \\ a_2 \\ a_3 \end{Bmatrix} \tag{2-5}$$

2.2　指标符号与求和约定(爱因斯坦求和约定)

一组性质相同的 n 个数 a_1, a_2, $\cdots$, a_n 或者 n 个变量 x_1, x_2, $\cdots$, x_n 可简单地记为 a_i 或者 $x_i (i=1, 2, \cdots, n)$。 当 a_i 或者 x_i 单独出现而不标明下标 i 具体的值时,则代表 a_1,a_2, $\cdots$, a_n 或者 x_1, x_2, $\cdots$, x_n 中的任意一个。上述这种采用相同字母加上不同指标的符号系统,称为指标符号表示法。

采用指标符号,可以把线性方程组

$$\begin{aligned} Ax + By + Cz &= P \\ Dx + Ey + Fz &= Q \\ Gx + Hy + Iz &= R \end{aligned} \tag{2-6}$$

写成十分简洁的形式。令未知量 $x=x_1$, $y=x_2$, $z=x_3$,常数 $A=a_{11}$, $B=a_{12}$, $C=a_{13}$, $D=a_{21}$, $\cdots$, $I=a_{33}$, $P=p_1$, $Q=p_2$, $R=p_3$ 等,于是式(2-6)可以写成

$$\begin{aligned} a_{11}x_1 + a_{12}x_2 + a_{13}x_3 &= p_1 \\ a_{21}x_1 + a_{22}x_2 + a_{23}x_3 &= p_2 \\ a_{31}x_1 + a_{32}x_2 + a_{33}x_3 &= p_3 \end{aligned} \tag{2-7}$$

式(2-7)又可用指标符号写成统一的形式,即

$$a_{i1}x_1 + a_{i2}x_2 + a_{i3}x_3 = p_i \quad (i = 1, 2, 3) \tag{2-8}$$

只要式(2-8)中的指标 i 分别取 1,2 和 3 就可依次得到式(2-7)中的 3 个方程。式(2-8)又可采用求和记号写成

$$\sum_{j=1}^{3} a_{ij}x_j = p_i \quad (i = 1, 2, 3) \tag{2-9}$$

引进求和约定：同一项内重复的指标表示求和。于是，可以略去式(2-9)中的求和号 $\sum_{j=1}^{3}$，式(2-6)便可写成

$$a_{ij}x_j = p_i \quad (i, j = 1, 2, 3) \tag{2-10}$$

在指标符号中，在同一项内重复出现两次的指标称为求和指标(又称为哑指标或哑标)，而只出现一次的指标称为自由指标。求和约定为凡遇到求和指标，则应将指标遍历整个集合求和，例如式(2-10)中的 $a_{ij}x_j = \sum_{j=1}^{3} a_{ij}x_j$；对自由指标不求和，例如式(2-10)中的 i，但它可以在规定的集合中逐次取 $i = 1, 2$ 或 3。实际上，指标方程式(2-10)对应于式(2-7)中的 3 个方程。所以指标符号是一种简洁的符号系统，它通过对哑标求和起到缩写作用，又通过自由指标将方程组缩写为一个指标方程。

由于哑标仅用来表示遍历集合求和，因此具体采用哪个字母来表示是无关重要的，例如

$$A_i B_i \equiv A_k B_k \equiv A_1 B_1 + A_2 B_2 + A_3 B_3$$

在指标符号的表示中，为了避免混淆，还应注意以下几点。

(1) 同一项里可出现两对哑标，例如

$$a_{ij}x_i x_j = \sum_{i=1}^{3} \sum_{j=1}^{3} a_{ij}x_i x_j$$

在此情况下，两个哑标 i, j 都服从求和约定，都可选取任意字母来表示，但是必须采用不同的字母，决不可以写成 $a_{ii}x_i x_i$。

(2) 同一项中不同的自由指标不能采用相同的符号，也不能采用与哑标相同的符号；同一式中不同项内相对应的自由指标，必须采用相同的符号。例如 $a_{ij}x_j$ 不能写成 $a_{jj}x_j$，也不能将该式写成 $a_{kj}x_j = p_i$，使等式两边对应的自由指标不同。但是若改写成 $a_{kj}x_j = p_k$，则是允许的。

(3) 采用指标符号来表示一般的数学公式或物理关系时，指标的集合应加以标明；而当指标符号代表三维空间的几何量或物理量，并且它的集合固定为 1,2,3 时，为了方便通常就不再一一加以说明。为了区别二维和三维问题，通常二维问题中指标集合为 1,2 时，指标用小写希腊字母 α, β 等表示；而三维问题中指标集合为 1,2,3 时，用小写拉丁字母 i, j, k 等表示。

(4) 如果同一项中有 3 个或 3 个以上的相同指标要在相同的集合中遍历求和，则不能采用哑标的求和约定，必须保留求和号"$\sum$"，例如

$$\sum_{i=1}^{n} a_i b_i c_i = a_1 b_1 c_1 + a_2 b_2 c_2 + \cdots + a_n b_n c_n$$

矢量 a 在坐标系 $\{e_1, e_2, e_3\}$ 中可以表示为 $a = a_1 e_1 + a_2 e_2 + a_3 e_3$，如采用上述的指标符号和求和约定，可表示为

$$a = a_i e_i = a_j e_j \tag{2-11}$$

两坐标系间的转换关系可写为 $e'_i = c_{ij} e_j$，$e_i = c_{ji} e'_j$。于是，可以推得一个矢量在两个不同坐标系中分量之间的关系为

$$a = a_i e_i = a_i c_{ji} e'_j = a_j c_{ij} e'_i = a'_i e'_i \Rightarrow a'_i = c_{ij} a_j \tag{2-12}$$

矩阵也可以用指标符号来表示，例如，矩阵 A 和 B 可以表示为 $A = \{a_{ij}\}$，$B = \{b_{ij}\}$，矩阵 A 和 B 的乘积可表示为 $AB = \{a_{ik} b_{kj}\}$。

2.2.1 克罗内克符号 δ_{ij}

克罗内克符号（Kronecker symbol）δ_{ij} 定义为

$$\delta_{ij} = \begin{cases} 1, & i = j \\ 0, & i \neq j \end{cases} \quad (i, j = 1, 2, 3) \tag{2-13}$$

由两坐标系间的转换关系 $e'_i = c_{ij} e_j$，$e_i = c_{ji} e'_j$，得

$$\delta_{ij} = e'_i \cdot e'_j = c_{ik} c_{jm} \delta_{km} = c_{ik} c_{jk} \tag{2-14}$$

即 $CC^{\mathrm{T}} = I$，所以 δ_{ij} 对应于单位矩阵。

矢量 a，b 在坐标系 $\{e_1, e_2, e_3\}$ 中表示为 $a = a_i e_i$，$b = b_i e_i$，则其点乘运算可以通过 δ_{ij} 来表示 $a \cdot b = a_i e_i \cdot b_j e_j = a_i b_j \delta_{ij} = a_i b_i$。

上面的运算过程中，δ_{ij} 的作用好比是将下标 j 换成 i，所以也称为换指标符号。

2.2.2 置换符号

置换符号（permutation symbol，或称为置换张量）的定义为

$$\varepsilon_{ijk}(e_{ijk}) = \begin{cases} 1, & i, j, k \text{ 是偶排列} \\ -1, & i, j, k \text{ 是奇排列} \\ 0, & i, j, k \text{ 中任意两个相等} \end{cases} \tag{2-15}$$

如果其逆序数为偶数 $\{i, j, k\}$，则称为偶排列，如果其逆序数为奇数 $\{i, j, k\}$，则称为奇排列。ε_{ijk} 共有 27 个元素，其中 $\varepsilon_{123} = \varepsilon_{231} = \varepsilon_{312} = 1$，$\varepsilon_{213} = \varepsilon_{321} = \varepsilon_{132} = -1$，其余为零。

坐标系 $\{e\}$ 单位矢量间的叉乘可表示为 $e_i \times e_j = \varepsilon_{ijk} e_k$，两矢量的叉乘可写为 $a \times b = a_i e_i \times b_j e_j = a_i b_j \varepsilon_{ijk} e_k$，矩阵的行列式可表示为 $\det(a_{ij}) = \varepsilon_{ijk} a_{1i} a_{2j} a_{3k} (i, j, k = 1, 2, 3)$。

ε_{ijk} 和 δ_{ij} 之间有以下关系

$$\varepsilon_{pij} \varepsilon_{pks} = \delta_{ik} \delta_{js} - \delta_{is} \delta_{jk} \tag{2-16}$$

证明：利用双叉乘公式 $a \times (b \times c) = (a \cdot c) b - (a \cdot b) c$，其中矢量 $a = a_i e_i$，$b = b_k e_k$，$c = c_s e_s$。

双叉乘公式右边 $= a_i c_s \delta_{is} b_k e_k - a_i b_k \delta_{ik} c_s e_s = (a_i b_k c_s \delta_{is} \delta_{kj} - a_i b_k c_s \delta_{ik} \delta_{sj}) e_j$，双叉乘公式左边 $= a_i e_i \times (b_k e_k \times c_s e_s) = a_i e_i \times (b_k c_s \varepsilon_{ksl} e_l) = a_i b_k c_s \varepsilon_{ksl} \varepsilon_{ilj} e_j = -a_i b_k c_s \varepsilon_{pks} \varepsilon_{pij} e_j$，因此，

$a_i b_k c_s [\varepsilon_{pij}\varepsilon_{pks} - (\delta_{ik}\delta_{js} - \delta_{is}\delta_{jk})]e_j = 0$，由矢量 a，b，c 的任意性推出括号内为零。

2.3 张 量 简 介

张量是一类具有多重方向性的物理量，例如第 3 章将要介绍的应力、应变张量，是用来描述弹性体一点的受力状态和变形情况的。任何物理量，包括标量、矢量和张量，都是客观存在的，不会因为人为选择不同的坐标系而改变其固有的属性。然而，矢量和张量的分量则与坐标系的选取有关，例如力的大小和方向与坐标系的选取无关，但力的分量在不同坐标系中是不同的；应力张量表示弹性体一点的受力状态，显然应该与坐标系的选取无关，但应力分量的数值却是与坐标系的选择有关的。在坐标变换下分量应该满足一定的转换规律才能反映矢量或张量作为物理量与坐标系选择无关的客观性。例如，应变张量 $\pmb{\Gamma}$ 有 6 个分量，在坐标变换下有 $\pmb{\Gamma}' = \pmb{C\Gamma C}^{\mathrm{T}}$（其中 $\pmb{C}$ 为两坐标系之间的变换矩阵），同样应力张量 $\pmb{T}$ 也有 6 个分量，在坐标变换下也遵循同样的规律 $\pmb{T}' = \pmb{CTC}^{\mathrm{T}}$。一般地说，将在坐标变换下满足 $\pmb{A}' = \pmb{CAC}^{\mathrm{T}}$ 变换规律的量称为张量。

矢量 a 在坐标系 $\{e_1, e_2, e_3\}$ 中可以写为 $a = a_1 e_1 + a_2 e_2 + a_3 e_3$，二阶张量 $\pmb{A}$ 可以表示为 $\pmb{A} = A_{ij} e_i e_j$，$e_i e_j$ 称为并矢基（9 个），在坐标系 $\{e'\}$ 下其分量为

$$A'_{ij} = c_{ik} c_{js} A_{ks} \tag{2-17}$$

类似地，可以定义高阶张量，$\pmb{B} = B_{ijkl} e_i e_j e_k e_l$。

矢量可以看作是一阶张量，二阶张量对应于矩阵，在本书中，大多数情况下遇到的都是二阶张量。

下面介绍张量的运算。张量 $\pmb{A} = A_{ij} e_i e_j$，$\pmb{B} = B_{ij} e_i e_j$ 之间的和、差与转置运算为

$$\begin{aligned} \pmb{A} \pm \pmb{B} &= (A_{ij} \pm B_{ij}) e_i e_j \\ \pmb{A}^{\mathrm{T}} &= A_{ji} e_i e_j \end{aligned} \tag{2-18}$$

不难验证，张量的和、差与转置也是张量。

如果 $\pmb{A}^{\mathrm{T}} = \pmb{A}$，$\pmb{A}$ 称为对称张量，如果 $\pmb{A}^{\mathrm{T}} = -\pmb{A}$，$\pmb{A}$ 称为反对称张量，可以表示为

$$\pmb{A} = \begin{bmatrix} 0 & -\omega_3 & \omega_2 \\ \omega_3 & 0 & -\omega_1 \\ -\omega_2 & \omega_1 & 0 \end{bmatrix} \tag{2-19}$$

$\pmb{A}$ 还可以表示为

$$A_{ij} = -\varepsilon_{ijk}\omega_k \tag{2-20}$$

或

$$\omega_i = -\frac{1}{2}\varepsilon_{ijk}A_{jk} \tag{2-21}$$

$\boldsymbol{\omega} = \omega_i \boldsymbol{e}_i$ 称为反对称张量的轴矢量。

由于 $\boldsymbol{I} = \boldsymbol{C}\boldsymbol{I}\boldsymbol{C}^{\mathrm{T}}$，$\delta_{ij}$ 也是张量，称为单位张量。

1. 张量的迹（trace）

$$J(\boldsymbol{A}) = A_{ii} = A_{11} + A_{22} + A_{33} \tag{2-22}$$

也称为第一不变量，应变张量的迹 $I_1 = J(\boldsymbol{\Gamma})$ 代表体积应变。

2. 张量（$\boldsymbol{A}$）与矢量（$\boldsymbol{a}$）的运算

1）点乘

$\boldsymbol{A} \cdot \boldsymbol{a} = A_{ij}\boldsymbol{e}_i\boldsymbol{e}_j \cdot a_k\boldsymbol{e}_k = A_{ij}a_k\boldsymbol{e}_i\delta_{jk} = A_{ij}a_j\boldsymbol{e}_i$，相当于 $A\begin{bmatrix} a_1 \\ a_2 \\ a_3 \end{bmatrix}$，$\boldsymbol{a} \cdot \boldsymbol{A} = a_i\boldsymbol{e}_i \cdot A_{jk}\boldsymbol{e}_j\boldsymbol{e}_k = a_iA_{jk}\delta_{ij}\boldsymbol{e}_k = a_jA_{jk}\boldsymbol{e}_k$，相当于 $\begin{bmatrix} a_1 & a_2 & a_3 \end{bmatrix}A$。

如果 $\boldsymbol{A}$ 是反对称张量，则 $\boldsymbol{A} \cdot \boldsymbol{a} = -\varepsilon_{ijk}\omega_k\boldsymbol{e}_i\boldsymbol{e}_j \cdot a_m\boldsymbol{e}_m = -\varepsilon_{ijk}\omega_k\boldsymbol{e}_i\delta_{jm}a_m = -\varepsilon_{ijk}\omega_ka_j\boldsymbol{e}_i = \boldsymbol{\omega} \times \boldsymbol{a}$

2）叉乘

$\boldsymbol{A} \times \boldsymbol{a} = A_{ij}\boldsymbol{e}_i\boldsymbol{e}_j \times a_k\boldsymbol{e}_k = A_{ij}a_k\varepsilon_{jks}\boldsymbol{e}_i\boldsymbol{e}_s$，相当于 $\boldsymbol{a}$ 分别叉乘 $\boldsymbol{A}$ 的一、二、三行作为行组成一个矩阵。

$\boldsymbol{a} \times \boldsymbol{A} = a_i\boldsymbol{e}_i \times A_{jk}\boldsymbol{e}_j\boldsymbol{e}_k = a_iA_{jk}\varepsilon_{ijm}\boldsymbol{e}_m\boldsymbol{e}_k$，相当于 $\boldsymbol{a}$ 分别叉乘 $\boldsymbol{A}$ 的一、二、三列作为列组成一个矩阵。

3）张量之间的运算

张量之间的点乘

$$\boldsymbol{A} \cdot \boldsymbol{B} = A_{ij}\boldsymbol{e}_i\boldsymbol{e}_j \cdot B_{ks}\boldsymbol{e}_k\boldsymbol{e}_s = A_{ij}B_{js}\boldsymbol{e}_i\boldsymbol{e}_s \tag{2-23}$$

张量之间的叉乘

$$\boldsymbol{A} \times \boldsymbol{B} = A_{ij}\boldsymbol{e}_i\boldsymbol{e}_j \times B_{ks}\boldsymbol{e}_k\boldsymbol{e}_s = A_{ij}B_{ks}\varepsilon_{jkp}\boldsymbol{e}_i\boldsymbol{e}_p\boldsymbol{e}_s \tag{2-24}$$

张量之间的缩并

$$\boldsymbol{A} : \boldsymbol{B} = A_{ij}\boldsymbol{e}_i\boldsymbol{e}_j : B_{ks}\boldsymbol{e}_k\boldsymbol{e}_s = A_{ij}B_{ks}\delta_{jk}\delta_{is} = A_{ij}B_{ji} \tag{2-25}$$

类似地，还可以定义其他复杂运算如 $\boldsymbol{A} \overset{\times}{\cdot} \boldsymbol{B}$，$\boldsymbol{A} \overset{\cdot}{\times} \boldsymbol{B}$，$\boldsymbol{A} \overset{\times}{\times} \boldsymbol{B}$ 等。

2.4　矢量与张量分析

1. 哈密顿（Hamilton）算子

$\nabla = \boldsymbol{e}_i \dfrac{\partial}{\partial x_i}$，$\left(\dfrac{\partial}{\partial x_1}, \dfrac{\partial}{\partial x_2}, \dfrac{\partial}{\partial x_3} \right)$，可以将它看作是一个矢量进行运算。如果 φ 是一个标量，则 Hamilton 算子作用于 φ 的结果 $\nabla\varphi = \left(\dfrac{\partial\varphi}{\partial x_1}, \dfrac{\partial\varphi}{\partial x_2}, \dfrac{\partial\varphi}{\partial x_3} \right)$ 即为 φ 的梯度，表示 φ 等值面的法向，并指向 φ 增加的方向。

哈密顿算子作用于标量或矢量可以用简洁记法来表示,例如,$\nabla\varphi = \boldsymbol{e}_i \dfrac{\partial\varphi}{\partial x_i} = \boldsymbol{e}_i\varphi_{,i}$,逗号表示求导。如果 $\boldsymbol{a}$ 是矢量场,则 $\nabla\cdot\boldsymbol{a} = \boldsymbol{e}_i\dfrac{\partial}{\partial x_i}\cdot a_j\boldsymbol{e}_j = \dfrac{\partial a_j}{\partial x_i}\delta_{ij} = \dfrac{\partial a_i}{\partial x_i} = a_{i,i} = \dfrac{\partial a_1}{\partial x_1} + \dfrac{\partial a_2}{\partial x_2} + \dfrac{\partial a_3}{\partial x_3}$,称为 $\boldsymbol{a}$ 的散度;如果 $\boldsymbol{a}$ 是位移场,则 $\boldsymbol{a}$ 的散度表示体积应变;如果 $\boldsymbol{a}$ 是流体流速,则 $\boldsymbol{a}$ 的散度表示源或汇的强度。

$$\nabla\times\boldsymbol{a} = \dfrac{\partial}{\partial x_i}\times a_j\boldsymbol{e}_j = a_{j,i}\varepsilon_{ijk}\boldsymbol{e}_k = \begin{vmatrix} \boldsymbol{e}_1 & \boldsymbol{e}_2 & \boldsymbol{e}_3 \\ \dfrac{\partial}{\partial x_1} & \dfrac{\partial}{\partial x_2} & \dfrac{\partial}{\partial x_3} \\ a_1 & a_2 & a_3 \end{vmatrix},$$

称为 $\boldsymbol{a}$ 的旋度。如果 $\boldsymbol{a}$ 是位移场,则从位移 $\boldsymbol{u}$ 的展开式 $\boldsymbol{u}(\boldsymbol{r}+\mathrm{d}\boldsymbol{r}) = \boldsymbol{u}(\boldsymbol{r}) + \boldsymbol{\omega}\times\mathrm{d}\boldsymbol{r} + \boldsymbol{\Gamma}\cdot\mathrm{d}\boldsymbol{r}^{\mathrm{T}}$,$\boldsymbol{\omega} = \dfrac{1}{2}(\nabla\times\boldsymbol{u})$ 中可以看出,位移 $\boldsymbol{u}$ 的旋度表示局部转动的两倍。

2. 高斯(Gauss)定理(公式)

$$\iiint_V \nabla\cdot\boldsymbol{a}\,\mathrm{d}v = \oiint_{\partial V}\boldsymbol{a}\cdot\mathrm{d}\boldsymbol{s}, \quad \mathrm{d}\boldsymbol{s} = \boldsymbol{n}\,\mathrm{d}s,$$

$$\iiint_V \left(\dfrac{\partial a_1}{\partial x_1} + \dfrac{\partial a_2}{\partial x_2} + \dfrac{\partial a_3}{\partial x_3}\right)\mathrm{d}v = \oiint_{\partial V}(a_1 n_1 + a_2 n_2 + a_3 n_3)\mathrm{d}s \tag{2-26}$$

式中,∂V 为区域 V 的边界;$\boldsymbol{n} = (n_1, n_2, n_3)$ 是曲面 ∂V 的外法向方向。该定理给出了体积分与面积分的关系,在弹性力学三维理论和能量原理的推导中有重要应用。

3. 斯托克斯(Stokes)定理(公式)

$$\iint_S (\nabla\times\boldsymbol{a})\cdot\mathrm{d}\boldsymbol{s} = \oint_{\partial S}\boldsymbol{a}\cdot\mathrm{d}\boldsymbol{l}$$

$$\iint_S \left[\left(\dfrac{\partial a_3}{\partial x_2} - \dfrac{\partial a_2}{\partial x_3}\right)n_1 + \left(\dfrac{\partial a_1}{\partial x_3} - \dfrac{\partial a_3}{\partial x_1}\right)n_2 + \left(\dfrac{\partial a_2}{\partial x_1} - \dfrac{\partial a_1}{\partial x_2}\right)n_3\right]\mathrm{d}s \tag{2-27}$$

$$= \oint_{\partial S}(a_1\mathrm{d}x_1 + a_2\mathrm{d}x_2 + a_3\mathrm{d}x_3)$$

式中,∂S 为曲面 S 的边界。斯托克斯定理揭示了面积分与线积分的关系。

4. 格林(Green)定理/公式(Stokes 定理的平面情形)

$$\iint_S \left(\dfrac{\partial a_y}{\partial x} - \dfrac{\partial a_x}{\partial y}\right)\mathrm{d}x\mathrm{d}y = \oint_{\partial S}(a_x\mathrm{d}x + a_y\mathrm{d}y) \tag{2-28}$$

5. 矢量的梯度

标量的梯度是矢量,矢量的梯度是张量。

$$\nabla\boldsymbol{a} = \partial_i\boldsymbol{e}_i a_j\boldsymbol{e}_j = a_{j,i}\boldsymbol{e}_i\boldsymbol{e}_j$$
$$\boldsymbol{a}\nabla = a_i\boldsymbol{e}_i\partial_j\boldsymbol{e}_j = a_{i,j}\boldsymbol{e}_i\boldsymbol{e}_j \tag{2-29}$$

应变张量可以表示为 $\boldsymbol{\Gamma} = \dfrac{1}{2}(\nabla\boldsymbol{u} + \boldsymbol{u}\nabla) = \dfrac{1}{2}(u_{i,j} + u_{j,i})$。

矢量、张量及其与哈密顿算子的运算有 3 种表示形式,即分量形式、整体张量形式、下标形式。例如,应变张量有以下 3 种表示形式。

1）分量形式

$$\varepsilon_x = \frac{\partial u}{\partial x}, \quad \varepsilon_y = \frac{\partial v}{\partial y}, \quad \varepsilon_z = \frac{\partial w}{\partial z},$$

$$\varepsilon_{xy} = \frac{1}{2}\left(\frac{\partial u}{\partial y} + \frac{\partial v}{\partial x}\right),$$

$$\varepsilon_{xz} = \frac{1}{2}\left(\frac{\partial u}{\partial z} + \frac{\partial w}{\partial x}\right), \tag{2-30}$$

$$\varepsilon_{yz} = \frac{1}{2}\left(\frac{\partial v}{\partial z} + \frac{\partial w}{\partial y}\right).$$

2）整体张量形式

$$\boldsymbol{\Gamma} = \frac{1}{2}(\nabla\boldsymbol{u} + \boldsymbol{u}\nabla) \tag{2-31}$$

3）下标形式

$$\varepsilon_{ij} = \frac{1}{2}(u_{i,j} + u_{j,i}) \quad (i,j = 1, 2, 3) \tag{2-32}$$

6. 张量的散度和旋度

$$\nabla \cdot \boldsymbol{A} = \frac{\partial}{\partial x_i}\boldsymbol{e}_i \cdot A_{jk}\boldsymbol{e}_j\boldsymbol{e}_k = \partial_i\boldsymbol{e}_i \cdot A_{jk}\boldsymbol{e}_j\boldsymbol{e}_k = A_{jk,i}\delta_{ij}\boldsymbol{e}_k = A_{ik,i}\boldsymbol{e}_k$$

$$\boldsymbol{A} \cdot \nabla = A_{ij}\boldsymbol{e}_i\boldsymbol{e}_j \cdot \frac{\partial}{\partial x_k}\boldsymbol{e}_k = A_{ij,k}\boldsymbol{e}_i\delta_{jk} = A_{ij,j}\boldsymbol{e}_i \tag{2-33}$$

由式(2-33)可以看出,张量的散度为矢量。

张量的旋度

$$\nabla \times \boldsymbol{A} = \partial_i\boldsymbol{e}_i \times A_{jk}\boldsymbol{e}_j\boldsymbol{e}_k = A_{jk,i}\varepsilon_{ijs}\boldsymbol{e}_s\boldsymbol{e}_k$$

$$\boldsymbol{A} \times \nabla = A_{ij}\boldsymbol{e}_i\boldsymbol{e}_j \times \partial_k\boldsymbol{e}_k = A_{ij,k}\varepsilon_{jks}\boldsymbol{e}_i\boldsymbol{e}_s \tag{2-34}$$

由式(2-34)可以看出,张量的旋度仍为张量。

7. 张量的高斯定理

$$\iiint\limits_V \nabla \cdot \boldsymbol{A}\,\mathrm{d}v = \oiint\limits_{\partial V} \mathrm{d}\boldsymbol{s} \cdot \boldsymbol{A}$$

$$\tag{2-35}$$

$$\iiint\limits_V \boldsymbol{A} \cdot \nabla\,\mathrm{d}v = \oiint\limits_{\partial V} \boldsymbol{A} \cdot \mathrm{d}\boldsymbol{s}$$

8. 张量的斯托克斯定理

$$\iint_S \mathrm{d}\boldsymbol{s} \cdot (\nabla \times \boldsymbol{A}) = \oint_{\partial S} \mathrm{d}\boldsymbol{l} \cdot \boldsymbol{A}$$

$$\iint_S (\boldsymbol{A} \times \nabla) \cdot \mathrm{d}\boldsymbol{s} = -\oint_{\partial S} \boldsymbol{A} \cdot \mathrm{d}\boldsymbol{l}$$

(2-36)

这些公式在弹性力学一般理论和能量原理的推导中起着重要的作用。

为了方便读者对弹性力学各章节的学习,本章简要介绍了本书涉及的矢量和张量的基础知识,关于张量的一般理论读者可参阅文献[1]。

习　　题

1. 试写出下列各式的展开式,指出使用错误的指标符号并说明理由。

(1) $A_i = B_i$;

(2) $C_i = D_j$;

(3) $A_i = B_i + C_i D_i$;

(4) $F_i = G_i + H_{ji} A_j$;

(5) $F_i = A_i + B_{ij} C_j D_j$;

(6) $d = \sqrt{x_i x_i}$;

(7) $K = \delta_{ij} A_i B_j$;

(8) $S = A_{ij} x_i x_j$;

(9) $\varphi = \dfrac{\partial F_i}{\partial x_i}$。

2. 证明:① $\delta_{ii} = 3$;② $\delta_{ij}\delta_{ij} = 3$;③ $\varepsilon_{ijk}\varepsilon_{rjk} = 2\delta_{ir}$;④ $\varepsilon_{ijk}\varepsilon_{jki} = 6$;⑤ $\varepsilon_{ijk}A_jA_k = 0$。

3. 试证明 $\varepsilon_{ijk}\varepsilon_{pqr}a_{pqr} = a_{ijk} + a_{kij} + a_{jki} - a_{jik} - a_{kji} - a_{ikj}$。

4. 证明:若 $\boldsymbol{a} = \nabla\varphi$ (φ 为标量),$\nabla \times \boldsymbol{a} = 0$;若 $\boldsymbol{a} = \nabla \times \boldsymbol{b}$,$\nabla \cdot \boldsymbol{a} = 0$。

5. 若 $\boldsymbol{u}$ 为矢量,证明:$\nabla \times (\nabla\boldsymbol{u}) = 0$,$(\boldsymbol{u}\nabla) \times \nabla = 0$。

6. 对任意矢量场 $\boldsymbol{u}$,证明:$\nabla \times (\nabla \times \boldsymbol{u}) = \nabla(\nabla \cdot \boldsymbol{u}) - \nabla^2\boldsymbol{u}$。

7. 证明:在坐标变换后,对称张量仍为对称张量,反对称张量仍为反对称张量。

8. 证明:若 $a_{ij} = a_{ji}$,$b_{ij} = -b_{ji}$,则 $a_{ij}b_{ij} = 0$。

9. 若 a_i,b_j 是矢量,证明:$a_i b_j$ 是二阶张量。

10. $\boldsymbol{A}$ 为反对称张量,则 $\boldsymbol{A}$ 可表示为 $A_{ij} = -\varepsilon_{ijk}\omega_k$,利用 $\varepsilon_{ijk} - \delta_{ij}$ 的关系,导出 $\omega_i = -\dfrac{1}{2}\varepsilon_{ijk}A_{jk}$。

3 变 形 分 析

弹性体受到外力作用时,物体的形状和物体微元将会发生变化。本章将研究如何定量地描述物体的变形以及用什么量能够刻画物体变形的特征,本章内容是建立弹性力学理论体系的基础。

3.1 位 移

如图3-1所示,设一个弹性体占据空间 V,该弹性体由于外力作用而变形,坐标系建立在未变形的弹性体上。设弹性体中的一点 $P(x, y, z)$ 变成 $P'(x', y', z')$,它们之间位置的差异就是位移矢量,可表示为

$$\begin{cases} u = x' - x \\ v = y' - y \\ w = z' - z \end{cases} \tag{3-1}$$

或

$$\boldsymbol{u} = \boldsymbol{r}' - \boldsymbol{r} \tag{3-2}$$

式中, $\boldsymbol{r} = (x, y, z)$, $\boldsymbol{r}' = (x', y', z')$, $\boldsymbol{u} = (u, v, w)$。

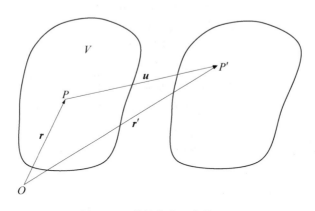

图 3-1 弹性体中一点的位移

在弹性力学中,由于有连续性和小变形假设,可以证明 $\boldsymbol{r}' = (x', y', z')$ 是 $\boldsymbol{r} = (x, y, z)$ 的单值可逆函数,即一个物质点不能变成两个物质点,两个物质点也不能变成一个物质点,这样弹性体不会被撕裂也没有重叠,在卸载后 $P'(x', y', z')$ 还会变回 $P(x, y, z)$ 点。

3.2 应 变 分 析

物体形状的改变是弹性体区别于刚体的特点,那么应该如何刻画物体的变形呢? 位移是

描述变形的一个量,但仅用位移不足以刻画变形的特点。几何形状的要素是长度和角度,下面先以二维变形为例,考察长度和角度的变化。

1. 二维情形

如图 3-2 所示,设点 $P(x, y)$ 及其附近的两点 $A(x+\mathrm{d}x, y)$ 和 $B(x, y+\mathrm{d}y)$ 变成 P'、A' 和 B',即

$$P(x, y) \rightarrow P'[x+u(x, y), y+v(x, y)]$$

$$A(x+\mathrm{d}x, y) \rightarrow A'[x+\mathrm{d}x+u(x+\mathrm{d}x, y), y+v(x+\mathrm{d}x, y)]$$

$$= A'\left[x+\mathrm{d}x+u(x, y)+\frac{\partial u}{\partial x}\mathrm{d}x, y+v(x, y)+\frac{\partial v}{\partial x}\mathrm{d}x\right]$$

$$B(x, y+\mathrm{d}y) \rightarrow B'\left[x+u+\frac{\partial u}{\partial y}\mathrm{d}y, y+\mathrm{d}y+v(x, y)+\frac{\partial v}{\partial y}\mathrm{d}y\right]$$

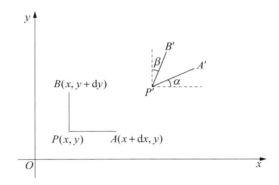

图 3-2 平面内微线元之长度和角度的变化

微线元 PA 长度的变化为

$$\frac{\overline{P'A'}-\overline{PA}}{\overline{PA}} = \frac{\sqrt{\left(\mathrm{d}x+\dfrac{\partial u}{\partial x}\mathrm{d}x\right)^2 + \left(\dfrac{\partial v}{\partial x}\mathrm{d}x\right)^2} - \mathrm{d}x}{\mathrm{d}x} \tag{3-3}$$

$$= \sqrt{\left(1+\frac{\partial u}{\partial x}\right)^2 + \left(\frac{\partial v}{\partial x}\right)^2} - 1 \approx \frac{\partial u}{\partial x}$$

同样可得

$$\frac{\overline{P'B'}-\overline{PB}}{\overline{PB}} \approx \frac{\partial v}{\partial y} \tag{3-4}$$

式(3-3)和式(3-4)用到了小变形假设,忽略了位移偏导数的高阶项。

由此可以看出 $\varepsilon_x = \dfrac{\partial u}{\partial x}$ 为 x 方向微线元的相对伸长($\varepsilon_x > 0$ 时伸长,$\varepsilon_x < 0$ 时缩短)。

再看角度 $\angle APB$ 的变化:

$$\tan \alpha = \frac{\dfrac{\partial v}{\partial x}\mathrm{d}x}{\mathrm{d}x + \dfrac{\partial u}{\partial x}\mathrm{d}x} = \frac{\partial v}{\partial x}\left(1 + \frac{\partial u}{\partial x}\right)^{-1} \approx \frac{\partial v}{\partial x}\left(1 - \frac{\partial u}{\partial x}\right) \approx \frac{\partial v}{\partial x} \qquad (3-5)$$

同样 $\tan \beta \approx \dfrac{\partial u}{\partial y}$，由小变形假设可知 α，β 很小，所以 $\alpha + \beta \approx \tan \alpha + \tan \beta = \dfrac{\partial u}{\partial y} + \dfrac{\partial v}{\partial x}$，表示直角 $\angle APB$ 的变化量，称为工程剪应变，弹性力学中定义的剪应变是 $\dfrac{1}{2}\left(\dfrac{\partial u}{\partial y} + \dfrac{\partial v}{\partial x}\right)$，也称为张量剪应变。

2. 三维情形

1）任意方向微线元长度的相对变化

如图 3-3 所示，弹性体中 $P(x,y,z)$，$Q(x+\mathrm{d}x, y+\mathrm{d}y, z+\mathrm{d}z)$ 变形后变成 $P'(x+u, y+v, z+w)$ 和

$$Q'\left(x + \mathrm{d}x + u + \frac{\partial u}{\partial x}\mathrm{d}x + \frac{\partial u}{\partial y}\mathrm{d}y + \frac{\partial u}{\partial z}\mathrm{d}z, \; y + \mathrm{d}y + v + \frac{\partial v}{\partial x}\mathrm{d}x + \frac{\partial v}{\partial y}\mathrm{d}y + \frac{\partial v}{\partial z}\mathrm{d}z, \right.$$
$$\left. z + \mathrm{d}z + w + \frac{\partial w}{\partial x}\mathrm{d}x + \frac{\partial w}{\partial y}\mathrm{d}y + \frac{\partial w}{\partial z}\mathrm{d}z\right)$$

变形前微线元 PQ 长度为 $\sqrt{(\mathrm{d}x)^2 + (\mathrm{d}y)^2 + (\mathrm{d}z)^2}$，变形后

$$\overrightarrow{P'Q'} = \left(\mathrm{d}x + \frac{\partial u}{\partial x}\mathrm{d}x + \frac{\partial u}{\partial y}\mathrm{d}y + \frac{\partial u}{\partial z}\mathrm{d}z, \; \mathrm{d}y + \frac{\partial v}{\partial x}\mathrm{d}x + \frac{\partial v}{\partial y}\mathrm{d}y + \frac{\partial v}{\partial z}\mathrm{d}z, \right.$$
$$\left. \mathrm{d}z + \frac{\partial w}{\partial x}\mathrm{d}x + \frac{\partial w}{\partial y}\mathrm{d}y + \frac{\partial w}{\partial z}\mathrm{d}z\right)$$

$$= (\mathrm{d}x, \mathrm{d}y, \mathrm{d}z) + [\mathrm{d}x \quad \mathrm{d}y \quad \mathrm{d}z]\begin{bmatrix} \dfrac{\partial u}{\partial x} & \dfrac{\partial v}{\partial x} & \dfrac{\partial w}{\partial x} \\[2mm] \dfrac{\partial u}{\partial y} & \dfrac{\partial v}{\partial y} & \dfrac{\partial w}{\partial y} \\[2mm] \dfrac{\partial u}{\partial z} & \dfrac{\partial v}{\partial z} & \dfrac{\partial w}{\partial z} \end{bmatrix} = \mathrm{d}\boldsymbol{r} + \mathrm{d}\boldsymbol{r} \cdot \boldsymbol{F}^{\mathrm{T}}$$

式中，$\mathrm{d}\boldsymbol{r} = (\mathrm{d}x, \mathrm{d}y, \mathrm{d}z)$，矩阵 $\boldsymbol{F} = \begin{bmatrix} \dfrac{\partial u}{\partial x} & \dfrac{\partial u}{\partial y} & \dfrac{\partial u}{\partial z} \\[2mm] \dfrac{\partial v}{\partial x} & \dfrac{\partial v}{\partial y} & \dfrac{\partial v}{\partial z} \\[2mm] \dfrac{\partial w}{\partial x} & \dfrac{\partial w}{\partial y} & \dfrac{\partial w}{\partial z} \end{bmatrix}$ 称为变形梯度。

变形后

$$\begin{aligned} |P'Q'|^2 &= \overrightarrow{P'Q'} \cdot \overrightarrow{P'Q'} = (\mathrm{d}\boldsymbol{r} + \mathrm{d}\boldsymbol{r} \cdot \boldsymbol{F}^{\mathrm{T}}) \cdot (\mathrm{d}\boldsymbol{r} + \mathrm{d}\boldsymbol{r} \cdot \boldsymbol{F}^{\mathrm{T}})^{\mathrm{T}} \\ &= \mathrm{d}\boldsymbol{r} \cdot \mathrm{d}\boldsymbol{r}^{\mathrm{T}} + \mathrm{d}\boldsymbol{r} \cdot (\boldsymbol{F} + \boldsymbol{F}^{\mathrm{T}} + \boldsymbol{F}^{\mathrm{T}} \cdot \boldsymbol{F}) \cdot \mathrm{d}\boldsymbol{r}^{\mathrm{T}} = |PQ|^2 + 2\mathrm{d}\boldsymbol{r} \cdot \boldsymbol{G} \cdot \mathrm{d}\boldsymbol{r}^{\mathrm{T}} \end{aligned}$$

$$(3-6)$$

式中，$G = \dfrac{1}{2}(F + F^{\mathrm{T}} + F^{\mathrm{T}} \cdot F)$。

设 $\overrightarrow{PQ}$ 的方向余弦为 $\xi = (\xi_1, \xi_2, \xi_3)$，则 $\overrightarrow{PQ} = (\mathrm{d}x, \mathrm{d}y, \mathrm{d}z) = |PQ|\xi$。微线元 PQ 的相对伸长为

$$\varepsilon = \frac{|P'Q'| - |PQ|}{|PQ|} = \sqrt{1 + 2\xi \cdot G \cdot \xi^{\mathrm{T}}} - 1 \approx \xi \cdot G \cdot \xi^{\mathrm{T}} \tag{3-7}$$

由小变形假设，可忽略高阶项，这样 $G = \dfrac{1}{2}(F + F^{\mathrm{T}} + F^{\mathrm{T}} \cdot F) \approx \dfrac{1}{2}(F + F^{\mathrm{T}}) = \Gamma$，则 $\varepsilon = \xi \cdot \Gamma \cdot \xi^{\mathrm{T}}$。当 $\xi = (1, 0, 0)$，有 $\varepsilon_x = \dfrac{\partial u}{\partial x}$。

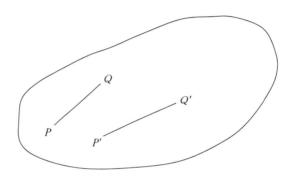

图 3-3 弹性体内任意方向的微线元

2）互相垂直的两微线元之间的角度变化

如图 3-4 所示，设弹性体上 $P(x, y, z)$ 点及其附近的两点 $A(x + \mathrm{d}x, y + \mathrm{d}y, z + \mathrm{d}z)$ 和 $B(x + \delta x, y + \delta y, z + \delta z)$，$PA$、$PB$ 互相垂直，变形后变成 $P'(x + u, y + v, z + w)$，

$$A'\Big(x + \mathrm{d}x + u + \frac{\partial u}{\partial x}\mathrm{d}x + \frac{\partial u}{\partial y}\mathrm{d}y + \frac{\partial u}{\partial z}\mathrm{d}z,\ y + \mathrm{d}y + v + \frac{\partial v}{\partial x}\mathrm{d}x + \frac{\partial v}{\partial y}\mathrm{d}y + \frac{\partial v}{\partial z}\mathrm{d}z,$$

$$z + \mathrm{d}z + w + \frac{\partial w}{\partial x}\mathrm{d}x + \frac{\partial w}{\partial y}\mathrm{d}y + \frac{\partial w}{\partial z}\mathrm{d}z\Big),$$

$$B'\Big(x + \delta x + u + \frac{\partial u}{\partial x}\delta x + \frac{\partial u}{\partial y}\delta y + \frac{\partial u}{\partial z}\delta z,\ y + \delta y + v + \frac{\partial v}{\partial x}\delta x + \frac{\partial v}{\partial y}\delta y + \frac{\partial v}{\partial z}\delta z,$$

$$z + \delta z + w + \frac{\partial w}{\partial x}\delta x + \frac{\partial w}{\partial y}\delta y + \frac{\partial w}{\partial z}\delta z\Big)$$

要考察角度的变化，做点乘

$$\overrightarrow{P'B'} \cdot \overrightarrow{P'A'} = (\mathrm{d}r + \mathrm{d}r \cdot F^{\mathrm{T}}) \cdot (\delta r + \delta r \cdot F^{\mathrm{T}})^{\mathrm{T}} = \mathrm{d}r \cdot \delta r^{\mathrm{T}} + 2\mathrm{d}r \cdot G \cdot \delta r^{\mathrm{T}}$$
$$= 2\mathrm{d}r \cdot G \cdot \delta r^{\mathrm{T}} \approx 2\mathrm{d}r \cdot \Gamma \cdot \delta r^{\mathrm{T}} \tag{3-8}$$

设 $P'A'$, $P'B'$ 的夹角为 $\dfrac{\pi}{2}-2\gamma$，$\boldsymbol{\xi}=(\xi_1,\xi_2,\xi_3)$ 为 $\overrightarrow{PA}$ 的方向余弦，$\boldsymbol{\eta}=(\eta_1,\eta_2,\eta_3)$ 为 $\overrightarrow{PB}$ 的方向余弦，ε_1，ε_2 为 PA 和 PB 方向的相对伸长，则有

$$
\begin{aligned}
\overrightarrow{P'B'}\cdot\overrightarrow{P'A'} &= |PB|(1+\varepsilon_2)|PA|(1+\varepsilon_1)\cos\left(\frac{\pi}{2}-2\gamma\right) \\
&= |PB||PA|(1+\varepsilon_2)(1+\varepsilon_1)\sin 2\gamma
\end{aligned} \tag{3-9}
$$

比较式(3-8)与式(3-9)，$|PB||PA|(1+\varepsilon_2)(1+\varepsilon_1)\sin 2\gamma=2|PB||PA|\boldsymbol{\xi}\cdot\boldsymbol{\Gamma}\cdot\boldsymbol{\eta}^{\mathrm{T}}$，最后得 $\gamma=\boldsymbol{\xi}\cdot\boldsymbol{\Gamma}\cdot\boldsymbol{\eta}^{\mathrm{T}}$。长度和角度的变化都与 $\boldsymbol{\Gamma}$ 有关，这说明 $\boldsymbol{\Gamma}$ 是可用来刻画一点形变的特征量，称为应变张量(二阶张量和矩阵等价)。

$\boldsymbol{G}=\dfrac{1}{2}(\boldsymbol{F}+\boldsymbol{F}^{\mathrm{T}}+\boldsymbol{F}^{\mathrm{T}}\cdot\boldsymbol{F})$ 称为格林(Green)应变，用于大变形的描述；$\boldsymbol{\Gamma}=\dfrac{1}{2}(\boldsymbol{F}+\boldsymbol{F}^{\mathrm{T}})$ 称为柯西(Cauchy)应变，用于小变形理论(可参考文献[2])。

$$
\boldsymbol{\Gamma}=\begin{bmatrix} \varepsilon_{11} & \varepsilon_{12} & \varepsilon_{13} \\ \varepsilon_{21} & \varepsilon_{22} & \varepsilon_{23} \\ \varepsilon_{31} & \varepsilon_{32} & \varepsilon_{33} \end{bmatrix}=\begin{bmatrix} \dfrac{\partial u}{\partial x} & \dfrac{1}{2}\left(\dfrac{\partial u}{\partial y}+\dfrac{\partial v}{\partial x}\right) & \dfrac{1}{2}\left(\dfrac{\partial u}{\partial z}+\dfrac{\partial w}{\partial x}\right) \\ \dfrac{1}{2}\left(\dfrac{\partial u}{\partial y}+\dfrac{\partial v}{\partial x}\right) & \dfrac{\partial v}{\partial y} & \dfrac{1}{2}\left(\dfrac{\partial v}{\partial z}+\dfrac{\partial w}{\partial y}\right) \\ \dfrac{1}{2}\left(\dfrac{\partial u}{\partial z}+\dfrac{\partial w}{\partial x}\right) & \dfrac{1}{2}\left(\dfrac{\partial v}{\partial z}+\dfrac{\partial w}{\partial y}\right) & \dfrac{\partial w}{\partial z} \end{bmatrix}
$$

$$\tag{3-10}$$

可见

$$
\varepsilon_{11}(\varepsilon_x)=\frac{\partial u}{\partial x},\quad \varepsilon_{22}=\frac{\partial v}{\partial y},\quad \varepsilon_{33}=\frac{\partial w}{\partial z},
$$

$$
\varepsilon_{12}(\varepsilon_{xy})=\varepsilon_{21}=\frac{1}{2}\left(\frac{\partial u}{\partial y}+\frac{\partial v}{\partial x}\right),\quad \varepsilon_{13}=\frac{1}{2}\left(\frac{\partial u}{\partial z}+\frac{\partial w}{\partial x}\right),\quad \varepsilon_{23}=\frac{1}{2}\left(\frac{\partial v}{\partial z}+\frac{\partial w}{\partial y}\right)
$$

$$\tag{3-11}$$

式(3-11)称为几何方程，给出了位移和应变分量之间的关系。

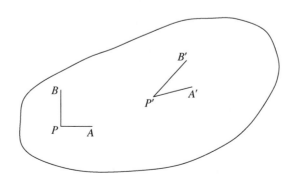

图 3-4 互相垂直的两微线元之间的角度变化

3.3 应变张量

1. 应变张量在坐标变换下的变化规律

设 $\boldsymbol{\Gamma}$ 在坐标系 $\{\boldsymbol{e}_1, \boldsymbol{e}_2, \boldsymbol{e}_3\}$ 下的分量为 $\varepsilon_{ij}(i, j = 1, 2, 3)$，有新坐标系 $\{\boldsymbol{e}'_1, \boldsymbol{e}'_2, \boldsymbol{e}'_3\}$，新旧坐标系 $\{\boldsymbol{e}\}$，$\{\boldsymbol{e}'\}$ 之间的关系为

$$\begin{bmatrix} \boldsymbol{e}'_1 \\ \boldsymbol{e}'_2 \\ \boldsymbol{e}'_3 \end{bmatrix} = \begin{bmatrix} c_{11} & c_{12} & c_{13} \\ c_{21} & c_{22} & c_{23} \\ c_{31} & c_{32} & c_{33} \end{bmatrix} \begin{bmatrix} \boldsymbol{e}_1 \\ \boldsymbol{e}_2 \\ \boldsymbol{e}_3 \end{bmatrix} = \boldsymbol{C} \begin{bmatrix} \boldsymbol{e}_1 \\ \boldsymbol{e}_2 \\ \boldsymbol{e}_3 \end{bmatrix} \tag{3-12}$$

要求应变张量在坐标系 $\{\boldsymbol{e}'\}$ 下的分量 ε'_{ij}，根据应变张量的几何意义，$\boldsymbol{e}'_1$ 方向的相对伸长为 ε'_{11}，$\boldsymbol{e}'_1$、$\boldsymbol{e}'_2$ 之间夹角的变化为 ε'_{12}，由 3.2 节的结果

$$\varepsilon'_{11} = (c_{11}, c_{12}, c_{13}) \boldsymbol{\Gamma} \begin{bmatrix} c_{11} \\ c_{12} \\ c_{13} \end{bmatrix}$$

$$\varepsilon'_{12} = (c_{11}, c_{12}, c_{13}) \boldsymbol{\Gamma} \begin{bmatrix} c_{21} \\ c_{22} \\ c_{23} \end{bmatrix} \tag{3-13}$$

同理可写出其他分量,合在一起可以写为

$$\boldsymbol{\Gamma}' = \boldsymbol{C}\boldsymbol{\Gamma}\boldsymbol{C}^{\mathrm{T}} \tag{3-14}$$

例 如图 3-5 所示,新坐标系为原坐标系绕 z 轴旋转角度 φ,此时变换矩阵为

$$\boldsymbol{C} = \begin{bmatrix} \cos\varphi & \sin\varphi & 0 \\ -\sin\varphi & \cos\varphi & 0 \\ 0 & 0 & 1 \end{bmatrix} \tag{3-15}$$

代入式(3-14),得

$$\varepsilon'_{11} = \varepsilon_{11}\cos^2\varphi + \varepsilon_{22}\sin^2\varphi + \varepsilon_{12}\sin 2\varphi$$

$$\varepsilon'_{22} = \varepsilon_{11}\sin^2\varphi + \varepsilon_{22}\cos^2\varphi - \varepsilon_{12}\sin 2\varphi \tag{3-16}$$

2. 主应变与主方向

设应变张量在坐标系 $\{\boldsymbol{e}_1, \boldsymbol{e}_2, \boldsymbol{e}_3\}$ 下为 $\boldsymbol{\Gamma}$，在另一直角坐标系 $\{\boldsymbol{e}'_1, \boldsymbol{e}'_2, \boldsymbol{e}'_3\}$ 中应变张量为 $\boldsymbol{\Gamma}'$，则由上面的讨论,得

$$\boldsymbol{\Gamma}' = \boldsymbol{C}\boldsymbol{\Gamma}\boldsymbol{C}^{\mathrm{T}} \tag{3-17}$$

式中,$\boldsymbol{C}$ 为两坐标系之间的变换矩阵,因为 $\boldsymbol{C}$ 是直角坐标系到直角坐标系的变换矩阵,所以 $\boldsymbol{C}^{-1} = \boldsymbol{C}^{\mathrm{T}}$。

根据线性代数理论,一个实对称矩阵一定可以对角化,即对于对称矩阵 $\boldsymbol{A}$,存在正交矩阵 $\boldsymbol{P}$,使得

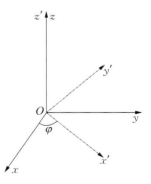

图 3-5 绕 z 轴旋转角度 φ 得到的新坐标系

$$\boldsymbol{PAP}^{\mathrm{T}} = \begin{bmatrix} a_1 & 0 & 0 \\ 0 & a_2 & 0 \\ 0 & 0 & a_3 \end{bmatrix} \tag{3-18}$$

a_1，a_2，a_3 是 $\boldsymbol{A}$ 的特征值，$\boldsymbol{P}$ 的行矢量就是 $\boldsymbol{A}$ 的特征矢量。

应用对称矩阵对角化理论，可知如果一点的应变张量对应的矩阵为 $\boldsymbol{\Gamma}$，则 $\boldsymbol{\Gamma}$ 可对角化为

$$\boldsymbol{C\Gamma C}^{\mathrm{T}} = \begin{bmatrix} \lambda_1 & 0 & 0 \\ 0 & \lambda_2 & 0 \\ 0 & 0 & \lambda_3 \end{bmatrix} = \boldsymbol{\Lambda} \tag{3-19}$$

如果取 $\boldsymbol{\Gamma}$ 的特征矢量（$\boldsymbol{C}$ 的行矢量）方向为坐标轴方向，则应变张量在此坐标系下为

$$\begin{bmatrix} \lambda_1 & 0 & 0 \\ 0 & \lambda_2 & 0 \\ 0 & 0 & \lambda_3 \end{bmatrix} \tag{3-20}$$

这时，特征矢量方向称为主方向，λ_1，λ_2，λ_3 为主应变，显然主方向间的剪应变为零。

3. 不变量

写出 $\boldsymbol{\Gamma}$ 的特征多项式

$$\det(\lambda \boldsymbol{I} - \boldsymbol{\Gamma}) = \begin{vmatrix} \lambda - \varepsilon_{11} & -\varepsilon_{12} & -\varepsilon_{13} \\ -\varepsilon_{21} & \lambda - \varepsilon_{22} & -\varepsilon_{23} \\ -\varepsilon_{31} & -\varepsilon_{32} & \lambda - \varepsilon_{33} \end{vmatrix} = \lambda^3 - I_1 \lambda^2 + I_2 \lambda - I_3 \tag{3-21}$$

式中

$$\begin{aligned} I_1 &= \varepsilon_{11} + \varepsilon_{22} + \varepsilon_{33} \\ I_2 &= \begin{vmatrix} \varepsilon_{11} & \varepsilon_{12} \\ \varepsilon_{21} & \varepsilon_{22} \end{vmatrix} + \begin{vmatrix} \varepsilon_{22} & \varepsilon_{23} \\ \varepsilon_{32} & \varepsilon_{33} \end{vmatrix} + \begin{vmatrix} \varepsilon_{33} & \varepsilon_{31} \\ \varepsilon_{13} & \varepsilon_{11} \end{vmatrix} \\ I_3 &= \begin{vmatrix} \varepsilon_{11} & \varepsilon_{12} & \varepsilon_{13} \\ \varepsilon_{21} & \varepsilon_{22} & \varepsilon_{23} \\ \varepsilon_{31} & \varepsilon_{32} & \varepsilon_{33} \end{vmatrix} \end{aligned} \tag{3-22}$$

另外，$\boldsymbol{\Gamma}$ 的特征多项式为 $\det(\lambda \boldsymbol{I} - \boldsymbol{\Gamma}) = \det[\boldsymbol{C}^{\mathrm{T}}(\lambda \boldsymbol{I} - \boldsymbol{\Lambda})\boldsymbol{C}] = \det(\lambda \boldsymbol{I} - \boldsymbol{\Lambda})$，即

$$\begin{vmatrix} \lambda - \lambda_1 & 0 & 0 \\ 0 & \lambda - \lambda_2 & 0 \\ 0 & 0 & \lambda - \lambda_3 \end{vmatrix} = \lambda^3 - (\lambda_1 + \lambda_2 + \lambda_3)\lambda^2 + (\lambda_1\lambda_2 + \lambda_2\lambda_3 + \lambda_1\lambda_3)\lambda - \lambda_1\lambda_2\lambda_3$$

$$\tag{3-23}$$

比较式（3-21）和式（3-23），得

$$I_1 = \lambda_1 + \lambda_2 + \lambda_3$$
$$I_2 = \lambda_1\lambda_2 + \lambda_2\lambda_3 + \lambda_1\lambda_3 \qquad (3-24)$$
$$I_3 = \lambda_1\lambda_2\lambda_3$$

因为特征值在坐标变换下保持不变,所以 I_1、I_2、I_3 也在坐标变换下不变,称为应变张量的不变量,I_1、I_2、I_3 分别为第一不变量、第二不变量、第三不变量。

4. I_1 的几何意义

设正六面体微元,棱长是 Δx, Δy, Δz,变形前它的体积是 $\Delta x \Delta y \Delta z$,小变形假设下剪应变对体积改变的影响可忽略不计,因此变形后其体积是 $(\Delta x + \varepsilon_x \Delta x)(\Delta y + \varepsilon_y \Delta y)(\Delta z + \varepsilon_z \Delta z)$($\varepsilon_x$, ε_y, ε_z 分别是 x, y, z 方向的正应变)。

体积应变 e 为

$$
\begin{aligned}
e &= \frac{\text{微元变形后的体积} - \text{微元变形前的体积}}{\text{微元变形前的体积}} \\
&= \frac{(\Delta x + \varepsilon_x \Delta x)(\Delta y + \varepsilon_y \Delta y)(\Delta z + \varepsilon_z \Delta z) - \Delta x \Delta y \Delta z}{\Delta x \Delta y \Delta z} \qquad (3-25) \\
&= (1 + \varepsilon_x)(1 + \varepsilon_y)(1 + \varepsilon_z) - 1 \approx \varepsilon_x + \varepsilon_y + \varepsilon_z
\end{aligned}
$$

所以,I_1 的几何意义就是体积应变,表示一点处物质微元体积的相对变化。

3.4　应变协调方程

由前面的讨论,我们知道应变分量为

$$
\begin{aligned}
&\varepsilon_x = \frac{\partial u}{\partial x}, \ \varepsilon_y = \frac{\partial v}{\partial y}, \ \varepsilon_z = \frac{\partial w}{\partial z}, \\
&\varepsilon_{xy} = \frac{1}{2}\left(\frac{\partial u}{\partial y} + \frac{\partial v}{\partial x}\right), \\
&\varepsilon_{xz} = \frac{1}{2}\left(\frac{\partial u}{\partial z} + \frac{\partial w}{\partial x}\right), \qquad\qquad (3-26) \\
&\varepsilon_{yz} = \frac{1}{2}\left(\frac{\partial v}{\partial z} + \frac{\partial w}{\partial y}\right)
\end{aligned}
$$

式(3-26)中的表达式将位移和表示变形特征的应变联系起来,又称为几何方程。已知位移可以求出应变,那么反过来,已知应变是否可以求出位移场呢?

先看一个比较特殊的例子:$\varepsilon_x = \varepsilon_y = \varepsilon_z = \varepsilon_{xy} = \varepsilon_{yz} = \varepsilon_{xz} = 0$。

代入几何方程,得

$$
\frac{\partial u}{\partial x} = \frac{\partial v}{\partial y} = \frac{\partial w}{\partial z} = 0,
$$
$$
\frac{\partial u}{\partial y} + \frac{\partial v}{\partial x} = 0,
$$

$$\frac{\partial u}{\partial z} + \frac{\partial w}{\partial x} = 0,$$

$$\frac{\partial v}{\partial z} + \frac{\partial w}{\partial y} = 0 \tag{3-27}$$

由式(3-27)中第一式积分后可得 $u = f_1(y,z)$，$v = f_2(x,z)$，$w = f_3(x,y)$，这里 f_1，f_2，f_3 都是任意函数。将此三式代入式(3-27)中后三式，得

$$\frac{\partial f_1(y,z)}{\partial y} + \frac{\partial f_2(x,z)}{\partial x} = 0,$$

$$\frac{\partial f_1(y,z)}{\partial z} + \frac{\partial f_3(x,y)}{\partial x} = 0, \tag{3-28}$$

$$\frac{\partial f_2(x,z)}{\partial z} + \frac{\partial f_3(x,y)}{\partial y} = 0$$

为了求出函数 f_1，将式(3-28)中的第一式和第二式分别对 y 和 z 求导，得到

$$\frac{\partial^2 f_1(y,z)}{\partial y^2} = 0, \quad \frac{\partial^2 f_1(y,z)}{\partial z^2} = 0 \tag{3-29}$$

可见函数 f_1 只能包含常数项，y 的一次项，z 的一次项和 yz 乘积项。设

$$f_1(y,z) = a + by + cz + \mathrm{d}yz \tag{3-30}$$

式中，a，b，c，d 为任意常数。

同理，可以求得

$$f_2(z,x) = e + fz + gx + hzx$$

$$f_3(x,y) = l + mx + ny + pxy \tag{3-31}$$

式中，e，f，g，h，l，m，n，p 为任意常数。

这样就得到了当应变为零时，位移的表达式为

$$u = a + by + cz + dyz$$

$$v = e + fz + gx + hzx \tag{3-32}$$

$$w = l + mx + ny + pxy$$

将式(3-32)代入式(3-28)，得

$$(g+b) + (h+d)z = 0$$

$$(c+m) + (d+p)y = 0 \tag{3-33}$$

$$(n+f) + (p+h)x = 0$$

不论 x，y，z 取什么值，这些条件都必须满足：

$$n+f = 0, p+h = 0$$

$$c+m = 0, d+p = 0 \Rightarrow p = h = d = 0 \tag{3-34}$$

$$g+b = 0, h+d = 0$$

位移场可以写为

$$
\begin{aligned}
u &= a - gy + cz \\
v &= e - nz + gx \\
w &= l - cx + ny
\end{aligned} \tag{3-35}
$$

将 (a, e, l) 改写为 (u_0, v_0, w_0)，(n, c, g) 改写为 $(\omega_x, \omega_y, \omega_z)$，则位移可改写为

$$
(u, v, w) = (u_0, v_0, w_0) + (\omega_x, \omega_y, \omega_z) \times (x, y, z) \tag{3-36}
$$

(u_0, v_0, w_0) 表示沿 x, y, z 方向的平移，$(\omega_x, \omega_y, \omega_z)$ 代表绕 x, y, z 轴的转动，这说明应变为零的位移场是刚体位移。

设一点坐标为 (x, y, z)，位移为 $\boldsymbol{u} = (u, v, w)$，其附近一点 $(x + \mathrm{d}x, y + \mathrm{d}y, z + \mathrm{d}z)$ 的位移可表示为

$$
\boldsymbol{u}(\boldsymbol{r} + \mathrm{d}\boldsymbol{r}) = \boldsymbol{u}(\boldsymbol{r}) + \boldsymbol{F} \cdot \mathrm{d}\boldsymbol{r}^{\mathrm{T}} \tag{3-37}
$$

式（3-37）可改写为

$$
\boldsymbol{u}(\boldsymbol{r} + \mathrm{d}\boldsymbol{r}) = \boldsymbol{u}(\boldsymbol{r}) + \boldsymbol{\Omega} \cdot \mathrm{d}\boldsymbol{r}^{\mathrm{T}} + \boldsymbol{\Gamma} \cdot \mathrm{d}\boldsymbol{r}^{\mathrm{T}} \tag{3-38}
$$

式中，$\boldsymbol{\Omega} = \dfrac{1}{2}(\boldsymbol{F} - \boldsymbol{F}^{\mathrm{T}})$，$\boldsymbol{\Gamma} = \dfrac{1}{2}(\boldsymbol{F} + \boldsymbol{F}^{\mathrm{T}})$。

$\boldsymbol{\Omega} = \dfrac{1}{2}(\boldsymbol{F} - \boldsymbol{F}^{\mathrm{T}})$ 是反对称矩阵，可写为

$$
\boldsymbol{\Omega} = \begin{bmatrix} 0 & -\omega_3 & \omega_2 \\ \omega_3 & 0 & -\omega_1 \\ -\omega_2 & \omega_1 & 0 \end{bmatrix} \tag{3-39}
$$

则式（3-38）可进一步改写为

$$
\boldsymbol{u}(\boldsymbol{r} + \mathrm{d}\boldsymbol{r}) = \boldsymbol{u}(\boldsymbol{r}) + \boldsymbol{\omega} \times \mathrm{d}\boldsymbol{r} + \boldsymbol{\Gamma} \cdot \mathrm{d}\boldsymbol{r}^{\mathrm{T}} \tag{3-40}
$$

式中，$\boldsymbol{\omega}$ 可写成 $\boldsymbol{\omega} = \dfrac{1}{2}(\nabla \times \boldsymbol{u})$。

与式（3-36）比较，可以看出 $\boldsymbol{u}(\boldsymbol{r}) + \boldsymbol{\omega} \times \mathrm{d}\boldsymbol{r}$，代表局部刚体位移，但应注意对一般的变形体，各点的刚体平动和转动是不同的。如果应变为零，各点的刚体平动和转动是相同的，则退回到式（3-36）的情形。

再回到原来的问题，已知应变是否可以求出位移，这个问题实际上是从每一点的局部变形拼接出整体位移，如果各点附近的局部变形互不关联，拼接出来的整体位移就可能出现重叠、撕裂等不连续现象。因此，为了满足连续性假设，获得连续的位移，各点的变形应满足某种关系。从另一角度看，位移有 3 个分量 u, v, w，导出的应变有 6 个分量，如果已知应变要求位移，几何方程式（3-26）有 6 个方程，6 个方程求 3 个未知量，直觉上这 6 个应变分量不太可能完全独立，应该有某种联系。

$\varepsilon_x, \varepsilon_y, \varepsilon_{xy}$ 之间的关系为

$$\frac{\partial^2 \varepsilon_{xy}}{\partial x \partial y} = \frac{1}{2} \left(\frac{\partial^3 u}{\partial x \partial y^2} + \frac{\partial^3 v}{\partial x^2 \partial y} \right) = \frac{1}{2} \left[\frac{\partial^2}{\partial y^2} \left(\frac{\partial u}{\partial x} \right) + \frac{\partial^2}{\partial x^2} \left(\frac{\partial v}{\partial y} \right) \right]$$

$$= \frac{1}{2} \left(\frac{\partial^2 \varepsilon_x}{\partial y^2} + \frac{\partial^2 \varepsilon_y}{\partial x^2} \right) \tag{3-41}$$

类似地可推出 ε_x，ε_z，ε_{xz}、ε_y，ε_z，ε_{yz} 之间的关系，由于应变张量是对称的，可用轮换的方法（$x \rightarrow y, y \rightarrow z, z \rightarrow x$）写出其他两式，合写在一起为

$$2 \frac{\partial^2 \varepsilon_{xy}}{\partial x \partial y} = \frac{\partial^2 \varepsilon_x}{\partial y^2} + \frac{\partial^2 \varepsilon_y}{\partial x^2}$$

$$2 \frac{\partial^2 \varepsilon_{yz}}{\partial y \partial z} = \frac{\partial^2 \varepsilon_y}{\partial z^2} + \frac{\partial^2 \varepsilon_z}{\partial y^2} \tag{3-42}$$

$$2 \frac{\partial^2 \varepsilon_{zx}}{\partial z \partial x} = \frac{\partial^2 \varepsilon_z}{\partial x^2} + \frac{\partial^2 \varepsilon_x}{\partial z^2}$$

由式（3-26）的第三、四式消去 w，得

$$\frac{\partial \varepsilon_{yz}}{\partial x} - \frac{\partial \varepsilon_{zx}}{\partial y} = \frac{1}{2} \left(\frac{\partial^2 v}{\partial x \partial z} - \frac{\partial^2 u}{\partial z \partial y} \right) \tag{3-43}$$

由式（3-26）第二式和式（3-43）消去 v，得

$$\frac{\partial \varepsilon_{xy}}{\partial z} + \frac{\partial \varepsilon_{zx}}{\partial y} - \frac{\partial \varepsilon_{zy}}{\partial x} = \frac{\partial^2 u}{\partial y \partial z} \tag{3-44}$$

对式（3-44）做对 x 的偏微商，得

$$\frac{\partial}{\partial x} \left(\frac{\partial \varepsilon_{xy}}{\partial z} + \frac{\partial \varepsilon_{zx}}{\partial y} - \frac{\partial \varepsilon_{zy}}{\partial x} \right) = \frac{\partial^2 \varepsilon_x}{\partial y \partial z} \tag{3-45}$$

对 (x, y, z) 做轮换，$x \rightarrow y, y \rightarrow z, z \rightarrow x$，得到其他两式

$$\frac{\partial}{\partial y} \left(\frac{\partial \varepsilon_{yz}}{\partial x} + \frac{\partial \varepsilon_{xy}}{\partial z} - \frac{\partial \varepsilon_{xz}}{\partial y} \right) = \frac{\partial^2 \varepsilon_y}{\partial z \partial x}$$

$$\frac{\partial}{\partial z} \left(\frac{\partial \varepsilon_{zx}}{\partial y} + \frac{\partial \varepsilon_{yz}}{\partial x} - \frac{\partial \varepsilon_{yx}}{\partial z} \right) = \frac{\partial^2 \varepsilon_z}{\partial x \partial y} \tag{3-46}$$

式（3-42）、式（3-45）和式（3-46）中共 6 个等式称为应变协调方程，满足应变协调方程的应变场才能积分出连续的位移场，用张量整体符号表示可写为

$$\nabla \times \boldsymbol{\Gamma} \times \nabla = 0 \tag{3-47}$$

写成下标形式为

$$e_{mjk} e_{nil} \varepsilon_{ij, kl} = 0 \tag{3-48}$$

式中，e_{mjk} 是置换符号，为避免与应变符号混淆，此处用 e_{mjk} 表示置换符号。

应变协调方程中的 6 个方程缺一不可,一个应变场满足其中 5 个方程,不一定能满足 6 个方程。有学者曾给出一个例子 $\varepsilon_x = \varepsilon_y = \varepsilon_z = \varepsilon_{yz} = \varepsilon_{zx} = 0$,$\varepsilon_{xy} = xy$,满足后 5 个方程,不满足第一个(可参考文献[3])。此外,6 个协调方程还存在着 3 个称为 Bianchi 恒等式的高一阶微分关系(可参考文献[2]和[4])。对于单连通区域,应变满足应变协调方程是保证位移连续的充分必要条件;对多连通区域除应变协调方程外还要加上位移单值性条件,才能保证由应变通过积分求得连续的位移。

习　　题

1. 如何描述一点邻近的变形情况? 推导过程中做了哪些近似? 为什么能这样处理?

2. 试说明应变协调方程的物理意义及其用途。

3. 设某一物体发生如下的位移:

$$\begin{cases} u = a_0 + a_1 x + a_2 y + a_3 z \\ v = b_0 + b_1 x + b_2 y + b_3 z \\ w = c_0 + c_1 x + c_2 y + c_3 z \end{cases}$$

其中,a_i,b_i,c_i($i = 0, 1, 2, 3$)为常数。证明:各应变分量在物体内为常量(均匀变形),变形后,物体内平面保持为平面,直线保持为直线。

4. 已知位移场

$$\begin{cases} u = a(3x^2 + y + 4z) \\ v = a(3x + 2y^2 + 3z) \quad (a \text{ 为常数}) \\ w = a(2x^2 + y + 4z^2) \end{cases}$$

对于点 $(3, 3, 2)$,求① 沿 $(1, 0, 1)$ 方向的应变;② $(1, 1, 1)$ 和 $(1, -1, 0)$ 方向间的剪应变及夹角的变化。

5. 设一点的应变张量对应的矩阵为

$$\begin{bmatrix} 2 & 1 & -1 \\ 1 & 2 & 1 \\ -1 & 1 & 2 \end{bmatrix} \times 10^{-3}$$

求主应变和主方向。

6. 已知位移场

$$\begin{cases} u = kxy \\ v = kxy \quad\quad\quad (k = 10^{-4}), \\ w = 2k(x + y)z \end{cases}$$

试求应变张量的不变量。

7. 在 Oxy 平面上沿 Oa、Ob 和 Oc 三个方向的相对伸长度(正应变)ε_a,ε_b,ε_c 为已知,而 $\varphi_a = 0$,$\varphi_b = 60°$,$\varphi_c = 120°$,如图 1 所示,求平面上任意方向的相对伸长度。

8. 如图 2 所示,四面体 $OABC$, $OA = OB = OC$, D 是 AB 的中点。设 O 点的应变张量为

$$\boldsymbol{\Gamma} = \begin{bmatrix} 0.01 & -0.005 & 0 \\ -0.005 & 0.02 & 0.01 \\ 0 & 0.01 & -0.03 \end{bmatrix}$$，假设 OA, OB, OC 很小,求 D 点处单位矢量 $\boldsymbol{m}$ 和 $\boldsymbol{n}$ 方向

的正应变,以及变形后 $\boldsymbol{m}$ 和 $\boldsymbol{n}$ 之间夹角的变化。

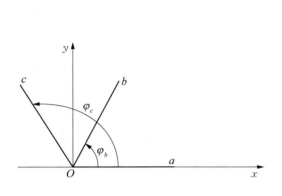

图 1　　　　　　　　　　　　　　图 2

9. 试说明下列的应变分量是否可能发生:

$$\varepsilon_x = Axy^2, \quad \varepsilon_y = Ax^2y, \quad \varepsilon_z = Axy$$

$$\varepsilon_{yz} = \frac{1}{2}(Az^2 + By), \quad \varepsilon_{xz} = \frac{1}{2}(Ax^2 + By^2), \quad \varepsilon_{xy} = 0$$

其中,A 和 B 为常数。

10. 已知下列应变分量

$$\varepsilon_x = 5 + x^2 + y^2 + x^4 + y^4, \quad \varepsilon_y = 6 + 3x^2 + 3y^2 + x^4 + y^4$$

$$\varepsilon_{xy} = 5 + 2xy(x^2 + y^2 + 2), \quad \varepsilon_z = \varepsilon_{yz} = \varepsilon_{zx} = 0$$

试校核上述应变场是否可能? 若可能,求出位移分量 u 和 v。 假定在原点 $u = v = 0$ 和 $\omega_{xy} = 0$。

11. 求夹角为 α 的两微线元变形后夹角的变化。

12. 设某点任意方向的正应变都相同,证明这一点在任意互相垂直方向上的剪应变为零。

4 应力分析和平衡方程

本章研究如何描述弹性体内一点的受力状态以及力如何在弹性体内传递,为此引进了应力矢量和应力张量的概念,通过考虑六面体微元的平衡建立平衡方程。本章的讨论不涉及材料性质和物体变形情况,所得到的结果原则上适用于任何连续体。本章得到的平衡方程和第 3 章变形分析得到的几何方程和应变协调方程均是弹性力学的基本方程。

4.1 一点受力状态的描述

质点受力作用,只用一个力(3 个分量)即可描述。变形体中的一点受到四面八方的作用,其受力状态具有多重方向性,不能用一个矢量来表示,需要用张量来描述。

4.1.1 弹性体受力的分类

(1) 外力,是指其他物体对研究对象弹性体作用的力,可以分为体力和面力。

(2) 体力,是分布在物体体积内的力,例如重力、电磁力,特点是不直接接触就可以施加。物体内各点受体力的情况,一般是不相同的。通常用体力矢量表示为

$$f = \lim_{\Delta V \to 0} \frac{\Delta F}{\Delta V} = f_i e_i \quad (i = 1, 2, 3)$$

式中,ΔV 为受体力作用的微体元的体积;ΔF 为 ΔV 上体力的合力;f_i 是矢量 f 的分量,沿坐标轴正方向时为正,沿坐标轴负方向时为负;e_i 是相应坐标的基矢量。

(3) 面力,边界上由于与其他物体接触而受到的作用力,例如压力、摩擦力等。通常用面力矢量表示为

$$p = \lim_{\Delta S \to 0} \frac{\Delta F}{\Delta S} = p_i e_i \quad (i = 1, 2, 3) \qquad (4-1)$$

式中,ΔS 为受面力作用的微面元的面积;ΔF 为 ΔS 上外力的合力;p_i 是矢量 p 的分量,沿坐标轴正方向时为正,沿坐标轴负方向时为负。一般来说,p 是表面点位置坐标的函数。

(4) 内力,是指弹性体内不同部分由于变形或其他效应而相互作用的力,大多数情况下为分子间的短程相互作用力。

体力可以是外力,也可以是内力(例如铁磁性材料,材料各部分之间会排斥或吸引),本书只考虑外体力的情况。

4.1.2 应力张量

考察弹性体 V,假设 V 内有一封闭曲面 S 把物体分成内、外两部分,如图 4-1 所示,P 是

曲面 S 上的任意一点,以 P 为形心在 S 上取出一个面积为 ΔS 的微面元。n 是 P 点由内向外法向的单位矢量,ΔF 为外部物体作用在 ΔS 上的合力,若极限 $\lim\limits_{\Delta S \to 0} \dfrac{\Delta F}{\Delta S}$ 存在,记为 t,称为应力矢量,显然 t 不仅与 P 的位置有关,也与微面元 ΔS 的方向有关。

对于应力矢量,通常分解成沿作用面的法向方向和切线方向的分量,称为正应力和剪应力,如图 4 - 2 所示。

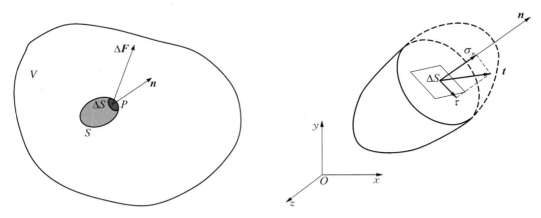

图 4 - 1 应力矢量   图 4 - 2 作用在微面元上的正应力和剪应力

为了描述弹性体内的受力状态和应力分布,柯西(Cauchy)提出 Cauchy 假设:弹性体内部的任何一个闭合曲面上,有一个确定的应力矢量场,外部物体对该闭合曲面内物体的作用等价于这个应力矢量场对闭合曲面内物体的作用,也就是说,外部物体对该闭合曲面内物体的作用可以用该闭合曲面上的应力场替代(可参考文献[5])。

弹性体内任意一点处的微面元可以有多种取向(法向方向)、每一种取向都存在一个应力矢量,每一点的应力矢量有无数多个,那么应该如何描述一点的受力状态?不同方向的应力矢量有何关系呢?为此,我们考察与坐标轴垂直的平面上的应力(见图 4 - 3)。

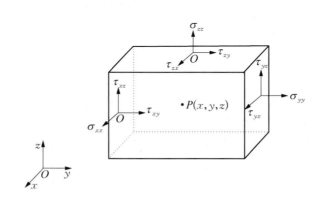

图 4 - 3 与坐标轴垂直的平面上的应力

设 P 点处法向为 x 轴正向的平面上的应力为 $\boldsymbol{T}_x$,法向为 y 轴正向的平面上的应力为 $\boldsymbol{T}_y$,法向为 z 轴正向的平面上的应力为 $\boldsymbol{T}_z$,将 $\boldsymbol{T}_x$、$\boldsymbol{T}_y$、$\boldsymbol{T}_y$ 分解到坐标轴上,得到

$$\begin{cases} \boldsymbol{T}_x = \sigma_{xx}\boldsymbol{e}_x + \tau_{xy}\boldsymbol{e}_y + \tau_{xz}\boldsymbol{e}_z \\ \boldsymbol{T}_y = \tau_{yx}\boldsymbol{e}_x + \sigma_{yy}\boldsymbol{e}_y + \tau_{yz}\boldsymbol{e}_z \\ \boldsymbol{T}_z = \tau_{zx}\boldsymbol{e}_x + \tau_{zy}\boldsymbol{e}_y + \sigma_{zz}\boldsymbol{e}_z \end{cases} \tag{4-2}$$

应力分量 σ_{ij} 和 τ_{ij} 的第一个下标表示所在面元的外法向方向,第二个下标表示力的方向,例如 τ_{xy} 表示与 x 轴垂直且法向指向 x 轴正向的面上 y 轴方向的应力分量;对于正应力,若两个下标一样,可以缩写为同一个下标,例如 σ_{xx} 可以简写为 σ_x。 将这些分量合在一起,写成矩阵的形式

$$\boldsymbol{T} = \begin{bmatrix} \sigma_x & \tau_{xy} & \tau_{xz} \\ \tau_{yx} & \sigma_y & \tau_{yz} \\ \tau_{zx} & \tau_{zy} & \sigma_z \end{bmatrix} \tag{4-3}$$

根据牛顿第三定律,法向为坐标轴负向的平面上的应力为

$$\begin{cases} \boldsymbol{T}_x^{(-)} = -\sigma_x\boldsymbol{e}_x - \tau_{xy}\boldsymbol{e}_y - \tau_{xz}\boldsymbol{e}_z \\ \boldsymbol{T}_y^{(-)} = -\tau_{yx}\boldsymbol{e}_x - \sigma_y\boldsymbol{e}_y - \tau_{yz}\boldsymbol{e}_z \\ \boldsymbol{T}_z^{(-)} = -\tau_{zx}\boldsymbol{e}_x - \tau_{zy}\boldsymbol{e}_y - \sigma_z\boldsymbol{e}_z \end{cases} \tag{4-4}$$

下面介绍任意平面上的应力问题。已知 P 点处以坐标轴正向为法向的平面上的应力分量 $\boldsymbol{T} = \begin{bmatrix} \sigma_x & \tau_{xy} & \tau_{xz} \\ \tau_{yx} & \sigma_y & \tau_{yz} \\ \tau_{zx} & \tau_{zy} & \sigma_z \end{bmatrix}$,要求 P 点处法向为 $\boldsymbol{n} = (n_1, n_2, n_3)$ 的平面上的应力。

如图 4-4 所示,设三角形 ABC 的面积为 s,$S_{\triangle PBC} = s_1$,$S_{\triangle APC} = s_2$,$S_{\triangle APB} = s_3$,体力密度为 $\boldsymbol{f} = (f_x, f_y, f_z)$(单位体积上的体力)。因为 PBC 平面的法向指向 x 轴的负向,所以 PBC 面上作用的应力是 $-\sigma_x\boldsymbol{e}_x - \tau_{xy}\boldsymbol{e}_y - \tau_{xz}\boldsymbol{e}_z$,同理 APC 面上作用的应力是 $-\tau_{yx}\boldsymbol{e}_x - \sigma_{yy}\boldsymbol{e}_y - \tau_{yz}\boldsymbol{e}_z$,$APB$ 面上作用的应力是 $-\tau_{zx}\boldsymbol{e}_x - \tau_{zy}\boldsymbol{e}_y - \sigma_{zz}\boldsymbol{e}_z$。 设 ABC 面上的应力是 $\boldsymbol{t} = (t_x, t_y, t_z)$,考虑四面体 $PABC$ 的平衡,有

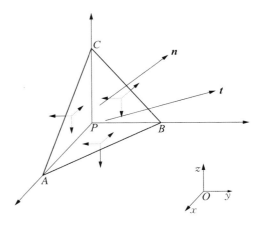

图 4-4 斜面上的应力

$$\begin{cases} t_x s + f_x \Delta V - \sigma_{xx} s_1 - \tau_{yx} s_2 - \tau_{zx} s_3 = 0 \\ t_y s + f_y \Delta V - \tau_{xy} s_1 - \sigma_{yy} s_2 - \tau_{zy} s_3 = 0 \\ t_z s + f_z \Delta V - \tau_{xz} s_1 - \tau_{yz} s_2 - \sigma_{zz} s_3 = 0 \end{cases} \tag{4-5}$$

式中,ΔV 为四面体的体积。

由几何关系可知 $s_1/s = \cos(\boldsymbol{n}, x) = n_1$,$s_2/s = \cos(\boldsymbol{n}, y) = n_2$,$s_3/s = \cos(\boldsymbol{n}, x) = n_3$,所以

$$t_x + \frac{1}{3}hf_x = \sigma_{xx}n_1 + \tau_{yx}n_2 + \tau_{zx}n_3$$

$$t_y + \frac{1}{3}hf_y = \tau_{xy}n_1 + \sigma_{yy}n_2 + \tau_{zy}n_3 \qquad (4-6)$$

$$t_z + \frac{1}{3}hf_z = \tau_{xz}n_1 + \tau_{yz}n_2 + \sigma_{zz}n_3$$

式中，h 为 P 点到平面 ABC 的距离。

当 $h \to 0$ 时，得到 P 点处法向为 $\boldsymbol{n}$ 的斜面上的应力为

$$t_x = \sigma_{xx}n_1 + \tau_{yx}n_2 + \tau_{zx}n_3$$

$$t_y = \tau_{xy}n_1 + \sigma_{yy}n_2 + \tau_{zy}n_3 \qquad (4-7)$$

$$t_z = \tau_{xz}n_1 + \tau_{yz}n_2 + \sigma_{zz}n_3$$

或写成 $\boldsymbol{t} = \boldsymbol{n} \cdot \boldsymbol{T}$，下标形式为 $t_i = n_j\sigma_{ji}(i,j = 1,2,3)$。

式(4-7)表示只要能得到 $\boldsymbol{T}$，P 点任意截面上的应力可由式(4-7)求出，这说明 $\boldsymbol{T}$ 可以完全描述一点的应力状态，则 $\boldsymbol{T}$ 称为应力张量。

对于动力学问题，式(4-7)仍然成立，只要根据达朗贝尔原理把惯性力看成体力即可同样得到式(4-7)。

下面介绍应力的符号。外法向指向坐标轴正向的面称为正面，正面上应力分量沿坐标轴的正向为正，负向为负；外法向指向坐标轴负向的面称为负面，负面上应力分量沿坐标轴的负向为正，反之为负。

注意，我们这里并没有直接规定应力的正负号，只是用一点处正面上的应力矢量的分量来表示任意面上的应力矢量 $\boldsymbol{t} = \boldsymbol{n} \cdot \boldsymbol{T}$，这里人为选择的只是应力张量 $\boldsymbol{T}$，这样便有正面上应力分量沿坐标轴的正向为正，负向为负；负面上应力分量沿坐标轴的负向为正，反之为负的结果。这样选取的结果与材料力学中拉应力为正、压应力为负的规定一致。如果用一点处负面上的应力矢量的分量来当作应力张量，那么结果将是任意面上的应力矢量 $\boldsymbol{t} = -\boldsymbol{n} \cdot \boldsymbol{T}$。

当表示应力边界条件时，弹性体在边界上所受的面力都是已知的，为此只需把图 4-4 中的斜面 ABC 取在弹性体的边界上，便可得应力边界条件为

$$\bar{p}_x = \sigma_{xx}n_1 + \tau_{yx}n_2 + \tau_{zx}n_3$$

$$\bar{p}_y = \tau_{xy}n_1 + \sigma_{yy}n_2 + \tau_{zy}n_3 \qquad (4-8)$$

$$\bar{p}_z = \tau_{xz}n_1 + \tau_{yz}n_2 + \sigma_{zz}n_3$$

式中，$\bar{p}_x$，$\bar{p}_y$，$\bar{p}_z$ 为边界点已知面力分量。

4.1.3 应力张量在不同坐标系之间的转换关系

在坐标系 $\{\boldsymbol{e}_1,\boldsymbol{e}_2,\boldsymbol{e}_3\}$ 下，一点 P 的应力张量 $\boldsymbol{T}$ 已知，要求另一坐标系 $\{\boldsymbol{e}_1',\boldsymbol{e}_2',\boldsymbol{e}_3'\}$ 中的应力张量 $\boldsymbol{T}'$，两个坐标系间的关系为 $\{\boldsymbol{e}_1',\boldsymbol{e}_2',\boldsymbol{e}_3'\} = \{\boldsymbol{e}_1,\boldsymbol{e}_2,\boldsymbol{e}_3\}\boldsymbol{C}^{\mathrm{T}}$ 或 $\boldsymbol{e}_i' = c_{ij}\boldsymbol{e}_j(i = 1,2,3)$。$\boldsymbol{e}_1'$ 在坐标系 $\{\boldsymbol{e}_1,\boldsymbol{e}_2,\boldsymbol{e}_3\}$ 中的坐标为 (c_{11},c_{12},c_{13})，根据柯西公式 $(\boldsymbol{t} = \boldsymbol{n} \cdot \boldsymbol{T})$，与 $\boldsymbol{e}_1'$ 垂直的截面上的应力矢量为 $\boldsymbol{e}_1' \cdot \boldsymbol{T}$，由应力张量的定义，得到

$$\sigma'_{11}=(\boldsymbol{e}'_1\cdot\boldsymbol{T})\cdot\boldsymbol{e}'_1=[c_{11},\ c_{12},\ c_{13}]\boldsymbol{T}\begin{bmatrix}c_{11}\\c_{12}\\c_{13}\end{bmatrix}=c_{1i}\sigma_{ij}c_{1j}\quad(i,\ j=1,\ 2,\ 3)$$

$$(4-9)$$

$$\sigma'_{12}=(\boldsymbol{e}'_1\cdot\boldsymbol{T})\cdot\boldsymbol{e}'_2=[c_{11},\ c_{12},\ c_{13}]\boldsymbol{T}\begin{bmatrix}c_{21}\\c_{22}\\c_{23}\end{bmatrix}=c_{1i}\sigma_{ij}c_{2j}\quad(i,\ j=1,\ 2,\ 3)$$

同样方法可导出 σ'_{22}，σ'_{33}，σ'_{21}，σ'_{31}，σ'_{13}，σ'_{33}，将这些应力分量合写在一起，就是

$$\boldsymbol{T}'=(\sigma'_{ij})=\boldsymbol{CTC}^{\mathrm{T}}$$

$$\sigma'_{ij}=c_{ik}c_{js}\sigma_{ks}\quad(i,\ j,\ k,\ s=1,\ 2,\ 3)$$

$$(4-10)$$

这说明 $\boldsymbol{T}=(\sigma_{ij})$ 是二阶张量。

4.2　平　衡　方　程

4.2.1　力的平衡

设 $P(x,\ y,\ z)$ 点的应力张量为 $\boldsymbol{T}$，体力密度为 $\boldsymbol{f}=(f_x,\ f_y,\ f_z)$（单位体积上的体力），考虑以 $P(x,\ y,\ z)$ 为中心的正六面体微元的平衡，将各面上的应力分解到 $x,\ y,\ z$ 轴上，并令其代数和等于零，即可得到平衡方程（见图 4-5）。例如从 x 方向力的平衡可得

$$\sigma_x\left(x+\frac{\mathrm{d}x}{2},\ y,\ z\right)\mathrm{d}y\,\mathrm{d}z-\sigma_x\left(x-\frac{\mathrm{d}x}{2},\ y,\ z\right)\mathrm{d}y\,\mathrm{d}z+$$

$$\tau_{yx}\left(x,\ y+\frac{\mathrm{d}y}{2},\ z\right)\mathrm{d}x\,\mathrm{d}z-\tau_{yx}\left(x,\ y-\frac{\mathrm{d}y}{2},\ z\right)\mathrm{d}x\,\mathrm{d}z+\qquad(4-11)$$

$$\tau_{zx}\left(x,\ y,\ z+\frac{\mathrm{d}z}{2}\right)\mathrm{d}x\,\mathrm{d}y-\tau_{zx}\left(x,\ y,\ z-\frac{\mathrm{d}z}{2}\right)\mathrm{d}x\,\mathrm{d}y+f_x\,\mathrm{d}x\,\mathrm{d}y\,\mathrm{d}z=0$$

略去泰勒级数展开的高次项，并约去 $\mathrm{d}x\,\mathrm{d}y\,\mathrm{d}z$，最后得到

$$\frac{\partial\sigma_x}{\partial x}+\frac{\partial\tau_{yx}}{\partial y}+\frac{\partial\tau_{zx}}{\partial z}+f_x=0\qquad(4-12)$$

考虑 y 方向和 z 方向的平衡可以得到另外两个方程，合在一起便得到平衡方程组

$$\begin{cases}\dfrac{\partial\sigma_x}{\partial x}+\dfrac{\partial\tau_{yx}}{\partial y}+\dfrac{\partial\tau_{zx}}{\partial z}+f_x=0\\[2mm]\dfrac{\partial\tau_{xy}}{\partial x}+\dfrac{\partial\sigma_y}{\partial y}+\dfrac{\partial\tau_{zy}}{\partial z}+f_y=0\\[2mm]\dfrac{\partial\tau_{xz}}{\partial x}+\dfrac{\partial\tau_{yz}}{\partial y}+\dfrac{\partial\sigma_z}{\partial z}+f_z=0\end{cases}\qquad(4-13)$$

其张量整体形式为 $\nabla\cdot\boldsymbol{T}+\boldsymbol{f}=0$，下标形式为 $\sigma_{ji,j}+f_i=0\ (i,\ j=1,\ 2,\ 3)$。

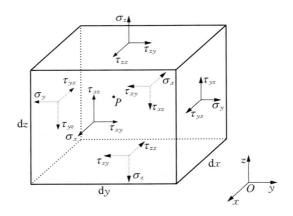

图 4 - 5 正六面体微元的平衡

4.2.2 力矩的平衡

考虑各个面上的应力对 P 点的合力矩,微元体处于平衡状态,其受到的合力矩应为零,由此可得

$$
\begin{aligned}
&\left[\begin{array}{ccc} 0 & \dfrac{dy}{2} & 0 \end{array}\right] \times \left[\begin{array}{ccc} \tau_{yx}\left(x, y+\dfrac{dy}{2}, z\right) & \sigma_{y}\left(x, y+\dfrac{dy}{2}, z\right) & \tau_{yz}\left(x, y+\dfrac{dy}{2}, z\right) \end{array}\right] dx\,dz + \\[2mm]
&\left[\begin{array}{ccc} 0 & -\dfrac{dy}{2} & 0 \end{array}\right] \times \left[\begin{array}{ccc} -\tau_{yx}\left(x, y-\dfrac{dy}{2}, z\right) & -\sigma_{y}\left(x, y-\dfrac{dy}{2}, z\right) & -\tau_{yz}\left(x, y-\dfrac{dy}{2}, z\right) \end{array}\right] dx\,dz + \\[2mm]
&\left[\begin{array}{ccc} 0 & 0 & \dfrac{dz}{2} \end{array}\right] \times \left[\begin{array}{ccc} \tau_{zx}\left(x, y, z+\dfrac{dz}{2}\right) & \tau_{zy}\left(x, y, z+\dfrac{dz}{2}\right) & \sigma_{z}\left(x, y, z+\dfrac{dz}{2}\right) \end{array}\right] dx\,dy + \\[2mm]
&\left[\begin{array}{ccc} 0 & 0 & -\dfrac{dz}{2} \end{array}\right] \times \left[\begin{array}{ccc} -\tau_{zx}\left(x, y, z-\dfrac{dz}{2}\right) & -\tau_{zy}\left(x, y, z-\dfrac{dz}{2}\right) & -\sigma_{z}\left(x, y, z-\dfrac{dz}{2}\right) \end{array}\right] dx\,dy + \\[2mm]
&\left[\begin{array}{ccc} \dfrac{dx}{2} & 0 & 0 \end{array}\right] \times \left[\begin{array}{ccc} \sigma_{x}\left(x+\dfrac{dx}{2}, y, z\right) & \tau_{xy}\left(x+\dfrac{dx}{2}, y, z\right) & \tau_{xz}\left(x+\dfrac{dx}{2}, y, z\right) \end{array}\right] dy\,dz + \\[2mm]
&\left[\begin{array}{ccc} -\dfrac{dx}{2} & 0 & 0 \end{array}\right] \times \left[\begin{array}{ccc} -\sigma_{x}\left(x-\dfrac{dx}{2}, y, z\right) & -\tau_{xy}\left(x-\dfrac{dx}{2}, y, z\right) & -\tau_{xz}\left(x-\dfrac{dx}{2}, y, z\right) \end{array}\right] dy\,dz = 0
\end{aligned}
$$

$$(4-14)$$

由合力矩 x 方向的分量等于零,导出

$$
\begin{aligned}
&\left[\tau_{yz}\left(x, y+\frac{dy}{2}, z\right)+\tau_{yz}\left(x, y-\frac{dy}{2}, z\right)\right] dx\,dz \; \frac{dy}{2} - \\[2mm]
&\left[\tau_{zy}\left(x, y, z+\frac{dz}{2}\right)+\tau_{zy}\left(x, y, z-\frac{dz}{2}\right)\right] dx\,dy \; \frac{dz}{2} = 0
\end{aligned}
$$

$$(4-15)$$

将式(4-15)展开,略去高阶小量并约去 $dx\,dy\,dz/2$,得到 $\tau_{yz} = \tau_{zy}$,同样方法可以得到 $\tau_{xy} = \tau_{yx}$,$\tau_{xz} = \tau_{zx}$,这个结果称为剪力互等关系或剪力互等定理,也就是说应力张量是对称的,只有 6 个独立分量。

4.2.3 平衡方程和剪力互等关系的积分形式推导

设 $P(x,y,z)$ 是位于弹性体 Ω 内的任意一点,在 Ω 内取一个包含点 P 的体元 V,边界为 ∂V,由 V 的边界 ∂V 上的面力 t 和 V 内的体力 f 平衡,可列出以下方程:

$$\oiint_{\partial V} t\,\mathrm{d}s + \iiint_V f\,\mathrm{d}v = \oiint_{\partial V} n\cdot T\,\mathrm{d}s + \iiint_V f\,\mathrm{d}v = 0 \tag{4-16}$$

利用高斯公式,得到 $\iiint_V \nabla\cdot T\,\mathrm{d}v + \iiint_V f\,\mathrm{d}v = 0$,即 $\iiint_V (\nabla\cdot T + f)\,\mathrm{d}v = 0$,对任意包含 P 的小体元 V 均有 $\iiint_V (\nabla\cdot T + f)\,\mathrm{d}v = 0$,由此可推出 $(\nabla\cdot T + f)\big|_P = 0$。

可用反证法证明,如果 $(\nabla\cdot T + f)\big|_P \neq 0$,不妨假设 $(\nabla\cdot T + f)\big|_P > 0$,因为 $\nabla\cdot T + f$ 在 P 点连续,可找到包含 P 的小体元 $V^* \subset V$,在 V^* 内 $(\nabla\cdot T + f)\big|_{V^*} > 0$,则 $\iiint_{V^*}(\nabla\cdot T + f)\,\mathrm{d}v > 0$,与 $\iiint_V (\nabla\cdot T + f)\,\mathrm{d}v = 0$ 矛盾,所以 $(\nabla\cdot T + f)\big|_P = 0$。

因为 P 是 Ω 内的任意一点,所以在整个弹性体 Ω 内,$\nabla\cdot T + f = 0$ 均成立。

以积分形式表示力矩的平衡

$$\oiint_{\partial V} r\times t\,\mathrm{d}s + \iiint_V r\times f\,\mathrm{d}v = 0 \tag{4-17}$$

$$\begin{aligned}\oiint_{\partial V} r\times t\,\mathrm{d}s &= \oiint_{\partial V} r\times(n\cdot T)\,\mathrm{d}s = -\oiint_{\partial V}(n\cdot T)\times r\,\mathrm{d}s\\ &= -\oiint_{\partial V} n\cdot(T\times r)\,\mathrm{d}s = -\iiint_V \nabla\cdot(T\times r)\,\mathrm{d}s\end{aligned} \tag{4-18}$$

式中,n 为 ∂V 的法向,最后一步用到了高斯公式。

$$\begin{aligned}\nabla\cdot(T\times r) &= \frac{\partial}{\partial x_i}e_i\cdot(\sigma_{jk}e_j e_k\times x_l e_l) = \frac{\partial}{\partial x_i}e_i\cdot(\sigma_{jk}e_j x_l \varepsilon_{klm}e_m)\\ &= \sigma_{jk,j}x_l\varepsilon_{klm}e_m + \sigma_{ik}\varepsilon_{kim}e_m = (\nabla\cdot T)\times r + \sigma_{ik}\varepsilon_{kim}e_m\\ &= -r\times(\nabla\cdot T) + \sigma_{ik}\varepsilon_{kim}e_m\end{aligned} \tag{4-19}$$

$$\oiint_{\partial V} r\times t\,\mathrm{d}s + \iiint_V r\times f\,\mathrm{d}v = \iiint_V r\times(\nabla\cdot T + f)\,\mathrm{d}v - \iiint_V (\sigma_{ik}\varepsilon_{kim}e_m)\,\mathrm{d}v \tag{4-20}$$

由此可推出 $\sigma_{ik}\varepsilon_{kim}e_m = 0$,即 $\sigma_{ij} = \sigma_{ji}(i,j=1,2,3)$。

上面我们对静力问题导出了平衡方程,而对动力问题,即外力或体力随时间变化的问题,根据达朗贝尔原理,把惯性力当作体力,可导出运动方程 $\nabla\cdot T + f = \rho\dfrac{\partial^2 u}{\partial t^2}$($\rho$ 为弹性体的密度)。有体力时,包括动力学问题,剪力互等仍然成立。如果有体力偶存在(例如铁磁弹性体),则剪力互等不再成立。在 20 世纪 60 年代以后发展的一些非经典连续介质力学理论(例如偶应力理论和微极弹性理论)中,放弃了物体各部分之间只能传递力而不能传递力矩的柯西假设,剪应力互等也不再成立(可参考文献[6])。

4.3　主应力、主方向

从前面几节的讨论可知,应力张量在两个坐标中的关系是 $T' = CTC^{\mathrm{T}}$,C 是两个坐标系间的变换矩阵,是正交矩阵,满足 $C^{-1} = C^{\mathrm{T}}$,此外,从力矩平衡的条件可推出应力 T 是对称的。

与应变张量的情形一样,根据线性代数理论,T 可对角化,以 T 的特征矢量的方向为坐标轴建立坐标系,在这样的坐标系中,有

$$T' = \begin{bmatrix} \sigma_1 & 0 & 0 \\ 0 & \sigma_2 & 0 \\ 0 & 0 & \sigma_3 \end{bmatrix} \tag{4-21}$$

式中,σ_1、σ_2、σ_2 为主应力。

因此,可得到以下结论。

(1) 存在主方向,且互相垂直。

(2) 在主方向为法向的平面上,只有正应力而没有剪应力。

$$
\begin{aligned}
\begin{vmatrix} \sigma - \sigma_{11} & \sigma_{12} & \sigma_{13} \\ \sigma_{21} & \sigma - \sigma_{22} & \sigma_{23} \\ \sigma_{31} & \sigma_{32} & \sigma - \sigma_{33} \end{vmatrix} &= \det(\sigma I - T) = \det(\sigma C^{\mathrm{T}}C - C^{\mathrm{T}}T'C) \\
&= \det(\sigma I - T') = \begin{vmatrix} \sigma - \sigma_1 & 0 & 0 \\ 0 & \sigma - \sigma_2 & 0 \\ 0 & 0 & \sigma - \sigma_3 \end{vmatrix} \\
&= (\sigma - \sigma_1)(\sigma - \sigma_2)(\sigma - \sigma_3)
\end{aligned} \tag{4-22}
$$

展开比较两边同次幂的系数,得到

$$
\begin{aligned}
J_1 &= \sigma_{11} + \sigma_{22} + \sigma_{33} = \sigma_1 + \sigma_2 + \sigma_3 \\
J_2 &= \begin{vmatrix} \sigma_{11} & \sigma_{12} \\ \sigma_{21} & \sigma_{22} \end{vmatrix} + \begin{vmatrix} \sigma_{22} & \sigma_{23} \\ \sigma_{32} & \sigma_{33} \end{vmatrix} + \begin{vmatrix} \sigma_{33} & \sigma_{31} \\ \sigma_{13} & \sigma_{11} \end{vmatrix} = \sigma_1\sigma_2 + \sigma_2\sigma_3 + \sigma_3\sigma_1 \\
J_3 &= \det(T) = \sigma_1\sigma_2\sigma_3
\end{aligned} \tag{4-23}
$$

由于主应力是应力张量(矩阵)的特征值,是不随坐标变换而变化的,所以 J_1、J_2、J_3 也不随坐标变换而变,分别称为应力张量的第一、第二、第三不变量。

4.4　最大与最小应力

为了推导方便,以下讨论均在主坐标系中进行,在主坐标系下,应力张量为

$$\boldsymbol{T} = \begin{bmatrix} \sigma_1 & 0 & 0 \\ 0 & \sigma_2 & 0 \\ 0 & 0 & \sigma_3 \end{bmatrix} \tag{4-24}$$

对任意斜面,设法向方向为 $\boldsymbol{n} = (n_1, n_2, n_3)$,那么根据柯西公式,斜面上的应力为 $\boldsymbol{t} = \boldsymbol{n} \cdot \boldsymbol{T} = (\sigma_1 n_1, \sigma_2 n_2, \sigma_3 n_3)$,正应力为 $\sigma_n = \boldsymbol{t} \cdot \boldsymbol{n} = \sigma_1 n_1^2 + \sigma_2 n_2^2 + \sigma_3 n_3^2$,因为 $n_1^2 + n_2^2 + n_3^2 = 1$,所以正应力可以表示为 $\sigma_n = \sigma_1 n_1^2 + \sigma_2 n_2^2 + \sigma_3 (1 - n_1^2 - n_2^2)$。求 σ_n 的极值,令 $\dfrac{\partial \sigma_n}{\partial n_1} = \dfrac{\partial \sigma_n}{\partial n_2} = 0$,得

$$\frac{\partial \sigma_n}{\partial n_1} = 2\sigma_1 n_1 - 2\sigma_3 n_1 = 0 \Rightarrow (\sigma_1 - \sigma_3) n_1 = 0$$
$$\frac{\partial \sigma_n}{\partial n_2} = 2\sigma_2 n_2 - 2\sigma_3 n_2 = 0 \Rightarrow (\sigma_2 - \sigma_3) n_2 = 0 \tag{4-25}$$

情况 1:$\sigma_1 \neq \sigma_2 \neq \sigma_3 \Rightarrow n_1 = n_2 = 0$,$n_3 = \pm 1$,$\sigma_n = \sigma_3$,如果选取独立变量为 n_1 和 n_3 或 n_2 和 n_3,将得到 $\sigma_n = \sigma_2$ 或 $\sigma_n = \sigma_1$。

情况 2:$\sigma_1 = \sigma_3 \neq \sigma_2 \Rightarrow n_2 = 0$,$\sigma_n = \sigma_1 n_1^2 + \sigma_1 n_3^2 = \sigma_1$。

情况 3:$\sigma_1 = \sigma_2 = \sigma_3 = \sigma \Rightarrow \sigma_n = \sigma$。

综合上面的几种情况,可见正应力的最大值就是 σ_1,σ_2,σ_3 中的最大值,正应力的最小值是 σ_1,σ_2,σ_3 中的最小值。

剪应力为

$$|\boldsymbol{\tau}|^2 = |\boldsymbol{t}|^2 - \sigma_n^2 = \sigma_1^2 n_1^2 + \sigma_2^2 n_2^2 + \sigma_3^2 n_3^2 - (\sigma_1 n_1^2 + \sigma_2 n_2^2 + \sigma_3 n_3^2)^2$$
$$= \sigma_1^2 n_1^2 + \sigma_2^2 n_2^2 + \sigma_3^2 (1 - n_1^2 - n_2^2) - [\sigma_1 n_1^2 + \sigma_2 n_2^2 + \sigma_3 (1 - n_1^2 - n_2^2)]^2 \tag{4-26}$$

要求 $|\boldsymbol{\tau}|^2$ 的最大值,令 $\dfrac{\partial |\boldsymbol{\tau}|^2}{\partial n_1} = 0$,$\dfrac{\partial |\boldsymbol{\tau}|^2}{\partial n_2} = 0$,得

$$n_1 (\sigma_1 - \sigma_3) \left[(\sigma_3 - \sigma_1) n_1^2 + (\sigma_3 - \sigma_2) n_2^2 + \frac{\sigma_1 - \sigma_3}{2} \right] = 0$$
$$n_2 (\sigma_2 - \sigma_3) \left[(\sigma_3 - \sigma_1) n_1^2 + (\sigma_3 - \sigma_2) n_2^2 + \frac{\sigma_2 - \sigma_3}{2} \right] = 0 \tag{4-27}$$

以下分 3 种情况进行讨论。

1)$\sigma_1 \neq \sigma_2 \neq \sigma_3$(此种情况共有四种可能)

(1)$n_1 = n_2 = 0$,$n_3 = \pm 1$,$\tau = 0$。

(2)$\begin{cases} n_1 = 0 \\ (\sigma_3 - \sigma_1) n_1^2 + (\sigma_3 - \sigma_2) n_2^2 + \dfrac{\sigma_2 - \sigma_3}{2} = 0 \end{cases} \Rightarrow n_2 = \pm \dfrac{\sqrt{2}}{2}$,$n_3 = \pm \dfrac{\sqrt{2}}{2}$,$\tau = \dfrac{1}{2} |\sigma_2 - \sigma_3|$。

(3)$\begin{cases} n_2 = 0 \\ (\sigma_3 - \sigma_1) n_1^2 + (\sigma_3 - \sigma_2) n_2^2 + \dfrac{\sigma_1 - \sigma_3}{2} = 0 \end{cases} \Rightarrow n_1 = \pm \dfrac{\sqrt{2}}{2}$,$n_3 = \pm \dfrac{\sqrt{2}}{2}$,$\tau = \dfrac{1}{2} |\sigma_1 - \sigma_3|$。

(4) $\begin{cases} (\sigma_3 - \sigma_1)n_1^2 + (\sigma_3 - \sigma_2)n_2^2 + \dfrac{\sigma_1 - \sigma_3}{2} = 0 \\ \\ (\sigma_3 - \sigma_1)n_1^2 + (\sigma_3 - \sigma_2)n_2^2 + \dfrac{\sigma_2 - \sigma_3}{2} = 0 \end{cases}$ $\Rightarrow \sigma_1 = \sigma_2$，这种情况不可能。

另外，如果我们以 n_1，n_3 为独立变量进行讨论，还可得出另一种剪应力取极值的情况，即

$$n_1 = \pm \frac{\sqrt{2}}{2}, \quad n_2 = \pm \frac{\sqrt{2}}{2}, \quad n_3 = 0, \quad \tau = \frac{1}{2} \mid \sigma_1 - \sigma_2 \mid$$

2）$\sigma_1 = \sigma_3 \neq \sigma_2$（此种情况共有两种可能）

(1) $n_2 = \dfrac{\sqrt{2}}{2}$，$n_1^2 + n_3^2 = \dfrac{1}{2}$，$\tau = \dfrac{1}{2} \mid \sigma_3 - \sigma_2 \mid$。

(2) $n_2 = 0$，$n_1^2 + n_3^2 = 1$，$\tau = 0$。

3）$\sigma_1 = \sigma_2 = \sigma_3$，不论法向方向如何，总有 $\tau = 0$

综上所述，最大剪应力 $\tau_{\max} = \max\left\{\dfrac{\mid \sigma_1 - \sigma_2 \mid}{2}, \quad \dfrac{\mid \sigma_1 - \sigma_3 \mid}{2}, \quad \dfrac{\mid \sigma_2 - \sigma_3 \mid}{2}\right\}$，因为主应力是不变量，所以最大剪应力也是坐标变换的不变量（见图 4-6）。实验表明金属材料中相邻原子层间的相对滑移沿着最大剪力方向发生，这表明最大剪应力起到了关键作用，于是第三强度理论认为屈服取决于最大剪应力，即最大剪应力达到临界值时，材料发生屈服，这也称为特雷斯卡（Tresca）屈服准则。

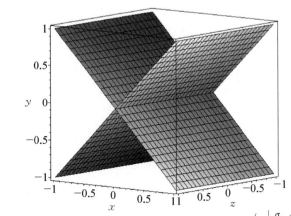

注：在主坐标系中讨论，假设 $\tau_{\max} = \max\left\{\dfrac{\mid \sigma_1 - \sigma_2 \mid}{2},\right.$ $\left.\dfrac{\mid \sigma_1 - \sigma_3 \mid}{2}, \dfrac{\mid \sigma_2 - \sigma_3 \mid}{2}\right\} = \dfrac{\mid \sigma_1 - \sigma_2 \mid}{2}$

图 4-6　最大剪应力出现的平面

4.5　八面体上的剪应力

如图 4-7 所示，八面体法向为 $(1，1，1)/\sqrt{3}$，该面上的正应力为

$$\sigma_n = \begin{bmatrix} \dfrac{\sqrt{3}}{3} & \dfrac{\sqrt{3}}{3} & \dfrac{\sqrt{3}}{3} \end{bmatrix} \begin{bmatrix} \sigma_1 & 0 & 0 \\ 0 & \sigma_2 & 0 \\ 0 & 0 & \sigma_3 \end{bmatrix} \begin{bmatrix} \dfrac{\sqrt{3}}{3} \\ \dfrac{\sqrt{3}}{3} \\ \dfrac{\sqrt{3}}{3} \end{bmatrix} = \frac{1}{3}(\sigma_1 + \sigma_2 + \sigma_3) \qquad (4-28)$$

剪应力为
$$\tau_o^2 = t^2 - \sigma_n^2 = \frac{1}{3}(\sigma_1^2 + \sigma_2^2 + \sigma_3^2) - \frac{1}{9}(\sigma_1 + \sigma_2 + \sigma_3)^2$$

即
$$\tau_o = \frac{1}{3}\sqrt{(\sigma_1 - \sigma_2)^2 + (\sigma_2 - \sigma_3)^2 + (\sigma_1 - \sigma_3)^2} \qquad (4-29)$$

回顾第四强度(畸变能密度)理论：形状改变应变能(畸变能)密度[①]达到极限值时，材料发生破坏，即 $\sigma_M = \sqrt{\dfrac{1}{2}\left[(\sigma_1 - \sigma_2)^2 + (\sigma_2 - \sigma_3)^2 + (\sigma_1 - \sigma_3)^2\right]} \leqslant [\sigma]$，用八面体上的剪应力表示是 $\dfrac{3\sqrt{2}}{2}\tau_o \leqslant [\sigma]$，也称为米泽斯(Mises)屈服准则，$\sigma_M = \sqrt{\dfrac{1}{2}\left[(\sigma_1 - \sigma_2)^2 + (\sigma_2 - \sigma_3)^2 + (\sigma_1 - \sigma_3)^2\right]}$ 称为冯·米泽斯(von Mises)应力。

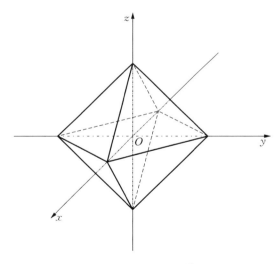

图 4-7 八 面 体

4.6 偏 应 力 张 量

实验证明大多数金属材料在较大的均匀压力下，仍呈现弹性性质，这说明平均应力不影响

[①] 应变能密度可以分解为体积改变应变能密度与形状改变应变能密度之和。

屈服,起主要作用的是以下偏应力

$$\sigma'_{ij}=\sigma_{ij}-\sigma_0\delta_{ij} \quad (i,j=1,2,3) \tag{4-30}$$

式中,$\sigma_0=\sigma_{ii}/3=(\sigma_{11}+\sigma_{22}+\sigma_{33})/3$ 为平均应力,写成分量形式为

$$\begin{bmatrix} \sigma_{11}-\sigma_0 & \sigma_{12} & \sigma_{13} \\ \sigma_{21} & \sigma_{22}-\sigma_0 & \sigma_{23} \\ \sigma_{31} & \sigma_{32} & \sigma_{33}-\sigma_0 \end{bmatrix} \tag{4-31}$$

在主坐标系下其 3 个不变量 I_1,I_2,I_3 为

$$\begin{aligned} I_1 &= 0 \\ I_2 &= (\sigma_1-\sigma_0)(\sigma_2-\sigma_0)+(\sigma_2-\sigma_0)(\sigma_3-\sigma_0)+(\sigma_1-\sigma_0)(\sigma_3-\sigma_0) \\ I_3 &= (\sigma_1-\sigma_0)(\sigma_2-\sigma_0)(\sigma_3-\sigma_0) \end{aligned} \tag{4-32}$$

I_2 与八面体上剪应力的关系为 $I_2=-\dfrac{3}{2}\tau_o^2$($\tau_o$ 为八面体上的剪应力)。在塑性力学中,一般的屈服条件(准则)与不变量 I_2 和 I_3 有关,可以写成 $f(I_2,I_3)=C$ 的形式,其中 C 是与材料性质有关的常数。因为 I_3 是偏应力张量各分量的三次函数,所以当所有应力分量均改变符号(由拉变压)时,I_3 也变号。但实验结果表明,对于一般韧性金属材料,抗拉和抗压是具有对称性质的,即所有应力分量均改变符号时,屈服函数 $f(I_2,I_3)$ 的值应当不变,故可断定:屈服函数应当是偏应力张量第二、第三不变量 I_2 和 I_3 的函数,同时又必须是 I_3 的偶函数。

习 题

1. 试求下列各应力张量矩阵(单位为 MPa)所表征的应力状态的主应力的值、方向以及最大剪应力。

(1) $\boldsymbol{T}=\begin{bmatrix} 0 & 0 & 30 \\ 0 & 0 & 20 \\ 30 & 20 & 0 \end{bmatrix}$ (2) $\boldsymbol{T}=\begin{bmatrix} 18 & 0 & 24 \\ 0 & -50 & 0 \\ 24 & 0 & 32 \end{bmatrix}$

(3) $\boldsymbol{T}=\begin{bmatrix} 3 & -10 & 0 \\ -10 & 0 & 30 \\ 0 & 30 & -27 \end{bmatrix}$ (4) $\boldsymbol{T}=\begin{bmatrix} 20 & 0 & -20 \\ 0 & -20 & 0 \\ -20 & 0 & 20 \end{bmatrix}$

2. 弹性体内某点处的应力张量为

$$\boldsymbol{T}=\begin{bmatrix} 0 & 1 & 2 \\ 1 & 2 & 0 \\ 2 & 0 & 1 \end{bmatrix}$$

求:(1) 作用在平面 $x+3y+z=1$ 外侧(离开原点一边)上应力矢量的大小和方向。

(2) 应力矢量与平面法向的夹角。

(3) 这个平面上的正应力和剪应力。

3. 证明一点偏应力张量的主方向和应力张量的主方向一致,并给出偏应力张量的主值和

主应力之间的关系。

4. 如果 $\tau_{xy} = \tau_{yz} = \tau$，其余应力分量为零，求主方向、主应力、最大剪应力和最大剪应力的方向。

5. 证明偏应力的第二不变量和八面体上的剪应力的关系为 $I_2 = -\dfrac{3}{2}\tau_0^2$（$\tau_0$ 为八面体上的剪应力）。

6. 过 P 点有两个平面 $\mathrm{d}\pi_1$ 和 $\mathrm{d}\pi_2$，其法向分别为 $\boldsymbol{n}_1$，$\boldsymbol{n}_2$，这两个面上的应力矢量分别为 $\boldsymbol{t}_1$ 和 $\boldsymbol{t}_2$，证明：

（1）$\boldsymbol{t}_1 \cdot \boldsymbol{n}_2 = \boldsymbol{t}_2 \cdot \boldsymbol{n}_1$

（2）如果 $\boldsymbol{t}_1$ 在面 $\mathrm{d}\pi_2$ 上，则 $\boldsymbol{t}_2$ 在面 $\mathrm{d}\pi_1$ 上。

7. 已知 $\sigma_x = \sin(\alpha x)(2c_0 + 6c_1 y + 12c_2 y^2)$，$\sigma_y = \sin(\alpha x) f_1(x)$，$\tau_{xy} = \cos(\alpha x) f_2(y)$，$c_0$，$c_1$，$c_2$，$\alpha$ 均为常数，不计体力，要使其满足平衡方程，试确定 $f_1(y)$ 和 $f_2(y)$。

8. 在物体中一点 P 的应力张量为

$$\begin{bmatrix} 1 & 0 & -4 \\ 0 & 3 & 0 \\ -4 & 0 & 5 \end{bmatrix}$$

（1）求过 P 点且外法向为 $\boldsymbol{n} = \dfrac{1}{2}\boldsymbol{e}_1 - \dfrac{1}{2}\boldsymbol{e}_2 + \dfrac{1}{\sqrt{2}}\boldsymbol{e}_3$ 的面上的应力矢量 $\boldsymbol{t}$ 的大小和方向。

（2）求 $\boldsymbol{t}$ 与 $\boldsymbol{n}$ 之间的夹角。

（3）求 $\boldsymbol{t}$ 的法向分量和切向分量。

9. 已知某点的应力张量为

$$\boldsymbol{T} = \begin{bmatrix} \sigma_{11} & 2 & 1 \\ 2 & 0 & 2 \\ 1 & 2 & 0 \end{bmatrix}$$

试确定 σ_{11} 的值，使得通过该点的所有斜微面元中，至少有一个面作用在其上的应力矢量等于 0，并确定该面法向的方向余弦。

10. 一点的应力张量为

$$\boldsymbol{T} = \begin{bmatrix} 0 & 1 & 2 \\ 1 & \sigma_{22} & 1 \\ 2 & 1 & 0 \end{bmatrix}$$

已知在经过该点的某一平面上应力矢量为零，求 σ_{22} 及该平面的单位法向矢量。

11. 给定应力张量

$$\boldsymbol{T} = \begin{bmatrix} \sigma_{11} & \sigma_{12} & 0 \\ \sigma_{21} & \sigma_{22} & 0 \\ 0 & 0 & \sigma_{33} \end{bmatrix}$$

证明：$(\sigma_{11} + \sigma_{22})$ 及 $\dfrac{1}{4}(\sigma_{11} - \sigma_{22})^2 + \sigma_{12}^2$ 当坐标系统 x_3 轴旋转时为不变量。

12. 若 J_1, J_2, J_3 为应力张量的第一、二、三不变量，I_1, I_2, I_3 为偏应力张量的第一、二、三不变量。证明：

$$I_2 = -\left(\frac{1}{3}J_1^2 - J_2\right), \quad I_3 = J_3 - \frac{1}{3}J_1 J_2 + \frac{2}{27}J_1^3$$

13. 取主方向为坐标轴，$\sigma_1, \sigma_2, \sigma_3$ 为主应力。证明：在单位法向矢量为 $\boldsymbol{n} = (n_1\, n_2\, n_3)$ 的平面上的剪力大小为

$$\tau = \left[n_1^2 n_2^2 (\sigma_1 - \sigma_2)^2 + n_2^2 n_3^2 (\sigma_2 - \sigma_3)^2 + n_1^2 n_3^2 (\sigma_1 - \sigma_3)^2\right]^{1/2} = |\boldsymbol{n} \times (\boldsymbol{\sigma} \cdot \boldsymbol{n})|$$

其中，$\boldsymbol{\sigma} = \begin{bmatrix} \sigma_1 & 0 & 0 \\ 0 & \sigma_2 & 0 \\ 0 & 0 & \sigma_3 \end{bmatrix}$。

14. 如图 1 所示，矩形截面梁在均布载荷作用下弯曲，按材料力学方法求得应力分量为

$\sigma_x = \dfrac{M}{I}y, \quad \tau_{xy} = \dfrac{QS(y)}{I}$，其中 M 为弯矩，Q 为剪力，I 为截面惯性矩，$S(y) = \dfrac{1}{2}\left(\dfrac{h^2}{4} - y^2\right)$。试检查该应力分量是否满足平衡方程，并由平衡方程求在材料力学中忽略的 σ_y 的表达式。

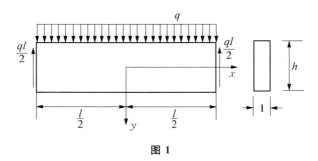

图 1

5 本 构 关 系

前面几章我们导出了平衡方程和几何方程（位移和应变的关系），这是弹性力学中的两组基本方程，这两组方程与材料性质无关，适用于任何固体小变形问题。其中共有 15 个未知量（3 个位移、6 个应变分量、6 个应力分量）和 9 个方程（3 个平衡方程、6 个几何方程），显然仅从这两组方程是无法解出全部未知量的，因此必须寻找其他关系。实验和日常经验表明，不同材料的承载能力是不同的，施加同样的力会产生不同的变形，显然物体内应力和应变是有联系的，是材料本身固有的性质，称为本构关系或本构方程。从微观角度看，应力是材料中分子、原子之间作用力的宏观体现，分子之间的作用力与分子之间的间距和分子之间的相对位置有关，而分子之间间距和相对位置的改变宏观上可以用应变张量来描述。当弹性体受到外力作用后，弹性体发生变形，分子间距和相对位置会发生变化，从而导致分子之间作用力的改变，即物体内部应力的改变。所以，从宏观上看，弹性体内应力是由弹性体的变形决定的。

本章首先引入外力对弹性体做功和应变能的概念，然后介绍线弹性材料的一般本构关系——广义胡克定律，以及材料对称性对材料弹性常数的限制，最后讨论弹性的物理机制。

5.1 外力做的功和应变能

设弹性体 V，其边界为 S，边界 S 由 S_σ 和 S_u 两部分组成，在 S_σ 上作用有面力 $\bar{t}$，在 S_u 上已知边界上位移为 $\bar{u}$，面力和体力 f 载荷施加后应力场为 $T(\sigma_{ij})$，位移为 u，应变为 $\Gamma(\varepsilon_{ij})$，现在要求位移由 u 变为 $u + \delta u$ 的过程外力所做的功 δK，平衡方程和边界条件为

$$
\begin{cases}
\nabla \cdot T + f = 0, & V \text{ 内} \\
n \cdot T = \bar{t}, & S_\sigma \text{ 上} \\
u = \bar{u}, & S_u \text{ 上}
\end{cases}
\tag{5-1}
$$

外力所做的功可以表示为

$$
\begin{aligned}
\delta K &= \int_{S_\sigma} t \cdot \delta u \, \mathrm{d}s + \int_V f \cdot \delta u \, \mathrm{d}v = \int_{S_\sigma} n \cdot T \cdot \delta u \, \mathrm{d}s + \int_V f \cdot \delta u \, \mathrm{d}v \\
&= \int_S n \cdot T \cdot \delta u \, \mathrm{d}s + \int_V f \cdot \delta u \, \mathrm{d}v = \int_V \nabla \cdot (T \cdot \delta u) \, \mathrm{d}v + \int_V f \cdot \delta u \, \mathrm{d}v \\
&= \int_V (\nabla \cdot T) \cdot \delta u \, \mathrm{d}v + \int_V f \cdot \delta u \, \mathrm{d}v + \int_V T : \delta u \, \nabla \, \mathrm{d}v \\
&= \int_V (\nabla \cdot T + f) \delta u \, \mathrm{d}v + \int_V T : \delta u \, \nabla \, \mathrm{d}v
\end{aligned}
\tag{5-2}
$$

注意到

$$T : (\delta u) \nabla = T : \left(\frac{(\delta u) \nabla + \nabla (\delta u)}{2} + \frac{(\delta u) \nabla - \nabla (\delta u)}{2} \right) = T : (\delta \Gamma + \delta \Omega) \quad (5-3)$$

由于 $T : \delta \Omega = 0$(对称张量与反对称张量的双点乘为零),所以 $\delta K = \int_V T : \delta \Gamma \mathrm{d}v$(可参考文献[4])。在弹性体受外力作用的变形过程中,外力做的功转变为弹性势能储存在弹性体中,称为应变能,单位体积的应变能(应变能密度)的增量记为 $\delta W = T : \delta \Gamma = \sigma_{ij} \delta \varepsilon_{ij}$,也可以将应变能密度的增量写成全微分形式,即

$$\mathrm{d}W = T : \mathrm{d}\Gamma = \sigma_{ij} \mathrm{d}\varepsilon_{ij} \quad (i, j = 1, 2, 3) \quad (5-4)$$

由此可见,应力分量等于应变能密度对相应应变分量的偏导数,即 $\sigma_{ij} = \dfrac{\partial W}{\partial \varepsilon_{ij}}$。

5.2　广义胡克定律

一般情况下,应变能密度 W 是表征变形的量-应变 ε_{ij} 的函数,将应变能密度 W 做泰勒展开,在小变形假设下,略去二次以上项,由 $\sigma_{ij} = \dfrac{\partial W}{\partial \varepsilon_{ij}}$ 可得

$$\sigma_{ij} = D_{ij} + C_{ijkl} \varepsilon_{kl} \quad (5-5)$$

式中,D_{ij},C_{ijkl} 为常数。由无初应力假设,$\varepsilon_{ij} = 0$ 时,$\sigma_{ij} = 0$,则有 $D_{ij} = 0$。这样就有 $\sigma_{ij} = C_{ijkl} \varepsilon_{kl}$,$C_{ijkl}$ 表示应力 σ_{ij}、应变 ε_{ij} 两个张量之间的联系,也是张量,称为弹性常数张量。

下面讨论弹性常数 C_{ijkl} 的性质。

1. 对称性

由于 $\sigma_{ij} = C_{ijkl} \varepsilon_{kl}$,$\sigma_{ji} = C_{jikl} \varepsilon_{kl}$,所以 $C_{ijkl} = C_{jikl}$,而 $\sigma_{ij} = C_{ijkl} \varepsilon_{kl} = C_{ijlk} \varepsilon_{lk} = C_{ijlk} \varepsilon_{kl}$,因此 $C_{ijkl} = C_{ijlk}$。考虑到 $C_{ijkl} = \dfrac{\partial^2 W}{\partial \varepsilon_{kl} \partial \varepsilon_{ij}} = \dfrac{\partial^2 W}{\partial \varepsilon_{ij} \partial \varepsilon_{kl}} = C_{klij}$(当偏导数都连续时,求偏导数与次序无关),这样独立的弹性常数数目由 81 个减为 21 个。

2. C_{ijkl} 在坐标变换下的变化规律

设在坐标系 $\{e\}$ 中,有 $\sigma_{ij} = C_{ijks} \varepsilon_{ks}$,在坐标系 $\{e'\}$ 中,$\sigma'_{mn} = C'_{mnpq} \varepsilon'_{pq}$,两个坐标系之间的变换矩阵为 $G(g_{ij})$,$\sigma_{ij} = g_{ri} g_{tj} \sigma'_{rt}$,$\varepsilon_{ks} = g_{pk} g_{qs} \varepsilon'_{pq}$。代入 $\sigma_{ij} = C_{ijks} \varepsilon_{ks}$ 中,得

$$g_{ri} g_{tj} \sigma'_{rt} = C_{ijks} g_{pk} g_{qs} \varepsilon'_{pq} \quad (5-6)$$

两边乘以 g_{mi},g_{nj},考虑到两个坐标系都是正交直角坐标系,有 $g_{mi} g_{ri} = \delta_{mr}$,$g_{nj} g_{tj} = \delta_{nt}$,则

$$g_{tj} \sigma'_{mt} = g_{mi} C_{ijks} g_{pk} g_{qs} \varepsilon'_{pq}$$
$$\sigma'_{mn} = C_{ijks} g_{nj} g_{mi} g_{pk} g_{qs} \varepsilon'_{pq} \quad (5-7)$$

所以 $C'_{mnpq} = C_{ijks} g_{nj} g_{mi} g_{pk} g_{qs}$,可见弹性常数 C_{ijks} 满足张量在坐标变换下的变换规则,因此 C_{ijks} 是四阶张量。

5.3 材料对称性对弹性常数的限制

由于应力、应变分量及弹性常数具有对称性,可以将应力-应变关系写成矩阵形式,即

$$
\begin{bmatrix} \sigma_{11} \\ \sigma_{22} \\ \sigma_{33} \\ \sigma_{23} \\ \sigma_{13} \\ \sigma_{12} \end{bmatrix} = \begin{bmatrix} C_{1111} & C_{1122} & C_{1133} & C_{1123} & C_{1113} & C_{1112} \\ C_{1122} & C_{2222} & C_{2233} & C_{2223} & C_{2213} & C_{2212} \\ C_{1133} & C_{2233} & C_{3333} & C_{3323} & C_{3313} & C_{3312} \\ C_{1123} & C_{2223} & C_{3323} & C_{2323} & C_{2313} & C_{2312} \\ C_{1113} & C_{2213} & C_{3313} & C_{2313} & C_{1313} & C_{1312} \\ C_{1112} & C_{2212} & C_{3312} & C_{2312} & C_{1312} & C_{1212} \end{bmatrix} \begin{bmatrix} \varepsilon_{11} \\ \varepsilon_{22} \\ \varepsilon_{33} \\ 2\varepsilon_{23} \\ 2\varepsilon_{13} \\ 2\varepsilon_{12} \end{bmatrix} \tag{5-8}
$$

1. 材料具有一个对称面

设 (x_1, x_2) 平面是对称面,做关于 x_1,x_2 平面的反射变换,即变换矩阵 $C = \begin{bmatrix} 1 & 0 & 0 \\ 0 & 1 & 0 \\ 0 & 0 & -1 \end{bmatrix}$,则 $\varepsilon'_{\alpha\beta}=\varepsilon_{\alpha\beta}(\alpha, \beta=1, 2)$,$\varepsilon'_{33}=\varepsilon_{33}$,$\varepsilon'_{13}=-\varepsilon_{13}$,$\varepsilon'_{23}=-\varepsilon_{23}$。 而应变能密度是标量,在坐标变换下保持不变,所以应变能密度应当是这样的形式 $W=W(\varepsilon^2_{11}, \varepsilon^2_{22}, \varepsilon^2_{33}, \varepsilon^2_{12}, \varepsilon^2_{13}, \varepsilon^2_{23}, \varepsilon_{13}\varepsilon_{23})$,不包含 $\varepsilon_{13}\varepsilon_{11}$、$\varepsilon_{13}\varepsilon_{12}$、$\varepsilon_{13}\varepsilon_{22}$、$\varepsilon_{13}\varepsilon_{33}$、$\varepsilon_{23}\varepsilon_{11}$、$\varepsilon_{23}\varepsilon_{12}$、$\varepsilon_{23}\varepsilon_{22}$、$\varepsilon_{23}\varepsilon_{33}$,由 $C_{ijkl} = \dfrac{\partial^2 W}{\partial \varepsilon_{ij} \partial \varepsilon_{kl}}$ 可知

$$
C_{1123}=C_{1131}=C_{2231}=C_{3323}=C_{3331}=C_{3212}=C_{3112}=0 \tag{5-9}
$$

应力-应变关系呈以下形式:

$$
\begin{bmatrix} \sigma_{11} \\ \sigma_{22} \\ \sigma_{33} \\ \sigma_{23} \\ \sigma_{13} \\ \sigma_{12} \end{bmatrix} = \begin{bmatrix} C_{1111} & C_{1122} & C_{1133} & 0 & 0 & C_{1112} \\ C_{1122} & C_{2222} & C_{2233} & 0 & 0 & C_{2212} \\ C_{1133} & C_{2233} & C_{3333} & 0 & 0 & C_{3312} \\ 0 & 0 & 0 & C_{2323} & C_{2313} & 0 \\ 0 & 0 & 0 & C_{2313} & C_{1313} & 0 \\ C_{1112} & C_{2212} & C_{3312} & 0 & 0 & C_{1212} \end{bmatrix} \begin{bmatrix} \varepsilon_{11} \\ \varepsilon_{22} \\ \varepsilon_{33} \\ 2\varepsilon_{23} \\ 2\varepsilon_{13} \\ 2\varepsilon_{12} \end{bmatrix} \tag{5-10}
$$

因此,这种具有一个对称面的材料有 13 个独立的弹性常数。

2. 材料有两个对称面(正交各向异性体)

如果有两个互相垂直的面都是对称面,假设这两个对称面为 (x_1, x_2) 和 (x_2, x_3),这种情况称为正交各向异性材料。由第一种情况的结果可知,除了 $C_{1123}=C_{1131}=C_{2231}=C_{3323}=C_{3331}=C_{3212}=C_{3112}=0$ 之外,还有 $C_{2231}=C_{2212}=C_{3312}=C_{1131}=C_{1112}=C_{1323}=C_{1223}=0$,正交各向异性材料的应力-应变关系呈以下形式:

$$\begin{bmatrix} \sigma_{11} \\ \sigma_{22} \\ \sigma_{33} \\ \sigma_{23} \\ \sigma_{13} \\ \sigma_{12} \end{bmatrix} = \begin{bmatrix} C_{1111} & C_{1122} & C_{1133} & 0 & 0 & 0 \\ C_{1122} & C_{2222} & C_{2233} & 0 & 0 & 0 \\ C_{1133} & C_{2233} & C_{3333} & 0 & 0 & 0 \\ 0 & 0 & 0 & C_{2323} & 0 & 0 \\ 0 & 0 & 0 & 0 & C_{1313} & 0 \\ 0 & 0 & 0 & 0 & 0 & C_{1212} \end{bmatrix} \begin{bmatrix} \varepsilon_{11} \\ \varepsilon_{22} \\ \varepsilon_{33} \\ 2\varepsilon_{23} \\ 2\varepsilon_{13} \\ 2\varepsilon_{12} \end{bmatrix} \qquad (5-11)$$

正交各向异性弹性体有 9 个独立的弹性常数,由此可见,(x_1,x_3) 平面也是材料的对称面。

3. 材料有一根对称轴(横观各向同性体)

设 x_3 是弹性体的对称轴,(x_1,x_2) 是各向同性平面,则 x_1,x_3 平面是对称面,x_2,x_3 平面也是对称面,所以这种情况也属于正交各向异性体。

先做绕 x_3 轴逆时针旋转 90° 的变换,变换矩阵 $\boldsymbol{G} = \begin{bmatrix} 0 & 1 & 0 \\ -1 & 0 & 0 \\ 0 & 0 & 1 \end{bmatrix}$,由 $C'_{mnpq} = C_{ijks}g_{mi}g_{nj}g_{pk}g_{qs}$,得 $C_{1111} = C_{2222}$,$C_{1133} = C_{2233}$,$C_{2323} = C_{1313}$。由此可见,由于 (x_1,x_2) 是各向同性平面,x_1,x_2 地位完全相同。再做绕 x_3 轴逆时针旋转 45° 的变换,变换矩阵 $\boldsymbol{G} = \begin{bmatrix} \dfrac{\sqrt{2}}{2} & \dfrac{\sqrt{2}}{2} & 0 \\ -\dfrac{\sqrt{2}}{2} & \dfrac{\sqrt{2}}{2} & 0 \\ 0 & 0 & 1 \end{bmatrix}$,由此可推得 $C_{1212} = (C_{1111} - C_{1122})/2$,这样独立弹性常数的个数降为 5 个。横观各向同性弹性体的应力-应变关系可以表示为

$$\begin{bmatrix} \sigma_{11} \\ \sigma_{22} \\ \sigma_{33} \\ \sigma_{23} \\ \sigma_{13} \\ \sigma_{12} \end{bmatrix} = \begin{bmatrix} C_{1111} & C_{1122} & C_{1133} & 0 & 0 & 0 \\ C_{1122} & C_{1111} & C_{1133} & 0 & 0 & 0 \\ C_{1133} & C_{1133} & C_{3333} & 0 & 0 & 0 \\ 0 & 0 & 0 & C_{1313} & 0 & 0 \\ 0 & 0 & 0 & 0 & C_{1313} & 0 \\ 0 & 0 & 0 & 0 & 0 & \dfrac{C_{1111}-C_{1122}}{2} \end{bmatrix} \begin{bmatrix} \varepsilon_{11} \\ \varepsilon_{22} \\ \varepsilon_{33} \\ 2\varepsilon_{23} \\ 2\varepsilon_{13} \\ 2\varepsilon_{12} \end{bmatrix} \qquad (5-12)$$

4. 立方晶系

立方晶系材料具有 3 个互相垂直的 4 次对称轴,即沿对称轴旋转 90°,材料性质保持不变,以这 3 个对称轴为坐标轴建立坐标系 x_1,x_2,x_3。先绕 x_3 轴逆时针旋转 90°,这样的变换矩阵为 $\boldsymbol{G} = \begin{bmatrix} 0 & 1 & 0 \\ -1 & 0 & 0 \\ 0 & 0 & 1 \end{bmatrix}$,由 $C'_{mnpq} = C_{ijks}g_{mi}g_{nj}g_{pk}g_{qs}$ 及材料的对称性,则有 $C'_{2222} = C_{1111} = C_{2222}$,$C'_{2323} = C_{1313} = C_{2323}$,$C'_{1112} = -C_{2212} = C_{1112}$,$C'_{3312} = -C_{3321} = -C_{3312} = C_{3312} = 0$,$C'_{2313} = -C_{1323} = -C_{2313} = C_{2313} = 0$ 和 $C'_{1123} = -C_{2213} = C_{1123}$,$C'_{2213} = C_{1123} = C_{2213}$,$C'_{2223} = -C_{1113} = C_{2223}$,$C'_{1113} = C_{2223} = C_{1113}$,$C'_{3323} = -C_{3313} = C_{3323}$,$C'_{3313} = C_{3323} = C_{3313}$,$C'_{2312} = C_{1321} = C_{2312}$,

$C'_{1321} = -C_{2312} = C_{1321}$。 由此进一步得到 $C_{1123} = C_{2213} = 0$, $C_{2223} = C_{1113} = 0$, $C_{3323} = C_{3313} = 0$, $C_{2312} = C_{1321} = 0$。 因此,弹性常数矩阵变为

$$
\begin{bmatrix}
C_{1111} & C_{1122} & C_{1133} & 0 & 0 & C_{1112} \\
C_{1122} & C_{1111} & C_{1133} & 0 & 0 & -C_{1112} \\
C_{1133} & C_{1133} & C_{3333} & 0 & 0 & 0 \\
0 & 0 & 0 & C_{2323} & 0 & 0 \\
0 & 0 & 0 & 0 & C_{2323} & 0 \\
C_{1112} & -C_{1112} & 0 & 0 & 0 & C_{1212}
\end{bmatrix}
\tag{5-13}
$$

再做绕 x_1 轴或 x_2 轴旋转 $90°$ 的变换,在这样的变化下材料性质不变,由此可得 $C_{2222} = C_{3333}$, $C_{1212} = C_{2323} = C_{1313}$, $C_{1122} = C_{1133} = C_{2233}$ 及 $C'_{1113} = -C_{1112} = C_{1113}$, $C'_{1112} = C_{1113} = C_{1112}$,由此可断定 $C_{1113} = C_{1112} = 0$。 于是立方晶系独立的弹性常数减少到 3 个,其弹性常数矩阵形式为

$$
\begin{bmatrix}
C_{1111} & C_{1122} & C_{1122} & 0 & 0 & 0 \\
C_{1122} & C_{1111} & C_{1122} & 0 & 0 & 0 \\
C_{1122} & C_{1122} & C_{1111} & 0 & 0 & 0 \\
0 & 0 & 0 & C_{2323} & 0 & 0 \\
0 & 0 & 0 & 0 & C_{2323} & 0 \\
0 & 0 & 0 & 0 & 0 & C_{2323}
\end{bmatrix}
\tag{5-14}
$$

由此可见,晶体中对称程度最高的立方晶系不是各向同性的。

5. 各向同性体

各向同性弹性体中,任何平面都是对称面,任何直线都是对称轴,x_1,x_2,x_3 地位完全相同,则有 $C_{1111} = C_{2222} = C_{3333}$, $C_{1122} = C_{1133}$, $C_{2323} = C_{1212} = \dfrac{C_{1111} - C_{1122}}{2}$。

令 $C_{1122} = \lambda$, $C_{2323} = \mu$,则 $C_{1111} = \lambda + 2\mu$。 各向同性体的应力-应变关系(本构关系)为

$$
\begin{bmatrix}
\sigma_{11} \\
\sigma_{22} \\
\sigma_{33} \\
\sigma_{23} \\
\sigma_{13} \\
\sigma_{12}
\end{bmatrix}
=
\begin{bmatrix}
\lambda + 2\mu & \lambda & \lambda & 0 & 0 & 0 \\
\lambda & \lambda + 2\mu & \lambda & 0 & 0 & 0 \\
\lambda & \lambda & \lambda + 2\mu & 0 & 0 & 0 \\
0 & 0 & 0 & \mu & 0 & 0 \\
0 & 0 & 0 & 0 & \mu & 0 \\
0 & 0 & 0 & 0 & 0 & \mu
\end{bmatrix}
\begin{bmatrix}
\varepsilon_{11} \\
\varepsilon_{22} \\
\varepsilon_{33} \\
2\varepsilon_{23} \\
2\varepsilon_{13} \\
2\varepsilon_{12}
\end{bmatrix}
\tag{5-15}
$$

式中,λ, μ 称为拉梅常数。

各向同性体的应力-应变关系可以表示为整体形式: $\boldsymbol{T} = \lambda J(\boldsymbol{\Gamma}) \boldsymbol{I} + 2\mu \boldsymbol{\Gamma}$, $J(\boldsymbol{\Gamma}) = \varepsilon_{ii} = \varepsilon_{11} + \varepsilon_{22} + \varepsilon_{33}$ 表示应变张量 $\boldsymbol{\Gamma}$ 的迹(体积应变),也可以表示成下标形式,即 $\sigma_{ij} = \lambda \varepsilon_{kk} \delta_{ij} + 2\mu \varepsilon_{ij} (i, j, k = 1, 2, 3)$。 各向同性体的弹性常数张量可以写成 $C_{ijkl} = \lambda \delta_{ij} \delta_{kl} + \mu(\delta_{ik} \delta_{jl} + \delta_{il} \delta_{jk})$ 的形式。

由于具有对称性，C_{ijkl} 可以简写成两个下标的形式 $C_{\alpha\beta}$，前两个指标缩并成 α，后两个指标缩并成 β，α，β 按以下规则确定：

$$\begin{aligned}
\alpha = 9 - i - j, \quad \beta = 9 - k - l \quad & (i \neq j, k \neq l) \\
\alpha = i = j, \quad \beta = k = l \quad & (i = j, k = l)
\end{aligned} \tag{5-16}$$

例如，横观各向同性体的本构关系可以写为

$$\begin{bmatrix} \sigma_{11} \\ \sigma_{22} \\ \sigma_{33} \\ \sigma_{23} \\ \sigma_{13} \\ \sigma_{12} \end{bmatrix} = \begin{bmatrix} C_{11} & C_{12} & C_{13} & 0 & 0 & 0 \\ C_{12} & C_{11} & C_{13} & 0 & 0 & 0 \\ C_{13} & C_{13} & C_{33} & 0 & 0 & 0 \\ 0 & 0 & 0 & C_{44} & 0 & 0 \\ 0 & 0 & 0 & 0 & C_{44} & 0 \\ 0 & 0 & 0 & 0 & 0 & C_{66} \end{bmatrix} \begin{bmatrix} \varepsilon_{11} \\ \varepsilon_{22} \\ \varepsilon_{33} \\ 2\varepsilon_{23} \\ 2\varepsilon_{13} \\ 2\varepsilon_{12} \end{bmatrix} \tag{5-17}$$

固体材料可分为晶态、非晶态和准晶态三大类，称为晶体、非晶体和准晶体，大多数元素单质和无机化合物都是晶体。晶体由于其内部原子、分子的周期性排列，宏观上呈现出一定的对称性，按对称性晶体可分为 7 种晶系，分别是三斜、单斜、正交、四方、三方、六方、立方。单斜晶系具有一个对称面，正交晶系对应于正交各向异性体，六方晶系对应于横观各向同性体。对称程度最高的立方晶系有 3 个独立的弹性常数，并不是各向同性体。常见的金属都属于晶体，但都表现为各向同性，这是因为金属通常为多晶形态。如图 5-1 所示，多晶体由无数个晶粒组成，每个晶粒都是各向异性的，但每个晶粒的取向随机分布，所以在宏观上呈现各向同性，有关这方面更加详细和深入的知识可参阅晶体物理和材料科学的相关书籍（可参考文献[7]和[8]）。

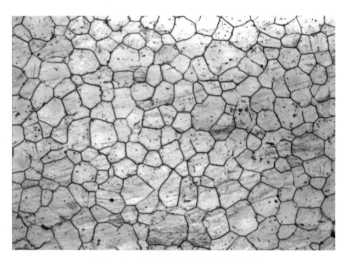

图 5-1　多晶体中的晶粒和晶界

5.4　应 变 能 密 度

前面我们导出了应变能密度的增量 $\delta W = \boldsymbol{T} : \delta \boldsymbol{\Gamma}$，弹性体由无初应力、初应变的状态在外力作用下变形到应力为 σ_{ij}^*、应变为 ε_{ij}^* 的过程中,外力做的功转变为应变能储存在弹性体内,

应变能密度为 $W(\sigma_{ij}^*,\ \varepsilon_{ij}^*) = \int_{(0,0)}^{(\sigma_{ij}^*,\varepsilon_{ij}^*)} \boldsymbol{T} : \mathrm{d}\boldsymbol{\varGamma}$。 弹性体中的应变能属于弹性势能,只与初始和最终的状态有关,即只与最终的应力、应变有关,而与积分路径无关,那么就可以选择一条特殊的路径来讨论,在线弹性的条件下,选用成比例的变形路径,即令 $\boldsymbol{T} = t\boldsymbol{T}^*$,$\boldsymbol{\varGamma} = t\boldsymbol{\varGamma}^*(0 \leqslant t \leqslant 1)$,则

$$W(\sigma_{ij}^*,\ \varepsilon_{ij}^*) = \int_{(0,0)}^{(\sigma_{ij}^*,\varepsilon_{ij}^*)} \boldsymbol{T} : \mathrm{d}\boldsymbol{\varGamma} = \int_{(0,0)}^{(\boldsymbol{T}^*,\boldsymbol{\varGamma}^*)} \boldsymbol{T} : \mathrm{d}\boldsymbol{\varGamma} = \boldsymbol{T}^* : \boldsymbol{\varGamma}^* \int_0^1 t\,\mathrm{d}t = \frac{1}{2}\boldsymbol{T}^* : \boldsymbol{\varGamma}^* \qquad (5-18)$$

所以,应变能密度为

$$W(\sigma_{ij},\ \varepsilon_{ij}) = \frac{1}{2}\boldsymbol{T} : \boldsymbol{\varGamma} = \frac{1}{2}\sigma_{ij}\varepsilon_{ij}$$

$$= \frac{1}{2}(\sigma_{11}\varepsilon_{11} + \sigma_{22}\varepsilon_{22} + \sigma_{33}\varepsilon_{33} + 2\sigma_{12}\varepsilon_{12} + 2\sigma_{13}\varepsilon_{13} + 2\sigma_{23}\varepsilon_{23}) \qquad (5-19)$$

各向同性材料的应变能密度为

$$W = \frac{1}{2}(\lambda\varepsilon_{kk}\delta_{ij} + 2\mu\varepsilon_{ij})\varepsilon_{ij} = \frac{1}{2}\lambda\varepsilon_{kk}\varepsilon_{ii} + \mu\varepsilon_{ij}\varepsilon_{ij}$$

$$= \frac{1}{2}\lambda(\varepsilon_{11} + \varepsilon_{22} + \varepsilon_{33})^2 + \mu(\varepsilon_{11}^2 + \varepsilon_{22}^2 + \varepsilon_{33}^2 + 2\varepsilon_{12}^2 + 2\varepsilon_{13}^2 + 2\varepsilon_{23}^2) \qquad (5-20)$$

5.5 弹性常数之间的关系和实验确定

5.5.1 体积弹性模量

将 δ_{ij} 乘以应力-应变关系式的左右两边

$$\sigma_{ij} = \lambda\varepsilon_{kk}\delta_{ij} + 2\mu\varepsilon_{ij} \quad (i,\ j,\ k = 1,\ 2,\ 3) \qquad (5-21)$$

得

$$\sigma_{ii} = (\sigma_{11} + \sigma_{22} + \sigma_{33}) = \lambda\varepsilon_{kk}\delta_{ii} + 2\mu\varepsilon_{ii} = (3\lambda + 2\mu)\varepsilon_{ii}$$

$$= (3\lambda + 2\mu)(\varepsilon_{11} + \varepsilon_{22} + \varepsilon_{33}) \qquad (5-22)$$

平均应力定义为 $\sigma_0 = \dfrac{\sigma_{11} + \sigma_{22} + \sigma_{33}}{3}$,从式(5-22)可知,平均应力和体积应变的关系为

$\sigma_0 = \dfrac{3\lambda + 2\mu}{3}(\varepsilon_{11} + \varepsilon_{22} + \varepsilon_{33}) = \dfrac{3\lambda + 2\mu}{3}\varepsilon_V$,其中,$\dfrac{3\lambda + 2\mu}{3} \triangleq k$ 称为体积弹性模量。

将式(5-22)代入式(5-21),得到

$$\sigma_{ij} = \frac{\lambda}{(3\lambda + 2\mu)}\sigma_{kk}\delta_{ij} + 2\mu\varepsilon_{ij} \qquad (5-23)$$

写成用应力表示应变的形式为

$$\varepsilon_{ij} = \frac{1}{2\mu}\sigma_{ij} - \frac{\lambda}{2\mu(3\lambda + 2\mu)}\sigma_{kk}\delta_{ij} \tag{5-24}$$

其中包括正应变、剪应变的 6 个方程,正应变 ε_{11} 和应力分量之间的关系为

$$\begin{aligned}
\varepsilon_{11} &= \frac{1}{2\mu}\sigma_{11} - \frac{\lambda}{2\mu(3\lambda + 2\mu)}(\sigma_{11} + \sigma_{22} + \sigma_{33}) \\
&= \frac{\lambda + \mu}{\mu(3\lambda + 2\mu)}\sigma_{11} - \frac{\lambda}{2\mu(3\lambda + 2\mu)}(\sigma_{22} + \sigma_{33})
\end{aligned} \tag{5-25}$$

回顾材料力学中学过

$$\varepsilon_{11} = \frac{1}{E}\sigma_{11} - \frac{\nu}{E}(\sigma_{22} + \sigma_{33}) \tag{5-26}$$

比较式(5-25)与式(5-26),得到杨氏模量 E、泊松比 ν 和拉梅常数 λ、μ 之间的关系为 $E = \dfrac{\mu(3\lambda + 2\mu)}{\lambda + \mu}$,$\nu = \dfrac{\lambda}{2(\lambda + \mu)}$。以杨氏模量和泊松比表示的应力-应变关系为

$$\begin{aligned}
\varepsilon_{11} &= \frac{1}{E}\sigma_{11} - \frac{\nu}{E}(\sigma_{22} + \sigma_{33}) \\
\varepsilon_{22} &= \frac{1}{E}\sigma_{22} - \frac{\nu}{E}(\sigma_{11} + \sigma_{33}) \\
\varepsilon_{33} &= \frac{1}{E}\sigma_{33} - \frac{\nu}{E}(\sigma_{11} + \sigma_{22}) \\
\varepsilon_{23} &= \frac{1+\nu}{E}\sigma_{23} \\
\varepsilon_{13} &= \frac{1+\nu}{E}\sigma_{13} \\
\varepsilon_{12} &= \frac{1+\nu}{E}\sigma_{12}
\end{aligned} \tag{5-27}$$

写成整体形式为 $\boldsymbol{\Gamma} = \dfrac{1}{E}[(1+\nu)\boldsymbol{T} - \nu J(\boldsymbol{T})\boldsymbol{I}]$,$J(\boldsymbol{T})$ 表示应力张量 $\boldsymbol{T}$ 的迹(第一不变量);表示成下标形式为 $\varepsilon_{ij} = \dfrac{1}{E}[(1+\nu)\sigma_{ij} - \nu\sigma_{kk}\delta_{ij}]$。拉梅常数与杨氏模量、泊松比的关系为 $\mu = \dfrac{E}{2(1+\nu)}$,$\lambda = \dfrac{E\nu}{(1+\nu)(1-2\nu)}$,$E = \dfrac{\mu(3\lambda + 2\mu)}{\lambda + \mu}$,$\nu = \dfrac{\lambda}{2(\lambda + \mu)}$。

5.5.2　实验确定

1. 单向拉伸

$\sigma_{11} = \sigma$,其他应力分量为零,代入本构关系,得

$$\varepsilon_{11} = \frac{1}{E}\sigma_{11}, \quad \varepsilon_{22} = -\frac{\nu}{E}\sigma_{11}, \quad \varepsilon_{33} = -\frac{\nu}{E}\sigma_{11} \tag{5-28}$$

测量 σ_{11}，ε_{11}，ε_{22}，ε_{33}，就可确定 E，ν。

2. 纯剪切

$\tau_{12} = \tau$，其他应力分量为零，即 $\varepsilon_{12} = \frac{1}{2\mu}\tau_{12}$ 或 $\gamma_{12} = \frac{1}{\mu}\tau$（$\gamma_{12}$ 为工程剪应变），测出剪应变和剪应力就可求出 μ，有时 μ 也记为 G，称为剪切弹性模量。

3. 均匀受压

$\sigma_{11} = \sigma_{22} = \sigma_{33} = \sigma$，其他应力分量为零，则平均应力 $\sigma_0 = \sigma = k(\varepsilon_{11} + \varepsilon_{22} + \varepsilon_{33}) = k\varepsilon_V$，如果测出体积应变，可求出体积弹性模量 $k = (3\lambda + 2\mu)/3 = \dfrac{E}{3(1-2\nu)}$。

5.5.3　弹性常数的取值范围

由理论力学的知识可知，有势力作用下的质点系在稳定平衡位置势能具有极小值。弹性体可以看作是由无数个质点组成的质点系，它们之间的作用力为有势力，应变能即为弹性体的弹性势能，所以应变能密度 W 也将在稳定平衡位置取极小值，则有

$$\frac{\partial^2 W}{\partial \varepsilon_{ij} \partial \varepsilon_{ks}}\delta\varepsilon_{ij}\delta\varepsilon_{ks} = C_{ijks}\delta\varepsilon_{ij}\delta\varepsilon_{ks} \geqslant 0 \tag{5-29}$$

即应变能密度一定为正。从物理直观角度来看，当弹性体受到外力作用时，不管外力是拉力还是压力，外力做功转变成的应变能总是正的。就像一根弹簧，不管受到压力还是拉力，弹性势能都等于弹簧弹性系数 c 乘以弹簧的长度改变量 Δx 平方的一半 $c\Delta x^2/2$，该值总是正的。

应力-应变关系写成以应力表示应变的形式为

$$\begin{bmatrix} \varepsilon_{11} \\ \varepsilon_{22} \\ \varepsilon_{33} \\ 2\varepsilon_{23} \\ 2\varepsilon_{13} \\ 2\varepsilon_{12} \end{bmatrix} = \frac{1}{E}\begin{bmatrix} 1 & -\nu & -\nu & 0 & 0 & 0 \\ -\nu & 1 & -\nu & 0 & 0 & 0 \\ -\nu & -\nu & 1 & 0 & 0 & 0 \\ 0 & 0 & 0 & 1+\nu & 0 & 0 \\ 0 & 0 & 0 & 0 & 1+\nu & 0 \\ 0 & 0 & 0 & 0 & 0 & 1+\nu \end{bmatrix}\begin{bmatrix} \sigma_{11} \\ \sigma_{22} \\ \sigma_{33} \\ \sigma_{23} \\ \sigma_{13} \\ \sigma_{12} \end{bmatrix} \tag{5-30}$$

如果记

$$\boldsymbol{\sigma} = \begin{bmatrix} \sigma_{11} & \sigma_{22} & \sigma_{33} & \sigma_{23} & \sigma_{13} & \sigma_{12} \end{bmatrix}$$

$$\boldsymbol{\varepsilon} = \begin{bmatrix} \varepsilon_{11} & \varepsilon_{22} & \varepsilon_{33} & \gamma_{23} & \gamma_{13} & \gamma_{12} \end{bmatrix}$$

$$\boldsymbol{E} = \frac{1}{E}\begin{bmatrix} 1 & -\nu & -\nu & 0 & 0 & 0 \\ -\nu & 1 & -\nu & 0 & 0 & 0 \\ -\nu & -\nu & 1 & 0 & 0 & 0 \\ 0 & 0 & 0 & 1+\nu & 0 & 0 \\ 0 & 0 & 0 & 0 & 1+\nu & 0 \\ 0 & 0 & 0 & 0 & 0 & 1+\nu \end{bmatrix} \tag{5-31}$$

式中，$\gamma_{23}=2\varepsilon_{23}$，$\gamma_{13}=2\varepsilon_{13}$，$\gamma_{12}=2\varepsilon_{12}$ 为工程剪应变，则应变能密度可表示为 $W=\dfrac{1}{2}\sigma_{ij}\varepsilon_{ij}=$

$\dfrac{1}{2}\boldsymbol{\sigma}\boldsymbol{\varepsilon}^{\mathrm{T}}=\dfrac{1}{2}\boldsymbol{\sigma}\boldsymbol{E}\boldsymbol{\sigma}^{\mathrm{T}}$。由应变能密度的正定性可知，$\boldsymbol{E}$ 一定是正定矩阵，由正定矩阵的判定

法则可推得 $E>0$，$-1<\nu<\dfrac{1}{2}$。由 E，ν 与 λ，μ 之间的关系可导出 $\mu>0$，$3\lambda+$

$2\mu>0$。

　　虽然理论上泊松比可以从 -1 到 $1/2$，但天然材料中一直没有发现泊松比为负的材料，直到 20 世纪 80 年代之后才人工制备出具有负泊松比的材料（可参考文献[9]和[10]）。

　　有关广义胡克定律的推导和弹性常数取值范围的讨论也可以在热力学理论的框架下进行，更一般和严格的推导可以参考文献[2]和[4]。

5.6　弹性的微观物理机理

　　根据热力学理论，自由能表示为 $F(\varepsilon_{ij},\theta)=U-TS$，其中，$U$ 为物体内能，S 为熵，T 为物体温度，自由能的物理意义表述物体内能中能自由对外做功的部分。在等温情况下，自由能就是弹性体中的应变能，因此

$$\sigma_{ij}=\frac{\partial W}{\partial \varepsilon_{ij}}=\frac{\partial F}{\partial \varepsilon_{ij}}=\frac{\partial U}{\partial \varepsilon_{ij}}-T\frac{\partial S}{\partial \varepsilon_{ij}} \tag{5-32}$$

　　对于等温过程，式（5-32）两边对温度 T 求导，则有 $\dfrac{\partial \sigma_{ij}}{\partial T}=-\dfrac{\partial S}{\partial \varepsilon_{ij}}$，再代回式（5-32），得

$$\sigma_{ij}=\frac{\partial U}{\partial \varepsilon_{ij}}+T\frac{\partial \sigma_{ij}}{\partial T} \tag{5-33}$$

式（5-33）右边第一项 $\dfrac{\partial U}{\partial \varepsilon_{ij}}$ 称为内能应力，第二项 $T\dfrac{\partial \sigma_{ij}}{\partial T}$ 称为熵应力，如图 5-2 所示，也称为内能弹性和熵弹性（可参考文献[11]）。

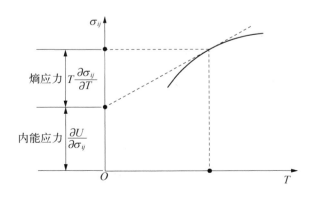

图 5-2　内能应力和熵应力

对于晶体材料,内能应力占主导地位,熵应力可忽略不计。而对于高分子材料,熵应力起主要作用,内能应力可忽略不计。

5.6.1　内能弹性

晶体由晶胞周期性排列而成,晶胞中的主要化学键可以是离子键、共价键、金属键;次要化学键是范德瓦耳斯力和氢键。

原子间的作用力属于有势力,可以用势能 V 来表示,原子间的作用力 $F = -\dfrac{\partial V}{\partial r}$。如图 $5-3$ 所示,原子位于平衡位置时,引力和斥力之和为零,这时原子间的距离记为 r_0。当原子间的距离 $r < r_0$ 时,作用力表现为斥力;当 $r > r_0$ 时为引力。原子键的等效刚度 $S_e = \dfrac{\mathrm{d}^2 V}{\mathrm{d} r^2}$,当原子处于平衡位置时 $S_0 = \left(\dfrac{\mathrm{d}^2 V}{\mathrm{d} r^2}\right)_{r=r_0}$,胡克定律中的杨氏模量 E 与 S_0 有关。如图 $5-4(\mathrm{a})$ 所示,原子间的相互作用可以直观地看成由许多弹簧联结而成,晶体弹性的物理机制是当晶体由于施加外力而发生变形后,组成晶体的原子间的间距和相对位置变化而引起原子间的相互作用力改变,外力撤出后原子之间的间距将恢复到初始间距,原子位置回到初始状态。

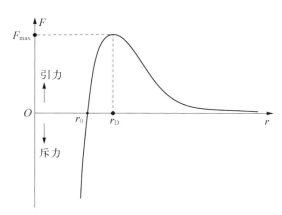

图 $5-3$　原子间的作用力

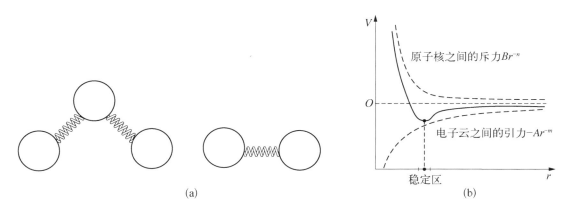

图 $5-4$　原子间化学键的弹簧模型(a)与原子间势能曲线(b)

5.6.2　熵弹性

如图 $5-5$ 所示,高分子材料由很多长链大分子组成,由于其特殊的微观分子结构,熵应力在高分子材料的弹性变形过程中起主导作用。高分子是由结合力很强的共价键主链和与主链呈弱键合的悬挂侧基所组成的。主链中诸链段的长度在变形时很难改变,侧基形成链与链之间的较弱的相互作用,如范得瓦耳斯力。这类材料的变形主要通过各链段之间绕相邻链段转动来实现。

考虑一条由 n 节长度为 a 的链段组成的主链。对于高分子聚合物材料来说,n 是一个大数。在给定的首末端间距 R 下,主链可以有许多种构形,图 5-6 描述了其中一种可能的构型。记 $\Pi = \Pi(R,n)$ 为首末端间距为 R 的可能构型数。

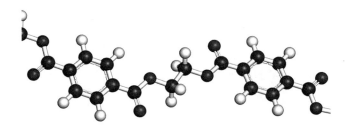

图 5-5　聚合物的长链大分子结构　　　图 5-6　聚合物分子主链在给定首末端距离下的可能构型

给定分子链段数 n,则首末端距离为 R 的可能构型数随 R 的改变而变化。假设聚合物变形为 ε_{ij},两末端矢量由 R 变到 r,相应的可能构型数 Π 会发生改变。聚合物分子的构型熵 S_q 可以通过统计力学中的玻尔兹曼公式计算

$$S_q = K_B \ln \Pi \tag{5-34}$$

式中,K_B 为玻尔兹曼常数。总熵包括构型熵 S_q 和热振动熵 S_p 两部分,S_p 基本不受聚合物变形的影响。因此对于高分子聚合物材料,熵应力近似为

$$\sigma_{ij} = \frac{\partial U}{\partial \varepsilon_{ij}} - T \frac{\partial S}{\partial \varepsilon_{ij}} \approx -T \frac{\partial S_q}{\partial \varepsilon_{ij}} = -\frac{K_B T}{\Pi} \frac{\partial \Pi}{\partial \varepsilon_{ij}} \tag{5-35}$$

式(5-35)表明聚合物由于变形引起构型熵的改变,从而导致熵应力。从物理直观上看,一方面给定分子链段数 n,则首末端距离为 R 的可能构型数随 R 的增大而变小;另一方面,当 R 比较小时,由于邻近分子主链的限制作用,可能的构型数也会变小。只有 R 取某一特定值时,可能的构型数最大,也就是这个状态熵最大,对应于平衡状态。当聚合物受到外力作用时,主分子链首末端距离 R 发生变化,构型数也随之发生改变。当外力撤出后,材料又恢复到构型数最大,也就是熵最大的状态,因此对于高分子聚合物材料,熵弹性起着主导作用。

根据上述思路,基于网络链模型,可导出橡胶类聚合物的应力-应变关系为

$$\sigma = NK_B T(\lambda - \lambda^{-2}) \tag{5-36}$$

式中,λ 为伸长率;N 为单位体积内的链段数。式(5-36)称为橡胶材料的 Neo-Hookean 定律(可参考文献[12])。

习　　题

1. 试推导当 x_3 为对称轴时,$2C_{1212} = C_{1111} - C_{1122}$。

2. 写出各向同性材料应力不变量和应变不变量之间的关系。

3. 写出各向同性材料以应力表示的应变能密度表达式（以 E，ν 表示）。

4. 应力可以分解为偏应力和平均应力之和，对应的应变能密度称为形状改变应变能密度（畸变能）和体积改变应变能密度，试在主坐标系中讨论，导出形状改变应变能密度和体积改变应变能密度的表达式。

5. 由应变能密度的正定性导出 $\mu > 0$，$3\lambda + 2\mu > 0$。

6. 证明各向同性材料的应变主方向和应力主方向一致。

6 弹性力学问题的建立和一般原理

前面几章我们讨论了处于静力平衡状态的弹性体内受力状况的描述、平衡方程的建立,弹性体变形的刻画和分析,以及受力和变形,即应力与应变之间的关系。本章首先将进一步研究想要求解弹性体的受力和变形,弹性力学问题应怎样转化为求解微分方程组的数学问题,其次介绍弹性力学的几个一般基本原理:唯一性定理、叠加原理和圣维南原理。最后,讨论位移解法、应力解法及内约束问题。

6.1 基本方程和定解条件

在前面几章中,我们介绍的弹性力学基本方程包括几何方程、平衡方程和应力-应变关系(本构关系),这些方程的具体形式如下:几何方程 $\varepsilon_{ij} = \dfrac{1}{2}(u_{i,j} + u_{j,i})$ $(i, j = 1, 2, 3)$,平衡方程 $\sigma_{ji,j} + f_i = 0$ $(i, j = 1, 2, 3)$,本构关系 $\sigma_{ij} = \lambda\varepsilon_{kk}\delta_{ij} + 2\mu\varepsilon_{ij}$ $(i, j = 1, 2, 3)$。 这些方程中共涉及位移、应变、应力 15 个未知量,总共有 15 个方程。

要求解弹性力学问题,除了基本方程外,还需要正确表述边界条件。设弹性体所占的空间区域为 V,其边界为 S,S_u 表示边界上位移已知的部分,S_σ 是边界上面力已知的部分,S_e 为具有弹性支承的边界,则边界条件可以表示为

$$
\begin{aligned}
\boldsymbol{u} &= \bar{\boldsymbol{u}}, && \text{在 } S_u \text{ 上} \\
\boldsymbol{n} \cdot \boldsymbol{T} &= \bar{\boldsymbol{p}}(n_j\sigma_{ji} = \bar{p}_i), && \text{在 } S_\sigma \text{ 上} \\
\boldsymbol{n} \cdot \boldsymbol{T} + k\boldsymbol{u} &= 0, && \text{在 } S_e \text{ 上}
\end{aligned}
\tag{6-1}
$$

式中,$\bar{\boldsymbol{u}}$ 是边界上已知的位移;$\bar{\boldsymbol{p}}$ 为边界上已知的面力;$k > 0$ 为常数,分别称为位移边界条件、应力边界条件和弹性支承边界条件,每种边界条件各有 3 个标量方程。对于动力学问题,除了边界条件,还要给定初始条件,即初始时刻弹性体的位移和速度。

一般来说,弹性力学问题可分为以下三类。

1. 位移边值问题

边界上位移已知,该类问题的求解归结为基本方程加上位移边界条件。

2. 应力边值问题

边界上应力已知,归结为基本方程加上应力边界条件:$\sigma_{ij}n_j = \bar{p}_i$。

当边界面垂直于某一坐标轴时,应力边界条件将大为简化。例如,垂直于 x 轴的边界上,$n_1 = \pm 1$,$n_2 = n_3 = 0$,应力边界条件简化为

$$
\sigma_x = \pm\bar{p}_x, \quad \tau_{xy} = \pm\bar{p}_y, \quad \tau_{xz} = \pm\bar{p}_z, \quad \text{在 } S_\sigma \text{ 上}
$$

垂直于 y 轴的边界上,$n_1 = 0$,$n_2 = \pm 1$,$n_3 = 0$,应力边界条件简化为

$$\tau_{yx} = \pm \bar{p}_x, \ \sigma_y = \pm \bar{p}_y, \ \tau_{yz} = \pm \bar{p}_z, \quad \text{在 } S_\sigma \text{ 上}$$

垂直于 z 轴的边界上，$n_1 = n_2 = 0$，$n_3 = \pm 1$，应力边界条件简化为

$$\tau_{zx} = \pm \bar{p}_x, \ \tau_{zy} = \pm \bar{p}_y, \ \sigma_z = \pm \bar{p}_z, \quad \text{在 } S_\sigma \text{ 上}$$

可见，在这种边界上，边界上的应力分量值就等于对应的面力分量（当边界的外法向沿坐标轴正方向时，两者的正负号相同；当边界的外法向沿坐标轴负方向时，两者的正负号相反）。

注意：在垂直于 x 轴的边界上，应力边界条件中并没有 σ_y 和 σ_z；在垂直于 y 轴的边界上，应力边界条件中并没有 σ_x 和 σ_z；在垂直于 z 轴的边界上，应力边界条件中并没有 σ_x 和 σ_y。这就是说，平行于边界方向的正应力，它的边界值与面力分量并不直接相关。

3. 混合边值问题

一部分边界位移已知，另一部分边界面力已知。此外，在同一条边界上还可能出现混合边界条件，即 3 个边界条件中的一个是位移边界条件，而另外两个则是应力边界条件。例如如下的两个平面问题，设垂直于 x 轴的某一个边界是连杆支撑边，如图 6-1(a) 所示，则在 x 方向有位移边界条件 $u_x = \bar{u} = 0$，而在 y 方向有应力边界条件 $\tau_{xy} = \bar{p}_y = 0$。又例如，设垂直于 x 轴的某一个边界是齿槽边，如图 6-1(b) 所示，则在 x 方向有应力边界条件 $\sigma_x = 0$，而在 y 方向有位移边界条件 $v = \bar{v} = 0$。这类问题的解决要在混合边界条件下求解基本方程。

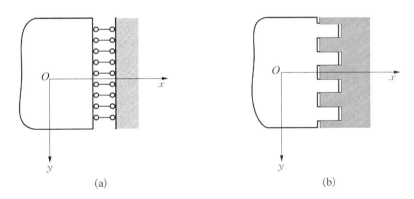

图 6-1 混合边值问题

对于解的存在性和唯一性都有大量研究，边界条件的提法在微分方程理论中称为适定性问题。一般情况下，同一段边界上给定位移，就不能再给定应力；给定应力就不能再给定位移，否则可能无解。但某些特殊问题可以既提位移边界条件又提应力边界条件，例如地质勘探。这是因为在一般问题中，材料的弹性性质是已知的，需要求解物体中的应力、应变、位移，而在地质勘探问题中，材料常数是未知的，需要通过测量的位移、应力、应变信息来反推材料常数，以判断地下是否有矿藏及储藏范围。

弹性力学问题的求解方法一般包括实验方法、解析方法和数值求解方法。具体地说，实验方法又包含电测、光测、光弹、X 射线和超声波方法等。解析方法主要有利用微分方程、复变函数、积分方程和积分变换等理论和技巧；数值方法主要有有限元、有限差分、边界元和无网格法等。本章主要介绍解析方法和数值方法的理论基础。

6.2 基 本 原 理

本节介绍弹性力学的 3 个基本原理,即唯一性定理、叠加原理和圣维南原理,其他基本原理如虚位移原理、功的互等定理、最小势能原理和最小余能原理将在第 12 章中介绍。

1. 唯一性定理

当体力和边界条件给定时,弹性力学边值问题的应力场是唯一确定的,位移场可精确到相差一个刚体位移。

证明:设有两个解, $u_i^{(1)}$, $\varepsilon_{ij}^{(1)}$, $\sigma_{ij}^{(1)}$, $u_i^{(2)}$, $\varepsilon_{ij}^{(2)}$, $\sigma_{ij}^{(2)}$,都满足基本方程和边界条件

$$\begin{cases} \varepsilon_{ij}^m = \dfrac{1}{2}(u_{i,j}^{(m)} + u_{j,i}^{(m)}) \\ \sigma_{ij,j}^{(m)} + f_i = 0 \\ \sigma_{ij}^{(m)} = C_{ijkl}\varepsilon_{kl}^{(m)} \end{cases} \qquad (i,j,k,l=1,2,3; m=1,2) \qquad (6-2)$$

边界条件为

$$\begin{cases} u_i^{(m)} = \bar{u}_i, & \text{在 } S_u \text{ 上} \\ n_j\sigma_{ji}^{(m)} = \bar{p}_i, & \text{在 } S_\sigma \text{ 上} \\ n_j\sigma_{ji}^{(m)} + ku_i^{(m)} = 0, & \text{在 } S_e \text{ 上} \end{cases} \qquad (6-3)$$

令 $\begin{cases} u_i^* = u_i^{(1)} - u_i^{(2)} \\ \varepsilon_{ij}^* = \varepsilon_{ij}^{(1)} - \varepsilon_{ij}^{(2)} \\ \sigma_{ij}^* = \sigma_{ij}^{(1)} - \sigma_{ij}^{(2)} \end{cases}$,则 u_i^* , ε_i^* , σ_{ij}^* 满足

$$\begin{cases} \varepsilon_{ij}^* = \dfrac{1}{2}(u_{i,j}^* + u_{j,i}^*) \\ \sigma_{ij,j}^* = 0 \\ \sigma_{ij}^* = C_{ijkl}\varepsilon_{kl}^* \end{cases}, \quad \begin{cases} u_i^* = 0, & \text{在 } S_u \text{ 上} \\ n_j\sigma_{ji}^* = 0, & \text{在 } S_\sigma \text{ 上} \\ n_j\sigma_{ji}^* + ku_i^* = 0, & \text{在 } S_e \text{ 上} \end{cases} \qquad (6-4)$$

u_i^* , ε_i^* , σ_{ij}^* 可以看作是零体力、零边界位移和应力为零的弹性力学问题的解。应变能密度为 $W = \dfrac{1}{2}\sigma_{ij}\varepsilon_{ij}$,则有

$$\begin{aligned} 2\iiint_V W \mathrm{d}v &= \iiint_V \frac{1}{2}\sigma_{ij}^*(u_{i,j}^* + u_{j,i}^*)\mathrm{d}v = \iiint_V \sigma_{ij}^* u_{i,j}^* \mathrm{d}v = \iiint_V [(\sigma_{ij}^* u_i^*)_{,j} - \sigma_{ij,j}^* u_i^*]\mathrm{d}v \\ &= \iint_S \sigma_{ij}^* u_i^* n_j \mathrm{d}s - \iiint_V \sigma_{ij,j}^* u_i^* \mathrm{d}v = \iint_{S_e} \sigma_{ij}^* u_i^* n_j \mathrm{d}s = -\iint_{S_e} ku_i^* u_i^* \mathrm{d}s \\ &= -\iint_{S_e} k[(u_1^*)^2 + (u_2^*)^2 + (u_3^*)^2]\mathrm{d}s \leqslant 0 \end{aligned} \qquad (6-5)$$

式中, n_i 为边界 S 的法向。

另外由应变能密度的正定性，$\iiint\limits_V W \mathrm{d}v \geqslant 0$，所以 $\iiint\limits_V W \mathrm{d}v = 0$，$W = 0$，$\sigma_{ij}^* = 0$，$\varepsilon_{ij}^* = 0$，也就是，$\sigma_{ij}^{(1)} = \sigma_{ij}^{(2)}$，$u_i^{(1)}$，$u_i^{(2)}$ 最多相差一个刚体位移。

2. 叠加原理

实际工程中物体可能受到比较复杂的载荷作用，如果可以把几种简单载荷作用的解求出，将简单载荷作用的结果叠加来求复杂载荷作用问题的解，那么将给求解带来极大的方便，下面介绍的原理保证了这种由简及繁方法的正确性。

叠加原理指作用在弹性体上几组载荷的总效应（应力和变形）等于每组载荷单独作用的总和。

数学表示如下：

如果 $u_i^{(1)}$，$\varepsilon_{ij}^{(1)}$，$\sigma_{ij}^{(1)}$ 满足

$$\begin{cases} \varepsilon_{ij}^{(1)} = \dfrac{1}{2}(u_{i,j}^{(1)} + u_{j,i}^{(1)}) \\[2mm] \sigma_{ij,j}^{(1)} + f_i^{(1)} = 0 \\[2mm] \sigma_{ij}^{(1)} = C_{ijkl}\varepsilon_{kl}^{(1)} \end{cases} \tag{6-6}$$

$$\begin{cases} u_i^{(1)} = \bar{u}_i^{(1)}, & \text{在 } S_u \text{ 上} \\[2mm] n_j\sigma_{ji}^{(1)} = \bar{p}_i^{(1)}, & \text{在 } S_\sigma \text{ 上} \quad (i,j = 1,2,3) \\[2mm] n_j\sigma_{ji}^{(1)} + ku_i^{(1)} = 0, & \text{在 } S_e \text{ 上} \end{cases} \tag{6-7}$$

$u_i^{(2)}$，$\varepsilon_{ij}^{(2)}$，$\sigma_{ij}^{(2)}$ 满足

$$\begin{cases} \varepsilon_{ij}^{(2)} = \dfrac{1}{2}(u_{i,j}^{(2)} + u_{j,i}^{(2)}) \\[2mm] \sigma_{ij,j}^{(2)} + f_i^{(2)} = 0 \\[2mm] \sigma_{ij}^{(2)} = C_{ijkl}\varepsilon_{kl}^{(2)} \end{cases} \tag{6-8}$$

$$\begin{cases} u_i^{(2)} = \bar{u}_i^{(2)}, & \text{在 } S_u \text{ 上} \\[2mm] n_j\sigma_{ji}^{(2)} = \bar{p}_i^{(2)}, & \text{在 } S_\sigma \text{ 上} \quad (i,j = 1,2,3) \\[2mm] n_j\sigma_{ji}^{(2)} + ku_i^{(2)} = 0, & \text{在 } S_e \text{ 上} \end{cases} \tag{6-9}$$

令 $u_i = u_i^{(1)} + u_i^{(2)}$，$\sigma_{ij} = \sigma_{ij}^{(1)} + \sigma_{ij}^{(2)}$，则 u_i，σ_{ij} 满足

$$\sigma_{ij,j} + f_i^{(1)} + f_i^{(2)} = 0 \quad (i,j = 1,2,3) \tag{6-10}$$

$$\begin{cases} u_i = \bar{u}_i^{(1)} + \bar{u}_i^{(2)}, & \text{在 } S_u \text{ 上} \\[2mm] n_j\sigma_{ji} = \bar{p}_i^{(1)} + \bar{p}_i^{(2)}, & \text{在 } S_\sigma \text{ 上} \quad (i,j = 1,2,3) \\[2mm] n_j\sigma_{ji} + ku_i = 0, & \text{在 } S_e \text{ 上} \end{cases} \tag{6-11}$$

请注意，应用叠加原理时必须是作用在同一物体且是线弹性、小变形，边界条件也是线性的才成立。在材料非线性或大变形时不再成立。例如，稳定性问题，两种载荷均低于失稳载荷，但加在一起可能超过临界载荷；梁同时受轴力和横向力作用的纵横弯曲问题，板壳大挠度

问题等。

3. 圣维南原理(Saint-Venant Principle)

求解弹性力学应力边值问题需要满足边界上的应力边界条件,$n \cdot T = \bar{p}$,$\bar{p}$ 为边界上的面力。但实际中大量的问题是边界上的作用力已知合力和合力矩,而力的具体分布很难精确测量;另外,即使面力分布已知,在解析求解时也很难让边界条件逐点满足。如何来简化满足边界条件呢? 圣维南提出如下原理,说明复杂分布的力可以用简单的等效力系代替。

圣维南原理指如果作用于物体上某一小区域中的力系由作用在同一区域中的另一组静力等效力系代替,则对应力和变形的影响仅限于该区域附近的范围,或者小区域内作用的平衡力系所引起的变形和应力仅限于其附近的区域。

例如,设有柱形构件,在两端截面的形心受到大小相等而方向相反的拉力 F 作用,如图 6-2(a)所示。如果把一端或两端的拉力变换为静力等效的力,如图 6-2(b)或(c)所示,则只有虚线画出部分的应力分布有显著的改变,而其余部分所受的影响是可以不计的。如果再将两端的拉力变换为均匀分布的拉应力,大小等于 F/A,其中 A 为构件的横截面面积,如图 6-2(d)所示,或者将另一端固定,如图 6-2(e)所示,仍然只有靠近两端部分的应力受到显著的影响。这就是说,在上述 5 种情况下,离开两端较远部分的应力分布并没有显著的差别。

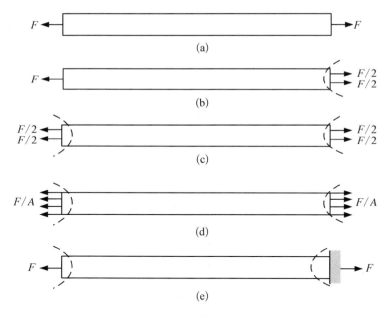

图 6-2 圣维南原理示意图

必须注意:应用圣维南原理,替代的力系必须满足"静力等效"条件。例如,在图 6-2(a)所示的构件上 ,如果两端的合力 F 不是作用在横截面的形心,而具有一定的偏心距离,那么,作用在每一端的面力,不管它的分布方式如何,与作用在横截面的形心的力 F 总归不是静力等效的。与图中的 5 种情况下的应力相比,这时的应力就不但是在靠近两端处有差异,而且在整个构件中都是不同的。

另外需要注意的是,圣维南原理只能应用于物体的一小部分边界上(又称为局部边界、小边界或次要边界),因为如果应用于大边界上(主要边界),则必然使整个物体的应力状态都发生显著的改变。通常,在弹性力学中下列两种情况可以考虑使用圣维南原理:① 当小部分边界上面力分布方式未知,仅知道其合力;② 当小部分边界上的边界条件不能逐点精确满足时。

圣维南原理的基础在于应变能密度的正定性,应用圣维南原理可以极大地简化弹性力学问题的求解,是梁、板、壳近似理论的基础。圣维南原理目前还没有严格的定量表述,什么情况下成立也没有得到严格的数学证明;有些情况下不一定适用,使用时需谨慎,例如对薄壁杆件和有裂纹的结构等某些情况下不成立(可参考文献[4][13])。应用圣维南原理得到的解,通常称为"圣维南原理意义下的精确解",以区别于严格满足边界条件的精确解。

6.3 以位移表示的边值问题(位移解法)

我们在前面几章中导出了平衡方程 $\sigma_{ij,j} + f_i = 0$ 及各向同性弹性体体的本构关系 $\sigma_{ij} = \lambda \varepsilon_{kk} \delta_{ij} + 2\mu \varepsilon_{ij} = \lambda u_{k,k} \delta_{ij} + \mu(u_{i,j} + u_{j,i})$。 本构关系代入平衡方程,得到

$$\lambda u_{k,kj} \delta_{ij} + \mu(u_{i,jj} + u_{j,ij}) + f_i = 0$$
$$\lambda u_{k,ki} + \mu u_{i,jj} + \mu u_{j,ji} + f_i = 0 \qquad (6-12)$$
$$(\lambda + \mu) u_{j,ji} + \mu u_{i,jj} + f_i = 0$$

表示成整体形式为 $(\lambda + \mu) \nabla(\nabla \cdot \boldsymbol{u}) + \mu \nabla^2 \boldsymbol{u} + \boldsymbol{f} = \boldsymbol{0}$,其中 $\nabla^2 = \dfrac{\partial^2}{\partial x^2} + \dfrac{\partial^2}{\partial y^2} + \dfrac{\partial^2}{\partial z^2}$ 为拉普拉斯(Laplace)算子,或者可以写成 $\nabla^2 \boldsymbol{u} + \dfrac{1}{1-2\nu} \nabla(\nabla \cdot \boldsymbol{u}) + \dfrac{1}{\mu} \boldsymbol{f} = \boldsymbol{0}$ 的形式,这就是以位移表示的弹性力学平衡方程,其分量形式为

$$(\lambda + \mu) \frac{\partial}{\partial x}(\nabla \cdot \boldsymbol{u}) + \mu \nabla^2 u + f_x = 0$$
$$(\lambda + \mu) \frac{\partial}{\partial y}(\nabla \cdot \boldsymbol{u}) + \mu \nabla^2 v + f_y = 0 \qquad (6-13)$$
$$(\lambda + \mu) \frac{\partial}{\partial z}(\nabla \cdot \boldsymbol{u}) + \mu \nabla^2 w + f_z = 0$$

式(6-13)又称为纳维(Navier)方程。

弹性力学的位移解法中需要将应力边界条件用位移来表示,应力边界条件为 $\boldsymbol{n} \cdot \boldsymbol{T} = \bar{\boldsymbol{p}}$($n_j \sigma_{ji} = \bar{p}_i$),将本构关系代入,得

$$n_j(\lambda \varepsilon_{kk} \delta_{ji} + 2\mu \varepsilon_{ji}) = n_j(\lambda u_{k,k} \delta_{ji} + 2\mu \varepsilon_{ji}) = \lambda u_{k,k} n_i + 2\mu n_j \varepsilon_{ji} = \bar{p}_i \qquad (6-14)$$

写成整体形式为 $\lambda \nabla \cdot \boldsymbol{u} \boldsymbol{n} + 2\mu \boldsymbol{n} \cdot \boldsymbol{\Gamma} = \bar{\boldsymbol{p}}$,这就是以位移表示的应力边界条件。

如果没有体力,则纳维方程(以位移表示的平衡方程)能简化为

$$(\lambda + \mu) \nabla(\nabla \cdot \boldsymbol{u}) + \mu \nabla^2 \boldsymbol{u} = \boldsymbol{0} \qquad (6-15)$$

两边取散度,得

$$\mu \nabla^2(\nabla \cdot \boldsymbol{u}) + (\lambda + \mu) \nabla^2(\nabla \cdot \boldsymbol{u}) = 0 \qquad (6-16)$$

即 $\nabla^2(\nabla \cdot \boldsymbol{u}) = 0$。

再对式(6-15)作用拉普拉斯(Laplace)算子,得

$$\mu \nabla^2 \nabla^2 \boldsymbol{u} + (\lambda + \mu) \nabla \nabla^2 (\nabla \cdot \boldsymbol{u}) = \boldsymbol{0} \tag{6-17}$$

由于 $\nabla^2(\nabla \cdot \boldsymbol{u}) = 0$,式(6-17)左边第二项为零,所以 $\nabla^2 \nabla^2 \boldsymbol{u} = \boldsymbol{0}$,即无体力时,各向同性弹性体的位移分量是双调和函数。

6.4 以应力表示的边值问题(应力解法)

应变协调方程可以表示为 $\nabla \times \boldsymbol{\Gamma} \times \nabla = \boldsymbol{0}$,原则上将应力-应变关系 $\varepsilon_{ij} = \dfrac{1+\nu}{E}\sigma_{ij} - \dfrac{\nu}{E}\sigma_{kk}\delta_{ij}$ 代入式(6-17),即可导出以应力表示的应变协调方程,但这样推导比较烦琐,其中的一些关系不容易看清。下面我们从纳维方程出发来推导。

纳维方程为

$$\nabla^2 u_i + \frac{1}{1-2\nu}(\nabla \cdot \boldsymbol{u})_{,i} + \frac{1}{\mu}f_i = 0 \tag{6-18}$$

两边求偏导数,得

$$\nabla^2 u_{i,j} + \frac{1}{1-2\nu}(\nabla \cdot \boldsymbol{u})_{,ij} + \frac{1}{\mu}f_{i,j} = 0 \tag{6-19}$$

i, j 交换,得

$$\nabla^2 u_{j,i} + \frac{1}{1-2\nu}(\nabla \cdot \boldsymbol{u})_{,ji} + \frac{1}{\mu}f_{j,i} = 0 \tag{6-20}$$

式(6-19)和式(6-20)相加得

$$2\nabla^2 \varepsilon_{ij} + \frac{2}{1-2\nu}(\nabla \cdot \boldsymbol{u})_{,ij} + \frac{1}{\mu}(f_{i,j} + f_{j,i}) = 0 \tag{6-21}$$

再由应力-应变关系

$$\varepsilon_{ij} = \frac{1+\nu}{E}\sigma_{ij} - \frac{\nu}{E}\sigma_{kk}\delta_{ij} \tag{6-22}$$

得到体积应变和平均应力之间的关系为

$$\varepsilon_{ii} = \frac{1-2\nu}{E}\sigma_{ii} \tag{6-23}$$

将式(6-22)、式(6-23)代入式(6-21),得

$$(1+\nu)\,\nabla^2\sigma_{ij}-\nu\,\nabla^2\sigma_{kk}\delta_{ij}+\sigma_{kk,ij}+\frac{E}{2\mu}(f_{i,j}+f_{j,i})=0 \qquad (6-24)$$

两边乘以 δ_{ij}（取迹，即式（6-24）中 $i=j$ 的 3 个方程相加），得到

$$(1+\nu)\,\nabla^2\sigma_{ii}-3\nu\,\nabla^2\sigma_{kk}+\sigma_{kk,ii}+\frac{E}{\mu}f_{i,i}=0$$
$$(6-25)$$
$$\nabla^2\sigma_{ii}=-\frac{1+\nu}{1-\nu}f_{i,i}$$

将式（6-25）代入式（6-24）

$$\nabla^2\sigma_{ij}+\frac{1}{1+\nu}\sigma_{kk,ij}+\frac{\nu}{1-\nu}f_{k,k}\delta_{ij}+f_{i,j}+f_{j,i}=0 \qquad (6-26)$$

式（6-26）称为应力协调方程或贝尔特拉米-米歇尔（Beltrami-Michell）方程，以整体形式表示为

$$\nabla^2\boldsymbol{T}+\frac{1}{1+\nu}\,\nabla\,\nabla\,\Theta+\frac{\nu}{1-\nu}(\nabla\cdot\boldsymbol{f})\boldsymbol{I}+\nabla\boldsymbol{f}+\boldsymbol{f}\,\nabla=\boldsymbol{0} \qquad (6-27)$$

式中，$\Theta=\sigma_{ii}=\sigma_{11}+\sigma_{22}+\sigma_{33}$ 为应力张量的第一不变量（平均应力的 3 倍）。

式（6-25）说明当体力为常量或无体力时，$\nabla^2\sigma_{ii}=0$，即平均应力为调和函数。当体力为常量或无体力时，对式（6-26）取拉普拉斯算子，得 $\nabla^2\nabla^2\sigma_{ij}+\dfrac{1}{(1+\nu)}(\nabla^2\sigma_{kk})_{,ij}=0$，由此可知 $\nabla^2\nabla^2\sigma_{ij}=0$，即当体力为常量或无体力时，各向同性弹性体的应力分量是双调和函数。

以应力表示的边值问题（应力解法）归结为在应力边界条件下求解平衡方程和应力协调方程

$$\begin{cases} \nabla^2\sigma_{ij}+\dfrac{1}{1+\nu}\sigma_{kk,ij}+\dfrac{\nu}{1-\nu}f_{k,k}\delta_{ij}+f_{i,j}+f_{j,i}=0, & \text{在 }V\text{ 中}\\[2mm] \sigma_{ij,j}+f_i=0, & \text{在 }V\text{ 中}\\[2mm] n_j\sigma_{ji}=\bar{p}_i, & \text{在 }S_\sigma\text{ 上} \end{cases} \qquad (6-28)$$

由于从应力求位移需要积分，所以应力解法对有位移边界的问题不适用。

我们知道如果已知位移可以由几何方程求出应变，反过来已知应变可以通过积分求位移，但应变必须满足应变协调方程才能保证得到连续、单值的位移，因此应变协调方程的作用是保证弹性体各部分之间变形协调，使位移单值、连续，仅从应变协调方程是不能解出应变的。应力协调方程是由应变协调方程和本构关系导出的，那么也不能仅从应力协调方程解出应力，所以式（6-27）需要加上平衡方程及应力边界条件才能求解。

式（6-28）共有 6 个未知量、9 个方程、3 个边界条件，方程的数目大于未知量的个数，形式上看似不太“合理”，有学者经过研究，指出若平衡方程在边界上满足，则一定在整个区域内成立，这样平衡方程可以当作边界条件（可参考文献[4]），说明如下。

由式(6-28)可得

$$\nabla^2 \sigma_{ij,j} + \frac{1}{1+\nu} \sigma_{kk,ijj} + \frac{\nu}{1-\nu} f_{k,kj} \delta_{ij} + f_{i,jj} + f_{j,ij} = 0 \qquad (6-29)$$

由式(6-25)的第二式,可知

$$\nabla^2 \sigma_{kk,i} = -\frac{1+\nu}{1-\nu} f_{k,ki} \qquad (6-30)$$

代入式(6-29),得 $\nabla^2 \sigma_{ij,j} + f_{i,jj} = 0$,即 $\nabla^2(\sigma_{ij,j} + f_i) = 0$。 这说明 $\sigma_{ij,j} + f_i$ 为调和函数,根据调和函数的性质,若其在边界上为零,则在区域内处处为零。所以,在应力解法中,平衡方程只要在边界上满足即可。于是问题就变成 6 个未知量、6 个方程、6 个边界条件了,从形式上看方程与未知量的个数相等了。

式(6-28)中并未出现杨氏模量 E,这说明如果只有应力边界条件,且两个弹性体受到的体力和边界面力相同,只要它们的泊松比相同,即使杨氏模量不同,它们内部的应力值和分布就相同。这是一个很有趣的性质,称为应力不变性。

6.5　内约束问题

有些材料对变形有一定的限制,例如橡胶,几乎是不可压缩的,体积应变在变形过程中总为零;再比如碳纤维增强复合材料,碳纤维的拉伸模量比树脂基体大很多,纤维方向可以近似看作是不可拉伸的,这类问题称为内约束问题。

一般地说,内约束可以表示为

$$f(\varepsilon_{ij}) = 0 \qquad (6-31)$$

约束可以有一个,也可以有多个。

因为有内约束,变形过程中会产生内约束应力以保证约束条件得到满足,约束应力在约束应变上不做功,所以约束应力就不能反映到广义胡克定律中。

对式(6-31)求微分,得

$$\frac{\partial f}{\partial \varepsilon_{ij}} \mathrm{d}\varepsilon_{ij} = 0 \qquad (6-32)$$

另外,约束应力 N_{ij} 在约束应变上不做功,则有 $N_{ij}\mathrm{d}\varepsilon_{ij} = 0$,与式(6-32)比较,有

$$N_{ij} = c \frac{\partial f}{\partial \varepsilon_{ij}} \qquad (6-33)$$

式中,C 为常量。

例如,橡胶可以近似地看作是各向同性不可压缩材料,体积应变 $\varepsilon_V = \varepsilon_{ii} = \varepsilon_{11} + \varepsilon_{22} + \varepsilon_{33} = 0$,相当于泊松比为 0.5,其约束应力为 $N_{ij} = c \dfrac{\partial \varepsilon_{kk}}{\partial \varepsilon_{ij}} = c\delta_{ij}$,记为 $-q\delta_{ij}$。 由广义胡克定律得,$\sigma_{ij} = \lambda \varepsilon_{kk} \delta_{ij} + 2\mu \varepsilon_{ij} = 2\mu \varepsilon_{ij}$,这部分是非约束应变对应的应力,则总的应力为

$$\sigma_{ij} = -q\delta_{ij} + 2\mu\varepsilon_{ij} \tag{6-34}$$

代入平衡方程 $\sigma_{ij,j} = 0$，得

$$\mu u_{i,jj} + \mu u_{j,ji} - q_{,i} = 0 \tag{6-35}$$

所以，不可压缩材料弹性力学问题的完整表述（可参考文献[14]）为

$$\begin{cases} \mu\nabla^2\boldsymbol{u} + \mu\nabla(\nabla\cdot\boldsymbol{u}) - \nabla q = \boldsymbol{0}, & \text{在 } V \text{ 内} \\ \nabla\cdot\boldsymbol{u} = 0, & \text{在 } V \text{ 内} \\ \boldsymbol{u} = \bar{\boldsymbol{u}}, & \text{在 } S_u \text{ 上} \\ \boldsymbol{n}\cdot\boldsymbol{T} = \bar{\boldsymbol{p}}, & \text{在 } S_\sigma \text{ 上} \end{cases} \tag{6-36}$$

6.6　柱体自重拉伸问题

如图 6-3 所示的柱体，长为 l，截面形状不限，可以是圆形或矩形的，上下两端面均是平面。上端悬挂，其他面自由。坐标系按如图所示的方式建立，柱体受到的外力包括体力和上端面的悬挂力，体力为 $f_x = 0$，$f_y = 0$，$f_z = -\rho g$，其中 ρ 为材料密度，g 为重力加速度。

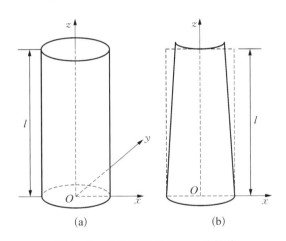

(a)　　　　　　　　(b)

图 6-3　柱体在自重作用下的拉伸

对这个简单问题，可以假设只有 z 方向（体力方向）的正应力分量存在，其他应力分量均为零，即 $\sigma_x = \sigma_y = 0$，$\tau_{xy} = \tau_{yz} = \tau_{xz} = 0$，由平衡方程 $\dfrac{\partial\sigma_z}{\partial z} - \rho g = 0$，得 $\sigma_z = \rho g z + c$，c 为常数。容易验证这些应力分量满足平衡方程和应力协调方程。

下面考察边界条件，下端面自由，法向方向为 $\boldsymbol{n} = (0, 0, -1)$，$\boldsymbol{n}\cdot\boldsymbol{T}\,|_{z=0} = (-\tau_{xz}, -\tau_{yz}, -\sigma_z)\,|_{z=0} = (0, 0, -\rho g z - c)\,|_{z=0} = \bar{\boldsymbol{p}} = (0, 0, 0)$，由此可确定常数 $c = 0$。再看侧面边界条件，侧面法向方向 $\boldsymbol{n} = (l, m, 0)$，$\boldsymbol{n}\cdot\boldsymbol{T} = \boldsymbol{0}$，所以侧面边界条件满足。

上端面法向方向为 $\boldsymbol{n} = (0, 0, 1)$，$\boldsymbol{n}\cdot\boldsymbol{T} = (0, 0, \rho g l)$，也就是说，悬挂面上的正应力 σ_z 必须是均匀分布的才是精确解；如果不是均匀分布的，则根据圣维南原理可知，当柱体较长时，只影响上端面附近区域的应力和变形。

将应力的解 $\sigma_x = \sigma_y = 0$，$\tau_{xy} = \tau_{yz} = \tau_{xz} = 0$，$\sigma_z = \rho g z$ 代入应力-应变关系，得到

$$\varepsilon_x = -\frac{\nu}{E}\sigma_z$$

$$\varepsilon_y = -\frac{\nu}{E}\sigma_z$$

$$\varepsilon_z = \frac{1}{E}\sigma_z \tag{6-37}$$

$$\varepsilon_{xy} = \varepsilon_{yz} = \varepsilon_{xz} = 0$$

即

$$\frac{\partial u}{\partial x} = \frac{\partial v}{\partial y} = -\frac{\nu \rho g z}{E}$$

$$\frac{\partial w}{\partial z} = \frac{\rho g z}{E}$$

$$\frac{\partial u}{\partial y} + \frac{\partial v}{\partial x} = 0, \tag{6-38}$$

$$\frac{\partial u}{\partial z} + \frac{\partial w}{\partial x} = 0,$$

$$\frac{\partial v}{\partial z} + \frac{\partial w}{\partial y} = 0$$

由式(6-38)第二式积分，得

$$w = \frac{\rho g z^2}{2E} + w_0(x, y) \tag{6-39}$$

式中，$w_0(x, y)$ 为 (x, y) 的任意函数。代入式(6-38)中第四、五式，即 $\dfrac{\partial u}{\partial z} = -\dfrac{\partial w}{\partial x} = -\dfrac{\partial w_0}{\partial x}$，$\dfrac{\partial v}{\partial z} = -\dfrac{\partial w}{\partial y} = -\dfrac{\partial w_0}{\partial y}$，积分得

$$u = -z\frac{\partial w_0}{\partial x} + u_0(x, y) \tag{6-40}$$

$$v = -z\frac{\partial w_0}{\partial y} + v_0(x, y)$$

式中，u_0，v_0 为 (x, y) 的任意函数。

将式(6-40)代入式(6-38)第一式，得

$$-z\frac{\partial^2 w_0}{\partial x^2} + \frac{\partial u_0}{\partial x} = -\frac{\nu \rho g z}{E} \tag{6-41}$$

$$-z\frac{\partial^2 w_0}{\partial y^2} + \frac{\partial v_0}{\partial y} = -\frac{\nu \rho g z}{E}$$

比较两边 z 的系数,得

$$\frac{\partial^2 w_0}{\partial x^2} = \frac{\partial^2 w_0}{\partial y^2} = \frac{\nu \rho g}{E}$$

$$\frac{\partial u_0}{\partial x} = 0 \tag{6-42}$$

$$\frac{\partial v_0}{\partial y} = 0$$

由式(6-42)可以看出,$u_0 = u_0(y)$,$v_0 = v_0(x)$。

将式(6-40)代入式(6-38)第三式,得

$$-2z \frac{\partial^2 w_0}{\partial x \partial y} + \frac{\partial u_0}{\partial y} + \frac{\partial v_0}{\partial x} = 0 \tag{6-43}$$

由此可导出

$$\frac{\partial^2 w_0}{\partial x \partial y} = 0,$$

$$u_0'(y) + v_0'(x) = 0 \tag{6-44}$$

式(6-44)第二式中,一项是 x 的函数,另一项是 y 的函数,要使其和为零,只有 $u_0'(y)$,$v_0'(x)$ 均为常数,设 $u_0'(y) = a$,则 $v_0'(x) = -a$,这样解出 u_0,v_0 为

$$u_0 = ay + b$$

$$v_0 = -ax + c \tag{6-45}$$

另外,由 $\dfrac{\partial^2 w_0}{\partial x^2} = \dfrac{\partial^2 w_0}{\partial y^2} = \dfrac{\rho g}{E}$,$\dfrac{\partial^2 w_0}{\partial x \partial y} = 0$ 可知,w_0 至多是 x,y 的二次式,且交叉项 xy 的系数为零。w_0 可解出

$$w_0 = \frac{\nu \rho g}{2E}(x^2 + y^2) + dx + ey + f \tag{6-46}$$

式(6-45)和式(6-46)中,a,b,c,d,e,f 均为常数。

将式(6-45)、式(6-46)代入式(6-39)、式(6-40),得

$$u = -\frac{\rho g}{E}zx - dz + ay + b$$

$$v = -\frac{\rho g}{E}zy - ez - ax + c \tag{6-47}$$

$$w = \frac{\rho g}{2E}\left[\nu(x^2 + y^2) + z^2\right] + dx + ey + f$$

式中,常数 a,b,c,d,e,f 对应于刚体位移。

如果限定上端面 $(0, 0, l)$ 处的位移和转动为零,即

$$(u, v, w)|_{(0,0,l)} = 0$$
$$\nabla \times (u, v, w)|_{(0,0,l)} = 0$$

(6 - 48)

由此可确定 $a = b = c = d = e = 0$，$f = -\dfrac{\rho g}{2E}l^2$，于是位移分量可以表示为

$$u = -\frac{\rho g}{E}xz$$

$$v = -\frac{\rho g}{E}yz$$

(6 - 49)

$$w = \frac{\rho g}{2E}\left[\nu(x^2 + y^2) + z^2 - l^2\right]$$

柱体轴线上的点（$x = 0$，$y = 0$），位移为 $u = 0$，$v = 0$，$w = \dfrac{\rho g}{2E}(z^2 - l^2)$，这说明变形后轴线仍然为直线，但伸长了。$z = l$ 处，$w = 0$；$z = 0$ 处，$w = -\dfrac{\rho g l^2}{2E}$，向下伸长。

下端面处（$z = 0$），$u = v = 0$，$w = \dfrac{\rho g}{2E}\left[\nu(x^2 + y^2) - l^2\right]$，说明下端面并未收缩，而是形成向下突出的抛物面。

习　　题

1. 如图 1 所示有一三角形水坝，设水的比重为 γ_1，水坝的比重为 γ，坝体中应力分量为

$$\sigma_x = ax + by, \quad \sigma_y = cx + dy,$$
$$\tau_{xy} = -dx - ay - \gamma x, \quad \tau_{zx} = \tau_{zy} = \sigma_z$$

求常数 a，b，c，d，使上述应力在边界上满足给定的条件。

2. 如图 2 所示，假设两种材料界面处理想黏结，写出界面处的位移和应力边界条件（二维问题）。

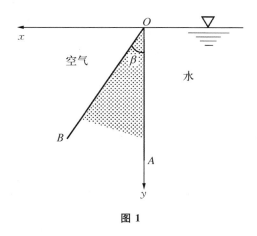

图 1

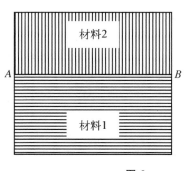

图 2

3. 下列应力场是否为无体力时弹性体中可能存在的应力场？如果是,它们在什么条件下存在?

(1) $\sigma_x = ax + by$,$\sigma_y = cx + dy$,$\sigma_z = 0$,$\tau_{xy} = fx + gy$,$\tau_{yz} = \tau_{xz} = 0$

(2) $\sigma_x = ax^2 y + bx$,$\sigma_y = cy^2$,$\sigma_z = 0$,$\tau_{xy} = dxy$,$\tau_{yz} = \tau_{xz} = 0$

(3) $\sigma_x = a[y^2 + b(x^2 - y^2)]$,$\sigma_y = a[x^2 + b(y^2 - x^2)]$,$\sigma_z = ab(x^2 + y^2)$,$\tau_{xy} = 2abxy$,$\tau_{yz} = \tau_{xz} = 0$

其中,a,b,c,d,f,g 均为常数。

4. 如图 3 所示,有一半无限弹性体,密度为 ρ,在水平边界面上受均匀压力 q 作用,已知水平位移 $u = v = 0$,假设在 $z = h$ 处 $w = 0$,求半空间中的位移和应力。

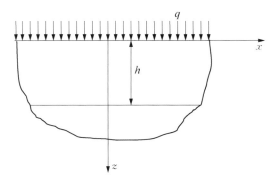

图 3

5. 弹性体沉没于与自己同密度的液体中,试求位移场。

6. 已知各向同性材料,弹性常数为 E、ν,无体力,应力分量为 $\sigma_x = \sigma_y = \tau_{xy} = \tau_{xz} = \tau_{yz} = 0$,$\sigma_z = ax + by + cz^3$,试求位移表达式。

7 平面问题的基本理论和直角坐标解法

实际的弹性体都是空间物体,所以任何弹性力学问题本质上都属于三维问题,但某些情况下可以将三维问题简化为平面问题以方便求解,这些正是本章所要研究的问题。平面问题包括平面应变和平面应力两种典型情况及更一般的广义平面应力和广义平面应变情况,本章主要介绍平面问题的直角坐标解法,包括逆解法、半逆解法和级数解法。关于极坐标解法和复变函数解法将在第 8 章和第 9 章中讨论。

平面问题是二维问题,由此能简单直观地阐明弹性理论的基本概念和基本方法,平面问题的结果在科学研究和工程中有广泛应用,某些平面问题的解析解可以引申出一些重要的概念比如应力集中、应力奇异等。一百多年前,正是含椭圆孔无限大板受单向拉伸这个平面问题的解启发了英国学者 Alan A. Griffith 提出了格里菲斯(Griffith)断裂理论,并创立了断裂力学。

7.1 平面问题的分类及基本方程

弹性力学一般三维问题包含几何方程、平衡方程和本构关系 15 个方程和 15 个未知量,求解非常复杂,即使是简单几何形状的物体,求解也很困难。严格地说,任何弹性力学问题都是空间问题,也就是说应力、应变和位移都是空间坐标(x, y, z)的函数,但如果物体具有某种特殊的几何形状,载荷分布呈一定规律,则三维问题就可以简化为二维问题。

假设弹性物 x, y, z 方向的尺寸分别为 l_x, l_y, l_z,考察下面两种情况。

情况一:l_x, $l_y \gg l_z$。如图 7-1 所示,如果 l_z 是常量,则为等厚度薄板。只在板边作用有平行于板面的面力,体力也平行于板面,板面内没有载荷作用。面力、体力的方向沿板的中面且不随厚度变化,如果板的厚度很小,可以假设与中面垂直的应力分量均为零,其余的应力分量沿厚度保持不变,称为平面应力问题。

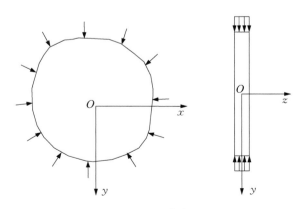

图 7-1 平面应力问题

选取坐标系使 x，y 平面与板中面重合，z 方向是厚度方向，则有

$$\sigma_x = \sigma_x(x, y), \ \sigma_y = \sigma_y(x, y), \ \tau_{xy} = \tau_{xy}(x, y), \ \tau_{xz} = \tau_{yz} = \sigma_z = 0 \qquad (7-1)$$

代入本构关系 $\varepsilon_{ij} = \dfrac{1+\nu}{E}\sigma_{ij} - \dfrac{\nu}{E}\sigma_{kk}\delta_{ij}$，得

$$
\begin{aligned}
\varepsilon_x &= \frac{1}{E}\sigma_x - \frac{\nu}{E}\sigma_y \\[2mm]
\varepsilon_y &= \frac{1}{E}\sigma_y - \frac{\nu}{E}\sigma_x \\[2mm]
\varepsilon_z &= -\frac{\nu}{E}(\sigma_x + \sigma_y) \\[2mm]
\varepsilon_{xy} &= \frac{1+\nu}{E}\tau_{xy}
\end{aligned}
\qquad (7-2)
$$

1）广义平面应力问题

如果应力分量沿厚度不是均匀分布而是关于中面对称的（如果不对称将产生弯矩，这就不是平面问题而是弯曲问题），称为广义平面问题，这时可采用平均化的方法，$\bar{f}(x, y) = \dfrac{1}{h}\displaystyle\int_{-h/2}^{h/2} f(x, y, z)\mathrm{d}z$，$h$ 为薄板的厚度，各物理量平均化后可以看成平面问题。

2）平面应力状态的近似之处

从应变协调方程

$$
\begin{aligned}
\frac{\partial^2 \varepsilon_z}{\partial x \partial y} &= \frac{\partial}{\partial z}\left(\frac{\partial \varepsilon_{xz}}{\partial y} - \frac{\partial \varepsilon_{xy}}{\partial z} + \frac{\partial \varepsilon_{yz}}{\partial x}\right) \\[2mm]
\frac{\partial^2 \varepsilon_z}{\partial x^2} &= 2\frac{\partial^2 \varepsilon_{yz}}{\partial y \partial z} - \frac{\partial^2 \varepsilon_y}{\partial z^2} \\[2mm]
\frac{\partial^2 \varepsilon_z}{\partial y^2} &= 2\frac{\partial^2 \varepsilon_{xz}}{\partial x \partial z} - \frac{\partial^2 \varepsilon_x}{\partial z^2}
\end{aligned}
\qquad (7-3)
$$

可知 $\dfrac{\partial^2 \varepsilon_z}{\partial x \partial y} = 0$，$\dfrac{\partial^2 \varepsilon_z}{\partial x^2} = 0$，$\dfrac{\partial^2 \varepsilon_z}{\partial y^2} = 0$，即 ε_z 是 x，y 的线性函数，也就是说，$\sigma_x + \sigma_y$ 是 x，y 的线性函数。但一般来说按平面应力条件求出的解并不满足这样的条件，即平面应力状态应变协调方程未严格满足（可参考文献[2][14]）。为什么会出现这样的情况呢？其原因就是平面应力的假设 $\tau_{xz} = \tau_{yz} = \sigma_z = 0$ 过强，实际上这 3 个应力分量是存在的，但板的上下表面自由，这 3 个应力分量在上下表面为零，由于板足够薄，沿厚度方向不可能有很大的应力梯度，因此 τ_{xz}，τ_{yz}，σ_z 这 3 个应力分量即使存在也是很小的，由平衡方程通过量纲分析可以证明 τ_{xz}，τ_{yz} 是面内应力的 $\dfrac{h}{L}$ 倍；σ_z 是面内应力的 $\left(\dfrac{h}{L}\right)^2$ 倍，其中 h 是板厚，L 是薄板中面的最大尺寸。因此，虽然平面应力假设并不严格满足应变协调方程，但仍能得到精度很高的结果。

情况二：l_x，$l_y \ll l_z$。如图 7-2 所示，弹性体为等截面长柱体，如水坝、隧道等。所受载荷与轴线垂直，沿轴线方向均匀分布，如果柱体两端受到刚性约束，则可以认为柱体内每一点都没有轴向位移，每个横截面的变形都发生在截面内，这类问题称为平面应变问题，根据平面应变问题的变形特点，可以假设 $u=u(x，y)$，$v=v(x，y)$，$w=0$，由此可导出

$$\varepsilon_x = \frac{\partial u}{\partial x}，\quad \varepsilon_y = \frac{\partial v}{\partial y}，\quad \varepsilon_{xy} = \frac{1}{2}\left(\frac{\partial u}{\partial y} + \frac{\partial v}{\partial x}\right)，\quad \varepsilon_{xz} = \varepsilon_{yz} = \varepsilon_z = 0 \tag{7-4}$$

代入本构关系 $\varepsilon_z = \frac{1}{E}\sigma_z - \frac{\nu}{E}(\sigma_x + \sigma_y)$，得 $\sigma_z = \nu(\sigma_x + \sigma_y)$，代入本构关系其他方程，有

$$\varepsilon_x = \frac{1+\nu}{E}\sigma_x - \frac{\nu(1+\nu)}{E}(\sigma_x + \sigma_y)$$

$$\varepsilon_y = \frac{1+\nu}{E}\sigma_y - \frac{\nu(1+\nu)}{E}(\sigma_x + \sigma_y) \tag{7-5}$$

$$\varepsilon_{xy} = \frac{1+\nu}{E}\tau_{xy}$$

这些方程形式上与平面应力不同，如果令 $E_1 = \dfrac{E}{1-\nu^2}$，$\nu_1 = \dfrac{\nu}{1-\nu}\left[\nu = \dfrac{\nu_1}{1+\nu_1}，E = \dfrac{E_1(1+2\nu_1)}{(1+\nu_1)^2}\right]$，则应力-应变关系式(7-5)可以写成

$$\varepsilon_x = \frac{1+\nu_1}{E_1}\sigma_x - \frac{\nu_1}{E_1}(\sigma_x + \sigma_y)$$

$$\varepsilon_y = \frac{1+\nu_1}{E_1}\sigma_y - \frac{\nu_1}{E_1}(\sigma_x + \sigma_y) \tag{7-6}$$

$$\varepsilon_{xy} = \frac{1+\nu_1}{E_1}\tau_{xy}$$

这样就与平面应力问题的本构关系形式完全相同了。

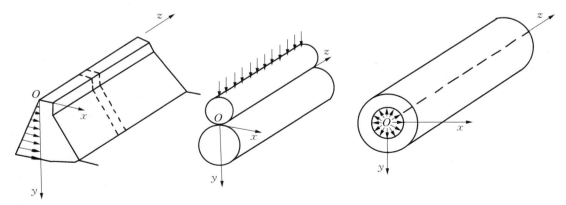

图 7-2 平面应变问题

如果柱体两端不是刚性约束(可以自由伸缩或受到载荷作用),则称为广义平面应变问题,这时可能 $\sigma_z \neq \nu(\sigma_x + \sigma_y)$,可以通过叠加一组在横截面上线性分布的轴向力 $\sigma'_z = ax + by + c$ 来解决,使 $\sigma'_z + \nu(\sigma_x + \sigma_y)$ 与实际载荷 σ_z^* 静力等效,即

$$\iint_\Omega [\sigma'_z + \nu(\sigma_x + \sigma_y)]\mathrm{d}s = \iint_\Omega \sigma_z^* \,\mathrm{d}s$$

$$\iint_\Omega [\sigma'_z + \nu(\sigma_x + \sigma_y)]x\,\mathrm{d}s = \iint_\Omega \sigma_z^* x\,\mathrm{d}s \tag{7-7}$$

$$\iint_\Omega [\sigma'_z + \nu(\sigma_x + \sigma_y)]y\,\mathrm{d}s = \iint_\Omega \sigma_z^* y\,\mathrm{d}s$$

式中,Ω 为柱体的截面,式(7-7)中 3 个方程,正好确定了 3 个待定常数 a,b,c,广义平面应变问题的解就是按平面应变问题解出的 σ_x,σ_y,τ_{xy} 和 $\sigma_z = \sigma'_z + \nu(\sigma_x + \sigma_y)$。 按照圣维南原理,这样处理除了端面附近外,其他与真实情况无太大差别。

对于各向同性弹性体,平面应力问题与平面应变问题的平衡方程、几何方程相同,本构关系形式相同,可以合在一起研究,统称为平面问题。

7.1.1   平面问题的基本方程

平面问题的基本方程包括以下几种。

(1)几何方程

$$\varepsilon_{\alpha\beta} = \frac{1}{2}(u_{\alpha,\beta} + u_{\beta,\alpha}) \quad (\alpha,\beta=1,2)$$

(2)平衡方程

$$\sigma_{\alpha\beta,\beta} + f_\alpha = 0 \quad (\alpha,\beta=1,2)$$

(3)本构关系

$$\varepsilon_{\alpha\beta} = \frac{1+\nu_1}{E_1}\sigma_{\alpha\beta} - \frac{\nu_1}{E_1}\sigma_{\gamma\gamma}\delta_{\alpha\beta}(\alpha,\beta,\gamma=1,2) \begin{cases} E_1 = E,\ \nu_1 = \nu, & \text{平面应力} \\ E_1 = \dfrac{E}{(1-\nu^2)},\ \nu_1 = \dfrac{\nu}{1-\nu}, & \text{平面应变} \end{cases}$$

(4)应变协调方程

$$\frac{\partial^2 \varepsilon_x}{\partial y^2} + \frac{\partial^2 \varepsilon_y}{\partial x^2} = 2\frac{\partial^2 \varepsilon_{xy}}{\partial x \partial y}$$

加上边界条件,就构成了平面问题求解的基本要素。

7.1.2   以位移表示的平面问题的方程

由应力-应变关系,将应力用应变表示并代入平衡方程,可得到以位移表示的平衡方程(纳维方程),写成整体形式为

$$\nabla^2 \boldsymbol{u} + \frac{1+\nu_1}{1-\nu_1} \nabla (\nabla \cdot \boldsymbol{u}) + \frac{1}{\mu_1} \boldsymbol{f} = \boldsymbol{0} \qquad (7-8)$$

分量形式为

$$\begin{cases} \nabla^2 u + \dfrac{1+\nu_1}{1-\nu_1} \dfrac{\partial}{\partial x}\left(\dfrac{\partial u}{\partial x} + \dfrac{\partial v}{\partial y}\right) + \dfrac{1}{\mu_1} f_x = 0 \\[3mm] \nabla^2 v + \dfrac{1+\nu_1}{1-\nu_1} \dfrac{\partial}{\partial y}\left(\dfrac{\partial u}{\partial x} + \dfrac{\partial v}{\partial y}\right) + \dfrac{1}{\mu_1} f_y = 0 \end{cases} \qquad (7-9)$$

式中，$\nabla^2 = \dfrac{\partial^2}{\partial x^2} + \dfrac{\partial^2}{\partial y^2}$ 为二维拉普拉斯算子，$\nabla = \dfrac{\partial}{\partial x}\boldsymbol{i} + \dfrac{\partial}{\partial y}\boldsymbol{j}$ 为二维哈密顿算子。平面问题的位移解法即为在以位移表示的边界条件下求解方程，即式(7-8)。

7.1.3　以应力表示的平面问题的方程

将本构关系

$$\varepsilon_x = \frac{1+\nu_1}{E_1} \sigma_x - \frac{\nu_1}{E_1}(\sigma_x + \sigma_y)$$

$$\varepsilon_y = \frac{1+\nu_1}{E_1} \sigma_y - \frac{\nu_1}{E_1}(\sigma_x + \sigma_y) \qquad (7-10)$$

$$\varepsilon_{xy} = \frac{1+\nu_1}{E_1} \tau_{xy}$$

代入应变协调方程 $\dfrac{\partial^2 \varepsilon_x}{\partial y^2} + \dfrac{\partial^2 \varepsilon_y}{\partial x^2} = 2\dfrac{\partial^2 \varepsilon_{xy}}{\partial x \partial y}$，得

$$\frac{\partial^2 \sigma_x}{\partial y^2} + \frac{\partial^2 \sigma_y}{\partial x^2} - \nu_1\left(\frac{\partial^2 \sigma_x}{\partial x^2} + \frac{\partial^2 \sigma_y}{\partial y^2}\right) = 2(1+\nu_1)\frac{\partial^2 \tau_{xy}}{\partial x \partial y} \qquad (7-11)$$

从平衡方程得

$$\begin{cases} \dfrac{\partial \sigma_x}{\partial x} + \dfrac{\partial \tau_{xy}}{\partial y} + f_x = 0 \\[3mm] \dfrac{\partial \tau_{xy}}{\partial x} + \dfrac{\partial \sigma_y}{\partial y} + f_y = 0 \end{cases} \qquad (7-12)$$

将式(7-12)中的两式分别对 x 和 y 求偏导后相加，得

$$\frac{\partial^2 \sigma_x}{\partial x^2} + \frac{\partial^2 \sigma_y}{\partial y^2} + 2\frac{\partial^2 \tau_{xy}}{\partial x \partial y} + \frac{\partial f_x}{\partial x} + \frac{\partial f_y}{\partial y} = 0 \qquad (7-13)$$

将式(7-12)、式(7-13)消去 τ_{xy}，得

$$\left(\frac{\partial^2}{\partial x^2} + \frac{\partial^2}{\partial y^2}\right)(\sigma_x + \sigma_y) + (1+\nu_1)\left(\frac{\partial f_x}{\partial x} + \frac{\partial f_y}{\partial y}\right) = 0$$

即

$$\nabla^2 (\sigma_x + \sigma_y) + (1 + \nu_1) \nabla \cdot \boldsymbol{f} = 0 \tag{7-14}$$

当无体力时，$\nabla^2 (\sigma_x + \sigma_y) = 0$。这个方程是利用应变协调方程推导而得到的，称为应力协调方程或相容方程。平面问题的应力解法要在应力边界条件下求解平衡方程式(7-12)和应力协调方程式(7-14)。当无体力或常体力的情况下，应力协调方程将不包含材料常数，也就是说物体中应力分布与材料常数无关。利用这个结论，光弹实验中可以用透明材料做模型实验，得到实际弹性体中的应力分布。

7.2　艾里(Airy)应力函数

7.2.1　无体力情形

无体力时平衡方程为

$$\begin{cases} \dfrac{\partial \sigma_x}{\partial x} + \dfrac{\partial \tau_{xy}}{\partial y} = 0 \\[2mm] \dfrac{\partial \tau_{xy}}{\partial x} + \dfrac{\partial \sigma_y}{\partial y} = 0 \end{cases} \tag{7-15}$$

应力协调方程可表示为 $\nabla^2 (\sigma_x + \sigma_y) = 0$。

如果能找到一个函数 A，使得 $\sigma_x = \dfrac{\partial A}{\partial y}$，$\tau_{xy} = -\dfrac{\partial A}{\partial x}$，则平衡方程第一式可自动满足，$A$ 可以按下面的步骤来求解：

$$A = \int_{(x_0, y_0)}^{(x, y)} \mathrm{d}A = \int_{(x_0, y_0)}^{(x, y)} \left(\frac{\partial A}{\partial \xi} \mathrm{d}\xi + \frac{\partial A}{\partial \eta} \mathrm{d}\eta \right) = \int_{(x_0, y_0)}^{(x, y)} \left[-\tau_{xy}(\xi, \eta) \mathrm{d}\xi + \sigma_x(\xi, \eta) \mathrm{d}\eta \right]$$

$$\tag{7-16}$$

同理，若存在函数 B，使得 $\sigma_y = \dfrac{\partial B}{\partial x}$，$\tau_{xy} = \dfrac{\partial B}{\partial y}$，则平衡方程第二式自动满足，并且有

$$\frac{\partial A}{\partial x} + \frac{\partial B}{\partial y} = 0 \tag{7-17}$$

再引进函数 U，使 $A = \dfrac{\partial U}{\partial y}$，$B = -\dfrac{\partial U}{\partial x}$，则 $\sigma_x = \dfrac{\partial^2 U}{\partial y^2}$，$\sigma_y = \dfrac{\partial^2 U}{\partial x^2}$，$\tau_{xy} = -\dfrac{\partial^2 U}{\partial x \partial y}$。

将应力的表达式代入应力协调方程，有

$$\nabla^2 \nabla^2 U = 0 \tag{7-18}$$

即

$$\frac{\partial^4 U}{\partial x^4} + 2 \frac{\partial^4 U}{\partial x^2 \partial y^2} + \frac{\partial^4 U}{\partial y^4} = 0 \tag{7-19}$$

U 称为平面问题的艾里应力函数,引进应力函数后,平衡方程已经满足,平面问题就归结为寻找满足边界条件的双调和函数 U。

7.2.2　有体力情形

1. 常体力

f_x,f_y 都是常量,则平衡方程为

$$\begin{cases} \dfrac{\partial \sigma_x}{\partial x} + \dfrac{\partial \tau_{xy}}{\partial y} + f_x = 0 \\[2mm] \dfrac{\partial \tau_{xy}}{\partial x} + \dfrac{\partial \sigma_y}{\partial y} + f_y = 0 \end{cases} \tag{7-20}$$

对常体力的情况,平衡方程可改写成

$$\begin{cases} \dfrac{\partial (\sigma_x + f_x x)}{\partial x} + \dfrac{\partial \tau_{xy}}{\partial y} = 0 \\[2mm] \dfrac{\partial \tau_{xy}}{\partial x} + \dfrac{\partial (\sigma_y + f_y y)}{\partial y} = 0 \end{cases} \tag{7-21}$$

令 $\sigma_x + f_x x = \sigma'_x$,$\sigma_y + f_y y = \sigma'_y$,$\tau_{xy} = \tau'_{xy}$,因为体力是常量,所以仍然有 $\nabla^2(\sigma'_x + \sigma'_y) = 0$。同样引入艾里应力函数 U',仍满足双调和方程,应力分量可表示为 $\sigma'_x = \dfrac{\partial^2 U'}{\partial y^2}$,$\sigma'_y = \dfrac{\partial^2 U'}{\partial x^2}$,$\tau'_{xy} = -\dfrac{\partial^2 U'}{\partial x \partial y}$。

但对这类问题应注意边界条件的表述,$\boldsymbol{n} \cdot \boldsymbol{T}' = \boldsymbol{n} \cdot \left(\boldsymbol{T} + \begin{bmatrix} f_x x & 0 \\ 0 & f_y y \end{bmatrix} \right) = \bar{\boldsymbol{p}} + \begin{bmatrix} n_1 f_x x \\ n_2 f_y y \end{bmatrix}$,其中 $\boldsymbol{n} = (n_1, n_2)$ 为边界的法向,$\bar{\boldsymbol{p}}$ 为边界上已知面力。

2. 体力有势

$f_x = \dfrac{\partial \varphi}{\partial x}$,$f_y = \dfrac{\partial \varphi}{\partial y}$,$\varphi$ 为势函数。令 $\sigma'_x = \sigma_x + \varphi$,$\sigma'_y = \sigma_y + \varphi$,$\tau'_{xy} = \tau_{xy}$,则 σ'_x,σ'_y,τ'_{xy} 满足无体力的平衡方程,可以用艾里应力函数表示应力分量,$\sigma'_x = \dfrac{\partial^2 U}{\partial y^2}$,$\sigma'_y = \dfrac{\partial^2 U}{\partial x^2}$,$\tau'_{xy} = -\dfrac{\partial^2 U}{\partial x \partial y}$。但要注意,这时应力协调方程为 $\nabla^2(\sigma'_x + \sigma'_y) = (1 - \nu_1)\nabla^2 \varphi$,应力函数 U 满足下列方程

$$\nabla^2 \nabla^2 U = (1 - \nu_1)\nabla^2 \varphi \tag{7-22}$$

如果 φ 是调和函数,则有 $\nabla^2 \nabla^2 U = 0$。

常见的体力有重力和惯性力,对于有体力的问题,解题时应注意边界条件的表达。

7.2.3　平面问题的解法

平面问题的常用解法有逆解法、半逆解法和推理型,简要描述如下。

（1）逆解法，猜到艾里应力函数 U 的形式或给定 U 的形式来判断能解什么问题。

（2）半逆解法，根据所研究问题的边界形状和受力状况，假定应力函数 U 的形式，如 $xf(y)$，$yf(x)$ 等，求出 U 后，如果发现不满足边界条件或推出矛盾，则需要另做假设。

（3）推理型解法，不必事先假设应力函数 U 的形式，可以从无到有地推导出问题的解。例如，后面将要介绍的复变函数解法以及近年来钟万勰院士倡导的哈密顿体系、辛体系解法均属于这类解法。

7.3　平面问题的直角坐标解法

7.3.1　多项式解

本节中所讨论的问题均假设无体力。

1. 一次式

应力函数取一次式 $U=a+bx+cy$（a，b，c 为常数），显然是双调和函数，求出的应力分量都是零。

2. 二次式

二次式 $U=ax^2+bxy+cy^2$，显然也是双调和函数。

（1）先看 $U=ax^2$，求出应力分量为 $\sigma_x=0$，$\sigma_y=2a$，$\tau_{xy}=0$，可解决矩形板受 y 方向均匀拉伸（见图 7-3）或压缩问题。

（2）$U=ay^2$，对应于 x 方向均匀拉伸或压缩问题。

（3）$U=bxy$，$\sigma_x=0$，$\sigma_y=0$，$\tau_{xy}=-b$，可解决矩形板受均布剪力问题（见图 7-4）。

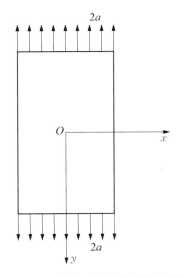

图 7-3　y 方向受均匀拉伸的矩形板

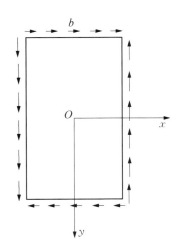

图 7-4　受均布剪力作用的矩形板

3. 三次式

三次式 $U=ay^3$，应力分量为 $\sigma_x=6ay$，$\sigma_y=0$，$\tau_{xy}=0$，两端合力为零，只有力矩，可解决矩形板的纯弯曲问题（见图 7-5）。

图 7－5 矩形板的纯弯曲问题

需要注意的是，当取应力函数为坐标 x，y 的三次或三次以上的多项式时，应力分量不是常量而是坐标的函数。这时，对同一弹性体，如果选取不同的坐标系，将得出不同的应力分布，因而解决不同的问题。例如对于图 7－5 中的矩形板，如果 x 轴不取在板的中线上，则应力函数 $U=ay^3$ 所解决的将不是纯弯曲问题，而是偏心受拉或偏心受压的问题。

如果取应力函数为四次或四次以上的多项式，则其中系数必须满足一定条件，以使其满足双调和方程。

7.3.2 矩形梁截面梁的弯曲

如图 7－6 所示的矩形截面梁，长为 l，高度为 h，厚度远小于长度和高度，为简单起见，取厚度为 1。

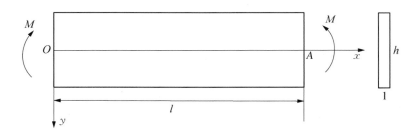

图 7－6 两端受力偶作用的矩形截面梁

1. 纯弯曲

上下边（面）表面自由，左右两端受到力矩为 M 的力偶的作用而弯曲，没有 y 方向的面力。取应力函数 $U=ay^3$，则应力分量为 $\sigma_x=6ay$，$\sigma_y=0$，$\tau_{xy}=0$。

1）考察边界条件满足的情况

（1）上边。$\boldsymbol{n}=(0,-1)$，$(0,-1)\begin{bmatrix}-3ah & 0 \\ 0 & 0\end{bmatrix}=(0,0)$，所以上边的边界条件已满足。同样，下边的边界条件也满足。

（2）右边。$\boldsymbol{n}=(1,0)$，$(1,0)\begin{bmatrix}\sigma_x & 0 \\ 0 & 0\end{bmatrix}=(\sigma_x,0)=(6ay,0)$，要满足右端的边界条件，需使

$$\int_{-h/2}^{h/2}\sigma_x\mathrm{d}y=0,\quad \int_{-h/2}^{h/2}\sigma_x y\mathrm{d}y=M \tag{7-23}$$

由此得 $a = \dfrac{2M}{h^3}$。矩形截面的惯性矩 $I = \dfrac{1 \times h^3}{12}$，所以应力分量可表示为 $\sigma_x = \dfrac{M}{I}y$，$\sigma_y = 0$，$\tau_{xy} = 0$，与材料力学的结果完全相同。

因为通过应力函数求出的应力分量已经满足平衡方程，所以只要上、下边和右端边界条件满足，左端边界条件就自动满足。

如果实际端面上力偶的面力的确是线性分布的，则为精确解。如果实际面力不是线性分布的，对于长度远大于高度的情形，根据圣维南原理，只在两端附近有显著误差，在远离梁两端处有很好的精度。对于长度和高度接近的所谓深梁，则不宜应用圣维南原理。

2）求位移分量

由本构关系求出应变 $\varepsilon_x = \dfrac{M}{EI}y$，$\varepsilon_y = -\dfrac{\nu M}{EI}y$，$\varepsilon_{xy} = 0$，即

$$\frac{\partial u}{\partial x} = \frac{M}{EI}y，\quad \frac{\partial v}{\partial y} = -\frac{\nu M}{EI}y，\quad \frac{\partial u}{\partial y} + \frac{\partial v}{\partial x} = 0 \tag{7-24}$$

由式（7-24）第一、二两式可解出

$$u = \frac{M}{EI}xy + f_1(y) \tag{7-25}$$

$$v = -\frac{M}{2EI}y^2 + f_2(x)$$

式中，$f_1(y)$，$f_2(x)$ 为任意函数。

代入式（7-24）第三式，得

$$-f_1'(y) = f_2'(x) + \frac{M}{EI}x \tag{7-26}$$

式（7-26）中左边是 y 的函数，右边是 x 的函数，只可能两边等于同一常数 ω，即

$$f_1'(y) = -\omega$$

$$f_2'(x) + \frac{M}{EI}x = \omega \tag{7-27}$$

由此可解出 f_1，f_2，即

$$f_1 = -\omega y + u_0$$

$$f_2 = -\frac{M}{2EI}x^2 + \omega x + v_0 \tag{7-28}$$

式中，u_0，v_0 为常数。

最后可求出位移分量为

$$\begin{cases} u = \dfrac{M}{EI}xy - \omega y + u_0 \\[2mm] v = -\dfrac{\nu M}{2EI}y^2 - \dfrac{M}{2EI}x^2 + \omega x + v_0 \end{cases} \tag{7-29}$$

垂直于 x 轴的直线段的转角 $\beta = \dfrac{\partial u}{\partial y} = \dfrac{M}{EI}x - \omega$，在同一截面上 x 是常量，β 也是常量，这说明在同一截面上各垂直线段转角相同，也就是说横截面保持为平面。因为剪应变 $\varepsilon_{xy} = 0$，直法向假设也是成立的，还可以求出曲率 $\dfrac{1}{\rho} = \dfrac{\partial^2 v}{\partial x^2} = -\dfrac{M}{EI}$，这些结果均与材料力学的相同。

2. 简支梁

假设图 $7-6$ 所示的梁两端简支，在两端施加弯矩，其边界条件可表示为 O 点固定，$u \big|_{(0,0)} = v \big|_{(0,0)} = 0$，$A$ 点垂直方向的位移被约束，即 $v \big|_A = 0$。代入位移的表达式，得 $u_0 = v_0 = 0$，$\omega = \dfrac{Ml}{2EI}$，位移为

$$\begin{cases} u = \dfrac{M}{EI}\left(x - \dfrac{l}{2}\right)y \\[2mm] v = \dfrac{M}{2EI}(l-x)x - \dfrac{\nu M}{2EI}y^2 \end{cases} \tag{7-30}$$

挠度曲线为 $v \big|_{y=0} = \dfrac{M}{2EI}(l-x)x$，与材料力学的结果相同。

3. 悬臂梁

解式 $(7-29)$ 无法满足右端完全固定的边界条件，因此，只能用材料力学的固支条件代替，A 点固定，水平线段不转动（转角为零）（见图 $7-7$），即 $u \big|_A = v \big|_A = 0$，$\dfrac{\partial v}{\partial x}\Big|_A = 0$，这样可确定 $u_0 = 0$，$v_0 = -\dfrac{Ml^2}{2EI}$，$\omega = \dfrac{Ml}{EI}$，得出位移分量为

$$\begin{cases} u = -\dfrac{M}{EI}(l-x)y \\[2mm] v = -\dfrac{M}{2EI}(l-x)^2 - \dfrac{\nu M}{2EI}y^2 \end{cases} \tag{7-31}$$

挠度曲线为 $v \big|_{y=0} = -\dfrac{M}{2EI}(l-x)^2$，与材料力学结果相同。

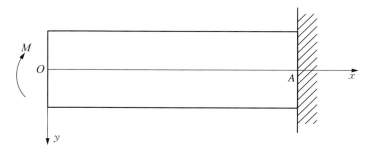

图 $7-7$ 悬臂梁自由端受弯矩作用的弯曲

7.4 简支梁受均布载荷

如图 7-8 所示，设单位厚度的矩形截面简支梁，长为 $2l$，高为 h，不计体力。上表面受均布载荷 q，两端有支座反力 ql 作用。

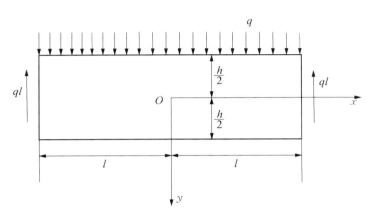

图 7-8 受均布载荷作用的简支梁

由材料力学知识可知，弯曲应力 σ_x 由弯矩引起，剪应力 τ_{xy} 由剪力引起。挤压应力 σ_y 主要由横向载荷 q 引起，q 是常量不随坐标 x 变化，因此可假设 σ_y 也不随 x 变化，$\sigma_y = f(y)$，这种做法称为半逆解法。

$$\frac{\partial^2 U}{\partial x^2} = \sigma_y = f(y) \tag{7-32}$$

解出应力函数 $U = \dfrac{x^2}{2} f(y) + x f_1(y) + f_2(y)$，其中，$f$，$f_1$，$f_2$ 是待定函数。

代入双调和方程 $\nabla^2 \nabla^2 U = 0$，得

$$\frac{x^2}{2} \frac{\mathrm{d}^4 f(y)}{\mathrm{d} y^4} + x \frac{\mathrm{d}^4 f_1(y)}{\mathrm{d} y^4} + \frac{\mathrm{d}^4 f_2(y)}{\mathrm{d} y^4} + 2 \frac{\mathrm{d}^2 f(y)}{\mathrm{d} y^2} = 0 \tag{7-33}$$

式(7-33)对任意 $x \in [-l, l]$ 成立，所以有

$$\begin{cases} \dfrac{d^4 f(y)}{\mathrm{d} y^4} = 0 \\[2mm] \dfrac{d^4 f_1(y)}{\mathrm{d} y^4} = 0 \\[2mm] \dfrac{d^4 f_2(y)}{\mathrm{d} y^4} + 2 \dfrac{\mathrm{d}^2 f(y)}{\mathrm{d} y^2} = 0 \end{cases} \tag{7-34}$$

由式(7-34)第一、二个方程可解出 f，f_1：

$$f(y) = A y^3 + B y^2 + C y + D \tag{7-35}$$

$$f_1(y) = Ey^3 + Fy^2 + Gy \text{（忽略常数项）} \tag{7-36}$$

从式(7-34)第三个方程，解出 f_2：

$$f_2 = -\frac{A}{10}y^5 - \frac{B}{6}y^4 + Hy^3 + Ky^2 \text{（忽略一次项和常数项）} \tag{7-37}$$

这样，艾里应力函数为

$$U = \frac{x^2}{2}(Ay^3 + By^2 + Cy + D) + x(Ey^3 + Fy^2 + Gy) - \frac{A}{10}y^5 - \frac{B}{6} + Hy^3 + Ky^2$$

$$\tag{7-38}$$

应力分量为

$$\sigma_x = \frac{x^2}{2}(6Ay + 2B) + x(6Ey + 2F) - 2Ay^3 - 2By^2 + 6Hy + 2K$$

$$\sigma_y = Ay^3 + By^2 + Cy + D \tag{7-39}$$

$$\tau_{xy} = -x(3Ay^2 + 2By + C) - (3Ey^2 + 2Fy + G)$$

由于这个问题的边界条件、几何形状和载荷都是关于 y 轴对称的，所以有

$$\sigma_x(-x, y) = \sigma_x(x, y)$$

$$\tau_{xy}(-x, y) = -\tau_{xy}(x, y) \tag{7-40}$$

即 $\sigma_x(x, y)$ 为偶函数，而 $\tau_{xy}(x, y)$ 为奇函数，由此可知常数 $E = F = G = 0$，如果不利用对称性，从两端的边界条件也可推出同样的结果，只是过程略微烦琐一些。

通常梁的长度远远大于高度，上下边的边界条件是主要边界条件，需要精确满足，两端边界条件是次要边界条件，无法精确满足，只能整体满足，即两端 x 方向的合力、合力矩为零，y 方向的合力等于支反力 ql，根据圣维南原理，这样处理只影响两端附近部分的应力分布。

下面我们考察该边界条件，该问题的边界条件：在上下边，$\sigma_y|_{y=h/2} = 0$，$\sigma_y|_{y=-h/2} = -q$，$\tau_{xy}|_{y=\pm h/2} = 0$。

将应力分量的解，即式(7-39)代入上、下边的边界条件，得到

$$\frac{h^3}{8}A + \frac{h^2}{4}B + \frac{h}{2}C + D = 0$$

$$-\frac{h^3}{8}A + \frac{h^2}{4}B - \frac{h}{2}C + D = -q$$

$$-x\left(\frac{3}{4}h^2A + hB + C\right) = 0 \tag{7-41}$$

$$-x\left(\frac{3}{4}h^2A - hB + C\right) = 0$$

由此可解出

$$A = -\frac{2q}{h^3}, \quad B = 0, \quad C = \frac{3q}{2h}, \quad D = -\frac{q}{2} \tag{7-42}$$

式(7-39)变成

$$\sigma_x = -\frac{6q}{h^3}x^2y + \frac{4q}{h^3}y^3 + 6Hy + 2K$$

$$\sigma_y = \frac{2q}{h^3}y^3 + \frac{3q}{2h}y - \frac{q}{2} \tag{7-43}$$

$$\tau_{xy} = \frac{6q}{h^3}xy^2 - \frac{3q}{2h}x$$

由于对称性，两端边界条件只需考虑右端 $x = l$：

$$\int_{-h/2}^{h/2} \sigma_x \mid_{x=l} \mathrm{d}y = 0 \tag{7-44}$$

$$\int_{-h/2}^{h/2} \sigma_x \mid_{x=l} y \mathrm{d}y = 0 \tag{7-45}$$

由式(7-44)得 $K = 0$，由式(7-45)得 $H = \frac{ql^2}{h^3} - \frac{q}{10h}$。

边界条件 $\int_{-h/2}^{h/2} \tau_{xy} \mid_{x=l} \mathrm{d}y = -ql$ 自动满足，因为由应力函数求出的应力分量已满足平衡方程，而我们已经利用了对称性条件，所以最后一个边界条件自动满足。

应力分量的最后结果为

$$\sigma_x = -\frac{6q}{h^3}(l^2 - x^2)y + q\frac{y}{h}\left(\frac{4y^2}{h^2} + \frac{3}{5}\right)$$

$$\sigma_y = -\frac{q}{2}\left(1 + \frac{y}{h}\right)\left(1 - \frac{2y}{h}\right)^2 \tag{7-46}$$

$$\tau_{xy} = -\frac{6q}{h^3}x\left(\frac{h^2}{4} - y^2\right)$$

在均布载荷作用下，弯矩 $M = \frac{q}{2}(l^2 - x^2)$，剪力 $Q = -qx$，梁的厚度 $b = 1$，惯性矩 $I = \frac{bh^3}{12} = \frac{h^3}{12}$，式(7-46)可按材料力学的符号体系改写为

$$\sigma_x = \frac{M}{I}y + q\frac{y}{h}\left(\frac{4y^2}{h^2} + \frac{3}{5}\right)$$

$$\sigma_y = -\frac{q}{2}\left(1 + \frac{y}{h}\right)\left(1 - \frac{2y}{h}\right)^2 \tag{7-47}$$

$$\tau_{xy} = \frac{Q}{bI}\left(\frac{h^2}{8} - \frac{y^2}{2}\right)$$

式中，τ_{xy} 和材料力学完全相同；σ_x 第一项和材料力学相同，第二项是弹性力学导出的修正项；σ_y 是挤压应力，在材料力学中不考虑这个应力分量。

7.5 楔形体受重力和液体压力

设有一楔形体，如图 7-9 所示，左侧面竖直，右侧面与竖直面的夹角为 α，下端尺寸无限制，承受重力和液体压力，楔形体的密度为 ρ，液体的密度为 γ。该楔形体可以看作是水坝的简化模型，如果水坝的坝身截面相同，坝体较长，可近似看作是平面应变问题。

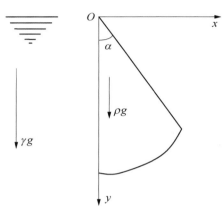

图 7-9 水坝的简化模型

由于左边受液体压力 $\gamma g y$，可以假设应力函数为三次多项式，这样应力恰好为一次式，可满足左边的边界条件，在本问题中体力 $f_x=0$，$f_y=\rho g$。设应力函数 $U=ax^3+bx^2y+cxy^2+dy^3$，则应力分量为

$$\sigma_x=\frac{\partial^2 U}{\partial y^2}-f_x x=2cx+6dy$$

$$\sigma_y=\frac{\partial^2 U}{\partial x^2}-f_y y=6ax+2by-\rho g y$$

$$\tau_{xy}=-\frac{\partial^2 U}{\partial x\partial y}=-2bx-2cy$$

$$(7-48)$$

左边的边界条件为 $\sigma_x\mid_{x=0}=-\gamma g y$，$\tau_{xy}\mid_{x=0}=0$，$\Rightarrow c=0$，$d=-\gamma g/6$。

右边边界的法向为 $\boldsymbol{n}=(\cos\alpha,-\sin\alpha)$，边界条件可表示为

$$(\cos\alpha,-\sin\alpha)\begin{bmatrix}-\gamma g y & -2bx \\ -2bx & 6ax+2by-\rho g y\end{bmatrix}=0 \qquad (7-49)$$

即

$$[-\gamma g\cos\alpha y+2b\sin\alpha x,\ -2b\cos\alpha x-\sin\alpha(6ax+2by-\rho g y)]=0 \qquad (7-50)$$

考虑到右边面上 $\dfrac{x}{y}=\tan\alpha$，可求出 a，b：

$$b=\frac{\gamma g\cos\alpha y}{2\sin\alpha x}=\frac{\gamma g}{2}\cot^2\alpha$$

$$a=\frac{\rho g}{6}\cot\alpha-\frac{\gamma g}{3}\cot^3\alpha$$

$$(7-51)$$

最后求出应力分量为

$$\sigma_x=-\gamma g y$$

$$\sigma_y=(\rho g\cot\alpha-2\gamma g\cot^3\alpha)x+(\gamma g\cot^2\alpha-\rho g)y \qquad (7-52)$$

$$\tau_{xy}=-\gamma g x\cot^2\alpha$$

σ_x 竖直方向线性变化,水平方向不变;σ_y 水平方向、竖直方向均线性变化;τ_{xy} 水平方向线性变化,竖直方向不变。

注意,这里没有考虑楔形体下端的边界条件,因为由应力函数表示的应力分量已满足平衡方程,下端受力一定会与自重和左侧的液体压力平衡。

7.6 简支梁受任意横向载荷

如图 7 - 10 所示,考虑单位厚度的矩形截面简支梁,长为 l,高为 h,不计体力。上表面或下表面受任意分布载荷 $q(x)$ 作用,两端的支反力可以由整体平衡求出。

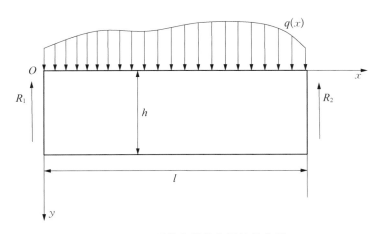

图 7 - 10　受分布载荷作用的简支梁

如果将 $q(x)$ 在 $[-l,0]$ 的区间内做偶延拓,即 $q(-x)=q(x)\ x\in[-l,l]$,则 $q(x)$ 可以展开为只含有常数项和余弦函数的傅里叶级数;如果将 $q(x)$ 在 $[-l,0]$ 的区间内做奇延拓,即 $q(-x)=-q(x)\ x\in[-l,l]$,则 $q(x)$ 可以展开为只含有正弦函数的傅里叶级数。这样,则载荷 $q(x)$ 可展开成

$$q(x)=a_0+\sum_{m=1}^{\infty}a_m\cos\frac{m\pi}{l}x$$

或
$$q(x)=\sum_{m=1}^{\infty}b_m\sin\frac{m\pi}{l}x$$

(7 - 53)

式中,$a_0=\dfrac{1}{l}\displaystyle\int_0^l q(x)\mathrm{d}x$,$a_m=\dfrac{2}{l}\displaystyle\int_0^l q(x)\cos\dfrac{m\pi x}{l}\mathrm{d}x$,$b_m=\dfrac{2}{l}\displaystyle\int_0^l q(x)\sin\dfrac{m\pi x}{l}\mathrm{d}x$。

可以把载荷 $q(x)$ 看成是 a_0,$a_m\cos\dfrac{m\pi}{l}x$,$b_m\sin\dfrac{m\pi}{l}$ 的叠加,如果我们能求出单独作用 a_0,$a_m\cos\dfrac{m\pi}{l}x$ 或 $b_m\sin\dfrac{m\pi}{l}$ 的解,然后将这些解叠加在一起就得到作用一般载荷 $q(x)$ 的解。下面研究如何求解单独作用载荷 a_0,$a_m\cos\dfrac{m\pi}{l}x$ 和 $b_m\sin\dfrac{m\pi}{l}$。

1. 求解 a_0

a_0 是常量，也就是均布载荷，7.5 节已经研究过这种情况。

2. 求解 $a_m \cos \dfrac{m\pi}{l} x$

假设应力函数为 $U = a_m \cos \dfrac{m\pi}{l} x f(y)$ 的形式，代入双调和方程 $\nabla^2 \nabla^2 U = 0$ 得

$$\frac{\mathrm{d}^4 f(y)}{\mathrm{d}y^4} - 2\alpha^2 \frac{\mathrm{d}^2 f(y)}{\mathrm{d}y^2} + \alpha^4 f(y) = 0 \tag{7-54}$$

式中，$\alpha = \dfrac{m\pi}{l}$

$$f(y) = C_1 \mathrm{e}^{\alpha y} + C_2 \mathrm{e}^{-\alpha y} + C_3 y \mathrm{e}^{\alpha y} + C_4 y \mathrm{e}^{-\alpha y} \tag{7-55}$$

或写成

$$f(y) = A \sinh(\alpha y) + B \cosh(\alpha y) + C y \sinh(\alpha y) + D y \cosh(\alpha y) \tag{7-56}$$

式中，$\sinh(x) = \dfrac{\mathrm{e}^x + \mathrm{e}^{-x}}{2}$，$\cosh(x) = \dfrac{\mathrm{e}^x - \mathrm{e}^{-x}}{2}$ 为双曲正弦、双曲余弦函数。

应力分量为

$$
\begin{aligned}
\sigma_x &= \frac{\partial^2 U}{\partial y^2} = a_m \cos\left(\frac{m\pi}{l} x\right) f''(y) \\
\sigma_y &= \frac{\partial^2 U}{\partial x^2} = -a_m \left(\frac{m\pi}{l}\right)^2 \cos\left(\frac{m\pi}{l} x\right) f(y) \\
\tau_{xy} &= \frac{\partial^2 U}{\partial x \partial y} = a_m \frac{m\pi}{l} \sin\left(\frac{m\pi}{l} x\right) f'(y)
\end{aligned}
\tag{7-57}
$$

边界条件为

上下边：$\sigma_y \big|_{y=0} = -a_m \cos \dfrac{m\pi}{l} x$，$\sigma_y \big|_{y=h} = 0$，$\tau_{xy} \big|_{y=0,\,h} = 0$。

左右两端：由整体平衡可求出左、右端的反力为

$$R_1 = -\frac{a_m l}{(m\pi)^2}\left[1 - (-1)^m\right], \quad R_2 = \frac{a_m l}{(m\pi)^2}\left[1 - (-1)^m\right] \tag{7-58}$$

因此，两端要满足的边界条件是

$$\int_0^h -\tau_{xy} \big|_{x=0} \mathrm{d}y = -\frac{a_m l}{m\pi}\left[1 - (-1)^m\right], \quad \int_0^h \tau_{xy} \big|_{x=l} \mathrm{d}y = \frac{a_m l}{m\pi}\left[1 - (-1)^m\right] \tag{7-59}$$

$$\int_0^h \sigma_x \big|_{x=0,\,l} \mathrm{d}y = 0, \quad \int_0^h \sigma_x \big|_{x=0,\,l} y \, \mathrm{d}y = 0 \tag{7-60}$$

显然式(7-57)的应力分量不能满足边界条件式(7-59),这说明这样假设的应力函数不能解决问题,需要再加上补充项(可参考文献[15])

$$U = a_m [A\sinh(\alpha y) + B\cosh(\alpha y) + Cy\sinh(\alpha y) + Dy\cosh(\alpha y)]\cos\frac{m\pi}{l}x +$$

$$a_m(ax+b)(Ey^3 + Fy^2 + Gy) \tag{7-61}$$

加上补充项的应力函数仍满足双调和方程,相应的应力分量为

$$\sigma_x = \frac{\partial^2 U}{\partial y^2} = a_m\cos\left(\frac{m\pi}{l}x\right)f''(y) + a_m(ax+b)(6Ey+2F)$$

$$\sigma_y = \frac{\partial^2 U}{\partial x^2} = -a_m\left(\frac{m\pi}{l}\right)^2\cos\left(\frac{m\pi}{l}x\right)f(y) \tag{7-62}$$

$$\tau_{xy} = -\frac{\partial^2 U}{\partial x \partial y} = a_m\frac{m\pi}{l}\sin\left(\frac{m\pi}{l}x\right)f'(y) - a_m a(3Ey^2 + 2Fy + G)$$

边界条件 $\tau_{xy}|_{y=0,h} = 0$ 无法精确满足,因为在梁弯曲问题中,上下表面的剪力相对来说是次要载荷,可以使其整体满足,即 $\int_0^l \tau_{xy}|_{y=0,h}\,\mathrm{d}x = 0$。

待定常数有 A,B,C,D 和 a,b,E,F,G;a,b,E,F,G 只以 aE,aF,aG,bE,bF 的组合形式出现,所以实际上有 9 个待定常数,由上下两边的边界条件可列出 4 个方程,左右两端的边界条件可列出 6 个方程,由边界条件总共可列出 10 个方程,利用其中 9 个方程可定出 9 个待定常数,由于用应力函数表示的应力分量已经满足平衡方程,因此,剩下一个边界条件会自动满足。

3. 求解 $b_m\sin\dfrac{m\pi}{l}x$

假设应力函数为 $U = b_m\sin\left(\dfrac{m\pi}{l}x\right)f(y)$ 的形式,代入双调和方程可解出 $f(y)$:

$$f(y) = C_1 \mathrm{e}^{\alpha y} + C_2 \mathrm{e}^{-\alpha y} + C_3 y\mathrm{e}^{\alpha y} + C_4 y\mathrm{e}^{-\alpha y} \tag{7-63}$$

也可写成

$$f(y) = A\sinh(\alpha y) + B\cosh(\alpha y) + Cy\sinh(\alpha y) + Dy\cosh(\alpha y) \tag{7-64}$$

式中, $\alpha = \dfrac{m\pi}{l}$。

应力分量为

$$\sigma_x = \frac{\partial^2 U}{\partial y^2} = b_m\sin\left(\frac{m\pi}{l}x\right)f''(y)$$

$$\sigma_y = \frac{\partial^2 U}{\partial x^2} = -b_m\left(\frac{m\pi}{l}\right)^2\sin\left(\frac{m\pi}{l}x\right)f(y) \tag{7-65}$$

$$\tau_{xy} = -\frac{\partial^2 U}{\partial x \partial y} = -b_m\frac{m\pi}{l}\cos\left(\frac{m\pi}{l}x\right)f'(y)$$

下面考虑边界条件,上下边:$\sigma_y \mid_{y=0} = -b_m \sin \dfrac{m\pi}{l}x$,$\sigma_y \mid_{y=h} = 0$,$\tau_{xy} \mid_{y=0,h} = 0$

左右两端:由整体平衡可求出左、右端的反力为

$$R_1 = -\frac{b_m l}{m\pi}, \quad R_2 = \frac{b_m l}{m\pi}(-1)^m \tag{7-66}$$

两端要满足的边界条件为

$$\int_0^h -\tau_{xy} \mid_{x=0} \mathrm{d}y = -\frac{b_m l}{m\pi}, \quad \int_0^h \tau_{xy} \mid_{x=l} \mathrm{d}y = \frac{b_m l}{m\pi}(-1)^m \tag{7-67}$$

$$\int_0^h \sigma_x \mid_{x=0,l} \mathrm{d}y = 0, \quad \int_0^h \sigma_x \mid_{x=0,l} y\,\mathrm{d}y = 0 \tag{7-68}$$

由上下边的边界条件可确定常数 A,B,C,D,在满足上下边边界条件的前提下,可以验证左、右两端的边界条件已经满足,这样就可以求解简支梁受任意载荷作用的问题。

需要指出的是,理论上任意函数 $q(x)$ 通过奇延拓或偶延拓可以展开成仅含正弦函数或仅含余弦函数的傅里叶级数,展开成仅含正弦函数的级数求解比较简单。但对于仅含正弦函数的傅里叶级数,$x=0$,l 是延拓函数的不连续点,傅里叶级数在 $x=0$,l 点会出现吉布斯(Gibbs)现象[①],并不收敛到 $q(0)$ 和 $q(l)$,而是收敛到 0,在计算中需要取比较多的项数才能在 $x=0$,l 点附近得到较好的精度。反观仅含余弦函数的傅里叶级数,$x=0$,l 都是延拓函数的连续点,不存在上述问题,但边界条件不容易满足,需要在应力函数中添加补充项。

7.7 固支梁受均布载荷作用[②]

如图 7-11 所示,具有单位厚度的固支梁受均布载荷 q 作用,长为 l,高为 h,取以下形式的应力函数:

$$U = a\left(\frac{1}{5}y^5 - x^2 y^3\right) + bxy^3 + cy^3 + dy^2 + ex^2 y + fxy + gx^2 \tag{7-69}$$

式中,a,b,c,d,e,f,g 为待定常数,容易验证这样的应力函数满足双调和方程。

由此可求出应力分量为

$$\begin{aligned}
\sigma_x &= 2a(2y^3 - 3x^2 y) + 6bxy + 6cy + 2d \\
\sigma_y &= -2ay^3 + 2ey + 2g \\
\tau_{xy} &= 6axy^2 - 3by^2 - 2ex - f
\end{aligned} \tag{7-70}$$

求出应力分量后,可代入本构方程得到应变分量,并可进一步积分得到位移分量为

---

① 可参考文献[16]。
② 本节内容取自文献[17]。

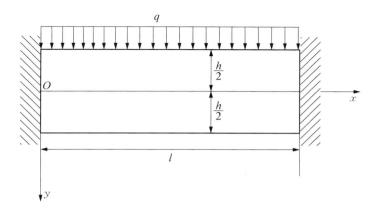

图 7 - 11 具有单位厚度、受均布载荷的固支梁

$$u = \frac{1}{E}\left[2a(2+\nu)xy^3 - (2ax^3 - 3bx^2 - 6cx + 2\nu ex)y + 2dx - 2\nu gx\right] -$$

$$\frac{1}{E}\left[b(2+\nu)y^3 + 2(1+\nu)fy\right] + \omega y + u_0$$

$$\tag{7-71}$$

$$v = \frac{1}{E}\left[-\frac{a}{2}(1+2\nu)y^4 + (3a\nu x^2 - 3b\nu x - 3\nu c + e)y^2 - 2d\nu y + 2gy\right] +$$

$$\frac{1}{E}\left[\frac{1}{2}ax^4 - bx^3 - 3cx^2 - (2+\nu)ex^2\right] - \omega x + v_0$$

式中，E，ν 是材料的杨氏模量和泊松比；u_0，v_0 和 ω 代表刚体平动和转动。

上、下两边的边界条件为 $\sigma_y\,|_{y=h/2}=0$，$\sigma_y\,|_{y=-h/2}=-q$，$\tau_{xy}\,|_{y=\pm h/2}=0$；左右两端边界条件为 $u\,|_{(0,0)}=u\,|_{(l,0)}=0$，$v\,|_{(0,0)}=v\,|_{(l,0)}=0$，$\dfrac{\partial v}{\partial x}\Big|_{(0,0)}=\dfrac{\partial v}{\partial x}\Big|_{(l,0)}=0$。

应力函数中有 7 个待定常数，位移中有 3 个代表刚体位移的常数，总共有 10 个待定常数，边界条件也有 10 个，正好可确定这些待定常数。

$$a = \frac{q}{h^3},\ b = \frac{ql}{h^3},\ c = -\frac{q}{2h} - \frac{ql^2}{6h^3} - \frac{q\nu}{4h},$$

$$d = -\frac{q\nu}{4},\ e = \frac{3q}{4h},\ f = -\frac{3ql}{4h},\ g = -\frac{q}{4}$$

$$\tag{7-72}$$

$$u_0 = 0,\ v_0 = 0,\ \omega = 0$$

将这些常数代入式(7-70)和式(7-71)，可得到应力和位移分量的表达式为

$$\sigma_x = -\frac{q}{2I}\left(x^2 - lx + \frac{l^2}{6}\right)y + \frac{q}{24I}\left[8y^3 - 3(2+\nu)h^2 y - \nu h^3\right]$$

$$\sigma_y = -\frac{q}{24I}(4y^3 - 3h^2 y + h^3)$$

$$\tag{7-73}$$

$$\tau_{xy} = \frac{q}{4I}(l - 2x)\left(\frac{h^2}{4} - y^2\right)$$

$$u = -\frac{qxy}{12EI}(l-x)(l-2x) +$$

$$\frac{q(l-2x)y}{24EI}\left[3(1+\nu)h^2 - 2(2+\nu)y^2\right] \qquad (7-74)$$

$$v = \frac{q}{24EI}(l-x)^2 x^2 + \frac{q}{48EI}\{-2(1+2\nu)y^4 +$$

$$\left[2\nu(6x^2-6lx+l^2)+3h^2(1+\nu)^2\right]y^2 + 24I(\nu^2-1)y\}$$

式中，$I = h^3/12$ 为截面惯性矩。

习　　题

1. 比较平面应力和平面应变问题的异同点，思考为什么平面应力状态只能近似满足？

2. 试列出图 1 所示问题的全部边界条件（在次要边界上，应用圣维南原理写出等效的积分条件）。

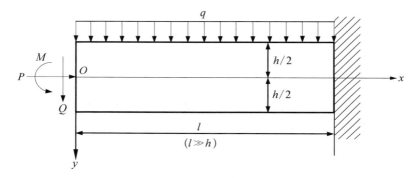

图 1

3. 试求下述应力函数在图 2 中的矩形和三角形边界上的正应力和剪应力。

(1) $U = a(x^4 - y^4)$。

(2) $U = bx^3 y$。

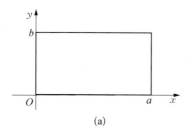 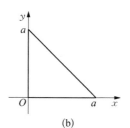

(a)　　　　　　　　(b)

图 2

4. 判断图 3 中下列问题属于平面应力问题，还是属于平面应变问题，或者都不是。

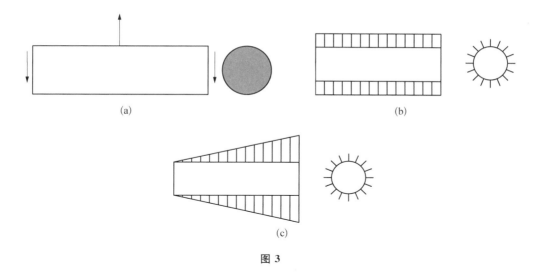

(a)　　　　　　　　　　　　(b)

(c)

图 3

5. 由平面问题的应变协调方程、本构关系和平衡方程导出应力协调方程

$$\nabla^2(\sigma_x + \sigma_y) + (1 + \nu_1)\nabla \cdot \boldsymbol{f} = 0$$

6. 体力为零的单连通体平面应力边界问题,设下列应力分量已满足边界条件,试考察以下是否为正确解答,并说明理由。

(1) $\sigma_x = qy^2$, $\sigma_y = qx^2$, $\tau_{xy} = 0$。

(2) $\sigma_x = q\dfrac{x}{a}$, $\sigma_y = q\dfrac{y}{b}$, $\tau_{xy} = -q\left(\dfrac{x}{b} + \dfrac{y}{a}\right)$。

7. 试证明:若体力有势,则应力分量可用应力函数表示为

$$\sigma_x = \frac{\partial^2 U}{\partial y^2} - \varphi, \quad \sigma_y = \frac{\partial^2 U}{\partial x^2} - \varphi, \quad \tau_{xy} = -\frac{\partial^2 U}{\partial x \partial y}$$

U 满足的方程为 $\nabla^2\nabla^2 U = (1 - \nu_1)\nabla^2\varphi$。

8. 如图 4 所示,半平面作用自平衡面力 $\bar{p} = \sigma\sin\left(\dfrac{\pi x}{l}\right)$($\sigma$ 为常数),无穷远处的边界条件

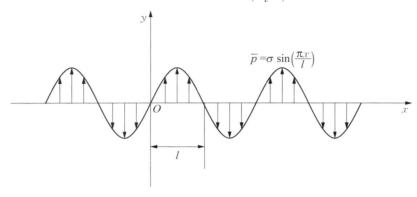

图 4

为 $\sigma_y = \tau_{xy} = 0$（无穷远处自由），假设应力函数为 $U = \sigma f(y) \sin\left(\dfrac{\pi x}{l}\right)$，求解应力分量并讨论圣维南原理对此问题是否成立。

9. 如图 5 所示的三角形薄板，在两直边受法向连杆约束，在斜边受法向载荷 q 作用，体力不计。试验证：$\sigma_x = \sigma_y = q$，$\tau_{xy} = 0$ 是该问题的解，并求出位移分量。

10. 如图 6 所示，长为 l、高为 h 的单位厚度矩形截面悬臂梁，其左端面受切向分布力作用，合力为 F，不计梁的自重，试用应力函数 $U = axy^3 + bxy$ 求解应力分量。有兴趣的同学可进一步求位移，固支端的边界条件为 A 点位移为零，转角为零。

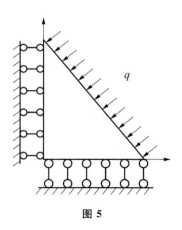

图 5

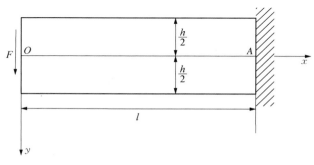

图 6

11. 设简支梁只受重力作用，密度为 ρ，应用 7.4 节所介绍的应力函数求解应力分量。

12. 设图 7 中的三角形悬臂梁只受重力作用，密度为 ρ，试用三次应力函数求解。

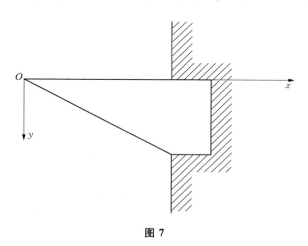

图 7

13. 如图 8 所示，设有矩形截面的长竖柱密度为 ρ，在一边侧面上作用均布剪力 q，试求应力分量（提示：可根据 $x = 0$、$x = b$ 处 $\sigma_x = 0$ 来设定应力函数的形式，$y = 0$ 边界条为次要边界，该处边界条件可按整体形式满足）。

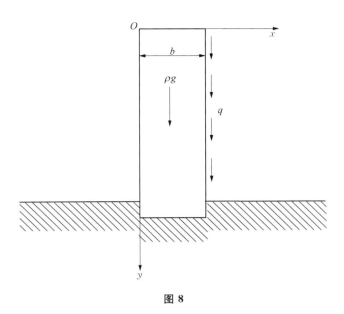

图 8

14. 挡水墙的密度为 ρ，厚度为 h，如图 9 所示，水的密度为 ρ_1，试求应力分量（提示：可假设 $\sigma_y = x f(y)$）。上端的边界条件若不能精确满足，则可应用圣维南原理，求出近似的解答）。

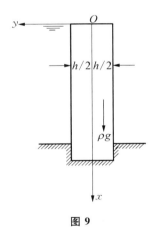

图 9

15. 应用 7.7 节给出的应力函数求解固支梁受均布载荷的问题。

8　平面问题的极坐标解法

第7章介绍的直角坐标解法适用于矩形、三角形等边界是直线的形状,而对于圆形、扇形,圆环等形状采用极坐标求解比直角坐标方便。极坐标是一般曲线坐标的一种,曲线坐标和直角坐标最大的区别是坐标单位矢量逐点变化。本章首先推导弹性力学基本方程在极坐标中的形式,然后讨论圆形、圆孔、扇形和楔形体等典型问题的求解。

8.1　极坐标中的基本方程

推导极坐标中弹性力学的基本方程有两种方法,一种方法是取极坐标中的微元体,分析微元体的平衡,导出平衡方程,根据应变的几何意义,直接在极坐标中分析变形的情况可导出几何方程。这种方法的优点是比较直观,通俗易懂。关于这种直观的方法可参阅文献[18]。缺点是比较烦琐,不便推广到一般情况。下面介绍另外一种方法。

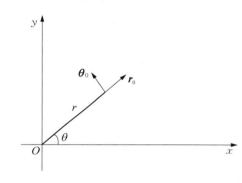

图 8-1　极坐标中的径向和周向单位矢量

极坐标和直角坐标的关系为 $x = r\cos\theta$, $y = r\sin\theta$,如图 8-1 所示,极坐标的坐标单位矢量(径向单位矢量和周向单位矢量)在直角坐标中可以表示为 $\boldsymbol{r}_0 = \cos\theta\boldsymbol{i} + \sin\theta\boldsymbol{j}$, $\boldsymbol{\theta}_0 = -\sin\theta\boldsymbol{i} + \cos\theta\boldsymbol{j}$,其中, $\boldsymbol{i}$, $\boldsymbol{j}$ 是直角坐标系的坐标单位矢量。由极坐标的坐标单位矢量的表达式可导出下列关系: $\dfrac{\partial\boldsymbol{r}_0}{\partial r} = 0$, $\dfrac{\partial\boldsymbol{r}_0}{\partial\theta} = -\sin\theta\boldsymbol{i} + \cos\theta\boldsymbol{j} = \boldsymbol{\theta}_0$, $\dfrac{\partial\boldsymbol{\theta}_0}{\partial r} = 0$, $\dfrac{\partial\boldsymbol{\theta}_0}{\partial\theta} = -\cos\theta\boldsymbol{i} - \sin\theta\boldsymbol{j} = -\boldsymbol{r}_0$。 可以从图 8-2 中看出这些结果的几何意义, $\Delta\boldsymbol{r}_0$ 当 $\Delta\theta$ 很小时,其方向趋近于周向方向,而 $\Delta\boldsymbol{\theta}_0$ 当 $\Delta\theta$ 很小时,其方向趋近于径向的负向。

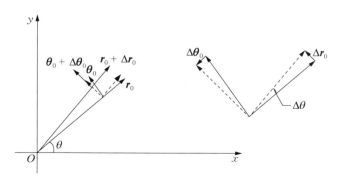

图 8-2　径向和轴向单位矢量的微小改变量

8.1.1　几何方程

弹性力学的几何方程为

$$\boldsymbol{\Gamma} = \frac{1}{2}(\boldsymbol{u}\ \nabla + \nabla\ \boldsymbol{u}) \tag{8-1}$$

极坐标中位移可表示为 $\boldsymbol{u} = u_r\boldsymbol{r}_0 + u_\theta\boldsymbol{\theta}_0$，哈密顿算子(梯度算子)可表示为

$$\nabla = \boldsymbol{r}_0\ \frac{\partial}{\partial r} + \boldsymbol{\theta}_0\ \frac{\partial}{r\partial\theta} \tag{8-2}$$

位移的左、右梯度为

$$\begin{aligned}
\nabla\ \boldsymbol{u} &= \left(\boldsymbol{r}_r\ \frac{\partial}{\partial r} + \boldsymbol{\theta}_0\ \frac{\partial}{r\partial\theta}\right)(u_r\boldsymbol{r}_0 + u_\theta\boldsymbol{\theta}_0) \\
&= \frac{\partial u_r}{\partial r}\boldsymbol{r}_0\boldsymbol{r}_0 + \frac{\partial u_\theta}{\partial r}\boldsymbol{r}_0\boldsymbol{\theta}_0 + \left[\frac{\partial u_r}{r\partial\theta} - \frac{u_\theta}{r}\right]\boldsymbol{\theta}_0\boldsymbol{r}_0 + \left[\frac{\partial u_\theta}{r\partial\theta} + \frac{u_r}{r}\right]\boldsymbol{\theta}_0\boldsymbol{\theta}_0
\end{aligned} \tag{8-3}$$

$$\boldsymbol{u}\ \nabla = \frac{\partial u_r}{\partial r}\boldsymbol{r}_0\boldsymbol{r}_0 + \frac{\partial u_\theta}{\partial r}\boldsymbol{\theta}_0\boldsymbol{r}_0 + \left[\frac{\partial u_r}{r\partial\theta} - \frac{u_\theta}{r}\right]\boldsymbol{r}_0\boldsymbol{\theta}_0 + \left[\frac{\partial u_\theta}{r\partial\theta} + \frac{u_r}{r}\right]\boldsymbol{\theta}_0\boldsymbol{\theta}_0 \tag{8-4}$$

将式(8-3)和式(8-4)代入几何方程式(8-1)，得到

$$\varepsilon_r = \frac{\partial u_r}{\partial r},\ \varepsilon_\theta = \frac{1}{r}\ \frac{\partial u_\theta}{\partial\theta} + \frac{u_r}{r},\ \varepsilon_{r\theta} = \frac{1}{2}\left[\frac{\partial u_\theta}{\partial r} + \frac{\partial u_r}{r\partial\theta} - \frac{u_\theta}{r}\right] \tag{8-5}$$

极坐标中应变分量的几何意义是 ε_r 表示径向 $\boldsymbol{r}_0$ 方向长度的相对伸长；ε_θ 代表周向 $\boldsymbol{\theta}_0$ 方向长度的相对伸长；$\varepsilon_{r\theta}$ 为径向 $\boldsymbol{r}_0$、周向 $\boldsymbol{\theta}_0$ 夹角改变的一半。

8.1.2　平衡方程

极坐标中应力张量可表示为 $\boldsymbol{T} = \sigma_r\boldsymbol{r}_0\boldsymbol{r}_0 + \sigma_\theta\boldsymbol{\theta}_0\boldsymbol{\theta}_0 + \tau_{r\theta}\boldsymbol{r}_0\boldsymbol{\theta}_0 + \tau_{\theta r}\boldsymbol{\theta}_0\boldsymbol{r}_0$，通过微分算子运算得到

$$\begin{aligned}
\nabla\cdot\boldsymbol{T} &= \left(\boldsymbol{r}_0\ \frac{\partial}{\partial r} + \boldsymbol{\theta}_0\ \frac{\partial}{r\partial\theta}\right)\cdot(\sigma_r\boldsymbol{r}_0\boldsymbol{r}_0 + \sigma_\theta\boldsymbol{\theta}_0\boldsymbol{\theta}_0 + \tau_{r\theta}\boldsymbol{r}_0\boldsymbol{\theta}_0 + \tau_{\theta r}\boldsymbol{\theta}_0\boldsymbol{r}_0) \\
&= \left[\frac{\partial\sigma_r}{\partial r} + \frac{\partial\tau_{r\theta}}{r\partial\theta} + \frac{\sigma_r - \sigma_\theta}{r}\right]\boldsymbol{r}_0 + \left[\frac{\partial\tau_{r\theta}}{\partial r} + \frac{\partial\sigma_\theta}{r\partial\theta} + \frac{2\tau_{r\theta}}{r}\right]\boldsymbol{\theta}_0
\end{aligned} \tag{8-6}$$

这样就导出了极坐标中平衡方程的表达式，即

$$\begin{cases} \dfrac{\partial\sigma_r}{\partial r} + \dfrac{\partial\tau_{r\theta}}{r\partial\theta} + \dfrac{\sigma_r - \sigma_\theta}{r} + f_r = 0 \\[3mm] \dfrac{\partial\tau_{r\theta}}{\partial r} + \dfrac{\partial\sigma_\theta}{r\partial\theta} + \dfrac{2\tau_{r\theta}}{r} + f_\theta = 0 \end{cases} \tag{8-7}$$

8.1.3 本构关系

对各向同性材料,材料的弹性性质在任何方向都相同,所以极坐标中本构关系和直角坐标中本构关系有相同的形式,即

$$\varepsilon_r = \frac{1}{E_1}\sigma_r - \frac{\nu_1}{E_1}\sigma_\theta$$

$$\varepsilon_\theta = \frac{1}{E_1}\sigma_\theta - \frac{\nu_1}{E_1}\sigma_r \qquad\qquad (8-8)$$

$$\varepsilon_{r\theta} = \frac{1+\nu_1}{E_1}\tau_{r\theta}$$

其中对平面应力问题,$E_1 = E$,$\nu_1 = \nu$;对平面应变问题,$E_1 = E/(1-\nu^2)$,$\nu_1 = \nu/(1-\nu)$。

8.1.4 应变协调方程

应变协调方程用哈密顿算子(梯度微分算子)可以表示为

$$\nabla \times \boldsymbol{\Gamma} \times \nabla = \boldsymbol{0} \qquad\qquad (8-9)$$

将极坐标中哈密顿算子的表达式代入,得到

$$\left(\frac{\partial^2}{r^2\partial\theta^2} - \frac{\partial}{r\partial r}\right)\varepsilon_r + \frac{\partial}{r^2\partial r}\left(r^2\frac{\partial\varepsilon_\theta}{\partial r}\right) - \frac{2}{r^2}\frac{\partial}{\partial r}\left(r\frac{\partial\varepsilon_{r\theta}}{\partial\theta}\right) = 0 \qquad (8-10)$$

或者可以从直角坐标中的应变协调方程 $\dfrac{\partial^2\varepsilon_x}{\partial y^2} + \dfrac{\partial^2\varepsilon_y}{\partial x^2} = 2\dfrac{\partial^2\varepsilon_{xy}}{\partial x\partial y}$,利用应变分量在直角坐标和极坐标中的转换关系,得到

$$\varepsilon_x = \varepsilon_r\cos^2\theta + \varepsilon_\theta\sin^2\theta - \varepsilon_{r\theta}\sin 2\theta$$

$$\varepsilon_y = \varepsilon_r\sin^2\theta + \varepsilon_\theta\cos^2\theta + \varepsilon_{r\theta}\sin 2\theta \qquad (8-11)$$

$$\varepsilon_{xy} = (\varepsilon_r - \varepsilon_\theta)\sin\theta\cos\theta + \varepsilon_{r\theta}\cos 2\theta$$

以及 (x,y) 和 (r,θ) 之间偏导数的关系,也可以导出式(8-10)。另一种方法是从几何方程式(8-5)中消去位移 u_r 和 u_θ,同样可得到极坐标中的应变协调方程,即式(8-10)。

8.1.5 拉普拉斯算子 ∇^2 在极坐标中的表达式

将梯度微分算子在极坐标中的表达式代入

$$\nabla \cdot (\nabla\varphi) = \nabla^2\varphi \qquad\qquad (8-12)$$

经过运算得到

$$\nabla \cdot (\nabla\varphi) = \left(\boldsymbol{r}_0\frac{\partial}{\partial r} + \boldsymbol{\theta}_0\frac{\partial}{r\partial\theta}\right) \cdot \left(\boldsymbol{r}_0\frac{\partial\varphi}{\partial r} + \boldsymbol{\theta}_0\frac{\partial\varphi}{r\partial\theta}\right) = \frac{\partial^2\varphi}{\partial r^2} + \frac{\partial\varphi}{r\partial r} + \frac{\partial^2\varphi}{r^2\partial\theta^2}$$

$$(8-13)$$

因此，在极坐标中拉普拉斯算子的表达式为 $\nabla^2 = \dfrac{\partial^2}{\partial r^2} + \dfrac{\partial}{r \partial r} + \dfrac{\partial^2}{r^2 \partial \theta^2}$。

8.1.6 应力协调方程

无体力时应力协调方程为 $\nabla^2(\sigma_x + \sigma_y) = 0$，在平面应力和平面应变问题中，$\sigma_x + \sigma_y$ 都是不变量，在坐标变换下 $\sigma_x + \sigma_y$ 保持不变，所以有 $\sigma_x + \sigma_y = \sigma_r + \sigma_\theta$，极坐标中应力协调方程为 $\nabla^2(\sigma_r + \sigma_\theta) = 0$。

8.1.7 艾里应力函数

由应力张量在坐标变换下的变化规律，极坐标下与直角坐标下应力张量有如下关系：

$$\begin{bmatrix} \sigma_r & \tau_{r\theta} \\ \tau_{r\theta} & \sigma_\theta \end{bmatrix} = \begin{bmatrix} \cos\theta & \sin\theta \\ -\sin\theta & \cos\theta \end{bmatrix} \begin{bmatrix} \sigma_x & \tau_{xy} \\ \tau_{xy} & \sigma_y \end{bmatrix} \begin{bmatrix} \cos\theta & -\sin\theta \\ \sin\theta & \cos\theta \end{bmatrix} \tag{8-14}$$

写成分量形式

$$\begin{aligned}
\sigma_r &= \sigma_x \cos^2\theta + \sigma_y \sin^2\theta + \tau_{xy}\sin 2\theta \\
&= \frac{\partial^2 U}{\partial y^2}\cos^2\theta + \frac{\partial^2 U}{\partial x^2}\sin^2\theta - \frac{\partial^2 U}{\partial x \partial y}\sin 2\theta \\
\sigma_\theta &= \sigma_x \sin^2\theta + \sigma_y \cos^2\theta - \tau_{xy}\sin 2\theta \\
&= \frac{\partial^2 U}{\partial y^2}\sin^2\theta + \frac{\partial^2 U}{\partial x^2}\cos^2\theta + \frac{\partial^2 U}{\partial x \partial y}\sin 2\theta \\
\tau_{r\theta} &= \left(\frac{\partial^2 U}{\partial x^2} - \frac{\partial^2 U}{\partial y^2} \right)\sin\theta\cos\theta - \frac{\partial^2 U}{\partial x \partial y}\cos 2\theta
\end{aligned} \tag{8-15}$$

应力函数的一阶、二阶偏导数在极坐标中可以表示为

$$\begin{aligned}
\frac{\partial U}{\partial x} &= \frac{\partial U}{\partial r}\cos\theta - \frac{\partial U}{\partial \theta}\frac{\sin\theta}{r} \\
\frac{\partial U}{\partial y} &= \frac{\partial U}{\partial r}\sin\theta + \frac{\partial U}{\partial \theta}\frac{\cos\theta}{r}
\end{aligned} \tag{8-16}$$

$$\frac{\partial^2 U}{\partial x^2} = \cos^2\theta \frac{\partial^2 U}{\partial r^2} - \frac{\sin 2\theta}{r}\frac{\partial^2 U}{\partial r \partial \theta} + \frac{\sin^2\theta}{r}\frac{\partial U}{\partial r} + \frac{\sin 2\theta}{r^2}\frac{\partial U}{\partial \theta} + \frac{\sin^2\theta}{r^2}\frac{\partial^2 U}{\partial \theta^2}$$

$$\frac{\partial^2 U}{\partial y^2} = \sin^2\theta \frac{\partial^2 U}{\partial r^2} + \frac{\sin 2\theta}{r}\frac{\partial^2 U}{\partial r \partial \theta} + \frac{\cos^2\theta}{r}\frac{\partial U}{\partial r} - \frac{\sin 2\theta}{r^2}\frac{\partial U}{\partial \theta} + \frac{\cos^2\theta}{r^2}\frac{\partial^2 U}{\partial \theta^2}$$

$$\begin{aligned}
\frac{\partial^2 U}{\partial x \partial y} &= \sin\theta\cos\theta \frac{\partial^2 U}{\partial r^2} + \frac{\cos 2\theta}{r}\frac{\partial^2 U}{\partial r \partial \theta} - \frac{\sin\theta\cos\theta}{r}\frac{\partial U}{\partial r} - \\
&\quad \frac{\cos 2\theta}{r^2}\frac{\partial U}{\partial \theta} - \frac{\sin\theta\cos\theta}{r^2}\frac{\partial^2 U}{\partial \theta^2}
\end{aligned}$$

$$\tag{8-17}$$

将式(8-17)代入式(8-15),经过化简,最后得到

$$\sigma_r = \frac{\partial U}{r\partial r} + \frac{\partial^2 U}{r^2 \partial \theta^2}$$

$$\sigma_\theta = \frac{\partial^2 U}{\partial r^2} \qquad\qquad (8-18)$$

$$\tau_{r\theta} = -\frac{\partial}{\partial r}\left(\frac{\partial U}{r\partial \theta}\right)$$

实际上,应力张量通过艾里应力函数可表示为 $\boldsymbol{T} = \nabla \times (-U)\boldsymbol{kk} \times \nabla$(可参考文献[4]),其中 $\boldsymbol{k}$ 为 z 方向单位矢量。将极坐标中的哈密顿算子代入,经过运算得

$$\begin{aligned}
\boldsymbol{T} &= \left(\frac{\partial}{\partial r}\boldsymbol{r}_0 + \frac{\partial}{r\partial \theta}\boldsymbol{\theta}_0\right) \times (-U)\boldsymbol{kk} \times \left(\frac{\partial}{\partial r}\boldsymbol{r}_0 + \frac{\partial}{r\partial \theta}\boldsymbol{\theta}_0\right) \\
&= \left[\frac{\partial U}{r\partial r} + \frac{\partial}{r\partial \theta}\left(\frac{\partial U}{r\partial \theta}\right)\right]\boldsymbol{r}_0\boldsymbol{r}_0 - \frac{\partial}{\partial r}\left(\frac{\partial U}{r\partial \theta}\right)\boldsymbol{r}_0\boldsymbol{\theta}_0 + \\
&\quad \left[\frac{\partial U}{r^2\partial \theta} - \frac{\partial}{r\partial \theta}\left(\frac{\partial U}{\partial r}\right)\right]\boldsymbol{\theta}_0\boldsymbol{r}_0 + \frac{\partial^2 U}{\partial r^2}\boldsymbol{\theta}_0\boldsymbol{\theta}_0
\end{aligned} \qquad (8-19)$$

由此也可得到式(8-18)。U 满足双调和方程,即

$$\nabla^2\nabla^2 U = \left[\frac{\partial^2}{\partial r^2} + \frac{\partial}{r\partial r} + \frac{\partial^2}{r^2\theta^2}\right]\left[\frac{\partial^2}{\partial r^2} + \frac{\partial}{r\partial r} + \frac{\partial^2}{r^2\theta^2}\right]U = 0 \qquad (8-20)$$

8.2　轴对称问题的应力和位移

弹性体的几何形状和载荷都与环向坐标 θ 无关的平面问题称为平面轴对称问题,由于几何形状和载荷均不随环向坐标变化,可以推断应力分量也与环向坐标无关。因此,对轴对称问题可以假设应力函数只是 r 的函数 $U = U(r)$,代入双调和方程得

$$r^4\frac{\mathrm{d}^4 U}{\mathrm{d}r^4} + 2r^3\frac{\mathrm{d}^3 U}{\mathrm{d}r^3} - r^2\frac{\mathrm{d}^2 U}{\mathrm{d}r^2} + r\frac{\mathrm{d}U}{\mathrm{d}r} = 0 \qquad (8-21)$$

这个变系数常微分方程属于欧拉方程,引入变量替换 $r = \mathrm{e}^t$,$t = \ln r$,可转化为常系数微分方程为

$$\frac{\mathrm{d}^4 U}{\mathrm{d}t^4} - 4\frac{\mathrm{d}^3 U}{\mathrm{d}t^3} + 4\frac{\mathrm{d}^2 U}{\mathrm{d}t^2} = 0 \qquad (8-22)$$

其通解为

$$U = At + Bt\mathrm{e}^{2t} + C\mathrm{e}^{2t} + D = A\ln r + Br^2\ln r + Cr^2 + D \qquad (8-23)$$

式中,A,B,C,D 为任意常数。由式(8-18)可求得应力分量为

$$
\begin{cases}
\sigma_r = \dfrac{A}{r^2} + B(1+2\ln r) + 2C \\[2mm]
\sigma_\theta = -\dfrac{A}{r^2} + B(3+2\ln r) + 2C \\[2mm]
\tau_{r\theta} = 0
\end{cases}
\tag{8-24}
$$

下面介绍位移场问题

将应力分量表达式(8-24)代入本构关系得

$$
\begin{cases}
\varepsilon_r = \dfrac{\partial u_r}{\partial r} = \dfrac{1}{E}\left[(1+\nu)\dfrac{A}{r^2} + (1-3\nu)B + 2(1-\nu)B\ln r + 2(1-\nu)C\right] \\[3mm]
\varepsilon_\theta = \dfrac{u_r}{r} + \dfrac{\partial u_\theta}{r\partial\theta} = \dfrac{1}{E}\left[-(1+\nu)\dfrac{A}{r^2} + (3-\nu)B + 2(1-\nu)B\ln r + 2(1-\nu)C\right] \\[3mm]
\varepsilon_{r\theta} = \dfrac{\partial u_r}{r\partial\theta} + \dfrac{\partial u_\theta}{\partial r} - \dfrac{u_\theta}{r} = 0
\end{cases}
\tag{8-25}
$$

对式(8-25)第一式积分得

$$
u_r = \dfrac{1}{E}\left[-(1+\nu)\dfrac{A}{r} + 2(1-\nu)Br(\ln r - 1) + (1-3\nu)Br + 2(1-\nu)Cr\right] + f(\theta)
\tag{8-26}
$$

式中，$f(\theta)$ 为 θ 任意函数。

将 u_r 代入式(8-25)第二式，得

$$
\dfrac{\partial u_\theta}{\partial \theta} = \dfrac{4Br}{E} - f(\theta)
\tag{8-27}
$$

积分得到 $u_\theta = \dfrac{4Br\theta}{E} - \displaystyle\int f(\theta)\mathrm{d}\theta + f_1(r)$，其中 $f_1(r)$ 为 r 的任意函数。

将 u_r、u_θ 代入式(8-25)第三式，则有

$$
\dfrac{1}{r}f'(\theta) + f_1'(r) + \dfrac{1}{r}\int f(\theta)\mathrm{d}\theta - \dfrac{f_1(r)}{r} = 0
\tag{8-28}
$$

或

$$
f(\theta) + \int f(\theta)\mathrm{d}\theta = f_1(r) - rf_1'(r)
\tag{8-29}
$$

式(8-29)左边为 θ 的函数，右边为 r 的函数，要使其成立只有两边都等于同一常数 F，于是有

$$
\begin{aligned}
f_1(r) - rf_1'(r) &= F \\
f'(\theta) + \int f(\theta)\mathrm{d}\theta &= F
\end{aligned}
\tag{8-30}
$$

由式(8-30)第一式可解出

$$f_1 = Hr + F \quad (\text{齐次方程的通解加上非齐次方程的特解}) \tag{8-31}$$

对式(8-30)第二式求导,使其变为微分方程,即

$$f''(\theta) + f(\theta) = 0 \tag{8-32}$$

解出 $f(\theta)$ 为

$$f(\theta) = I\cos\theta + K\sin\theta \tag{8-33}$$

由式(8-30)第二式,得

$$\int f(\theta)\mathrm{d}\theta = F - f'(\theta) = F + I\sin\theta - K\cos\theta \tag{8-34}$$

最后得到平面轴对称问题的位移分量为

$$u_r = \frac{1}{E}\left[-(1+\nu)\frac{A}{r} + 2(1-\nu)Br(\ln r - 1) + (1-3\nu)Br + \right.$$
$$\left. 2(1-\nu)Cr\right] + I\cos\theta + K\sin\theta \tag{8-35}$$
$$u_\theta = \frac{4Br\theta}{E} + Hr - I\sin\theta + K\cos\theta$$

式中,A,B,C,H,I,K 是任意常数,H、I、K 代表刚体位移(H 代表转动,I、K 代表平动),上述结果既适用于平面应力问题,又适用于平面应变问题。

8.3 圆环或圆筒受均布压力

如图 8-3 所示,设圆环或圆筒的内半径为 a,外半径为 b,内压为 q_a,外压为 q_b,如果是圆环,则属于平面应力问题,如果是圆筒,则属于平面应变问题。该问题的边界条件可以表示为 $\tau_{r\theta}\mid_{r=a}=0$,$\tau_{r\theta}\mid_{r=b}=0$,$\sigma_r\mid_{r=a}=-q_a$,$\sigma_r\mid_{r=b}=-q_b$。

该问题属于轴对称问题,可以利用 8.2 节所得到的轴对称问题的通解,即

$$\begin{cases} \sigma_r = \dfrac{A}{r^2} + B(1 + 2\ln r) + 2C \\[3mm] \sigma_\theta = -\dfrac{A}{r^2} + B(3 + 2\ln r) + 2C \\[3mm] \tau_{r\theta} = 0 \end{cases} \tag{8-36}$$

将上述通解代入边界条件,得到关于待定常数的方程组为

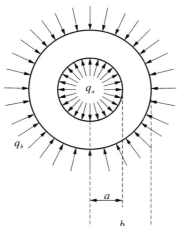

图 8-3 受均布压力的圆环或圆筒

$$\begin{cases} \dfrac{A}{a^2} + B(1 + 2\ln a) + 2C = -q_a \\[3mm] \dfrac{A}{b^2} + B(1 + 2\ln b) + 2C = -q_b \end{cases} \tag{8-37}$$

两个方程不能确定 3 个常数，圆环属于多连通区域，必须利用位移单值性条件。

注意到 $u_\theta = \dfrac{4Br\theta}{E} + Hr - I\sin\theta + K\cos\theta$，位移单值性条件要求 $u_\theta|_{\theta_0} = u_\theta|_{\theta_0 + 2\pi}$，由此可知 $B = 0$，则由式（8-31）可解出 A，C：

$$A = \frac{a^2 b^2 (q_b - q_a)}{b^2 - a^2}$$

$$C = \frac{q_a a^2 - q_b b^2}{2(b^2 - a^2)} \tag{8-38}$$

应力分量为

$$\sigma_r = -\frac{\dfrac{b^2}{r^2} - 1}{\dfrac{b^2}{a^2} - 1}q_a - \frac{1 - \dfrac{a^2}{r^2}}{1 - \dfrac{a^2}{b^2}}q_b$$

$$\sigma_\theta = \frac{\dfrac{b^2}{r^2} + 1}{\dfrac{b^2}{a^2} - 1}q_a - \frac{1 + \dfrac{a^2}{r^2}}{1 - \dfrac{a^2}{b^2}}q_b \tag{8-39}$$

如果只有内压力 q_a 作用，即 $q_b = 0$，上述结果简化为

$$\sigma_r = -\frac{\dfrac{b^2}{r^2} - 1}{\dfrac{b^2}{a^2} - 1}q_a$$

$$\sigma_\theta = \frac{\dfrac{b^2}{r^2} + 1}{\dfrac{b^2}{a^2} - 1}q_a \tag{8-40}$$

由此可见，σ_r 总是压应力，而 σ_θ 总是拉应力。当圆环或圆筒的外半径趋于无限大时（$b \to \infty$），就得到含有圆孔的无限大薄板或具有圆形孔道的无限大弹性体的解，即

$$\sigma_r = -\frac{a^2}{r^2}q_a, \quad \sigma_\theta = \frac{a^2}{r^2}q_a \tag{8-41}$$

可见应力与 $\dfrac{a^2}{r^2}$ 成正比,在 $r \gg a$ 处,应力很小,这个例子也验证了圣维南原理,因为圆孔的内压力是平衡力系。根据圣维南原理,作用在小区域的平衡力系对远离该小区域处的影响可以忽略。

如果只有外压力 q_b 作用,则 $q_a = 0$,求解式(8-39)可简化为

$$\sigma_r = -\frac{1 - \dfrac{a^2}{r^2}}{1 - \dfrac{a^2}{b^2}} q_b, \quad \sigma_\theta = -\frac{1 + \dfrac{a^2}{r^2}}{1 - \dfrac{a^2}{b^2}} q_b \tag{8-42}$$

显然,这时 σ_r 和 σ_θ 总是压应力。

8.4　曲梁的纯弯曲

设单位厚度的狭长矩形截面的圆弧形曲梁,内半径为 a,外半径为 b,在两端受大小相等方向相反的弯矩 M,取圆心为坐标原点,坐标系按图8-4所示建立。由于是纯弯曲问题,梁的各个截面上弯矩相同,因此可以假设各截面上的应力分布相同,也就是轴对称问题。

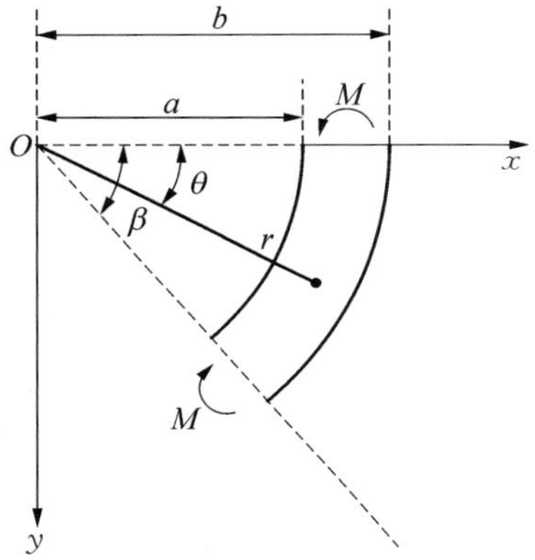

图8-4　曲梁的纯弯曲

该问题的边界条件表示如下,全部边界无剪力:

$$\tau_{r\theta} \mid_{r=a,b} = 0, \quad \tau_{r\theta} \mid_{\theta=a,\beta} = 0 \tag{8-43}$$

梁内外两面边界条件是

$$\sigma_r \mid_{r=a,b} = 0 \tag{8-44}$$

在梁的任意一端,环向正应力应当合成弯矩 M,因此要求

$$\int_a^b \sigma_\theta \mathrm{d}r = 0$$

$$\int_a^b \sigma_\theta r \mathrm{d}r = M \tag{8-45}$$

轴对称问题的通解为

$$\begin{cases} \sigma_r = \dfrac{A}{r^2} + B(1 + 2\ln r) + 2C \\[2mm] \sigma_\theta = -\dfrac{A}{r^2} + B(3 + 2\ln r) + 2C \\[2mm] \tau_{r\theta} = 0 \end{cases} \tag{8-46}$$

显然这个解满足边界条件式(8-43),将这个通解代入式(8-44),得

$$\begin{cases} \dfrac{A}{a^2} + B(1 + 2\ln a) + 2C = 0 \\[3mm] \dfrac{A}{b^2} + B(1 + 2\ln b) + 2C = 0 \end{cases} \tag{8-47}$$

式(8-45)的第一式可以写为 $\displaystyle\int_a^b \sigma_\theta \mathrm{d}r = \int_a^b \dfrac{\mathrm{d}^2 U}{\mathrm{d}r^2}\mathrm{d}r = \dfrac{\mathrm{d}U}{\mathrm{d}r}\Big|_a^b = r\sigma_r\Big|_a^b = b\sigma_r\Big|_{r=b} - a\sigma_r\Big|_{r=a}$，

由此可见，如果边界条件式(8-44)满足，式(8-45)的第一式自然会满足。

式(8-45)的第二式可改写为

$$\int_a^b \sigma_\theta r\,\mathrm{d}r = \int_a^b \dfrac{\mathrm{d}^2 U}{\mathrm{d}r^2} r\,\mathrm{d}r = \int_a^b r\,\mathrm{d}\left(\dfrac{\mathrm{d}U}{\mathrm{d}r}\right) = r\dfrac{\mathrm{d}U}{\mathrm{d}r}\Big|_a^b - \int_a^b \dfrac{\mathrm{d}U}{\mathrm{d}r}\mathrm{d}r = r^2\sigma_r\Big|_a^b - U\Big|_a^b = -U\Big|_a^b \tag{8-48}$$

将轴对称问题的应力函数代入，得

$$A\ln\dfrac{b}{a} + B(b^2\ln b - a^2\ln a) + C(b^2 - a^2) = -M \tag{8-49}$$

将式(8-47)和式(8-49)联立，可解出 A，B，C。

$$A = \dfrac{4Ma^2 b^2 \ln\dfrac{b}{a}}{\left[(b^2-a^2)^2 - 4a^2 b^2 \ln^2\dfrac{a}{b}\right]}, \; B = \dfrac{2M(b^2-a^2)}{\left[(b^2-a^2)^2 - 4a^2 b^2 \ln^2\dfrac{a}{b}\right]},$$

$$C = \dfrac{M\left[(a^2-b^2) + 2(a^2\ln a - b^2\ln b)\right]}{\left[(b^2-a^2)^2 - 4a^2 b^2 \ln^2\dfrac{a}{b}\right]} \tag{8-50}$$

8.5　圆孔的孔边应力集中

材料在加工过程中总会有缺陷，比如孔洞、裂纹等，另外有些结构构件也需要留孔。孔洞的影响并不只是减少了一点截面面积，实际上孔边会产生应力集中，从下面的分析中我们将会看到圆孔孔边应力集中系数最大可达到 4，结构往往从应力集中处失效（破坏）。

设矩形板薄板（或长柱体），四边受均布拉力 q，如图8-5所示，小孔位于矩形板的中心，半径为 a，矩形板的长、宽都远大于 a。因为有圆孔，宜用极坐标解法。

首先需要把边界条件用极坐标表示，现在边界条件是在板的四边受均布拉力，可以想象，如果没有小孔，板将处于均匀拉伸状态，因为小孔很小，在远离小孔处仍处于均匀拉伸状态，即在 x，$y \gg a$ 处，$\sigma_x = \sigma_y = q$，$\tau_{xy} = 0$。

由极坐标和直角坐标之间应力分量的变换公式，得

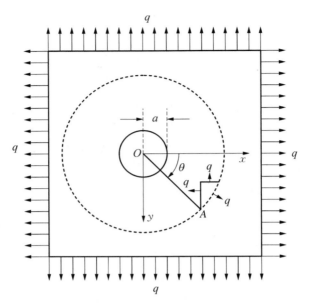

图 8-5 四边受均布拉力的矩形板

$$\sigma_r = \sigma_x \cos^2\theta + \sigma_y \sin^2\theta + \tau_{xy} \sin 2\theta$$

$$\sigma_\theta = \sigma_x \sin^2\theta + \sigma_y \cos^2\theta - \tau_{xy} \sin 2\theta$$

$$\tau_{r\theta} = \frac{1}{2}(\sigma_y - \sigma_x) \sin 2\theta + \tau_{xy} \cos 2\theta$$

$$(8-51)$$

在 $r \gg a$ 处，有 $\sigma_r = \sigma_\theta = q$，$\tau_{r\theta} = 0$。

可以假想，以小孔中心为圆心，以 $b \gg a$ 为半径画一个大圆，把大圆外边的部分切掉，在大圆圆周上应力为 $\sigma_r = q$，$\tau_{r\theta} = 0$，这样原来的问题就变成了这样一个新问题：内半径为 a 而外半径为 b 的圆环或圆筒，在外边界上受均布拉力 q，利用 8.4 节的结果，这个问题的解为

$$\sigma_r = q \frac{1 - \dfrac{a^2}{r^2}}{1 - \dfrac{a^2}{b^2}}, \quad \sigma_\theta = q \frac{1 + \dfrac{a^2}{r^2}}{1 - \dfrac{a^2}{b^2}}, \quad \tau_{r\theta} = 0 \qquad (8-52)$$

因为 $b \gg a$，可在式（8-52）中令 $\dfrac{a}{b} \to 0$，得

$$\sigma_r = q\left(1 - \frac{a^2}{r^2}\right), \quad \sigma_\theta = q\left(1 + \frac{a^2}{r^2}\right), \quad \tau_{r\theta} = 0 \qquad (8-53)$$

由此解可以看出，$\sigma_\theta\mid_{r=a} = 2q$，说明应力集中系数为 2。

如图 8-6 所示，矩形板左右两边受均布拉力 q，上下两边受均布压力 q 的问题。在 $r = b \gg a$ 处，$\sigma_r = q\cos 2\theta$，$\tau_{r\theta} = -q\sin 2\theta$，孔边边界条件为 $\sigma_r = \tau_{r\theta} = 0$。根据应力函数和应力分量的关系 $\sigma_r = \dfrac{1}{r}\dfrac{\partial U}{\partial r} + \dfrac{1}{r^2}\dfrac{\partial^2 U}{\partial \theta^2}$，$\tau_{r\theta} = -\dfrac{\partial}{\partial r}\left(\dfrac{1}{r}\dfrac{\partial U}{\partial \theta}\right)$，$\sigma_\theta = \dfrac{\partial^2 U}{\partial r^2}$，可以假设应力函数为 $U =$

$f(r)\cos 2\theta$ 的形式,代入双调和方程,得

$$\cos 2\theta\left[\frac{\mathrm{d}^4 f(r)}{\mathrm{d}r^4}+\frac{2}{r}\frac{\mathrm{d}^3 f(r)}{\mathrm{d}r^3}-\frac{9}{r^2}\frac{\mathrm{d}^2 f(r)}{\mathrm{d}r^2}+\frac{9}{r^3}\frac{\mathrm{d}f(r)}{\mathrm{d}r}\right]=0 \qquad (8-54)$$

即

$$\frac{\mathrm{d}^4 f(r)}{\mathrm{d}r^4}+\frac{2}{r}\frac{\mathrm{d}^3 f(r)}{\mathrm{d}r^3}-\frac{9}{r^2}\frac{\mathrm{d}^2 f(r)}{\mathrm{d}r^2}+\frac{9}{r^3}\frac{\mathrm{d}f(r)}{\mathrm{d}r}=0 \qquad (8-55)$$

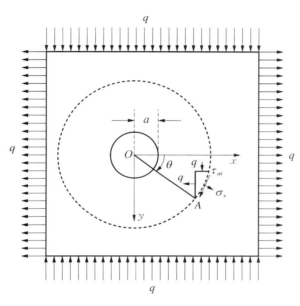

图 8 - 6　左右两边受均布拉力、上下两边受均布压力的矩形板

转化为欧拉方程为 $r^4\dfrac{\mathrm{d}^4 f(r)}{\mathrm{d}r^4}+2r^3\dfrac{\mathrm{d}^3 f(r)}{\mathrm{d}r^3}-9r^2\dfrac{\mathrm{d}^2 f(r)}{\mathrm{d}r^2}+9r\dfrac{\mathrm{d}f(r)}{\mathrm{d}r}=0$,其特征方程为 $\lambda(\lambda-1)(\lambda-2)(\lambda-3)+2\lambda(\lambda-1)(\lambda-2)-9\lambda(\lambda-1)+9\lambda=0$,特征根为 $0,\pm 2,4$。因此,可求得 $f(r)$ 的通解为

$$f(r)=Ar^4+Br^2+C+\frac{D}{r^2} \qquad (8-56)$$

应力分量为

$$\sigma_r=-\cos 2\theta\left(2B+\frac{4C}{r^2}+\frac{6D}{r^4}\right)$$

$$\tau_{r\theta}=\sin 2\theta\left(6Ar^2+2B-\frac{2C}{r^2}-\frac{6D}{r^4}\right) \qquad (8-57)$$

$$\sigma_\theta=\cos 2\theta\left(12Ar^2+2B+\frac{6D}{r^4}\right)$$

由 $r=a$，b 处的边界条件可求出待定常数 A，B，C，D，再令 $\dfrac{a}{b}\to 0$，即可确定 A，B，C，D。

另外，也可采取比较简便的方法，注意到当 $r\to\infty$ 时，$\sigma_r\sim q\cos 2\theta$，$\tau_{r\theta}\sim -q\sin 2\theta$，所以 $A=0$，$B=-\dfrac{q}{2}$。

将式（8-57）代入 $r=a$ 和孔边处的边界条件，得

$$
\begin{cases}
2B+\dfrac{4C}{a^2}+\dfrac{6D}{a^4}=0 \\[2mm]
2B-\dfrac{2C}{a^2}-\dfrac{6D}{a^4}=0
\end{cases}
\tag{8-58}
$$

考虑到常数 B 已经求得，$B=-\dfrac{q}{2}$，由此可得 $C=qa^2$，$D=-\dfrac{qa^4}{2}$。

最后得到应力分量为

$$
\begin{aligned}
\sigma_r &= q\cos 2\theta\left(1-\frac{a^2}{r^2}\right)\left(1-\frac{3a^2}{r^2}\right) \\[2mm]
\sigma_\theta &= -q\cos 2\theta\left(1+\frac{3a^4}{r^4}\right) \\[2mm]
\tau_{r\theta} &= -q\sin 2\theta\left(1-\frac{a^2}{r^2}\right)\left(1+\frac{3a^2}{r^2}\right)
\end{aligned}
\tag{8-59}
$$

可以看出，$\sigma_\theta\big|_{r=a}=-4q\cos 2\theta$，最大应力集中系数为 4。

如图 8-7 所示，如果左右两边作用有均布拉力 q_1，上下两边受均布拉力 q_2，可以将载荷分解为两部分，第一部分是四边受均布拉力 $\dfrac{q_1+q_2}{2}$，第二部分是左右两边的均布拉力 $\dfrac{q_1-q_2}{2}$ 和上下两边的均布压力 $\dfrac{q_1-q_2}{2}$。这两种情况的解都已得到，将两部分解叠加就能

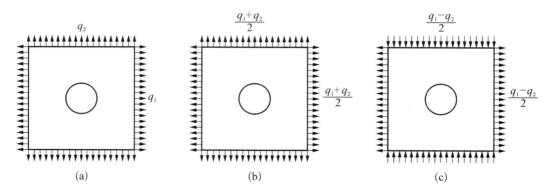

$$(a) \qquad\qquad (b) \qquad\qquad (c)$$

图 8-7 左右两边、上下两边受任意均布载荷作用的矩形板

得到原问题的解。

例如，设矩形薄板（或长柱体）只在左右两边受到拉力 q，则该问题等价于四边受均布拉力 $\dfrac{q}{2}$ 与左右两边的均布拉力 $\dfrac{q}{2}$ 和上下两边的均布压力 $\dfrac{q}{2}$ 之和，这两部分解叠加得到

$$
\begin{aligned}
\sigma_r &= \frac{q}{2}\left(1-\frac{a^2}{r^2}\right)+\frac{q}{2}\cos 2\theta\left(1-\frac{a^2}{r^2}\right)\left(1-\frac{3a^2}{r^2}\right)\\
\sigma_\theta &= \frac{q}{2}\left(1+\frac{a^2}{r^2}\right)-\frac{q}{2}\cos 2\theta\left(1+\frac{3a^4}{r^4}\right)\\
\tau_{r\theta} &= -\frac{q}{2}\sin 2\theta\left(1-\frac{a^2}{r^2}\right)\left(1+\frac{3a^2}{r^2}\right)
\end{aligned}
\tag{8-60}
$$

$\sigma_\theta\big|_{r=a,\,\theta=\frac{\pi}{2}}=3q$，可见最大应力集中系数为 3。

8.6　楔　形　体

设有中心角为 α，下端可无限延伸（可为薄板或长柱体）的楔形体。如图 8-8 所示，顶端作用集中力 P 或力偶 M，与中心线的夹角为 β，为分析方便假设薄板具有单位厚度。

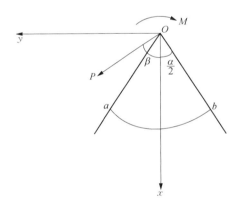

图 8-8　楔形体顶端受几种力或力偶作用

8.6.1　顶点作用集中力 P

由量纲分析可知应力分量应为 $\dfrac{P}{r}N(\alpha,\beta,\theta)$ 的形式，其中 $N(\alpha,\beta,\theta)$ 为无量纲函数，这样应力函数 U 应为 r 的一次式，可以设 $U=rf(\theta)$，$f(\theta)$ 为 θ 的任意函数，代入双调和方程，得

$$
\frac{1}{r^3}\left[\frac{\mathrm{d}^4 f(\theta)}{\mathrm{d}\theta^4}+2\frac{\mathrm{d}^2 f(\theta)}{\mathrm{d}\theta^2}+f(\theta)\right]=0
\tag{8-61}
$$

解出 $f(\theta)=A\cos\theta+B\sin\theta+\theta(C\cos\theta+D\sin\theta)$，应力函数为

$$U = Ar\cos\theta + Br\sin\theta + r\theta(C\cos\theta + D\sin\theta) \tag{8-62}$$

式中，$Ar\cos\theta + Br\sin\theta = Ax + By$ 为线性项，对应的应力分量为零，可忽略。

由应力函数式(8-62)可求出应力分量为

$$\sigma_r = \frac{1}{r}\frac{\partial U}{\partial r} + \frac{1}{r^2}\frac{\partial^2 U}{\partial \theta^2} = \frac{2}{r}(D\cos\theta - C\sin\theta) \tag{8-63}$$

$$\sigma_\theta = \tau_{r\theta} = 0$$

该问题的边界条件：在侧边，$\sigma_\theta\mid_{\theta=\pm\frac{\alpha}{2}}=0$，$\tau_{r\theta}\mid_{\theta=\pm\frac{\alpha}{2}}=0$，已满足。集中力的条件无法直接满足，集中力是分布力的极限情况，在弹性力学中分布力是基本概念，集中力是导出概念(派生概念)，可以看作是分布力的极限情况。

任取一个截面 ab，ab 面上的面力与 P 平衡，有

$$\int_{-\frac{\alpha}{2}}^{\frac{\alpha}{2}} \sigma_r r\cos\theta\,\mathrm{d}\theta + P\cos\beta = 0$$

$$\int_{-\frac{\alpha}{2}}^{\frac{\alpha}{2}} \sigma_r r\sin\theta\,\mathrm{d}\theta + P\sin\beta = 0 \tag{8-64}$$

即

$$\begin{cases} D(\sin\alpha + \alpha) + P\cos\beta = 0 \\ C(\sin\alpha - \alpha) + P\sin\beta = 0 \end{cases} \tag{8-65}$$

由此解得

$$C = \frac{P\sin\beta}{\alpha - \sin\alpha}, \quad D = -\frac{P\cos\beta}{\alpha + \sin\alpha} \tag{8-66}$$

最后得到应力分量为

$$\sigma_r = -\frac{2P}{r}\left(\frac{\cos\beta\cos\theta}{\alpha + \sin\alpha} + \frac{\sin\beta\sin\theta}{\alpha - \sin\alpha}\right)$$

$$\sigma_\theta = 0$$

$$\tau_{r\theta} = 0 \tag{8-67}$$

8.6.2 顶点作用力偶 M

由量纲分析，应力和 M、r 应该有这样的依赖关系 $\sigma_{ij} \sim \frac{M}{r^2}N(\alpha,\theta)$，由此可以看出应力函数应取为 $U = f(\theta)$ 的形式，代入双调和方程，得

$$\frac{1}{r^4}\left[\frac{\mathrm{d}^4 f(\theta)}{\mathrm{d}\theta^4} + 4\frac{\mathrm{d}^2 f(\theta)}{\mathrm{d}\theta^2}\right] = 0 \tag{8-68}$$

解得

$$f(\theta) = A\cos 2\theta + B\sin 2\theta + C\theta + D \qquad (8-69)$$

应力分量为

$$\sigma_r = -\frac{4}{r^2}(A\cos 2\theta + B\sin 2\theta)$$

$$\sigma_\theta = 0 \qquad (8-70)$$

$$\tau_{r\theta} = \frac{1}{r^2}(C - 2A\sin 2\theta + 2B\cos 2\theta)$$

在侧面,边界条件为 $\sigma_\theta\mid_{\theta=\pm\frac{\alpha}{2}}=0$, $\tau_{r\theta}\mid_{\theta=\pm\frac{\alpha}{2}}=0$,由此可得 $A=0$, $C=-2B\cos\alpha$。 相应地,得到应力分量的表达式为

$$\sigma_r = -\frac{4B\sin 2\theta}{r^2}$$

$$\sigma_\theta = 0 \qquad (8-71)$$

$$\tau_{r\theta} = \frac{2B(\cos 2\theta - \cos\alpha)}{r^2}$$

要确定常数 B,则需要考虑 aOb 部分的平衡,平衡条件要求

$$\int_{-\frac{\alpha}{2}}^{\frac{\alpha}{2}} \tau_{r\theta} r^2 \mathrm{d}\theta + M = 0 \qquad (8-72)$$

由此得 $B = -\dfrac{M}{2(\sin\alpha - \alpha\cos\alpha)}$。 可以直接验证 aOb 部分力的平衡条件为

$$\int_{-\frac{\alpha}{2}}^{\frac{\alpha}{2}} (\sigma_r\cos\theta - \tau_{r\theta}\sin\theta)r\mathrm{d}\theta = 0$$

$$\qquad (8-73)$$

$$\int_{-\frac{\alpha}{2}}^{\frac{\alpha}{2}} (\sigma_r\sin\theta + \tau_{r\theta}\cos\theta)r\mathrm{d}\theta = 0$$

已经满足。

最后得到应力分量为

$$\sigma_r = \frac{2M\sin 2\theta}{(\sin\alpha - \alpha\cos\alpha)r^2}$$

$$\sigma_\theta = 0 \qquad (8-74)$$

$$\tau_{r\theta} = -\frac{M(\cos 2\theta - \cos\alpha)}{(\sin\alpha - \alpha\cos\alpha)r^2}$$

式(8-74)的解大约在 $\alpha = 257.4°$ 时,分母为零,σ_r,$\tau_{r\theta}$ 变成无穷大,称为楔形体佯谬(wedge paradox)问题,需要叠加没有载荷作用的齐次解,以便构造在 $\alpha = 257.4°$ 无奇异性的解(可参考文献[19][20])。

取应力函数 $U = r^2 f(\theta)$ 可求解侧边作用均匀载荷的问题,一般地,取 $U = f(\theta)$ 可解楔形体顶端作用力偶的问题,取 $U = rf(\theta)$ 可解顶端作用集中力问题,取 $U = r^n f(\theta)$ $(n \geqslant 2)$ 可解侧面上作用沿径向以 r^{n-2} 方式变化载荷的问题。

8.7　半平面体表面作用法向和切向集中力

在解式(8-67)中令 $\alpha = \pi$,$\beta = 0$,则得到半平面表面受法向集中力的解为

$$\sigma_r = -\frac{2P}{\pi} \frac{\cos \theta}{r}$$

$$\sigma_\theta = 0 \qquad\qquad (8-75)$$

$$\tau_{r\theta} = 0$$

转换到直角坐标系,应力分量的结果是

$$\sigma_x = -\frac{2P}{\pi} \frac{x^3}{(x^2 + y^2)^2}$$

$$\sigma_y = -\frac{2P}{\pi} \frac{xy^2}{(x^2 + y^2)^2} \qquad\qquad (8-76)$$

$$\tau_{xy} = -\frac{2P}{\pi} \frac{x^2 y}{(x^2 + y^2)^2}$$

由本构关系求出应变分量并积分,得到位移场(不计刚体位移)为

$$u = \frac{P}{2\pi\mu} \left[\frac{x^2}{r^2} - \frac{2}{1+\nu} \ln r \right]$$

$$\qquad\qquad (8-77)$$

$$v = \frac{P}{2\pi\mu} \left[\frac{xy}{r^2} - \frac{1-\nu}{1+\nu} \arctan \frac{y}{x} \right]$$

式中,$r = \sqrt{x^2 + y^2}$,半平面表面受法向集中力的解也称为布西内斯克(Boussinesq)解。

在解式(8-67)中令 $\alpha = \pi$,$\beta = \dfrac{\pi}{2}$,则得到半平面受切向集中力的解为

$$\sigma_r = -\frac{2P}{\pi} \frac{\sin \theta}{r}$$

$$\sigma_\theta = 0 \qquad\qquad (8-78)$$

$$\tau_{r\theta} = 0$$

转化为直角坐标,应力分量为

$$\sigma_x = -\frac{2P}{\pi}\frac{x^2 y}{r^4}$$

$$\sigma_y = -\frac{2P}{\pi}\frac{y^3}{r^4} \tag{8-79}$$

$$\tau_{xy} = -\frac{2P}{\pi}\frac{xy^2}{r^4}$$

不计刚体位移，位移分量为

$$u = \frac{P}{2\pi\mu}\left[\frac{xy}{r^2} - \frac{1-\nu}{1+\nu}\arctan\frac{x}{y}\right]$$

$$v = \frac{P}{2\pi\mu}\left[\frac{y^2}{r^2} - \frac{2}{1+\nu}\ln r\right] \tag{8-80}$$

半平面表面受切向集中力的解又称为 Cerruti 解。

由这两个解可以通过叠加原理求出半平面作用分布力的解。利用布西内斯克解还可以求解垂直分布力作用下半平面体表面的沉降问题，可应用于土木工程中。另外，还可应用这两个解研究接触问题（可参考文献[4]）。

8.8 Eshelby 理论简介

Eshelby 理论是 20 世纪弹性力学乃至固体力学的重要成果，在复合材料力学、材料科学、断裂力学中都有广泛的应用。本节将对 Eshelby 理论做简单介绍，了解 Eshelby 理论的基本知识将有助于读者对复合材料细观力学等力学专业后续课程的学习。

8.8.1 Eshelby 理论简介

1. 同质夹杂问题

如图 8-9 所示，无限大基体中有一个椭圆形夹杂，$\boldsymbol{C}_m$ 和 $\boldsymbol{C}_i$ 分别是基体和夹杂的弹性常数，当 $\boldsymbol{C}_m = \boldsymbol{C}_i$ 时，称为同质夹杂问题；当 $\boldsymbol{C}_m \neq \boldsymbol{C}_i$ 时，称为异质夹杂问题。对于同质夹杂问题，若夹杂区域产生本征应变（非弹性应变，如热膨胀、相变、塑性应变、位错应变等）$\boldsymbol{\varepsilon}^*$，由于周围基体的约束作用，在夹杂区域的实际应变为 $\boldsymbol{\varepsilon}$，则弹性应变为 $\boldsymbol{\varepsilon}^e = \boldsymbol{\varepsilon} - \boldsymbol{\varepsilon}^*$，由此可得夹杂中的应力为 $\boldsymbol{\sigma} = \boldsymbol{C}_m\boldsymbol{\varepsilon}^e = \boldsymbol{C}_m(\boldsymbol{\varepsilon} - \boldsymbol{\varepsilon}^*)$。由 Eshelby 理论可知，若夹杂的形状为椭球或椭圆，则均匀的本征应变在夹杂中产生均匀应变和应力，并且 $\boldsymbol{\varepsilon} = \boldsymbol{S}\boldsymbol{\varepsilon}^*$，其中 $\boldsymbol{S}$ 为 Eshelby 张量，其值取决于夹杂的形状和基体材料的泊松比（可参考文献[21]）。用 Eshelby 张量，基体中的应力可表示为 $\boldsymbol{\sigma} = \boldsymbol{C}_m(\boldsymbol{S} - \boldsymbol{I})\boldsymbol{\varepsilon}^*$，$\boldsymbol{I}$ 是单位张量。

2. 异质夹杂问题

对于异质夹杂问题，考虑无限大基体在远场作用有均匀应力 $\boldsymbol{\sigma}_0$ 的问题，如果没有异质夹杂，则基体中的应力状态为均匀应力 $\boldsymbol{\sigma}_0$，但由于夹杂的存在会对均匀应力场产生干扰。如图 8-10 所示，Eshelby 理论证明，对于椭圆形夹杂，异质夹杂的存在等价于同质夹杂和夹杂内适当取值的本征应变，基于这一结论可以用 Eshelby 理论求解含有异质夹杂的无限大基体远场

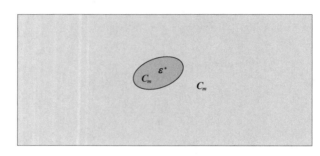

图 8 - 9   无限大基体含有一个椭圆形同质夹杂,夹杂内产生本征应变 $\boldsymbol{\varepsilon}^*$

作用有均匀应力的问题,这一方法称为等效夹杂原理。夹杂中的应力可表示为(可参考文献[23])

$$\boldsymbol{\sigma} = \boldsymbol{M} \boldsymbol{\sigma}_0 \tag{8-81}$$

其中

$$\boldsymbol{M} = \boldsymbol{C}_i \boldsymbol{T} \boldsymbol{C}_m^{-1}, \quad \boldsymbol{T} = \left[\boldsymbol{I} + \boldsymbol{S} \boldsymbol{C}_m^{-1} (\boldsymbol{C}_i - \boldsymbol{C}_m) \right]^{-1} \tag{8-82}$$

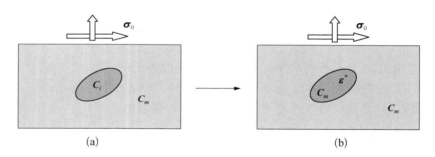

(a)   (b)

图 8 - 10   等效夹杂原理

(a) 远场作用均匀应力的异质夹杂问题;(b) 远场作用均匀应力的同质夹杂问题,夹杂内作用有适当取值的本征应变

8.8.2   两个平面应力 Eshelby 问题

以下通过两个平面应力 Eshelby 问题让读者对 Eshelby 问题形成初步的了解,分别采用平面问题极坐标解法和 Eshelby 理论求解,结果表明弹性力学极坐标解法和 Eshelby 理论得到的结果完全相同。

1. 同质夹杂

考虑如图 8 - 11 所示的同质夹杂 Eshelby 本征应变问题:在无限平面中切出一块面积为 S 的圆形区域,令其均匀受热膨胀 ΔS,然后再嵌入原处,嵌入后的界面为理想黏合。若材料为各向同性,膨胀后其弹性常数保持不变,求圆形区域内、外的应力。

圆形区域半径 $a = \sqrt{\dfrac{S}{\pi}}$,膨胀后半径 $b = \sqrt{\dfrac{S + \Delta S}{\pi}}$,嵌入后由于周围材料的约束作用,

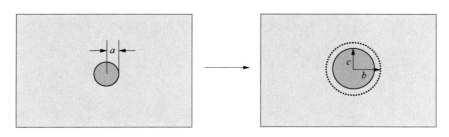

图 8 - 11　无限平面中圆形区域受均匀热膨胀

圆形区域的半径将介于 a、b 之间，设为 c。原问题可归结为① 半径为 $b = \sqrt{\dfrac{S + \Delta S}{\pi}}$ 的区域

受均匀压力 p 被压缩至 c；② 无限平面中半径为 $a = \sqrt{\dfrac{S}{\pi}}$ 的圆孔孔边受压变为 c，其在孔边

的位移之和为 $\Delta a = b - a$。

这两个问题都属于平面轴对称问题，取应力函数为

$$U = A \ln r + C r^2 \tag{8-83}$$

式中，A，C 为待定的未知常数。

相应的应力为

$$\begin{aligned}
\sigma_r &= A r^{-2} + 2C \\
\sigma_\theta &= -A r^{-2} + 2C \\
\tau_{r\theta} &= 0
\end{aligned} \tag{8-84}$$

位移为

$$u_r = \frac{1}{E} \left[-(1+\nu)\frac{A}{r} + 2(1-\nu)Cr \right] \tag{8-85}$$

$$u_\theta = 0$$

式中，E，ν 为弹性模量和泊松比。

由边界条件很容易求出问题①的解为 $A = 0$，$C = -p/2$；②的解为 $A = -a^2 p$，$C = 0$。

由 $|u_r^{(1)}|_{r=b} + |u_r^{(2)}|_{r=a} = \Delta a$，可确定 $p = \dfrac{E \Delta a}{a(1+\nu) + b(1-\nu)}$。

圆形区域内

$$\sigma_r^{(1)} = -p, \quad \sigma_\theta^{(1)} = -p \tag{8-86}$$

圆形区域外

$$\sigma_r^{(2)} = -\frac{a^2}{r^2} p, \quad \sigma_\theta^{(2)} = \frac{a^2}{r^2} p \tag{8-87}$$

将式(8-86)转化为直角坐标中表示，可得

$$\sigma_x = \sigma_y = -p = -\frac{E\Delta a}{a(1+\nu) + b(1-\nu)} \qquad (8-88)$$

$$\tau_{xy} = 0$$

将式(8-88)改写为

$$\sigma_x = \sigma_y = -\frac{E\Delta a}{a(1+\nu) + (a+\Delta a)(1-\nu)}$$

$$= -\frac{E\Delta a}{2a}\left[1 + \frac{\Delta a}{2a}(1-\nu)\right]^{-1} \qquad (8-89)$$

$$\tau_{xy} = 0$$

小变形条件下，$\dfrac{\Delta a}{2a} \ll 1$，则式(8-89)可简化为

$$\sigma_x = \sigma_y = -E\frac{\Delta a}{2a} \qquad (8-90)$$

$$\tau_{xy} = 0$$

平面应力问题的弹性张量的表达式为

$$\boldsymbol{C} = \frac{E}{1-\nu^2}\begin{bmatrix} 1 & \nu & 0 \\ \nu & 1 & 0 \\ 0 & 0 & 1-\nu \end{bmatrix} \qquad (8-91)$$

对平面应力问题，圆形夹杂 Eshelby 张量的表达式为

$$\boldsymbol{S} = \frac{1}{8}\begin{bmatrix} 5+\nu & 3\nu-1 & 0 \\ 3\nu-1 & 5+\nu & 0 \\ 0 & 0 & 6-2\nu \end{bmatrix} \qquad (8-92)$$

本征应变为

$$\varepsilon_x^* = \varepsilon_y^* = \frac{\Delta a}{a}, \quad \varepsilon_{xy}^* = 0 \qquad (8-93)$$

实际应变(总应变)为

$$\begin{Bmatrix} \varepsilon_x \\ \varepsilon_y \\ \varepsilon_{xy} \end{Bmatrix} = S\begin{Bmatrix} \varepsilon_x^* \\ \varepsilon_y^* \\ \varepsilon_{xy}^* \end{Bmatrix} = \begin{Bmatrix} \dfrac{(1+\nu)}{2}\dfrac{\Delta a}{a} \\ \dfrac{(1+\nu)}{2}\dfrac{\Delta a}{a} \\ 0 \end{Bmatrix} \qquad (8-94)$$

弹性应变为

$$\begin{Bmatrix} \varepsilon_x^e \\ \varepsilon_y^e \\ \varepsilon_{xy}^e \end{Bmatrix} = \begin{Bmatrix} \varepsilon_x \\ \varepsilon_y \\ \varepsilon_{xy} \end{Bmatrix} - \begin{Bmatrix} \varepsilon_x^* \\ \varepsilon_y^* \\ \varepsilon_{xy}^* \end{Bmatrix} = \begin{Bmatrix} \dfrac{(\nu-1)}{2}\dfrac{\Delta a}{a} \\ \dfrac{(\nu-1)}{2}\dfrac{\Delta a}{a} \\ 0 \end{Bmatrix} \tag{8-95}$$

夹杂内(圆形区域内)的应力为

$$\sigma_x = \frac{E}{1-\nu}(\varepsilon_x^e + \nu\varepsilon_y^e) = -E\frac{\Delta a}{a} = \sigma_y \tag{8-96}$$

$$\tau_{xy} = 0$$

比较式(8-90)和式(8-96),可以发现极坐标解法和 Eshelby 理论得到的结果相同。

2. 异质夹杂

考虑无限大弹性薄板有一个半径为 a 的弹性夹杂嵌入其中,该问题可以看作是单向纤维增强复合材料,当纤维体积百分比比较小时单个纤维和其周围基体的抽象,在基体的无限远处受均布应力 σ_x^0,如图 8-12 所示。

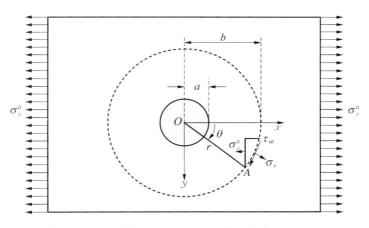

图 8-12　无限大弹性薄板内嵌半径为 a 的异质弹性夹杂,远场受到均布单向拉伸

设应力函数[①]为

$$U_i = A_i \ln r + B_i r^2 + (C_i r^2 + D_i r^{-2} + H_i + K_i r^4)\cos 2\theta \quad (i=1,2) \tag{8-97}$$

式中,U_1 是基体的应力函数;U_2 是夹杂的应力函数;A_i,B_i,C_i,D_i,H_i,$K_i(i=1,2)$ 是待定的未知常数。

应力分量为

$$\sigma_r^{(i)} = A_i r^{-2} + 2B_i - (2C_i + 6D_i r^{-4} + 4H_i r^{-2})\cos 2\theta$$

$$\sigma_\theta^{(i)} = -A_i r^{-2} + 2B_i + (2C_i + 6D_i r^{-4} + 12K_i r^2)\cos 2\theta \quad (i=1,2) \tag{8-98}$$

$$\tau_{r\theta}^{(i)} = 2(C_i - 3D_i r^{-4} - H_i r^{-2} + 3K_i r^2)\sin 2\theta$$

---

① 可参考文献[23]。

注意到在无限远处，基体的应力应该是有限值，则有 $K_1 = 0$。

由应力-应变关系 $\varepsilon_r = \dfrac{\sigma_r}{E} - \nu \dfrac{\sigma_\theta}{E}$ 和 $\varepsilon_\theta = \dfrac{\sigma_\theta}{E} - \nu \dfrac{\sigma_r}{E}$，可以得到应变分量，通过积分得到相应的位移分量为

$$E_i u_r^{(i)} = -(1+\nu_i)A_i r^{-1} + 2(1-\nu_i)B_i r -$$
$$[2(1+\nu_i)C_i r - 2(1+\nu_i)D_i r^{-3} - 4H_i r^{-1} + 4\nu K_i r^3]\cos 2\theta + F_i(\theta) \quad (i=1,\,2)$$
$$E_i u_\theta^{(i)} = 2[(1+\nu_i)C_i r + (1+\nu_i)D_i r^{-3} - (1-\nu_i)H_i r^{-1} + (3+\nu)K_i r^3]\sin 2\theta -$$
$$\int F_i(\theta)\mathrm{d}\theta + f_i(r)$$

$$(8-99)$$

式中，E_i，ν_i 为弹性模量和泊松比；$F_i(\theta)$，$f_i(r)$ 为待定的未知函数。要满足应力-应变方程 $\varepsilon_{r\theta} = \dfrac{(1+\nu)}{E}\tau_{r\theta} = \dfrac{1}{2}\left[\dfrac{\partial u_r}{r\partial\theta} + \dfrac{\partial u_\theta}{\partial r} - \dfrac{u_\theta}{r}\right]$，则式(8-99)中的 $F_i(\theta)$ 和 $f_i(r)$ 取为零。

以坐标原点为圆心，作一个半径为 $b \gg a$ 的圆(见图 8-12)。因 $b \gg a$，所以在大圆圆周处，基体应力与无夹杂时相同，即

$$(\sigma_{r1})_{r=b} = \frac{\sigma_x^0}{2}(1+\cos 2\theta),\ (\tau_{r\theta 1})_{r=b} = -\frac{\sigma_x^0}{2}\sin 2\theta \qquad (8-100)$$

另外还需满足基体-夹杂界面处的条件，即

$$r = a: \qquad \begin{aligned} \sigma_r^{(1)} &= \sigma_r^{(2)},\ \tau_{r\theta}^{(1)} = \tau_{r\theta}^{(2)} \\ u_r^{(1)} &= u_r^{(2)},\ u_\theta^{(1)} = u_\theta^{(2)} \end{aligned} \qquad (8-101)$$

根据问题几何形状和载荷的对称性，可知夹杂中心处的位移为零，即

$$r = 0: \qquad u_r^{(2)} = 0,\ u_\theta^{(2)} = 0 \qquad (8-102)$$

由式(8-100)可解得 $B_1 = \dfrac{\sigma_x^0}{4}$，$C_1 = -\dfrac{\sigma_x^0}{4}$；由式(8-102)可知 $A_2 = D_2 = H_2$。由式(8-101)可解得

$$A_1 = \frac{\sigma_x^0 a^2 A}{2},\ D_1 = \frac{\sigma_x^0 a^4 B}{4},\ H_1 = -\frac{\sigma_x^0 a^2 B}{2}$$
$$B_2 = \frac{\sigma_x^0(1+A)}{4},\ C_2 = -\frac{\sigma_x^0(1+B)}{4},\ K_2 = 0$$

$$(8-103)$$

式中，

$$A = \frac{E_2(1-\nu_1) - E_1(1-\nu_2)}{E_1(1-\nu_2) + E_2(1+\nu_1)}$$
$$B = \frac{E_2(1+\nu_1) - E_1(1+\nu_2)}{E_1(1+\nu_2) + E_2(3-\nu_1)}$$

$$(8-104)$$

需要指出的是,式(8-101)对任意 θ 角均成立,实际上 $\sigma_r^{(1)} = \sigma_r^{(2)}$ 和 $u_r^{(1)} = u_r^{(2)}$ 都包含两个方程,也就是说式(8-101)实际上有 6 个方程,正好可以求解 6 个待定常数 A_1,D_1,H_1,B_2,C_2,K_2。

最后可得基体的应力分量为

$$\sigma_r^{(1)} = \frac{\sigma_x^0}{2}\left\{1 + \frac{Aa^2}{r^2} + \left[1 + B\left(\frac{4a^2}{r^2} - \frac{3a^4}{r^4}\right)\right]\cos 2\theta\right\}$$

$$\sigma_\theta^{(1)} = \frac{\sigma_x^0}{2}\left[1 - \frac{Aa^2}{r^2} - \left(1 - B\frac{3a^4}{r^4}\right)\right]\cos 2\theta \qquad (8-105)$$

$$\tau_{r\theta}^{(1)} = -\frac{\sigma_x^0}{2}\left[1 - B\left(\frac{2a^2}{r^2} - \frac{3a^4}{r^4}\right)\right]\sin 2\theta$$

夹杂中的应力为

$$\sigma_r^{(2)} = \frac{\sigma_x^0}{2}\left[1 + A + (1 + B)\cos 2\theta\right]$$

$$\sigma_\theta^{(2)} = \frac{\sigma_x^0}{2}\left[1 + A - (1 + B)\cos 2\theta\right] \qquad (8-106)$$

$$\tau_{r\theta}^{(2)} = -\frac{\sigma_x^0}{2}(1 + B)\sin 2\theta$$

将式(8-106)的结果转换为直角坐标表示,得

$$\sigma_x^{(2)} = \frac{\sigma_x^0}{2}(2 + A + B)$$

$$\sigma_y^{(2)} = \frac{\sigma_x^0}{2}(A - B) \qquad (8-107)$$

$$\tau_{xy}^{(2)} = 0$$

采用 Eshelby 等效夹杂原理求解这个问题,需要将基体和夹杂的弹性矩阵和 Eshelby 张量代入式(8-82),得

$$\boldsymbol{M} = \frac{E_2}{\left[E_1(\nu_2 - 1) - E_2(\nu_1 + 1)\right]\left[E_1(\nu_2 + 1) + E_2(3 - \nu_1)\right]}$$

$$\begin{bmatrix} E_1(\nu_2 - 3) - E_2(\nu_1 + 5) & E_1(3\nu_2 - 1) + E_2(1 - 3\nu_1) & 0 \\ E_1(3\nu_2 - 1) + E_2(1 - 3\nu_1) & E_1(\nu_2 - 3) - E_2(\nu_1 + 5) & 0 \\ 0 & 0 & 4\left[E_1(\nu_2 - 1) - E_2(\nu_1 + 1)\right] \end{bmatrix}$$

$$(8-108)$$

式中,E_2 和 E_1 分别是夹杂和基体的杨氏模量;ν_2 和 ν_1 分别是夹杂和基体的泊松比。

将式(8-108)代入式(8-81)得到夹杂内的应力为

$$\sigma_x^{(2)} = \frac{\sigma_x^0 E_2 [E_1(\nu_2 - 3) - E_2(\nu_1 + 5)]}{[E_1(\nu_2 - 1) - E_2(\nu_1 + 1)][E_1(\nu_2 + 1) + E_2(3 - \nu_1)]}$$

$$\sigma_y^{(2)} = \frac{\sigma_x^0 E_2 [E_1(3\nu_2 - 1) - E_2(1 - \nu_1)]}{[E_1(\nu_2 - 1) - E_2(\nu_1 + 1)][E_1(\nu_2 + 1) + E_2(3 - \nu_1)]} \qquad (8-109)$$

$$\tau_{xy}^{(2)} = 0$$

比较式(8-107)和式(8-109),发现极坐标解法的结果和应用 Eshelby 等效夹杂原理得到的结果完全相同,还可以看到远场受到均布应力作用的含单个夹杂的无限大平面,夹杂中的应力也是均匀的。

习 题

1. 采用 8.1 节的方法推导极坐标中的平衡方程。

2. 试导出极坐标和直角坐标中位移分量的坐标变换式

$$u_r = u\cos\theta + v\sin\theta \qquad u_\theta = -u\sin\theta + v\cos\theta$$
$$u = u_r\cos\theta - u_\theta\sin\theta \qquad v = u_r\sin\theta + u_\theta\cos\theta$$

3. 验证式(8-18)给出的应力分量满足无体力的平衡方程。

4. 如图 1 所示单位厚度的楔形体,材料比重为 γ,楔形体左侧作用比重为 γ_1 的液体。试写出楔形体的边界条件。

5. 如图 2 所示的曲杆,在 $r = b$ 边界上作用有均布拉应力 q,在自由端作用有水平集中力 P。试写出其边界条件(除固定端外)。

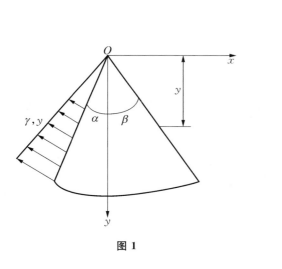

图 1

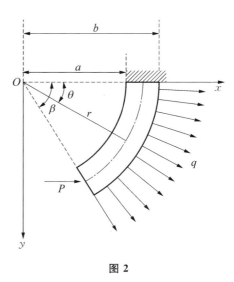

图 2

6. 轴对称应力条件下的通解可以应用于各种应力和位移边界条件的情形。试考虑下列圆环或圆筒的问题如何求解。

(1) 内边界受均布压力 q,而外边界为固定边。

（2）外边界受均布压力 q，而内边界为固定边。

（3）外边界受到强迫均匀位移 $u_r=-\Delta$，而内边界为自由。

（4）内边界受到强迫均匀位移 $u_r=\Delta$，而外边界为自由。

7. 曲梁纯弯曲问题，具体解出待定常数 A、B、C。

8. 如图 3 所示，矩形薄板受纯剪力，剪力集度为 q，板中央有一半径为 a 的小孔，试求孔边最大和最小正应力。

9. 如图 4 所示，矩形薄板受均匀拉力 q，板中央有一半径为 a 的刚性体，与薄板理想黏结，即在 $r=a$ 处，$u_r=u_\theta=0$，求解该问题的应力场。

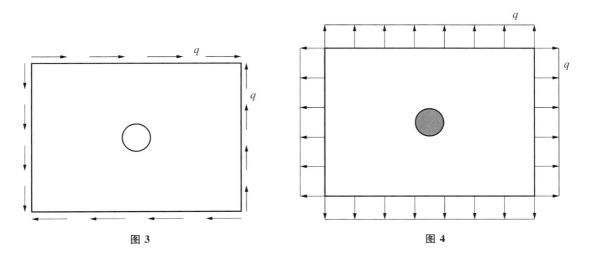

图 3　　　　　　　　　　　　　　　　图 4

10. 如图 5 所示，楔形体两侧面受均布剪力 q，试求应力分量。

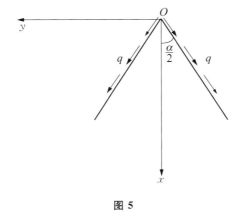

图 5

11. 设有内半径为 a、外半径为 b 的圆筒受内压力 q，求内半径、外半径和圆筒厚度的改变。

12. 如图 6 所示，已知半平面作用切向力问题在极坐标下的解为 $\sigma_r=-\dfrac{2Q}{\pi}\dfrac{\cos\theta}{r}$，$\sigma_\theta=\tau_{r\theta}=0$。

（1）写出直角坐标系中应力分量的表达式。

（2）利用叠加原理求作用一对大小相等、方向相反、作用点相距为 δ 的力的解,写出应力分量的表达式。

（3）假设 $M_0 = \lim\limits_{\delta \to 0} Q\delta$,当 $\delta \to 0$ 时,结果如何?是否与材料力学的观点矛盾?请说明你对这个问题的看法。

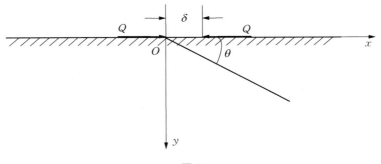

图 6

13. 曲梁在两端受相反的两个力,如图 7 所示,试求应力分量(提示:试假设弯应力 σ_θ 与 $\sin\theta$ 成正比,而切应力 $\tau_{r\theta}$ 与 $\cos\theta$ 成正比,因为径向截面上的弯矩与 $\sin\theta$ 成正比,而剪力与 $\cos\theta$ 成正比)。

14. 求解如图 8 所示的曲梁受均布载荷问题(提示:先求出任意截面上环向力的表达式,再根据其形式可设 $U = f(r) + g(r)\cos\theta$)。

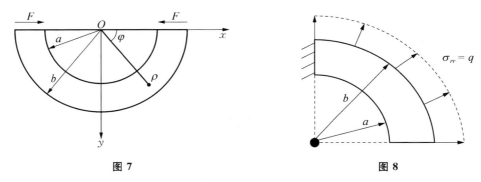

图 7   **图 8**

15. 设无限大薄板,在板内某点作用集中力 P,如图 9 所示,试用应力函数 $U = Ar\ln r\cos\theta + Br\theta\sin\theta$ 求解该问题(提示:需要考虑位移单值性条件)。

16. 半平面在其一段边界上受均布法向载荷 q_0,如图 10 所示,试证明半平面体中的直角坐标应力分量为

$$\sigma_x = -\frac{q_0}{2\pi}\left[2(\theta_2 - \theta_1) + (\sin 2\theta_2 - \sin 2\theta_1)\right]$$

$$\sigma_y = -\frac{q_0}{2\pi}\left[2(\theta_2 - \theta_1) - (\sin 2\theta_2 - \sin 2\theta_1)\right]$$

$$\tau_{xy} = -\frac{q_0}{2\pi}(\cos 2\theta_1 - \cos 2\theta_2)$$

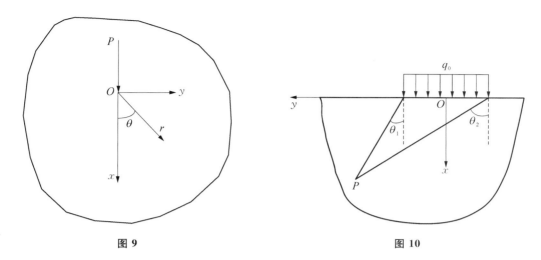

图 9　　　　　　　　　　　　　　　图 10

17. 半平面体表面受有均布水平力 q，如图 11 所示，试用应力函数 $U = r^2(B\sin 2\theta + C\theta)$ 求解应力分量。

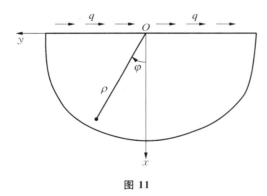

图 11

9 平面问题的复变函数解法

在前面平面问题的直角坐标和极坐标解法中我们求解了矩形、三角形、圆形、环形和楔形体的平面问题,那么对更一般的形状弹性体的问题应该怎样求解呢?本章将要介绍的复变函数解法就是一种可以处理更一般问题的解法,并且不同于半逆解法,它是一种推理型的解法,不需要事先对解的形式做任何假设。平面问题复变函数解法将平面问题中的应力、位移分量表示成复函数的形式,这样就可以应用复变函数理论中的诸多方法和工具求解复杂的平面问题,其数学表示简洁、优美,不但具有极高的理论价值,而且在断裂力学、接触问题、孔口应力集中等问题中都有广泛应用。

9.1 复变函数的基本概念

复变量 $z = x + iy$,其复共轭变量为 $\bar{z} = x - iy$,实变量和复变量之间的关系为 $x = \dfrac{1}{2}(z + \bar{z})$, $y = \dfrac{1}{2i}(z - \bar{z})$。 一般的复函数可以表示为 $f(z, \bar{z}) = p(x, y) + iq(x, y)$,其中 $p(x, y)$ 和 $q(x, y)$ 分别为实部和虚部。根据函数求导数的链导法则,复函数的偏导数可以写为 $\dfrac{\partial f}{\partial z} = \dfrac{\partial f}{\partial x} \dfrac{\partial x}{\partial z} + \dfrac{\partial f}{\partial y} \dfrac{\partial y}{\partial z} = \dfrac{1}{2} \dfrac{\partial f}{\partial x} + \dfrac{1}{2i} \dfrac{\partial f}{\partial y} = \dfrac{1}{2} \left(\dfrac{\partial p}{\partial x} + \dfrac{\partial q}{\partial y} \right) - \dfrac{i}{2} \left(\dfrac{\partial p}{\partial y} - \dfrac{\partial q}{\partial x} \right)$,及 $\dfrac{\partial f}{\partial \bar{z}} = \dfrac{1}{2} \left(\dfrac{\partial p}{\partial x} - \dfrac{\partial q}{\partial y} \right) + \dfrac{i}{2} \left(\dfrac{\partial p}{\partial y} + \dfrac{\partial q}{\partial x} \right)$。

当 p, q 满足柯西-黎曼(Cauchy-Riemann)条件(C‐R 条件) $\dfrac{\partial p}{\partial x} = \dfrac{\partial q}{\partial y}$, $\dfrac{\partial p}{\partial y} = -\dfrac{\partial q}{\partial x}$ 时,则 $\dfrac{\partial f}{\partial \bar{z}} = 0$。 如果复函数 f 在某点满足 C‐R 条件,则称函数 f 在该点解析,如果一个复函数在某个区域内每一点都解析,称该函数为在此区域内的解析函数。通俗地讲,如果复函数 f 与复共轭变量 $\bar{z}$ 无关即为解析函数。单值解析函数又称为全纯函数,有些函数如 $\ln z$, $z^{\frac{1}{2}}$ 就不是单值函数。根据解析函数的定义,可以推出解析函数具有如下这些性质: $\dfrac{\partial f}{\partial \bar{z}} = 0$, $\dfrac{\partial f}{\partial z} = f'(z)$, $\dfrac{\partial \overline{f(z)}}{\partial \bar{z}} = \overline{f'(z)}$, $\dfrac{\partial \overline{f(z)}}{\partial z} = 0$。

9.2 位移和应力的复数表示

9.2.1 艾里应力函数的复数表示

无体力时,艾里应力函数 U 是双调和函数,满足 $\nabla^2 \nabla^2 U = 0$,如果令 $P = \nabla^2 U$,则 P 是调

和函数。引进函数 Q 使 P，Q 满足 C-R 条件（Q 称为 P 的共轭调和函数），由复变函数理论可知，当一个复函数实部、虚部满足 C-R 条件时，函数 $F(z)=P(x,y)+iQ(x,y)$ 为解析函数。

另外，令 $\varphi(z)=\dfrac{1}{4}\int F(z)\mathrm{d}z=p(x,y)+iq(x,y)$，显然 $\varphi(z)$ 也是解析函数，且 $\varphi'(z)=\dfrac{1}{4}F(z)=\dfrac{\partial p}{\partial x}+i\dfrac{\partial q}{\partial x}$，$\dfrac{\partial p}{\partial x}=\dfrac{\partial q}{\partial y}=\dfrac{P}{4}$，$\dfrac{\partial p}{\partial y}=-\dfrac{\partial q}{\partial x}=-\dfrac{Q}{4}$。

再引进一个实函数 $p_1=U-xp-yq$，容易直接验证 p_1 是一个调和函数。因此，任意双调和函数 U 可表示为 $U=xp+yq+p_1$。构造一个新的解析函数 $\chi(z)=p_1+iq_1$，其中 q_1 是 p_1 的共轭调和函数。容易看出，$(x-iy)(p+iq)+p_1+iq_1$ 的实部就是 U，所以艾里应力函数可以表示成 $U=Re[\bar{z}\varphi(z)+\chi(z)]$ 或 $2U=\bar{z}\varphi(z)+\chi(z)+z\overline{\varphi(z)}+\overline{\chi(z)}$。这样，我们就将任意一个双调和函数表示为复函数的形式，通过两个解析函数 φ 和 χ 表示出来，这就是著名的古萨（Goursat）公式，解析函数 φ 和 χ 称为复势函数。

9.2.2　应力的复变函数表示

由古萨公式直接求导，得

$$2\frac{\partial U}{\partial x}=\varphi+\bar{\varphi}+\bar{z}\varphi'+z\overline{\varphi'}+\chi'+\overline{\chi'}$$

$$2\frac{\partial U}{\partial y}=i[\bar{\varphi}-\varphi+\bar{z}\varphi'-z\overline{\varphi'}+\chi'-\overline{\chi'}] \tag{9-1}$$

$$2\frac{\partial^2 U}{\partial x^2}=2\varphi'+2\overline{\varphi'}+\bar{z}\varphi''+z\overline{\varphi''}+\chi''+\overline{\chi''}$$

$$2\frac{\partial^2 U}{\partial y^2}=2\varphi'+2\overline{\varphi'}-\bar{z}\varphi''-z\overline{\varphi''}-\chi''-\overline{\chi''} \tag{9-2}$$

$$2\frac{\partial^2 U}{\partial x\partial y}=i[\bar{z}\varphi''-z\overline{\varphi''}+\chi''-\overline{\chi''}]$$

则有

$$\sigma_x=\frac{\partial^2 U}{\partial y^2}=2Re[\varphi']-Re[\bar{z}\varphi''+\chi'']$$

$$\sigma_y=\frac{\partial^2 U}{\partial x^2}=2Re[\varphi']+Re[\bar{z}\varphi''+\chi''] \tag{9-3}$$

$$\tau_{xy}=-\frac{\partial^2 U}{\partial x\partial y}=Im[\bar{z}\varphi''+\chi'']$$

式（9-3）可改写为如下常用形式

$$\sigma_x+\sigma_y=4Re[\varphi']$$
$$\sigma_y-\sigma_x+2i\tau_{xy}=2[\bar{z}\varphi''+\chi''] \tag{9-4}$$

或

$$\sigma_x + \sigma_y = 4Re[\Phi]$$

$$\sigma_y - \sigma_x + 2i\tau_{xy} = 2[\bar{z}\Phi' + \Psi]$$

$$(9-5)$$

式中，$\Phi(z) = \varphi'$；$\Psi(z) = \chi''(z)$。

9.2.3 位移的复变函数表示

由平面问题应力-应变关系，有

$$\varepsilon_x = \frac{\partial u}{\partial x} = \frac{1}{E}(\sigma_x - \nu\sigma_y) = \frac{1}{E}\frac{\partial^2 U}{\partial y^2} - \frac{\nu}{E}\frac{\partial^2 U}{\partial x^2} = \frac{1}{E}\nabla^2 U - \frac{1+\nu}{E}\frac{\partial^2 U}{\partial x^2}$$

$$= \frac{1}{E}P - \frac{1+\nu}{E}\frac{\partial^2 U}{\partial x^2} = \frac{4}{E}\frac{\partial p}{\partial x} - \frac{1+\nu}{E}\frac{\partial^2 U}{\partial x^2}$$

$$(9-6)$$

对式（9-6）积分，得

$$u = \frac{4}{E}p - \frac{1+\nu}{E}\frac{\partial U}{\partial x} + f_1(y)$$

同样可以导出

$$v = \frac{4}{E}q - \frac{1+\nu}{E}\frac{\partial U}{\partial y} + f_2(x)$$

另一方面

$$\varepsilon_{xy} = \frac{1}{2}\left(\frac{\partial u}{\partial y} + \frac{\partial v}{\partial x}\right) = \frac{1}{2\mu}\tau_{xy} = -\frac{(1+\nu)}{E}\frac{\partial^2 U}{\partial x \partial y}$$

将上面 u, v 的表示式代入，并注意到 p, q 满足 C-R 条件，最后得到

$$\frac{\mathrm{d}f_1(y)}{\mathrm{d}y} + \frac{\mathrm{d}f_2(x)}{\mathrm{d}x} = 0$$

由此可知 f_1, f_2 都是线性函数。设 $f_1 = cy + c_1$, $f_2 = -cx + c_2$，这说明 f_1, f_2 代表刚体位移，可以忽略不计，最后得到

$$u = -\frac{1+\nu}{E}\frac{\partial U}{\partial x} + \frac{4}{E}p$$

$$v = -\frac{1+\nu}{E}\frac{\partial U}{\partial y} + \frac{4}{E}q$$

$$(9-7)$$

或

$$2\mu u = -\frac{\partial U}{\partial x} + \frac{4}{1+\nu}p$$

$$2\mu v = -\frac{\partial U}{\partial y} + \frac{4}{1+\nu}q$$

$$(9-8)$$

将 $\dfrac{\partial U}{\partial x}$，$\dfrac{\partial U}{\partial y}$ 的复数表示代入式(9-8)，得

$$2\mu u = \frac{3-\nu}{1+\nu}Re\varphi - Re[z\,\overline{\varphi'} + \overline{\chi'}]$$

$$2\mu v = \frac{3-\nu}{1+\nu}Im\,\varphi - Im[z\,\overline{\varphi'} + \overline{\chi'}]$$

$$(9-9)$$

写成复变量的形式为 $2\mu(u+iv) = \dfrac{3-\nu}{1+\nu}\varphi(z) - z\,\overline{\varphi'(z)} - \overline{\Psi(z)}$，其中 $\Psi = \chi'$。对平面应变

问题，ν 应换为 $\dfrac{\nu}{1-\nu}$，平面问题位移的复表达式可以统一写为

$$2\mu(u+iv) = \kappa\varphi(z) - z\,\overline{\varphi'(z)} - \overline{\Psi(z)}$$

$$(9-10)$$

式中，$\kappa = \begin{cases} 3-4\nu, & \text{平面应变} \\ \dfrac{3-\nu}{1+\nu}, & \text{平面应力} \end{cases}$。

式(9-10)表明，如果已知复势 φ，χ 就可以求出位移分量 u 和 v。

9.2.4 极坐标中位移和应力的复数表示

极坐标中的位移分量和直角坐标中位移分量之间的关系为

$$u_r = u\cos\theta + v\sin\theta$$

$$u_\theta = -u\sin\theta + v\cos\theta$$

$$(9-11)$$

由此可得 $u_r + iu_\theta = (u+iv)e^{-i\theta}$，所以极坐标中位移的复数表示为

$$2\mu(u_r + iu_\theta) = e^{-i\theta}[\kappa\varphi(z) - z\,\overline{\varphi'(z)} - \overline{\Psi(z)}]$$

$$(9-12)$$

根据极坐标和直角坐标下应力分量之间的关系，可导出极坐标中应力的复数表示为

$$\sigma_r + \sigma_\theta = \sigma_x + \sigma_y = 4Re\Phi(z)$$

$$\sigma_\theta - \sigma_r + 2i\tau_{r\theta} = 2e^{i2\theta}[\bar{z}\Phi'(z) + \Psi(z)]$$

$$(9-13)$$

9.3 边界条件的复变函数表示

如图 9-1 所示，设弹性体边界 L 上作用的面力为 (X_n, Y_n)，$\boldsymbol{n}$ 为外法向。P_0 为 L 的起点，P 为 L 上任意一点，从 P_0 到 P 的弧长为 s。由柯西公式，有

$$\begin{cases} X_n = \sigma_x\cos(n, x) + \tau_{xy}\cos(n, y) = \dfrac{\partial^2 U}{\partial y^2}\dfrac{dy}{ds} + \dfrac{\partial^2 U}{\partial x\partial y}\dfrac{dx}{ds} = \dfrac{d}{ds}\left(\dfrac{\partial U}{\partial y}\right) \\ Y_n = \tau_{xy}\cos(n, x) + \sigma_y\cos(n, y) = \dfrac{\partial^2 U}{\partial x\partial y}\dfrac{dy}{ds} - \dfrac{\partial^2 U}{\partial x^2}\dfrac{dx}{ds} = -\dfrac{d}{ds}\left(\dfrac{\partial U}{\partial x}\right) \end{cases}$$

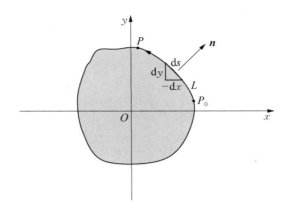

图 9-1 边界上的面力和边界的外法向

写成复数形式，并将 $\dfrac{\partial U}{\partial x}$，$\dfrac{\partial U}{\partial y}$ 的复数表示代入，得

$$(X_n + iY_n)\mathrm{d}s = -i\mathrm{d}\left(\frac{\partial U}{\partial x} + i\,\frac{\partial U}{\partial y}\right) = -i\mathrm{d}\left[\varphi(z) + z\,\overline{\varphi'(z)} + \overline{\Psi(z)}\right] \qquad (9-14)$$

记 F_x，F_y 为面力分量 X_n，Y_n 在弧 $\overset{\frown}{P_0 P}$ 上的合力，则有

$$F_x + iF_y = \int_{P_0}^{P} (X_n + iY_n)\mathrm{d}s = -i\left[\varphi(z) + z\,\overline{\varphi'(z)} + \overline{\Psi(z)}\right]\Big|_{P_0}^{P} \qquad (9-15)$$

再将边界 $\overset{\frown}{P_0 P}$ 上面力对坐标原点取矩，有

$$M = \int_{P_0}^{P} (xY_n - yX_n)\mathrm{d}s = -\int_{P_0}^{P}\left[x\mathrm{d}\left(\frac{\partial U}{\partial x}\right) + y\mathrm{d}\left(\frac{\partial U}{\partial y}\right)\right],$$

分部积分后得

$$M = U\,\big|_{P_0}^{P} - \left[x\,\frac{\partial U}{\partial x} + y\,\frac{\partial U}{\partial y}\right]\Big|_{P_0}^{P} \qquad (9-16)$$

注意到 $x\,\dfrac{\partial U}{\partial x} + y\,\dfrac{\partial U}{\partial y} = Re\left[z\left(\dfrac{\partial U}{\partial x} - i\,\dfrac{\partial U}{\partial y}\right)\right] = Re\left[z\,\overline{\varphi(z)} + z\bar{z}\varphi'(z) + z\Psi(z)\right]$ 和 $U = Re[\bar{z}\varphi(z) + \chi(z)]$，最终得到 $M = Re[\chi(z) - z\Psi(z) - z\bar{z}\varphi'(z)]\,\big|_{P_0}^{P}$。

9.4 复势函数 φ、Ψ 的确定程度

以复势函数表示应力，应力分量可表示为

$$\begin{aligned}
\sigma_y + \sigma_x &= 2(\varphi'(z) + \overline{\varphi'(z)}) = 4Re(\varphi'(z)) \\
\sigma_y - \sigma_x + 2i\tau_{xy} &= 2(\bar{z}\varphi''(z) + \Psi'(z))
\end{aligned} \qquad (9-17)$$

假设 φ_1、φ_2、Ψ_1、Ψ_2 都满足(9-17)，则 $Re(\varphi_1' - \varphi_2') = 0$，$\varphi_1' = \varphi_2' + iC$，$C$ 为实常数。两边积分，得

$$\varphi_1 = \varphi_2 + iCz + \gamma$$

式中，γ 为复常数。所以有

$$\varphi_1'' = \varphi_2'', \quad \bar{z}\varphi_1'' + \Psi_1' = \bar{z}\varphi_2'' + \Psi_2'$$

进一步可以导出

$$\Psi_1' = \Psi_2', \quad \Psi_2 = \Psi_1 + \gamma'$$

式中，γ' 为复常数。这说明将 $\varphi(z)$ 由 $\varphi + iCz + \gamma$ 代替，$\Psi(z)$ 由 $\Psi + \gamma'$ 代替，应力分量保持不变。因此，在不改变应力状态的条件下，可以任意选择 C、γ、γ'。再看位移，$2\mu(u + iv) = \kappa\varphi - z\overline{\varphi'} - \overline{\Psi(z)}$，以 $\varphi + iCz + \gamma$ 代替 $\varphi(z)$，$\Psi + \gamma'$ 代替 $\Psi(z)$，得

$$2\mu(u + iv) = \kappa\varphi - z\overline{\varphi'} - \overline{\Psi} + i(\kappa + 1)Cz + \kappa\gamma - \overline{\gamma'} \qquad (9-18)$$

式中，$\kappa = \begin{cases} 3 - 4v, & \text{平面应变} \\ \dfrac{3 - v}{1 + v}, & \text{平面应力} \end{cases}$。由此可见，如果要使位移场唯一确定，必须 $C = 0$，$\kappa\gamma - \overline{\gamma'} = 0$，实际上，$i(\kappa + 1)Cz + \kappa\gamma - \overline{\gamma'}$ 代表刚体位移，$i(\kappa - 1)Cz$ 代表刚体转动，$\kappa\gamma - \overline{\gamma'}$ 代表刚体平移。

9.5　平面问题的复变函数表述

9.5.1　应力边界条件的表示

应力、位移的复数表示为式(9-4)和式(9-10)，已满足弹性力学的全部方程，尚需考虑的只有边界条件如何满足。前面已经导出了边界上面力的合力和合力矩的复数表示形式

$$F_x + iF_y = \int_{P_0}^{P}(X_n + iY_n)\mathrm{d}s = -i[\varphi(z) + z\overline{\varphi'(z)} + \overline{\Psi(z)}]\Big|_{P_0}^{P} \qquad (9-19)$$

$$M = Re[\chi(z) - z\Psi(z) - z\bar{z}\varphi'(z)]\Big|_{P_0}^{P} \qquad (9-20)$$

式(9-19)可改写为 $i(F_x + iF_y) = [\varphi(z) + z\overline{\varphi'(z)} + \overline{\Psi(z)}]\big|_P - k$，其中 $k = [\varphi(z) + z\overline{\varphi'(z)} + \overline{\Psi(z)}]\big|_{P_0}$。由9.4节的结果可知函数 φ 中，可以任意增加一个复常数而不影响应力分量。可以设想在函数 φ 中增加一个复常数 γ，使 φ 成为 $\varphi + \gamma$。这时 φ' 保持不变，而要使位移保持不变 Ψ 要变成 $\Psi + \kappa\overline{\gamma}$。于是我们总可以适当选择 γ，使 $i(F_x + iF_y) = [\varphi(z) + z\overline{\varphi'(z)} + \overline{\Psi(z)}]\big|_P - k$ 中的 k 被抵消，该式可以简化为

$$[\varphi(z) + z\overline{\varphi'(z)} + \overline{\Psi(z)}]\big|_P = i(F_x + iF_y) \qquad (9-21)$$

这就是应力边界条件的复数表示，它表明函数 $\varphi(z) + z\overline{\varphi'(z)} + \overline{\Psi(z)}$ 在边界 L 上任意一点 z 的值，等于起点到该点之间面力的合力乘以 i。

9.5.2 位移边界条件的表示

设边界上位移给定，$u\mid_L=\bar{u}$，$v\mid_L=\bar{v}$，要满足位移边界条件，需要在区域内求两个解析函数，使得在边界上

$$\kappa\varphi(z)-z\,\overline{\varphi'(z)}-\overline{\Psi(z)}\mid_{z\in L}=2\mu[\overline{u}(z)+i\,\overline{v}(z)]\mid_{z\in L} \tag{9-22}$$

这样弹性力学平面问题就归结为求满足应力边界条件式(9-21)或位移边界条件式(9-22)的解析函数 $\varphi(z)$ 和 $\Psi(z)$。

需要指出的是，实际解题时，应用边界上面力的复数表示式(9-21)并不总是方便的，有时直接应用应力的复数表示式(9-4)来表示力边界条件反而会更方便，例如边界平行或垂直于坐标轴方向的情况。

9.6 集中力作用于无限大平面内

设集中力 (P,Q) 作用于坐标原点，因为集中力的解不便直接求得，可先求半径为 R 的圆孔，圆孔孔边作用均布力 $X_n=\dfrac{P}{2\pi R}$，$Y_n=\dfrac{Q}{2\pi R}$ 的解，然后令半径 R 趋近于零，就得到作用集中力的解。由式(9-13)，应力分量在极坐标中可表示为

$$\sigma_r+\sigma_\theta=\sigma_x+\sigma_y=4Re\Phi(z)$$
$$\sigma_\theta-\sigma_r+2i\tau_{r\theta}=2e^{i2\theta}[\bar{z}\Phi'(z)+\Psi(z)] \tag{9-23}$$

由此可导出

$$\Phi+\overline{\Phi}-e^{i2\theta}[\bar{z}\Phi'+\Psi]=\sigma_r-i\tau_{r\theta} \tag{9-24}$$

如图9-2所示，设孔边作用的面力为 $[N(t),T(t)]$ $(t=Re^{i\theta})$，由柯西公式，有

$$[N(t),T(t)]=\bm{n}\cdot\bm{T}=(-1,0)\begin{bmatrix}\sigma_r & \tau_{r\theta}\\ \tau_{r\theta} & \sigma_\theta\end{bmatrix}=(-\sigma_r,-\tau_{r\theta}) \tag{9-25}$$

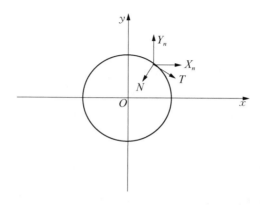

图 9-2 孔边面力 x，y 方向的分量及法向与切向分量

孔边的边界条件为

$$\Phi(t) + \overline{\Phi(t)} - e^{i2\theta}\left[R e^{-i\theta}\Phi'(t) + \Psi(t)\right] = -N(t) + iT(t) \qquad (9-26)$$

圆孔外 Φ、Ψ 展开为洛朗(Laurent)级数

$$\Phi = \sum_{n=0}^{\infty} \frac{a_n}{z^n}, \ \Psi = \sum_{n=0}^{\infty} \frac{b_n}{z^n} \qquad (9-27)$$

式中，a_n，b_n 为复常数，因为无穷远处应力有限，所以式(9-26)中没有 z 正幂次项。在应力的复数表示中

$$\sigma_x + \sigma_y = 4Re[\Phi]$$
$$\sigma_y - \sigma_x + 2i\tau_{xy} = 2[\bar{z}\Phi' + \Psi] \qquad (9-28)$$

令 $z \to \infty$，可以看出 a_0，b_0 代表无穷远处作用的均匀应力，$Re(a_0) = \dfrac{\sigma_x^{(\infty)} + \sigma_y^{(\infty)}}{4}$，$b_0 = \dfrac{\sigma_y^{(\infty)} - \sigma_x^{(\infty)}}{2} + i\tau_{xy}^{(\infty)}$，而 a_0 的虚部表示刚体转动，如果不计刚体位移可令其为零。

在边界上把外力 $N(t) - iT(t)$ 展开为复傅里叶(Fourier)级数

$$N(t) - iT(t) = \sum_{n=-\infty}^{\infty} A_n e^{in\theta} \quad (t = R e^{i\theta}) \qquad (9-29)$$

将式(9-29)代入式(9-26)中，比较等式两边同类项 $e^{in\theta}$ 系数，就可确定 a_n、b_n，这是用复变函数解法求解这类问题的基本思路。

在本问题中，已知边界上 x，y 方向的外力，需转换为径向和切向的力，由矢量在不同坐标系中的变换公式，$\begin{bmatrix} N \\ T \end{bmatrix} = \begin{bmatrix} \cos\theta & \sin\theta \\ -\sin\theta & \cos\theta \end{bmatrix} \begin{bmatrix} X_n \\ Y_n \end{bmatrix}$，可求出

$$N = X_n\cos\theta + Y_n\sin\theta$$
$$= \frac{1}{2\pi R}(P\cos\theta + Q\sin\theta) \qquad (9-30)$$

$$T = (-X_n\sin\theta + Y_n\cos\theta)$$
$$= \frac{1}{2\pi R}(-P\sin\theta + Q\cos\theta) \qquad (9-31)$$

即

$$N - iT = \frac{P - iQ}{2\pi R}e^{i\theta} \qquad (9-32)$$

将式(9-32)代入式(9-26)，比较等式两边同类项系数，可得

$$2a_0 - \frac{b_2}{R^2} = 0, \quad \bar{a}_1 - b_1 = -\frac{P - iQ}{2\pi}, \quad \frac{\bar{a}_2}{R^2} - b_0 = 0$$

$$\frac{\bar{a}_n}{R^n} = 0 \quad (n \geqslant 3) \tag{9-33}$$

$$\frac{(1+n)}{R^n} a_n - \frac{b_{n+2}}{R^{n+2}} = 0 \quad (n \geqslant 1)$$

在本问题中,不考虑刚体位移,无穷远处没有载荷作用,所以 $a_0 = 0$, $b_0 = 0$,由式(9-33)可推断 $b_2 = 0$,$a_n = 0$ $(n \geqslant 2)$,$b_n = 0$ $(n \geqslant 4)$。 另外由式(9-33)的第三式可得,$\frac{2a_1}{R} - \frac{b_3}{R^3} = 0$,$2a_1 R^3 = b_3 R$,令 $R \to 0$,则 $b_3 \to 0$,也就是说,对于我们研究的这个问题 $b_3 = 0$。 现在 $\Phi = \frac{a_1}{z}$,$\Psi = \frac{b_1}{z}$,有两个待定常数,只找到它们之间的一个关系式 $\bar{a}_1 - b_1 = -\frac{P - iQ}{2\pi}$,需要借助于位移的单值性来寻找另外的关系,才能确定常数 a_1, b_1。 由 $\Phi = \frac{a_1}{z}$,$\Psi = \frac{b_1}{z}$,可求出 $\varphi = \int \Phi = a_1 \ln z + c_1$,$\Psi = b_1 \ln z + c_2$($c_1$, c_2 为积分常数)。

根据位移的复数表示,复位移为

$$
\begin{aligned}
2\mu(u + iv) &= \kappa\varphi(z) - z\overline{\varphi'(z)} - \overline{\Psi(z)} = \kappa a_1 \ln z - z\frac{\overline{a_1}}{\bar{z}} - \overline{b_1}\overline{\ln z} + \text{const.} \\
&= \kappa a_1(\ln r + i\theta) - \overline{a_1}e^{2i\theta} - \overline{b_1}(\ln r - i\theta) + \text{const.} \\
&= (\kappa a_1 + \overline{b_1})i\theta + (\kappa a_1 - \overline{b_1})\ln r - \overline{a_1}e^{2i\theta} + \text{const.}
\end{aligned}
\tag{9-34}
$$

位移的单值性要求,$(u + iv)|_{\theta=0} = (u + iv)|_{\theta=2\pi}$,因此必须 $\kappa a_1 + \overline{b_1} = 0$。 这样,可解出待定常数 a_1, b_1。

$$a_1 = -\frac{P + iQ}{2\pi(1 + \kappa)}$$

$$b_1 = \frac{\kappa(P - iQ)}{2\pi(1 + \kappa)} \tag{9-35}$$

复势函数为

$$\varphi = -\frac{P + iQ}{2\pi(1 + \kappa)}\ln z$$

$$\Psi = \frac{\kappa(P - iQ)}{2\pi(1 + \kappa)}\ln z \tag{9-36}$$

由式(9-12)和式(9-13)可求出应力、位移分量,无限大平面内一点作用集中力的解称为开尔文(Kelvin)基本解,可用于推导边界积分方程和构造边界元数值计算方法。

9.7 椭 圆 孔 问 题

如图 9-3 所示,薄板中央有一个小椭圆孔,半长轴和半短轴分别为 a 和 b,椭圆孔边界上自由不受外力,在远场作用有与 x 轴成 α 角的拉应力。用复变函数法求解这个问题,首先需要了解一些有关柯西定理、柯西积分公式和保角变换的预备知识

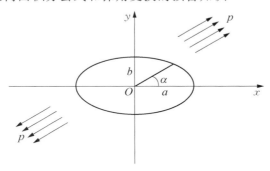

图 9-3 含椭圆孔的无限大板,远场作用与 x 轴成 α 角的拉应力

9.7.1 预备知识

1. 柯西

柯西定理与柯西积分公式。

1) 柯西定理

设 $f(z)$ 在区域 G 内单值解析,且在 G 内及其边界 L 连续,则

$$\oint_L f(z)\mathrm{d}z = 0$$

2) 有界区域的柯西积分公式

$$f(z) = \frac{1}{2\pi i}\oint_L \frac{f(t)}{t-z}\mathrm{d}t, \quad z \in G$$

式中,L 方向使得区域 G 在其左侧,逆时针绕行(见图 9-4(a))。

3) 无界区域的柯西积分公式

如图 9-4(b)所示,设 $f(z)$ 在曲线 L 及其外部区域 D 内解析,且 $\lim\limits_{z\to\infty} f(z) = F \neq \infty$,则

$$\frac{1}{2\pi i}\oint_L \frac{f(t)}{t-z}\mathrm{d}t = \begin{cases} -f(z) + F, & z \in D \\ A, & z \notin D \end{cases}$$

2. 保角变换

要求解椭圆孔问题,需要把椭圆孔变换成圆孔,这要用到保角变换。单值解析函数 $z = w(\zeta)$,把弹性体在 z 平面上(x,y 平面上)的区域变换到 ζ 平面上的区域。记 $\zeta = w^{-1}(z)$,$\zeta = \rho e^{i\theta}$。$\rho = \text{const.}$(ζ 平面圆周)和 $\theta = \text{const.}$(ζ 平面上的径向直线)对应于 z 平面上的曲线,

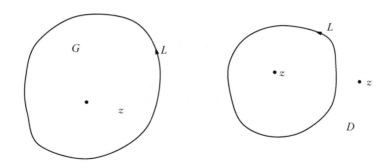

图 9 - 4 有界区域 G 及其边界曲线 L（a），无界区域 D 及其边界曲线 L（b）

于是 ρ、θ 可以看作是 z 平面上一点的曲线坐标。

例如

$$z = w(\zeta) = R\left(\zeta + \frac{m}{\zeta}\right), \quad \left(|\zeta| \geqslant 1,\ R = \frac{(a+b)}{2},\ m = \frac{a-b}{a+b},\ a > b\right) \quad (9-37)$$

将 z 平面的椭圆外的区域变换成 ζ 平面的单位圆外的区域（见图 9 - 5）。

将 $z = x + iy$ 和 $\zeta = \rho e^{i\theta} = \rho(\cos\theta + i\sin\theta)$ 代入式（9 - 36），分离实部和虚部得

$$x = R\left(\frac{1}{\rho} + m\rho\right)\cos\theta, \quad y = -R\left(\frac{1}{\rho} - m\rho\right)\sin\theta$$

由此可见 $\rho = \text{const}$。对应于 z 平面上的椭圆：

$$\frac{x^2}{R^2\left(\dfrac{1}{\rho} + m\rho\right)^2} + \frac{y^2}{R^2\left(\dfrac{1}{\rho} - m\rho\right)^2} = 1$$

$\theta = \text{const.}$ 对应于 z 平面上的双曲线：

$$\frac{x^2}{4mR^2\cos^2\theta} - \frac{y^2}{4mR^2\sin^2\theta} = 1 \quad (m \neq 0)$$

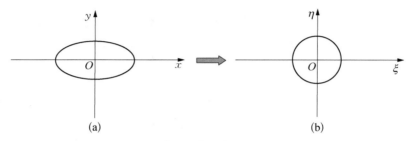

图 9 - 5 $z = x + iy$ 平面内的椭圆 $\dfrac{x^2}{a^2} + \dfrac{y^2}{b^2} = 1$（a），$\zeta = \xi + i\eta$ 平面的单位圆 $\rho = 1$（b）

并且 z 平面上通过一点的两线元的夹角在 ζ 平面上保持不变，所以称为保角变换。

9.7.2 椭圆孔问题的求解

在保角变化下，φ、Ψ、φ' 变为

$$\varphi(z) = \varphi[w(\zeta)] = \varphi_1(\zeta) \triangleq \varphi(\zeta)$$
$$\Psi(z) = \Psi[w(\zeta)] = \Psi_1(\zeta) \triangleq \Psi(\zeta)$$
$$\varphi'(z) = \frac{\mathrm{d}\varphi}{\mathrm{d}z} = \frac{\mathrm{d}\varphi}{\mathrm{d}\zeta}\frac{\mathrm{d}\zeta}{\mathrm{d}z} = \varphi'(\zeta)\frac{1}{w'(\zeta)} \tag{9-38}$$

式(9-38)中为了方便起见，φ_1，Ψ_1 仍记为 φ，Ψ。

于是，根据式(9-21)在保角变换下，应力边界条件变为

$$\varphi(\sigma) + \frac{w(\sigma)}{\overline{w'(\sigma)}}\,\overline{\varphi'(\sigma)} + \overline{\Psi(\sigma)} = f(\sigma) \tag{9-39}$$

式中，$f(t) = i[F_x(t) + F_y(t)]$ 为椭圆孔边界上所受的外力；$\sigma = \mathrm{e}^{i\theta}$ 是 ζ 平面内单位圆上的一点。

本问题中椭圆孔边界不受外力，$f(\sigma) = 0$，将保角变换 $z = R\left(\zeta + \dfrac{m}{\zeta}\right)$ 代入，得

$$\varphi(\sigma) + \frac{\sigma^2 + m}{\sigma(1 - m\sigma^2)}\,\overline{\varphi'(\sigma)} + \overline{\Psi(\sigma)} = 0 \tag{9-40}$$

φ、Ψ 展开成洛朗级数

$$\varphi = Az + \sum_{n=1}^{\infty}\frac{a_n}{z^n}$$
$$\Psi = Bz + \sum_{n=1}^{\infty}\frac{b_n}{z^n} \tag{9-41}$$

首先利用无穷远处的载荷条件确定 A、B，在无穷远处，有

$$\begin{bmatrix}\sigma_x & \tau_{xy}\\ \tau_{xy} & \sigma_y\end{bmatrix} = \begin{bmatrix}\cos\alpha & -\sin\alpha\\ \sin\alpha & \cos\alpha\end{bmatrix}\begin{bmatrix}p & 0\\ 0 & 0\end{bmatrix}\begin{bmatrix}\cos\alpha & \sin\alpha\\ -\sin\alpha & \cos\alpha\end{bmatrix}$$
$$= \begin{bmatrix}p\cos^2\alpha & p\cos\alpha\sin\alpha\\ p\sin\alpha\cos\alpha & p\sin^2\alpha\end{bmatrix} \tag{9-42}$$

由无穷处的条件，可知 $Re(A) = \dfrac{\sigma_x^\infty + \sigma_y^\infty}{4} = \dfrac{p}{4}$，$B = \dfrac{\sigma_y^{(\infty)} - \sigma_x^{(\infty)}}{2} + i\tau_{xy}^{(\infty)} = -\dfrac{p}{2}\mathrm{e}^{-2\alpha i}$。由 9.4 节的讨论可知，$A$ 的虚部代表刚体位移，不考虑刚体位移可令 $\mathrm{Im}(A) = 0$。

将 $z = R\left(\zeta + \dfrac{m}{\zeta}\right)$ 代入 φ、Ψ，得

$$\varphi(\zeta) = RA\zeta + \sum_{n=1}^{\infty} \frac{\alpha_n}{\zeta^n} = RA\zeta + \varphi_0$$

$$\Psi(\zeta) = RB\zeta + \sum_{n=1}^{\infty} \frac{\beta_n}{\zeta^n} = RB\zeta + \Psi_0$$

$$, \ |\zeta| > 1 \qquad (9-43)$$

式中，$\varphi_0(\zeta) = \sum\limits_{n=1}^{\infty} \dfrac{\alpha_n}{\zeta^n}$；$\Psi_0(\zeta) = \sum\limits_{n=1}^{\infty} \dfrac{\beta_n}{\zeta^n}$；$\alpha_n \beta_n$ 为待定系数。

在保角变换下，孔边边界条件为

$$\varphi_0(\sigma) + RA\sigma + \frac{w(\sigma)}{w'(\sigma)} \overline{(RA + \varphi'_0(\sigma))} + R\bar{B}\bar{\sigma} + \bar{\Psi}_0(\sigma) = 0 \qquad (9-44)$$

进一步可改写为

$$\varphi_0(\sigma) + \frac{w(\sigma)}{w'(\sigma)} \overline{\varphi'_0} + \bar{\Psi}_0 = -RA\sigma - \frac{w(\sigma)}{w'(\sigma)} RA - \frac{R\bar{B}}{\sigma} \triangleq f_0(\sigma) \qquad (9-45)$$

式中，$\dfrac{w}{w'} = \dfrac{\sigma^2 + m}{\sigma(1 - m\sigma^2)}$；$\sigma = \mathrm{e}^{i\theta}$ 为单位圆上任意一点，

$$f_0(\sigma) = -\frac{pR}{4}\left[\sigma + \frac{\sigma^2 + m}{\sigma(1 - m\sigma^2)} - \frac{2}{\sigma}\mathrm{e}^{i2\alpha}\right] = -\frac{pR}{4}\left[\sigma + \frac{(1 + m^2)\sigma}{1 - m\sigma^2} + \frac{m - 2\mathrm{e}^{i2\alpha}}{\sigma}\right]$$

利用柯西积分公式，将式(9-45)两边除以 $2\pi i(\sigma - \zeta)$ 沿单位圆积分，得

$$I_1 + I_2 + I_3 = I_4 \qquad (9-46)$$

式中

$$I_1 = \frac{1}{2\pi i}\oint_{|\sigma|=1} \frac{\varphi_0(\sigma)}{\sigma - \zeta}\mathrm{d}\sigma, \quad I_2 = \frac{1}{2\pi i}\oint_{|\sigma|=1} \frac{w\,\overline{\varphi'_0(\sigma)}}{w'\,\sigma - \zeta}\mathrm{d}\sigma$$

$$I_3 = \frac{1}{2\pi i}\oint_{|\sigma|=1} \frac{\overline{\Psi_0(\sigma)}}{\sigma - \zeta}\mathrm{d}\sigma \quad I_4 = \frac{1}{2\pi i}\oint_{|\sigma|=1} \frac{f_0(\sigma)}{\sigma - \zeta}\mathrm{d}\sigma, \qquad (9-47)$$

式中，ζ 为单位圆外任意一个固定点，下面依次考察这几个积分。

根据无界区域柯西积分公式，$I_1 = \dfrac{1}{2\pi i}\oint_{|\sigma|=1} \dfrac{\varphi_0(\sigma)}{\sigma - \zeta}\mathrm{d}\sigma = -\varphi_0(\zeta)$，再看 I_2，$I_2 = \dfrac{1}{2\pi i}\oint_{|\sigma|=1} \dfrac{\sigma^2 + m}{\sigma(1 - m\sigma^2)} \dfrac{\overline{\varphi'_0}}{\sigma - \zeta}\mathrm{d}\sigma$，注意到

$$\overline{\varphi'_0(\sigma)} = -\frac{\bar{\alpha}_1}{\bar{\sigma}^2} - \frac{2\bar{\alpha}_2}{\bar{\sigma}^3} - \frac{3\bar{\alpha}_3}{\bar{\sigma}^4} + \cdots$$

$$= -\bar{\alpha}_1\sigma^2 - 2\bar{\alpha}_2\sigma^3 - 3\bar{\alpha}_3\sigma^4 + \cdots$$

$$\frac{\overline{\varphi'_0(\sigma)}}{\sigma} = -\bar{\alpha}_1\sigma - 2\bar{\alpha}_2\sigma^2 - 3\bar{\alpha}_3\sigma^3 + \cdots$$

$$1 - m\sigma^2 = m\left(\frac{1}{m} - \sigma^2\right), \ m < 1, \ \frac{1}{m} > 1$$

所以 $\dfrac{\sigma^2+m}{\sigma(1-m\sigma^2)}\,\dfrac{\overline{\varphi'_0}}{\sigma-\zeta}$ 在单位圆内解析,因此 $I_2=0$。

然后考察 $I_3=\dfrac{1}{2\pi i}\oint\limits_{|\sigma|=1}\dfrac{\overline{\Psi_0(\sigma)}}{\sigma-\zeta}\mathrm{d}\sigma$,因为 $|\zeta|>1$,$\dfrac{\overline{\Psi_0(\sigma)}}{\sigma-\zeta}$ 在单位圆内解析,由柯西定理 $I_3=0$。最后计算 I_4

$$I_4=\frac{1}{2\pi i}\oint\limits_{|\sigma|=1}\frac{f_0(\sigma)}{\sigma-\zeta}\mathrm{d}\sigma,\quad f_0(\sigma)=-\frac{PR}{4}\left[\sigma+\frac{(1+m^2)\sigma}{1-m\sigma^2}+\frac{m-2\mathrm{e}^{i2\alpha}}{\sigma}\right]$$

式中,$\sigma+\dfrac{(1+m^2)\sigma}{1-m\sigma^2}$ 在单位圆内解析,利用柯西定理和无界区域柯西积分公式,得到

$$I_4=-\frac{pR}{4}\frac{1}{2\pi i}\oint\limits_{|\sigma|=1}\frac{m-2\mathrm{e}^{i2\alpha}}{\sigma}\frac{1}{\sigma-\zeta}\mathrm{d}\sigma=-\frac{PR}{4}\left(-\frac{m-2\mathrm{e}^{i2\alpha}}{\zeta}\right)=\frac{PR}{4}\frac{m-2\mathrm{e}^{i2\alpha}}{\zeta}$$

最终得到

$$\varphi_0=\frac{pR}{4}\frac{2\mathrm{e}^{i2\alpha}-m}{\zeta}$$

下面计算 Ψ_0,对 $\varphi_0+\dfrac{w}{w'}\overline{\varphi'_0}+\overline{\Psi_0}=f_0(\sigma)$ 等式两边取共轭,得

$$\bar{\varphi}_0+\frac{\bar{w}}{w'}\varphi'_0+\Psi_0=\bar{f}_0(\sigma) \tag{9-48}$$

两边乘以 $\dfrac{1}{2\pi i(\sigma-\zeta)}$,积分得

$$\frac{1}{2\pi i}\oint\limits_{|\sigma|=1}\frac{\bar{\varphi}_0}{\sigma-\zeta}\mathrm{d}\sigma+\frac{1}{2\pi i}\oint\limits_{|\sigma|=1}\frac{\bar{w}}{w'}\frac{\varphi'_0}{\sigma-\zeta}\mathrm{d}\sigma+\frac{1}{2\pi i}\oint\limits_{|\sigma|=1}\frac{\Psi_0}{\sigma-\zeta}\mathrm{d}\sigma=\frac{1}{2\pi i}\oint\limits_{|\sigma|=1}\frac{\bar{f}_0}{\sigma-\zeta}\mathrm{d}\sigma$$

$$\tag{9-49}$$

式中的几个积分从左到右依次记为 J_1,J_2,J_3,J_4。

因为 $\bar{\varphi}_0=\sum\limits_{n=1}^{\infty}\bar{\alpha}_n\sigma^n$,而 ζ 为单位圆外一点,所以 $\dfrac{\bar{\varphi}_0}{\sigma-\zeta}$ 在单位圆内解析,则根据柯西定理 $J_1=\dfrac{1}{2\pi i}\oint\limits_{|\sigma|=1}\dfrac{\bar{\varphi}_0}{\sigma-\zeta}\mathrm{d}\sigma=0$。由无界区域的柯西积分公式,有

$$J_2=\frac{1}{2\pi i}\oint\limits_{|\sigma|=1}\frac{\bar{w}}{w'}\frac{\varphi'_0}{\sigma-\zeta}\mathrm{d}\sigma=\frac{1}{2\pi i}\oint\limits_{|\sigma|=1}\frac{\sigma(1+m\sigma^2)}{\sigma^2-m}\frac{\varphi'_0}{\sigma-\zeta}\mathrm{d}\sigma$$

$$=-\frac{\zeta(1+m\zeta^2)}{\zeta^2-m}\varphi'_0(\zeta)$$

同样利用无界区域的柯西积分公式,可知 $J_3=\dfrac{1}{2\pi i}\oint\limits_{|\sigma|=1}\dfrac{\Psi_0}{\sigma-\zeta}\mathrm{d}\sigma=-\Psi_0(\zeta)$。然后计算

J_4,得

$$J_4 = \frac{1}{2\pi i} \oint_{|\sigma|=1} \frac{\overline{f_0}}{\sigma - \zeta} d\sigma = -\frac{pR}{4} \frac{1}{2\pi i} \oint_{|\sigma|=1} \left[\frac{1}{\sigma} + \frac{\sigma(1+m\sigma^2)}{(\sigma^2 - m)} - 2\sigma e^{-i2\alpha} \right] \frac{d\sigma}{\sigma - \zeta}$$

$$= -\frac{pR}{4} \frac{1}{2\pi i} \oint_{|\sigma|=1} \left[\frac{1}{\sigma} + \frac{(1+m^2)\sigma}{(\sigma^2 - m)} + m\sigma - 2\sigma e^{-i2\alpha} \right] \frac{d\sigma}{\sigma - \zeta}$$

$$= \frac{pR}{4} \left[\frac{1}{\zeta} + \frac{(1+m^2)\zeta}{\zeta^2 - m} \right]$$

最后得

$$\Psi_0 = -\frac{pR}{4} \left[\frac{2e^{2i\alpha}}{m} \frac{1}{\zeta} + \frac{2(m - e^{i2\alpha})(1+m^2)}{m} \frac{\zeta}{\zeta^2 - m} \right] \qquad (9-50)$$

将 φ_0，Ψ_0 代入，得到

$$\varphi(\zeta) = \frac{pR}{4} \left(\zeta + \frac{2e^{i2\alpha} - m}{\zeta} \right)$$

$$\Psi(\zeta) = -\frac{pR}{2} \left[e^{-i2\alpha}\zeta + \frac{e^{2i\alpha}}{m} \frac{1}{\zeta} + \frac{(m - e^{i2\alpha})(1+m^2)}{m} \frac{\zeta}{\zeta^2 - m} \right] \qquad (9-51)$$

当 $\alpha = \dfrac{\pi}{2}$ 时，也就是无限远处拉应力垂直于 x 轴时，φ 和 Ψ 变成

$$\begin{cases} \varphi(\zeta) = \dfrac{pR}{4} \left(\zeta - \dfrac{m+2}{\zeta} \right) \\[3mm] \Psi(\zeta) = \dfrac{pR}{2} \left[\zeta + \dfrac{1}{m\zeta} - \dfrac{(1+m)(1+m^2)}{m} \dfrac{\zeta}{\zeta^2 - m} \right] \end{cases} \qquad (9-52)$$

由 $\sigma_x + \sigma_y = 4Re\varphi' = 4Re\dfrac{\varphi'(\zeta)}{w'(\zeta)} = Re\dfrac{\zeta^2 + m + 2}{\zeta^2 - m} p$ 可计算孔边应力，设 σ_n、σ_t 为椭圆孔边界上的法向和切向正应力分量，在极坐标下有

$$\sigma_n + \sigma_t = \sigma_x + \sigma_y = p \frac{\rho^4 + 2\rho^2 \cos 2\theta - m^2 - 2m}{\rho^4 - 2m\rho^2 \cos 2\theta + m^2} \qquad (9-53)$$

由于孔边（$\rho = 1$）自由，所以 $\sigma_n \mid_{\rho=1} = 0$，式（9-53）成为

$$\sigma_t \mid_{\rho=1} = p \frac{1 - 2m - m^2 + 2\cos 2\theta}{1 + m^2 - 2m\cos 2\theta} \qquad (9-54)$$

在 $\theta = 0$，π 时，σ_t 达到最大值

$$(\sigma_t)_{\max} = p \frac{3+m}{1-m} = p \left(1 + 2 \frac{a}{b} \right) \qquad (9-55)$$

由此可以看出，椭圆孔边的应力集中系数是 $k = \dfrac{(\sigma_t)_{\max}}{p} = 1 + 2\dfrac{a}{b}$。这个结果在断裂力

学的发展史上起到了重要作用,从这个结果可知,椭圆孔长轴两端点处将有很强的应力集中,当 $b \to 0$ 时,椭圆孔退化为裂纹,即使远场作用的载荷 p 很小,裂纹两端裂尖处应力依然趋于无穷大。根据强度准则含裂纹的板将没有任何承载能力,但实验表明含有裂纹的板仍有一定的承载能力。这样,理论预测和实验结果出现矛盾。这一矛盾启发了英国学者 Griffith 在 1921 年创立第一个定量的断裂理论,现在称为 Griffith 断裂理论,标志着断裂力学研究的开始。

当椭圆孔蜕化成长为 $2a$ 的裂缝时

$$z = \frac{a}{2}\left(\zeta + \frac{1}{\zeta}\right)$$

$$\zeta = \frac{z}{a} \pm \sqrt{\frac{z^2}{a^2} - 1} \qquad (9-56)$$

如果式(9-56)第二式中取负号,则 $z \to \infty$,$\zeta \to 0$,所以应舍弃负号,取正号,并代入式(9-52),得

$$\varphi = \frac{p}{4}\left(2\sqrt{z^2 - a^2} - z\right)$$

$$\Psi = \frac{p}{2}\left[z - \frac{a^2}{\sqrt{z^2 - a^2}}\right] \qquad (9-57)$$

然后,可求出应力分量

$$\sigma_x + \sigma_y = p\left[2Re\frac{z}{\sqrt{z^2 - a^2}} - 1\right]$$

$$\sigma_y - \sigma_x + 2i\tau_{xy} = p\left[\frac{2ia^2 y}{(z^2 - a^2)^{3/2}} + 1\right] \qquad (9-58)$$

现在这个裂纹问题如图 9-6 所示,以 B 点为原点建立极坐标系,$z = a + r\cos\theta + ir\sin\theta$。在裂纹问题中,最重要的是裂纹尖端附近区域的应力场,因为裂尖附近的应力分布决定裂纹是否会扩展从而引起结构破坏。在裂尖附近 $r \ll a$ 处,将应力表达式按 $\dfrac{a}{r}$ 幂次展开,只保留起主要作用的项,最后得到

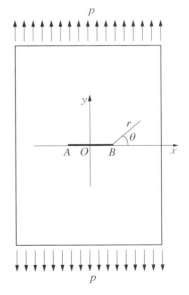

$$\begin{cases} \sigma_x = \dfrac{K_I}{\sqrt{2\pi r}}\cos\dfrac{\theta}{2}\left(1 - \sin\dfrac{\theta}{2}\sin\dfrac{3\theta}{2}\right) \\[2mm] \sigma_y = \dfrac{K_I}{\sqrt{2\pi r}}\cos\dfrac{\theta}{2}\left(1 + \sin\dfrac{\theta}{2}\sin\dfrac{3\theta}{2}\right) \\[2mm] \tau_{xy} = \dfrac{K_I}{\sqrt{2\pi r}}\cos\dfrac{\theta}{2}\sin\dfrac{\theta}{2}\cos\dfrac{3\theta}{2} \end{cases} \qquad (9-59)$$

式中,$K_I = p\sqrt{\pi a}$ 称为应力强度因子;下标 I 表示是 I 型裂

图 9-6 远场受均布拉应力作用,含中心裂纹的无限大板

纹问题的应力强度因子。

由此结果可以看出，裂尖处应力与 $\dfrac{1}{\sqrt{r}}$ 成正比，当 $r \to 0$，应力趋于无穷大，也就是说，应力在裂尖处具有奇异性。K_I 可以用来表示应力集中/奇异的程度，是断裂力学中的一个重要参数。

复变函数方法还可以解决其他更复杂的问题，比如共线裂纹，其他形状的孔洞问题等，复变函数解法还可推广到各向异性弹性体弹性问题，称为 Lekhnitskii-Stroh Formalism（可参考文献[24]）。

9.8　平面问题应力状态与弹性常数的依赖关系

如果只有应力边界条件，弹性力学平面问题就归结为求在边界上满足 $\big[\varphi(z) + \overline{z\varphi'(z)} + \overline{\Psi(z)}\big]\big|_P = i(F_x + iF_y)$ 的两个解析函数 φ 和 Ψ，F_x 和 F_y 为边界面力从起始点到任意一点 P 的合力。如果是单连通区域，φ 和 Ψ 都是单值解析函数，应力的复数表示为

$$\begin{cases} \sigma_x + \sigma_y = 4Re[\varphi'] \\ \sigma_y - \sigma_x + 2i\tau_{xy} = 2[\bar{z}\varphi'' + \Psi'] \end{cases}$$，可见应力的复数表示和应力边界条件的复数表示中均不出

现材料常数，所以可以得出如下结论：对于只有应力边界条件的平面问题，有限单连通物体的应力状态只取决于物体的形状，而与其材料性质无关。

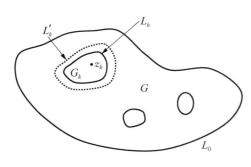

图 9 - 7　多连通区域平面问题

对于多连通区域，由于 φ 和 Ψ 可能是多值函数，问题要复杂一些，下面我们来考察多连通区域 φ 和 Ψ 的一般形式。先考虑有界区域，如图 9 - 7 所示是一个多连通区域 G，包含 m 个孔，其外边界为 L_0，内边界为 L_1，…，L_m。L_k 所围成的区域记为 G_k，L'_k 为 G 内仅包含 G_k 的闭合曲线，z_k 为 G_k 内的某固定点（$k = 1$，…，m）。

从物理实际上看，任意一点应力和位移的值应该是确定的，所以应力和位移都应是单值的，那么从 $\sigma_x + \sigma_y = 4Re[\Phi]$ 看，Φ 的实部是单值的，虚部可能是多值的，设 z 沿逆时针方向绕 L'_k 一周，Φ 增加 $2\pi iA_k$，A_k 为实常数。

令 $\Phi^* = \Phi - \displaystyle\sum_{k=1}^{m} A_k \ln(z - z_k)$，则 Φ^* 为单值函数，Φ 可写为

$$\Phi = \sum_{k=1}^{m} A_k \ln(z - z_k) + \Phi^* \tag{9-60}$$

对式（9 - 60）积分

$$\varphi = \int \Phi(z)\mathrm{d}z + 常数 = \sum_{k=1}^{m} A_k \big[(z - z_k)\ln(z - z_k) - (z - z_k)\big] + \int \Phi^*(z)\mathrm{d}z + 常数 \tag{9-61}$$

单值函数的积分可能是多值函数，设式（9 - 61）中积分项绕 L'_k 一周增加 $2\pi ic_k$，c_k 为复常

数,即

$$\int \Phi^*(z)\mathrm{d}z = \sum_{k=1}^{m} c_k \ln(z-z_k) + \text{单值函数} \tag{9-62}$$

将式(9-62)代入式(9-61),合并同类项,得到

$$\varphi(z) = z\sum_{k=1}^{m} A_k \ln(z-z_k) + \sum_{k=1}^{m} \eta_k \ln(z-z_k) + \varphi^*(z) \tag{9-63}$$

式中,η_k 为复常数;φ^* 为单值函数。

再考虑应力表达式 $\sigma_y - \sigma_x + 2i\tau_{xy} = 2[\bar{z}\Phi'(z) + \Psi(z)]$,从上面的讨论可知 $\Phi'(z) = \varphi''(z)$ 为单值函数,那么 $\Psi(z)$ 也应为单值函数。按照与上面相同的推理,同样可以得到

$$\Psi(z) = \int \Psi(z)\mathrm{d}z = \sum_{k=1}^{m} \eta'_k \ln(z-z_k) + \Psi^*(z) \tag{9-64}$$

式中,η'_k 为复常数;$\Psi^*(z)$ 是单值函数。进一步,可得

$$\chi(z) = \int \Psi(z)\mathrm{d}z = z\sum_{k=1}^{m} \eta'_k \ln(z-z_k) + \sum_{k=1}^{m} \eta''_k \ln(z-z_k) + \chi^*(z) \tag{9-65}$$

式中,η''_k 为复常数;$\chi^*(z)$ 是单值函数。

还需考虑位移单值性条件,将上面 φ 和 Ψ 的表示式代入位移的复数表示 $2\mu(u+iv) = \kappa\varphi(z) - z\overline{\varphi'(z)} - \overline{\Psi(z)}$ 中,并沿 L'_k 绕行一周,得

$$2\mu(u+iv)\mid_{L'_k} = 2\pi i\left[(\kappa+1)zA_k + \kappa\eta_k + \overline{\eta'_k}\right] \tag{9-66}$$

由位移的单值性,式(9-66)左边为零,于是

$$A_k = 0, \quad \kappa\eta_k + \overline{\eta'_k} = 0 \tag{9-67}$$

实际上,η_k 和 η'_k 可用 L_k 上外力的合力 $F_x^{(k)}$ 与 $F_y^{(k)}$ 来表示,由边界上面力的复数表示,有

$$-i\left[\varphi(z) + z\overline{\varphi'(z)} + \overline{\Psi(z)}\right]\mid_{L_k} = F_x^{(k)} + iF_y^{(k)} \tag{9-68}$$

注意式中的绕行方向是顺时针(为保证沿边界绕行时物体在左侧),将 φ 和 Ψ 的表达式代入,得

$$F_x^{(k)} + iF_y^{(k)} = -2\pi(\eta_k - \overline{\eta'_k}) \tag{9-69}$$

将式(9-67)和式(9-69)合在一起可解出

$$\eta_k = -\frac{F_x^{(k)} + iF_y^{(k)}}{2\pi(1+\kappa)}, \quad \eta'_k = \frac{\kappa(F_x^{(k)} - iF_y^{(k)})}{2\pi(1+\kappa)} \tag{9-70}$$

最后得到有界多连通区域中,φ 和 Ψ 的形式为

$$\begin{cases} \varphi(z) = -\dfrac{1}{2\pi(1+\kappa)}\sum_{k=1}^{m}(F_x^{(k)} + iF_y^{(k)})\ln(z-z_k) + \varphi^*(z) \\[3mm] \Psi(z) = \dfrac{\kappa}{2\pi(1+\kappa)}\sum_{k=1}^{m}(F_x^{(k)} - iF_y^{(k)})\ln(z-z_k) + \Psi^*(z) \end{cases} \tag{9-71}$$

式中，$\varphi^*(z)$ 和 $\Psi^*(z)$ 是单值解析函数。

类似地，可导出无界多连通区域中 φ 和 Ψ 的形式为

$$\begin{cases} \varphi(z) = -\dfrac{F_x + iF_y}{2\pi(1+\kappa)}\ln z + Sz + \varphi_0(z) \\[3mm] \Psi(z) = \dfrac{\kappa(F_x - iF_y)}{2\pi(1+\kappa)}\ln z + Tz + \Psi_0(z) \end{cases} \tag{9-72}$$

式中，$F_x = \sum\limits_{k=1}^{m} F_x^{(k)}$；$F_y = \sum\limits_{k=1}^{m} F_y^{(k)}$ 为所有孔边上外力合力之和；$Re(S) = \dfrac{\sigma_x^{(\infty)} + \sigma_y^{(\infty)}}{4}$，$T = \dfrac{\sigma_y^{(\infty)} - \sigma_x^{(\infty)}}{2} + i\tau_{xy}^{(\infty)}$；$\varphi_0$ 和 Ψ_0 为仅含 z 的负幂次项的洛朗级数。

从 φ 和 Ψ 的表达式可以看出，对应力边值问题，当每个孔边上的外力合力都为零，或在无界区域中所有孔边上外力合力之和为零时，应力与材料的弹性常数无关。如果这些条件不满足，应力只与泊松比有关，而与杨氏模量无关，这种性质称为应力不变性（stress invariance），对一些各向异性材料的平面问题，也有类似的性质（可参考文献[25]），可应用于复合材料有效弹性性质估计的研究（可参考文献[26]）。

本章对复变函数解法做了一个简明介绍，主要参考自文献[4]和[27]，关于复变函数解法更详细的论述请读者参阅这两本教材，更深入和全面的内容请参看文献[28]。

习　　题

1. 证明解析函数的性质：$\dfrac{\partial f}{\partial z} = f'(z)$，$\dfrac{\partial \overline{f(z)}}{\partial \bar{z}} = \overline{f'(z)}$，$\dfrac{\partial \overline{f(z)}}{\partial z} = 0$。

2. 由古萨（Goursat）公式导出 $2\dfrac{\partial U}{\partial x} = \varphi + \bar\varphi + \bar{z}\varphi' + z\overline{\varphi'} + \chi' + \overline{\chi'}$，$2\dfrac{\partial U}{\partial x} = i[\bar\varphi - \varphi + \bar{z}\varphi' - z\overline{\varphi'} + \chi' - \overline{\chi'}]$ 和应力的复数表示。

3. 导出极坐标中应力分量的复数表示，

$$\sigma_r + \sigma_\theta = \sigma_x + \sigma_y = 4Re\Phi(z)$$

$$\sigma_\theta - \sigma_r + 2i\tau_{r\theta} = 2e^{i2\theta}[\bar{z}\Phi'(z) + \Psi(z)]$$

4. 导出开尔文（Kelvin）基本解的位移和应力分量的表达式。

5. 取复势函数 $\varphi(z) = Az$，$\Psi(z) = \dfrac{B}{z}$，A，B 为复常数，求内半径为 a，外半径为 b 的圆筒，在均匀内压 p_a 及外压 p_b 作用下的应力分量。

6. 直接取复势函数 $\varphi = -\dfrac{X + iY}{2\pi(1+\kappa)}\ln z$，$\Psi = \dfrac{\kappa(X - iY)}{2\pi(1+\kappa)}\ln z + \dfrac{iM}{2\pi z}$，求解在全平面坐标原点作用集中力和力偶的解（见图 1）。

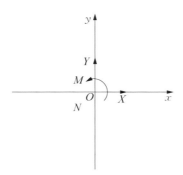

图 1　无限大平面内坐标原点作用集中力和力偶

7. 试考察下列复函数所解决的问题:

(1) $\varphi = \dfrac{q}{4}z$, $\Psi = \dfrac{q}{2}z$。

(2) $\varphi = 0$, $\Psi = iqz$。

8. 具有椭圆孔的薄板,在远场作用有均布剪力 q,求复函数 $\varphi(\zeta)$ 和 $\Psi(\zeta)$ 及孔边应力及应力集中系数(见图 2)。

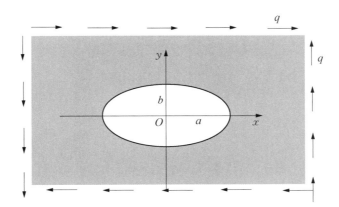

图 2　含椭圆孔的无限大板,远场受均布剪力作用

提示:

$$\varphi_0 + \frac{w}{\overline{w'}}\,\overline{\varphi'_0} + \overline{\Psi} = -\frac{R\,\overline{B}}{\sigma}$$

$$A = 0, \; B = iq$$

$$\varphi_0 = \frac{1}{2\pi i}\oint_{|\sigma|=1}\frac{R\,\overline{B}}{\sigma}\,\frac{1}{\sigma - \zeta}\,\mathrm{d}\sigma = \frac{iRq}{\zeta}$$

$$\Psi_0(\zeta) = \frac{1}{2\pi i}\oint_{|\sigma|=1}\frac{\overline{w}}{w'}\varphi'_0\,\frac{1}{\sigma - \zeta}\,\mathrm{d}\sigma + \frac{1}{2\pi i}\oint_{|\sigma|=1}\frac{RB\sigma}{\sigma - \zeta}\,\mathrm{d}\sigma$$

$$= -\frac{\zeta(1+m\zeta^2)}{\zeta^2-m}\varphi_0'(\zeta)$$

$$\varphi = \varphi_0, \quad \Psi = RB\zeta + \Psi_0$$

9. 请回答下列问题中哪些应力与材料常数有关？哪些应力与材料常数无关？

（1）环形，外边界为圆，内边界为正方形，内外边界上作用一对大小相等、方向相反的集中力。

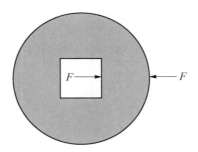

（2）无限大板中有一个椭圆孔，孔边作用均布压力。

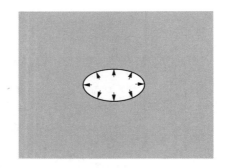

（3）无限大板中有两个圆孔，孔边作用一对大小相等、方向相反的集中力。

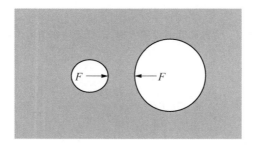

10. 表面自由的半平面内一点作用集中力的问题称为 Mindlin 问题，试从开尔文解和半空间表面作用法向和切向力的解，利用镜像法及叠加原理求 Mindlin 问题的解。

10　等截面直杆的扭转

扭转是杆、柱结构构件重要的承载方式,圆截面直杆的扭转问题已经在材料力学中解决,本章研究一般截面直杆的扭转问题。扭转问题本质上是三维问题,很难获得精确的解析解,本章根据扭转问题的变形特点,利用圣维南原理,将长柱体的扭转问题转变为二维问题,介绍扭转问题应力解法和位移解法,并讨论薄壁杆件扭转的近似解法。

10.1　圣维南问题的提出和分类

如图 10-1 所示,等截面直柱体的截面可以是任意形状,不计体力,侧面无载荷,仅在两端有外力作用。两端面如果要精确地逐点满足边界条件将很难求解,两端可用放松边界条件代替。通常坐标系原点取在截面的形心,这样做将给公式推导带来方便。z 轴平行于柱体的母线,x,y 轴取为截面的惯性主轴。端面的边界条件可表示为

$$\iint_S \tau_{zx} \,\mathrm{d}x\,\mathrm{d}y = R_x , \quad \iint_S \tau_{zy} \,\mathrm{d}x\,\mathrm{d}y = R_y , \quad \iint_S \sigma_z \,\mathrm{d}x\,\mathrm{d}y = R_z ,$$

$$\iint_S y\sigma_z \,\mathrm{d}x\,\mathrm{d}y = M_x , \quad -\iint_S x\sigma_z \,\mathrm{d}x\,\mathrm{d}y = M_y , \quad \iint_S (x\tau_{zy} - y\tau_{zx}) \,\mathrm{d}x\,\mathrm{d}y = M_z \tag{10-1}$$

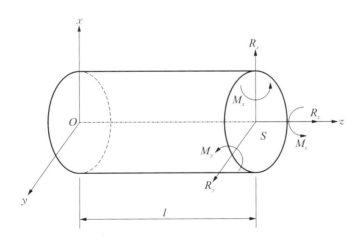

图 10-1　两端受载荷作用的等截面直柱体

这类在端部载荷作用下,采用放松边界条件求解的柱形杆问题,称为圣维南(Saint - Venant)问题。根据圣维南原理,端面用静力等效方式(积分形式)处理边界条件与逐点满足应力分布的精确边界条件所得到的解,其差别仅限于两端面附近。

圣维南问题可以分为以下 4 类。

(1) 简单拉伸,$M_x = M_y = M_z = 0$,$R_x = R_y = 0$,$R_z \neq 0$。

(2) 纯弯曲，$R_x = R_y = R_z = 0$，$M_x \neq 0$，$M_y \neq 0$，$M_z = 0$。

(3) 扭转，$R_x = R_y = R_z = 0$，$M_x = M_y = 0$，$M_z \neq 0$。

(4) 一般弯曲，$R_x \neq 0$，$R_y \neq 0$，$R_z = 0$，$M_x = M_y = M_z = 0$。

10.2　简单拉伸和纯弯曲

1. 简单拉伸

轴向应力为 $\sigma_z = R_z/A$，其中 A 为截面面积，其他分量为零。设坐标原点处固定，进一步可求出位移场为

$$u = -\frac{\nu R_z}{EA}x, \quad v = -\frac{\nu R_z}{EA}y, \quad w = \frac{R_z}{EA}z \tag{10-2}$$

2. 纯弯曲

采用半逆解法，根据材料力学中的欧拉-伯努利梁理论，轴向弯曲应力 σ_z 在截面上呈线性分布。因此，可假设 $\sigma_z = ax + by$，其他分量为零，由边界条件可确定 a，b：$a = -\dfrac{M_y}{I_y}$，$b = \dfrac{M_x}{I_x}$，其中 I_x，I_y 分别是关于 x 轴和 y 轴的惯性矩。可以验证这个解满足平衡方程、应力协调方程和边界条件式(10-1)，所以，该解就是这个问题的精确解(两端附近除外)。代入本构关系式(5-27)求出应变场，然后进行与第 3 章 3.4 节中类似的积分运算，即可求出位移场。为计算简单起见，可以采用叠加法，分别考虑① $M_x = 0$，$M_y \neq 0$；② $M_x \neq 0$，$M_y = 0$ 两种情况，略去刚体位移，得到位移分量为

$$\begin{cases} u = -\dfrac{M_y}{2EI_y}\left[-z^2 + \nu(y^2 - x^2)\right] - \dfrac{\nu M_x}{EI_x}xy \\[3mm] v = \dfrac{M_x}{2EI_x}\left[-z^2 + \nu(x^2 - y^2)\right] + \dfrac{\nu M_y}{EI_y}xy \\[3mm] w = -\dfrac{M_y}{EI_y}xz + \dfrac{M_x}{EI_x}yz \end{cases} \tag{10-3}$$

从以上结果可以看出在 z 轴上，有 $u = \dfrac{M_y}{2EI_y}z^2$，$v = \dfrac{M_x}{2EI_x}z^2$，$EI_x v'' = M_x$ 和 $EI_y u'' = M_y$，这些结果与材料力学的结果完全相同，但 $x \neq 0$，$y \neq 0$ 处的结果不同。

对于第 4 类圣维南问题，即一般弯曲问题，限于篇幅所限本书不做介绍。欧拉-伯努利梁和铁摩辛柯梁理论在工程和科学研究中得到了广泛应用，可以比较精确地给出挠度和弯曲应力值，弹性力学弯曲理论和材料力学梁理论结果的主要差别体现在剪应力分量的表达式中。

10.3　扭转问题的应力解法

对于扭转问题，有 $R_x = R_y = R_z = 0$，$M_x = M_y = 0$，$M_z \neq 0$，端面边界条件可用积分形式

来表示,即

$$\iint_S \tau_{zx}\,\mathrm{d}x\,\mathrm{d}y = 0, \quad \iint_S \tau_{zy}\,\mathrm{d}x\,\mathrm{d}y = 0, \quad \iint_S \sigma_z\,\mathrm{d}x\,\mathrm{d}y = 0,$$

$$\iint_S y\sigma_z\,\mathrm{d}x\,\mathrm{d}y = 0, \quad \iint_S x\sigma_z\,\mathrm{d}x\,\mathrm{d}y = 0, \quad \iint_S (x\tau_{zy} - y\tau_{zx})\,\mathrm{d}x\,\mathrm{d}y = M_z \tag{10-4}$$

采用半逆解法,假设 τ_{zx},$\tau_{zy} \neq 0$,其他应力分量为零,不计体力。代入平衡方程,有 $\dfrac{\partial \tau_{zx}}{\partial z} = 0$,$\dfrac{\partial \tau_{zy}}{\partial z} = 0$,$\dfrac{\partial \tau_{zx}}{\partial x} + \dfrac{\partial \tau_{zy}}{\partial y} = 0$,由前两个方程可知 τ_{zx},τ_{zy} 只是 x,y 的函数,不依赖于 z。

第 3 个方程可以写为 $\dfrac{\partial}{\partial x}\tau_{zx} = \dfrac{\partial}{\partial y}(-\tau_{zy})$,与引入艾里应力函数的做法类似,引入应力函数 φ,使得 $\tau_{zx} = \dfrac{\partial \varphi}{\partial y}$,$\tau_{yz} = -\dfrac{\partial \varphi}{\partial x}$,则平衡方程的第 3 个方程就可以自动满足,进而得 $\mathrm{d}\varphi = \dfrac{\partial \varphi}{\partial x}\mathrm{d}x + \dfrac{\partial \varphi}{\partial y}\mathrm{d}y = -\tau_{zy}\mathrm{d}x + \tau_{zx}\mathrm{d}y$,所以 $\varphi = \displaystyle\int_{(x_0,\,y_0)}^{(x,\,y)} \left[-\tau_{zy}(\xi,\,\eta)\mathrm{d}\xi + \tau_{zx}(\xi,\,\eta)\mathrm{d}\eta\right]$。由格林公式 $\displaystyle\iint_S \left(\dfrac{\partial q}{\partial x} - \dfrac{\partial p}{\partial y}\right)\mathrm{d}x\,\mathrm{d}y = \oint_L p\,\mathrm{d}x + q\,\mathrm{d}y$ 可知,此式中积分与路径无关,因此这样定义的函数 φ 是单值函数,称为普朗特(Prandtl)应力函数。

应力分量除了满足平衡方程外,还必须满足贝尔特拉米–米歇尔(Beltrami – Michell)方程,此方程只剩下下面两个方程尚待满足:

$$\nabla^2 \tau_{zy} + \frac{1}{1+\nu}\frac{\partial^2}{\partial y\partial z}(\sigma_x + \sigma_y + \sigma_z) = 0$$

$$\nabla^2 \tau_{zx} + \frac{1}{1+\nu}\frac{\partial^2}{\partial x\partial z}(\sigma_x + \sigma_y + \sigma_z) = 0 \tag{10-5}$$

也就是 $\nabla^2 \tau_{zx} = 0$,$\nabla^2 \tau_{zy} = 0$,即 $\dfrac{\partial}{\partial x}\nabla^2\varphi = 0$,$\dfrac{\partial}{\partial y}\nabla^2\varphi = 0$。由此可见,$\nabla^2\varphi$ 应当是常量,记为 $\nabla^2\varphi = C(C$ 是常数$)$。

下面考察边界条件满足的情况。

1. 侧面边界条件

柱体的侧面自由,没有面力,假设侧面的法向为 $\boldsymbol{n} = (l,\,m,\,0)$,因此

$$(l,\,m,\,0)\begin{bmatrix} 0 & 0 & \tau_{zx} \\ 0 & 0 & \tau_{zy} \\ \tau_{zx} & \tau_{zy} & 0 \end{bmatrix} = (0,\,0,\,l\tau_{zx} + m\tau_{zy}) = (0,\,0,\,0) \tag{10-6}$$

由此可知在截面的边界曲线 L 上,有

$$l\tau_{zx} + m\tau_{zy} = 0 \tag{10-7}$$

即

$$\left(l\,\frac{\partial\varphi}{\partial y}-m\,\frac{\partial\varphi}{\partial x}\right)=0 \qquad\qquad (10-8)$$

注意到 $l=\cos(\boldsymbol{n},\,x)=\dfrac{\mathrm{d}y}{\mathrm{d}s}$，$m=\cos(\boldsymbol{n},\,y)=-\dfrac{\mathrm{d}x}{\mathrm{d}s}$（见图 $10-2$），在曲线 L 上，有

$$l\,\frac{\partial\varphi}{\partial y}-m\,\frac{\partial\varphi}{\partial x}=\frac{\partial\varphi}{\partial y}\,\frac{\mathrm{d}y}{\mathrm{d}s}+\frac{\partial\varphi}{\partial x}\,\frac{\mathrm{d}x}{\mathrm{d}s}=\frac{\mathrm{d}\varphi}{\mathrm{d}s}=0 \qquad\qquad (10-9)$$

可见在截面的边界曲线上，应力函数为常数，由 $\tau_{zx}=\dfrac{\partial\varphi}{\partial y}$，$\tau_{yz}=-\dfrac{\partial\varphi}{\partial x}$ 可知，应力函数增加或减少一个常数时，应力分量不受影响，因此对单连通区域 φ 在边界上可取为零。在多连通区域，φ 在每一个边界上都是常数，但各个常数一般并不相同，$\varphi\big|_{L_0}=C_0$，$\varphi\big|_{L_i}=C_i$，通常取 $C_0=0$，C_i 需要由位移单值性条件来确定（见图 $10-3$）。

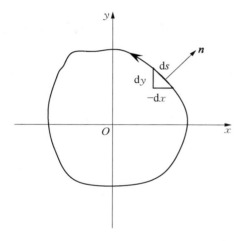
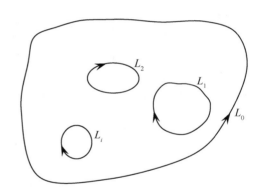

图 $10-2$　截面边界曲线的法向和绕行方向　　　　图 $10-3$　多连通区域截面边界曲线的绕行方向

2. 端面边界条件

对于单连通区域，$\displaystyle\iint_S\tau_{zx}\mathrm{d}x\mathrm{d}y=\iint_S\frac{\partial\varphi}{\partial y}\mathrm{d}x\mathrm{d}y=-\oint_{L_0}\varphi\mathrm{d}x=0$，该式中利用了格林公式

$$\iint_S\left(\frac{\partial q}{\partial x}-\frac{\partial p}{\partial y}\right)\mathrm{d}x\mathrm{d}y=\oint_L[-p\cos(\boldsymbol{n},\,y)+q\cos(\boldsymbol{n},\,x)]\mathrm{d}s=\oint_L p\,\mathrm{d}x+q\,\mathrm{d}y。$$

对于多连通区域，$\displaystyle\iint_S\tau_{zx}\mathrm{d}x\mathrm{d}y=\iint_S\frac{\partial\varphi}{\partial y}\mathrm{d}x\mathrm{d}y=-\oint_{L_0}\varphi\mathrm{d}x-\sum_{i=1}^n\oint_{L_i}\varphi\mathrm{d}x=\sum_{i=1}^n C_i\oint_{L_i}\mathrm{d}x=0$，其中积分 $\displaystyle\oint_{L_i}\varphi\mathrm{d}x$ 是按 $L_i(i\geqslant 1)$ 顺时针方向进行的。

同理可以证明边界条件 $\displaystyle\iint_S\tau_{zy}\mathrm{d}x\mathrm{d}y=0$ 也满足。这说明端面上 $R_x=0$，$R_y=0$ 的条件已经满足。再看端面扭矩的条件：

$$M_z = \iint\limits_{S} (x\tau_{zy} - y\tau_{zx}) \mathrm{d}x\,\mathrm{d}y = -\iint\limits_{S}\left(x\,\frac{\partial\varphi}{\partial x} + y\,\frac{\partial\varphi}{\partial y}\right)\mathrm{d}x\,\mathrm{d}y$$

$$= -\iint\limits_{S}\left(\frac{\partial(x\varphi)}{\partial x} + \frac{\partial(y\varphi)}{\partial y}\right)\mathrm{d}x\,\mathrm{d}y + 2\iint\limits_{S}\varphi\,\mathrm{d}x\,\mathrm{d}y$$

$$= \oint\limits_{L_0}(y\varphi\,\mathrm{d}x - x\varphi\,\mathrm{d}y) + \sum_{i=1}^{n}\oint\limits_{L_i}(y\varphi\,\mathrm{d}x - x\varphi\,\mathrm{d}y) + 2\iint\limits_{S}\varphi\,\mathrm{d}x\,\mathrm{d}y$$

$$= 2\sum_{i=1}^{n}C_i A_i + 2\iint\limits_{S}\varphi\,\mathrm{d}x\,\mathrm{d}y$$

(10 − 10)

上述积分 $\oint\limits_{L_i}(y\varphi\,\mathrm{d}x - x\varphi\,\mathrm{d}y)$ 是按 $L_i(i \geqslant 1)$ 顺时针方向进行的。这样,就得到

$$M_z = 2\sum_{i=1}^{n}C_i A_i + 2\iint\limits_{S}\varphi\,\mathrm{d}x\,\mathrm{d}y \tag{10 − 11}$$

式中,A_i 是 L_i 的面积。对单连通区域 $M_z = 2\iint\limits_{S}\varphi\,\mathrm{d}x\,\mathrm{d}y$。

3. 位移场

将应力分量代入本构方程,得

$$\varepsilon_x = \varepsilon_y = \varepsilon_z = 0, \ \varepsilon_{xy} = 0$$

$$\varepsilon_{zy} = -\frac{1}{2\mu}\,\frac{\partial\varphi}{\partial x}, \ \varepsilon_{zx} = \frac{1}{2\mu}\,\frac{\partial\varphi}{\partial y} \tag{10 − 12}$$

即

$$\frac{\partial u}{\partial x} = \frac{\partial v}{\partial y} = \frac{\partial w}{\partial z} = 0$$

$$\frac{\partial u}{\partial y} + \frac{\partial v}{\partial x} = 0$$

$$\frac{\partial v}{\partial z} + \frac{\partial w}{\partial y} = -\frac{1}{\mu}\,\frac{\partial\varphi}{\partial x}$$

$$\frac{\partial u}{\partial z} + \frac{\partial w}{\partial x} = \frac{1}{\mu}\,\frac{\partial\varphi}{\partial y}$$

(10 − 13)

式(10 − 13)第 4 个方程对 z 求偏导数,得

$$\frac{\partial^2 u}{\partial z^2} + \frac{\partial^2 w}{\partial x \partial z} = \frac{1}{\mu}\,\frac{\partial^2\varphi}{\partial y \partial z} = 0 \tag{10 − 14}$$

由此可知 $\dfrac{\partial^2 u}{\partial z^2} = 0$,同理 $\dfrac{\partial^2 v}{\partial z^2} = 0$,所以 u,v 可表示为

$$u = f_1(y) + f_2(y)z$$

$$v = g_1(x) + g_2(x)z$$

(10 − 15)

代入式(10-13)的第二式,得

$$g_1'(x) + g_2'(x)z + f_1'(y) + f_2'(y)z = 0 \tag{10-16}$$

式(10-16)对任意 z 都成立,因此有 $g_1'(x) + f_1'(y) = 0$, $g_2'(x) + f_2'(y) = 0$。 由此可推得 $g_1'(x) = k_1$, $f_1'(y) = -k_1$, $g_2'(x) = k_2$, $f_2'(y) = -k_2$,其中,k_1,k_2 为常数,进一步可解出 $f_1(y)$, $f_2(y)$, $g_1(x)$, $g_2(x)$,

$$f_1 = -k_1 y + b, \quad f_2 = -k_2 y + d$$
$$g_1 = k_1 x + a, \quad g_2 = -k_2 x + c \tag{10-17}$$

记常数 $b = u_0$, $k_1 = \omega_z$, $k_2 = K$, $d = \omega_y$, $a = v_0$, $c = -\omega_x$,则 u, v 可以表示为

$$u = u_0 + \omega_y z - \omega_z y - Kyz$$
$$v = v_0 + \omega_z x - \omega_x z + Kxz \tag{10-18}$$

不计刚体位移,则 $u = -Kyz$,$v = Kxz$,用柱坐标表示,就是 $u_r = 0$,$u_\theta = Krz$,可见常数 K 代表单位长度的扭角。

将位移的表达式代入式(10-13)的第三、四式,得

$$\frac{\partial w}{\partial x} = \frac{1}{\mu} \frac{\partial \varphi}{\partial y} + Ky$$
$$\frac{\partial w}{\partial y} = -\frac{1}{\mu} \frac{\partial \varphi}{\partial x} - Kx \tag{10-19}$$

式(10-19)中消去 w,得到

$$\nabla^2 \varphi = -2\mu K \tag{10-20}$$

在扭转问题中一般用 G 来表示剪切弹性模量,即 $\nabla^2 \varphi = -2GK$。

从式(10-19)中还可导出 $\mathrm{d}w = \dfrac{\partial w}{\partial x}\mathrm{d}x + \dfrac{\partial w}{\partial y}\mathrm{d}y = \dfrac{1}{G}\left(\dfrac{\partial \varphi}{\partial y}\mathrm{d}x - \dfrac{\partial \varphi}{\partial x}\mathrm{d}y\right) + K(y\mathrm{d}x - x\mathrm{d}y)$,由位移单值性条件 $\oint_{L_i^*}\mathrm{d}w = 0$,其中 L_i^* 为包含 L_i 的任意一闭合曲线(见图10-4),得

$$\oint_{L_i^*}\left(\frac{\partial \varphi}{\partial y}\mathrm{d}x - \frac{\partial \varphi}{\partial x}\mathrm{d}y\right) = 2GKA_i^* \tag{10-21}$$

式中,A_i^* 是 L_i^* 的面积。式(10-21)还可以写成:$\oint_{L_i^*}(\tau_{zx}\mathrm{d}x + \tau_{zy}\mathrm{d}y) = \oint_{L_i^*}(-\tau_{zx}m + \tau_{zy}l)\mathrm{d}s = \oint_{L_i^*}\tau_s \mathrm{d}s = 2GKA_i^*$,其中 l,m 为 L_i^* 法向的方向余弦,即

$$\oint_{L_i^*}\tau_s \mathrm{d}s = 2GKA_i^* \tag{10-22}$$

τ_s 为曲线 L_i^* 切线方向的剪应力,这个关系式称为剪应力环量定理,在后面闭合截面薄壁杆件扭转问题中会用到这个结果。

注意到 $\tau_s = -\tau_{zx}m + \tau_{zy}l = \dfrac{\partial\varphi}{\partial n^+} = -\dfrac{\partial\varphi}{\partial n}$,其中 n^+ 为 L_i^* 的内法向(见图 $10-4$),式($10-22$)也可以写成

$$\oint_{L_i^*} \frac{\partial\varphi}{\partial n^+}\mathrm{d}s = 2GKA_i^* \quad \text{或} \quad \oint_{L_i^*} \frac{\partial\varphi}{\partial n}\mathrm{d}s = -2GKA_i^*。$$

本小节中的线积分,如无特别说明,都是沿曲线的逆时针方向进行的。

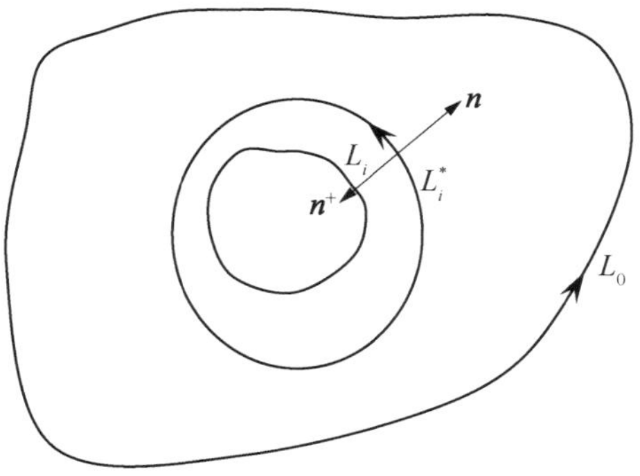

图 $10-4$　曲线 L^* 的外法向和内法向

10.4　扭转问题的位移解法

回顾材料力学中的圆柱扭转问题,得到的解为

$$\begin{aligned}
u &= -\alpha yz \\
v &= \alpha xz \\
w &= 0
\end{aligned} \tag{10-23}$$

式中,α 是单位长度的扭转角。对于非圆截面,由于扭转变形后,横截面产生了翘曲,不再保持平面。所以,对非圆截面很自然地假设

$$\begin{aligned}
u &= -\alpha yz \\
v &= \alpha xz \\
w &= \alpha\psi(x,y)
\end{aligned} \tag{10-24}$$

式中,$\psi(x,y)$ 称为圣维南扭转函数,反映了截面翘曲的情况。

将位移的表达式代入纳维方程(以位移表示的平衡方程),得

$$\nabla^2\psi = \frac{\partial^2\psi}{\partial x^2} + \frac{\partial^2\psi}{\partial y^2} = 0 \tag{10-25}$$

由位移可以求出应变,进一步求出应力

$$\tau_{zx} = \alpha G\left(\frac{\partial\psi}{\partial x} - y\right),\ \tau_{zy} = \alpha G\left(\frac{\partial\psi}{\partial y} + x\right) \tag{10-26}$$

其他应力分量为零。

侧面上的边界条件要求

$$\left(\frac{\partial\psi}{\partial x} - y\right)l + \left(\frac{\partial\psi}{\partial y} + x\right)m = 0 \tag{10-27}$$

即

$$\frac{\mathrm{d}\psi}{\mathrm{d}\boldsymbol{n}} = yl - xm \qquad (10-28)$$

$\boldsymbol{n} = (l, m)$ 为截面边界曲线的法向。

端面上（仅考虑单连通区域的情况）

$$
\begin{aligned}
\iint_S \tau_{zx}\,\mathrm{d}x\,\mathrm{d}y &= \alpha G \iint_S \left(\frac{\partial\psi}{\partial x} - y\right)\mathrm{d}x\,\mathrm{d}y \\
&= \alpha G \iint_S \left\{\frac{\partial}{\partial x}\left[x\left(\frac{\partial\psi}{\partial x} - y\right)\right] + \frac{\partial}{\partial y}\left[x\left(\frac{\partial\psi}{\partial y} + x\right)\right]\right\}\mathrm{d}x\,\mathrm{d}y \qquad (10-29) \\
&= \alpha G \oint_L x\left(\frac{\mathrm{d}\psi}{\mathrm{d}\boldsymbol{n}} - yl + xm\right)\mathrm{d}s
\end{aligned}
$$

所以，只要 $\dfrac{\mathrm{d}\psi}{\mathrm{d}\boldsymbol{n}} = yl - xm$，$R_x = 0$ 即可满足，同理可得 $R_y = 0$。将应力分量代入 $\iint_S (x\tau_{zy} - y\tau_{zx})\mathrm{d}x\,\mathrm{d}y = M_z$，得

$$M_z = \alpha G \iint_S \left(x^2 + y^2 + x\,\frac{\partial\psi}{\partial y} - y\,\frac{\partial\psi}{\partial x}\right)\mathrm{d}x\,\mathrm{d}y \qquad (10-30)$$

扭转问题的位移解法归结为在边界条件式（10-27）下求解拉普拉斯方程，即式（10-25），得到扭转函数 ψ 后，可由式（10-24）和式（10-26）求位移和应力分量，α 由式（10-30）确定。

位移解法与应力解法比较，应力函数 φ 满足泊松方程，扭转函数 ψ 满足拉普拉斯方程，但位移解法的边界条件比较复杂，数学上属于诺依曼（Neumann）边值问题，求解比应力解法复杂，本章重点介绍应力解法。

10.5　扭转问题位移解法和应力解法公式汇总

为读者查阅方便，本节将扭转问题位移解法和应力解法的相关公式汇总在一起。

1. 位移解法

位移：$u = -\alpha yz$，$v = \alpha xz$，$w = \alpha\psi(x, y)$

应力：$\tau_{zx} = \alpha G\left(\dfrac{\partial\psi}{\partial x} - y\right)$，$\tau_{zy} = \alpha G\left(\dfrac{\partial\psi}{\partial y} + x\right)$，其他分量为零。

扭转函数满足的方程：$\nabla^2\psi = 0$

边界条件：$\dfrac{\mathrm{d}\psi}{\mathrm{d}\boldsymbol{n}} = yl - xm$

扭转角由 $M_z = \alpha G \iint_S \left(x^2 + y^2 + x\,\dfrac{\partial\psi}{\partial y} - y\,\dfrac{\partial\psi}{\partial x}\right)\mathrm{d}x\,\mathrm{d}y$ 求出。

2. 应力解法

位移：$u = -Kyz$，$v = Kxz$，w 由 $\dfrac{\partial w}{\partial x} = \dfrac{1}{\mu}\dfrac{\partial\varphi}{\partial y} + Ky$，$\dfrac{\partial w}{\partial y} = -\dfrac{1}{\mu}\dfrac{\partial\varphi}{\partial x} - Kx$ 积分求出。

应力：$\tau_{zx} = \dfrac{\partial \varphi}{\partial y}$，$\tau_{yz} = -\dfrac{\partial \varphi}{\partial x}$，其他分量为零。

应力函数满足的方程：$\nabla^2 \varphi = -2GK$，G 为剪切模量，K 为单位长度的扭角。

边界条件：$\varphi \big|_{L_0} = 0$，$\varphi \big|_{L_i} = C_i \ (i = 1, 2, \cdots, n)$，$C_i$ 为常数，$M_z = 2 \sum\limits_{i=1}^{n} C_i A_i + 2 \iint\limits_{S} \varphi \, \mathrm{d}x \, \mathrm{d}y$。

一般解题步骤是先从 φ 满足的泊松方程解出 φ，然后由扭矩公式 $M_z = 2 \iint\limits_{S} \varphi \, \mathrm{d}x \, \mathrm{d}y$ 求出扭转角 K（单连通区域情况）。对于截面是多连通区域的情况，还要应用剪应力环量公式：

$$\oint_{L_i^*} \tau_s \, \mathrm{d}s = 2GKA_i^* \quad \text{或} \quad \oint_{L_i^*} \frac{\partial \varphi}{\partial n} \, \mathrm{d}s = -2GKA_i^* \, 。$$

扭转刚度定义为 $D \triangleq \dfrac{M_z}{GK} = 2 \Big(\sum\limits_{i=1}^{n} C_i A_i + \iint\limits_{S} \varphi \, \mathrm{d}x \, \mathrm{d}y \Big) \big/ GK$，表示柱体抵抗扭转变形的能力。加载前柱体处于无变形、无初应力的稳定状态，从能量观点看，扭转过程中扭矩做功转变成应变能储存在柱体内，因此扭矩在扭转过程中必须做正功，所以 M_z 和 K 同号，也就是说扭转刚度一定大于零，从数学上也可以严格证明这一点（可参考文献[4]）。

严格来说，本章所讨论的问题属于自由扭转问题，即截面允许自由翘曲变形。如果杆的一端受到约束而不能自由翘曲，则属于约束扭转问题。对于实心杆、柱，根据圣维南原理，距离端面 1～2 倍截面尺寸的位置就可以按自由扭转处理了。但对于开口薄壁杆件，端面的约束可能影响到很远的地方（可参考文献[27]）。

10.6　薄　膜　比　拟

许多物理现象可归结为同一个数学问题，通过比较描述不同物理现象的数学方程，可以发现在描述不同物理现象的物理量之间存在着一一对应的比拟关系。根据数学方程的相似性，扭转问题有薄膜比拟、电场比拟和流体力学比拟等方法。历史上由普朗特最先指出等截面直杆的扭转和薄膜在均匀压力下（见图 10-5）的垂度在数学模型上的相似性。

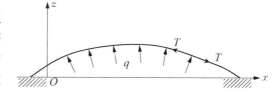

图 10-5　受均匀内压作用的薄膜的变形

通过分析薄膜微元的平衡可导出薄膜方程

$$\nabla^2 z = -\frac{q}{T} \tag{10-31}$$

式中，z 是薄膜的垂度；q 是薄膜内的压力；T 是薄膜中的张力。在边界上有 $z \big|_L = 0$，通过调整压力 q 可使 $q/T = 2GK$。对比扭转和薄膜问题满足的方程式（10-20）和式（10-31），可得出如下结论：

（1）应力函数 φ 等于垂度 z。

（2）扭矩 M 等于薄膜与其边界平面之间体积的 2 倍。

（3）某点处的剪应力 τ_{zx} 等于薄膜对应点处的斜率 $\dfrac{\partial z(x, y)}{\partial y}$；某点处沿任意方向的剪应力等于薄膜在对应点处沿垂直方向（沿逆时针方向转 $90°$）的斜率。

（4）剪应力沿着 φ 或垂度 z 的等值线的切线方向（从梯度 $\nabla\varphi$ 顺时针方向转 $90°$）。

最大剪应力对应于最大斜率，但最大剪应力方向和最大斜率方向互相垂直。最大剪应力 $\tau_{\max}$ 大多数情况下发生在截面的边界上，而且往往在离截面形心最近的边界点上，但有个别例外情况（可参考文献[4]）。

10.7 椭圆截面杆的扭转

1. 实心椭圆杆

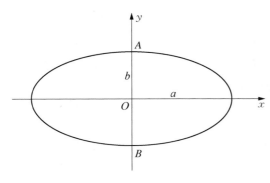

图 10 - 6　椭圆截面

如图 10 - 6 所示，设椭圆截面直杆的截面方程为

$$\frac{x^2}{a^2} + \frac{y^2}{b^2} = 1 \qquad (10-32)$$

应力函数 φ 在边界上为零，可假设应力函数的形式为 $\varphi = m\left(\dfrac{x^2}{a^2} + \dfrac{y^2}{b^2} - 1\right)$，其中 m 是常数。

代入 $\nabla^2\varphi = -2GK$，得 $m = -\dfrac{a^2 b^2 GK}{(a^2 + b^2)}$。于是，应力函数为

$$\varphi = -\frac{a^2 b^2 GK}{(a^2 + b^2)}\left(\frac{x^2}{a^2} + \frac{y^2}{b^2} - 1\right) \qquad (10-33)$$

由 $M = 2\iint_S \varphi \, \mathrm{d}x\mathrm{d}y$，可求出扭矩和扭角的关系 $GK = \dfrac{(a^2 + b^2)}{\pi a^3 b^3} M$，所以扭转刚度为

$$D = M/GK = \frac{\pi a^3 b^3}{(a^2 + b^2)} \qquad (10-34)$$

用扭矩表示扭转应力函数 $\varphi = -\dfrac{M}{\pi ab}\left(\dfrac{x^2}{a^2} + \dfrac{y^2}{b^2} - 1\right)$，应力分量为

$$\tau_{zx} = -\frac{2M}{\pi ab^3}y, \quad \tau_{zy} = \frac{2M}{\pi a^3 b}x \qquad (10-35)$$

截面上任意一点的剪力 $\tau = \sqrt{\tau_{zx}^2 + \tau_{zy}^2} = \dfrac{2M}{\pi ab}\sqrt{\left(\dfrac{x^2}{a^4} + \dfrac{y^2}{b^4}\right)}$。由薄膜比拟可知，$A$，$B$ 两点的剪应力最大，最大剪应力为 $\tau_{\max} = \tau_A = \tau_B = \dfrac{2M}{\pi ab^2}$。

位移分量为

$$u = -Kyz, \quad v = Kxz$$

$$w = \frac{(b^2 - a^2)M}{\pi a^3 b^3 G} xy \tag{10-36}$$

式(10-36)表明横截面并不保持为平面,而将翘成曲面,在 xy 平面上的投影是双曲线,如图 10-7 所示。只有当 $a = b$ 时(圆截面),$w = 0$,横截面会保持为平面。

2. 空心椭圆杆

如图 10-8 所示,考虑空心椭圆杆,外边界方程仍为 $\frac{x^2}{a^2} + \frac{y^2}{b^2} = 1$,内边界方程为 $\frac{x^2}{a^2} + \frac{y^2}{b^2} = k^2$($k < 1$),仍采用实心杆的应力函数 $\varphi = m\left(\frac{x^2}{a^2} + \frac{y^2}{b^2} - 1\right)$,可求出 $m = -\frac{a^2 b^2 GK}{(a^2 + b^2)}$,由此可知

$$\varphi\Big|_{L_1} = C_1 = m(k^2 - 1) \tag{10-37}$$

从扭矩公式 $M = 2\iint\limits_{S} \varphi \, dx \, dy + 2C_1 A_1$ 求出扭矩和扭角的关系为

$$M = -m\pi ab(1 - k^4) = GK \frac{\pi a^3 b^3}{a^2 + b^2}(1 - k^4) \tag{10-38}$$

扭转刚度为 $D = \frac{\pi a^3 b^3}{a^2 + b^2}(1 - k^4)$,可见空心椭圆截面杆的扭转刚度比实心杆有所降低。

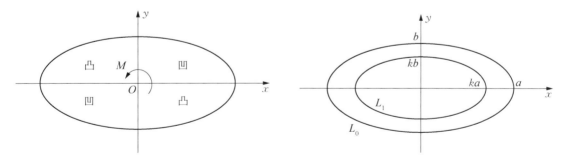

图 10-7　扭转时的椭圆截面翘曲情况　　　　图 10-8　空心椭圆截面

10.8　矩形截面杆的扭转

1. 狭长矩形截面杆

先研究一种简单的情况,如图 10-9 所示,狭长矩形截面杆的截面长度 a 远大于宽度。由薄膜比拟可以推断,φ 在绝大部分横截面上几乎不随 x 变化,可以近似地认为 $\frac{\partial \varphi}{\partial x} = 0$,则有

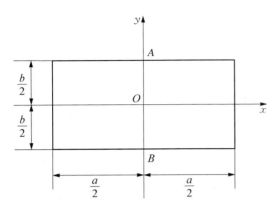

图 10-9 狭长矩形截面

$$\nabla^2 \varphi = \frac{\mathrm{d}^2 \varphi}{\mathrm{d} y^2} = C \qquad (10-39)$$

在边界上满足 $\varphi \Big|_{y=\pm \frac{b}{2}} = 0$，解出 $\varphi = \frac{C}{2} \left(y^2 - \frac{b^2}{4} \right)$。由 $M = 2 \iint\limits_{s} \varphi \mathrm{d} x \mathrm{d} y$，求出常数 $C = -\frac{6M}{ab^3}$。

于是求出应力函数为 $\varphi = \frac{3M}{ab^3} \left(\frac{b^2}{4} - y^2 \right)$，

应力分量为 $\tau_{zx} = -\frac{6M}{ab^3} y$，$\tau_{zy} = 0$。最大剪应力

为 $\tau_{\max} = \tau_{zx} \Big|_{A} = \frac{3M}{ab^2}$，扭转刚度 $D = \frac{M}{GK} = -\frac{2M}{C} = \frac{ab^3}{3}$。

2. 任意矩形截面杆

应力函数应满足的方程和边界条件为 $\nabla^2 \varphi = -2GK$，$\varphi \Big|_{x=\pm \frac{a}{2}} = 0$，$\varphi \Big|_{y=\pm \frac{b}{2}} = 0$。

考虑在狭长矩形杆应力函数上加一个修正函数 $\varphi = GK \left(\frac{b^2}{4} - y^2 \right) + F(x, y)$，则 $F(x, y)$

满足 $\nabla^2 F = 0$，$F(x, y)$ 应满足的边界条件为 $F \Big|_{y=\pm \frac{b}{2}} = 0$，$F \Big|_{x=\pm \frac{a}{2}} = GK \left(y^2 - \frac{b^2}{4} \right)$。

用分离变量法求解 $F(x, y)$，假设 $F = X(x)Y(y)$，代入 $\nabla^2 F = 0$，得

$$\frac{X''(x)}{X(x)} = -\frac{Y''(y)}{Y(y)} = \lambda^2 \qquad (10-40)$$

由此得 $X''(x) - \lambda^2 X(x) = 0$，$Y(y) + \lambda^2 Y(y) = 0$，解得 X 和 Y：

$$X(x) = B_1 \cosh(\lambda x) + B_2 \sinh(\lambda x)$$
$$Y(y) = C_1 \cos(\lambda y) + C_2 \sin(\lambda y) \qquad (10-41)$$

注意到扭转问题外载荷是扭矩，应力分量 τ_{zx}、τ_{zy} 对于 x、y 轴都应该是反对称的，所以取 $F = A \cosh(\lambda x) \cos(\lambda y)$，此式与式 (10-41) 中 A，B_1，B_2，C_1，C_2 均为常数。

要满足边界条件 $F \Big|_{y=\pm \frac{b}{2}} = 0$，必须使 $A \cosh(\lambda x) \cos \left(\frac{b}{2} \lambda \right) = 0$，由此求出

$$\lambda_n = \frac{(2n+1)\pi}{b} \quad (n = 0, 1, 2, 3, \cdots) \qquad (10-42)$$

则

$$F = \sum_{n=0}^{\infty} A_n \cosh \frac{(2n+1)\pi}{b} x \cos \frac{(2n+1)\pi}{b} y \qquad (10-43)$$

由 $F\Big|_{x=\pm a/2}=GK\left(y^2-\dfrac{b^2}{4}\right)$ 确定 A_n：

$$\sum_{n=0}^{\infty}A_n\cosh\frac{(2n+1)\pi a}{2b}\cos\frac{(2n+1)\pi}{b}y=GK\left(y^2-\frac{b^2}{4}\right)\qquad(10-44)$$

右端展开成傅里叶(Fourier)级数，比较两边系数即可确定 A_n。

最后得到

$$F=\frac{8GKb^2}{\pi^3}\sum_{n=0}^{\infty}\frac{(-1)^{n+1}\cosh\dfrac{(2n+1)\pi}{b}x\cos\dfrac{(2n+1)\pi}{b}y}{(2n+1)^3\cosh\dfrac{(2n+1)\pi a}{2b}}\qquad(10-45)$$

$$\varphi=GK\left[\frac{b^2}{4}-y^2+\frac{8b^2}{\pi^3}\sum_{n=0}^{\infty}\frac{(-1)^{n+1}\cosh\dfrac{(2n+1)\pi}{b}x\cos\dfrac{(2n+1)\pi}{b}y}{(2n+1)^3\cosh\left(\dfrac{(2n+1)\pi a}{2b}\right)}\right]$$
$$(10-46)$$

由 $M=2\iint\limits_{S}\varphi\mathrm{d}x\mathrm{d}y=GKab^3\left[\dfrac{1}{3}-\dfrac{64}{\pi^5}\dfrac{b}{a}\sum_{n=0}^{\infty}\dfrac{\tanh\dfrac{(2n+1)\pi a}{2b}}{(2n+1)^5}\right]$，可求得扭转刚度

$$D=ab^3\left[\frac{1}{3}-\frac{64}{\pi^5}\frac{b}{a}\sum_{n=0}^{\infty}\frac{\tanh\dfrac{(2n+1)\pi a}{2b}}{(2n+1)^5}\right]\qquad(10-47)$$

最大剪应力为 $\tau_{\max}=\tau_{zx}\Big|_{B}=GKb\left[1-\dfrac{8}{\pi^2}\sum_{n=0}^{\infty}\dfrac{1}{(2n+1)^2\cosh\dfrac{(2n+1)\pi a}{2b}}\right]$。

当 $a\gg b$ 时，$D\approx ab^3\left(\dfrac{1}{3}-\dfrac{64}{\pi^5}\dfrac{b}{a}\right)$，$\tau_{\max}\approx\dfrac{M}{ab^2\left(\dfrac{1}{3}-\dfrac{64}{\pi^5}\dfrac{b}{a}\right)}$，可见 $\dfrac{b}{a}\to0$ 时趋向于

狭长矩形截面杆的结果。

10.9   薄壁杆的扭转

1. 开口薄壁杆

工程中常用的薄壁杆件，其截面大多由狭长矩形组成，例如角铁、工字钢等(见图 10-10)。由薄膜比拟可以想象，如果一个直的狭长矩形和另一个弯曲的狭长矩形具有相同的长度和宽

度,则当张开在这两个矩形上的薄膜具有相同的张力和压力时,两个薄膜和各自边界平面间的体积以及两个薄膜的斜率都没有很大差别。由此推断直狭长矩形和曲狭长矩形截面杆,扭转刚度和剪应力差别不大。另外,也可以以截面中心线的切向和法向为基向量建立曲线坐标系,在曲线坐标系中分析曲狭长矩形杆的扭转问题,可以得到同样的结果。

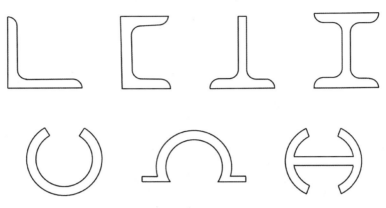

图 10 - 10　开口薄壁杆件

设 a_i、b_i 分别代表第 i 个狭长矩形 R_i 的长度及宽度,M_i 表示 R_i 上的扭矩,τ_i 代表 R_i 中点附近的剪应力,K 为扭角。由 10.8 节狭长矩形截面杆扭转的结果可知

$$\tau_i = \frac{3M_i}{a_i b_i^2}, \ K = \frac{3M_i}{a_i b_i^3 G}, \ M_i = GK a_i b_i^3 / 3 \tag{10-48}$$

总扭矩等于各个狭长矩形上的扭矩之和,所以 $M = \sum_{i=1}^{n} M_i = \frac{GK}{3} \sum_{i=1}^{n} a_i b_i^3$,由此可得

$$K = \frac{3M}{G \sum_{i=1}^{n} a_i b_i^3}, \ D = \frac{M}{GK} = \frac{1}{3} \sum_{i=1}^{n} a_i b_i^3 \tag{10-49}$$

$$M_i = \frac{a_i b_i^3 M}{\sum_{i=1}^{n} a_i b_i^3}, \ \tau_i = \frac{3M b_i}{\sum_{i=1}^{n} a_i b_i^3} \tag{10-50}$$

需要指出的是,在狭长矩形连接部位的凹角处会出现应力集中,剪应力可能远大于式(10-50)给出的值,应对杆件做圆角处理,以尽量减少应力集中。

2. 闭口薄壁杆

由于闭口薄壁杆(见图 10-11)的杆壁很薄,可以近似地认为 φ 沿厚度方向线性分布,由剪应力环量公式(10-22),有

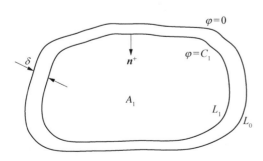

图 10 - 11　闭口薄壁杆截面

$$\oint_{L_1} \frac{(C_1 - 0)}{\delta} \mathrm{d}s = 2GK A_1 \tag{10-51}$$

由此可求出 $C_1 = \dfrac{2GKA_1\delta}{l_1}$，其中 δ 为壁厚；l_1 为 L_1 的长度。

由扭矩公式 $M = 2\iint\limits_S \varphi\,\mathrm{d}x\,\mathrm{d}y + 2C_1A_1 = C_1 l_0 \delta + 2C_1 A_1 \approx 2C_1 A_1 = \dfrac{4GKA_1^2\delta}{l_1}$，可求出扭转刚度、单位长度扭角和剪应力分别为

$$D = \frac{M}{GK} = \frac{4A_1^2\delta}{l_1} \tag{10-52}$$

$$K = \frac{M}{GD} = \frac{l_1 M}{4GA_1^2\delta} \tag{10-53}$$

$$\tau = \frac{\partial \varphi}{\partial \boldsymbol{n}^+} = \frac{C_1}{\delta} = \frac{M}{2A_1\delta} \tag{10-54}$$

由此可见，最大剪应力发生在杆壁最薄处。

例 1 薄壁圆管，半径为 a，厚度为 δ。开口圆管：$D_C = \dfrac{1}{3} a_i b_i^3 = \dfrac{1}{3} 2\pi a \delta^3 = \dfrac{2\pi}{3} a \delta^3$，闭口圆管：$D_O = \dfrac{4(\pi a^2)^2 \delta}{2\pi a} = 2\pi a^3 \delta$，所以有 $\dfrac{D_C}{D_O} = \dfrac{1}{3}\left(\dfrac{\delta}{a}\right)^2$，如果 $\delta/a = 1/10$，$\dfrac{D_C}{D_O} = \dfrac{1}{300}$。

可见，闭口管的扭转刚度比开口管大得多，说明如果圆管破裂会极大地降低扭转刚度。

3. 两孔薄壁杆件的扭转

如图 10-12 所示，薄壁杆截面 $\overset{\frown}{ABC} = l_1$，$\overline{AC} = l_2$，$\overset{\frown}{ACD} = l_3$。根据剪应力环量公式，可分别对两个孔列出下式：

$$\oint\limits_{ABCA} \frac{\partial \varphi}{\partial \boldsymbol{n}^+} \mathrm{d}s = 2GKA_1 \tag{10-55}$$

$$\oint\limits_{ACDA} \frac{\partial \varphi}{\partial \boldsymbol{n}^+} \mathrm{d}s = 2GKA_2$$

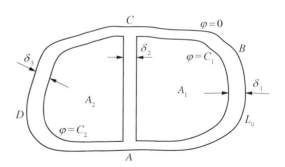

图 10-12 两孔薄壁杆件截面

即

$$\begin{cases} \dfrac{C_1 - C_2}{\delta_2} l_2 + \dfrac{C_1}{\delta_1} l_1 = 2GKA_1 \\[2mm] \dfrac{C_2 - C_1}{\delta_2} l_2 + \dfrac{C_2}{\delta_3} l_3 = 2GKA_2 \end{cases} \tag{10-56}$$

将这两个方程联立可以解出 C_1，C_2，再由 $M = 2\iint\limits_S \varphi\,\mathrm{d}x\,\mathrm{d}y + 2A_1 C_1 + 2A_2 C_2 \approx 2A_1 C_1 + 2A_2 C_2$ 可求出扭转刚度、扭角和剪应力，扭转刚度为

$$D = \frac{M}{GK} = 2(A_1 C_1 + A_2 C_2)/GK \tag{10-57}$$

薄壁杆件扭转问题也可以与电路理论做类比,剪力对应于电流,长度 l 对应于电阻,剪力环量公式相当于回路电压公式,可以借鉴电路分析中的网络理论来研究复杂截面的薄壁杆件扭转问题,这将在 10.10 节中详细介绍。

10.10　闭口薄壁杆件自由扭转问题的网络理论解法

从 10.9 节的讨论中可以看到,对于闭口薄壁杆件的自由扭转,由于杆壁很薄,可以近似地认为应力函数沿厚度方向线性变化,沿每个孔应用剪力环量公式,组成联立方程组,解此方程组就可求出杆的扭转刚度和截面上每一段上的剪力的大小和方向。原则上,任意截面闭口薄壁杆件的自由扭转都可以这样来求解,但是当截面比较复杂时,比如飞机的机翼结构和船体结构的截面,直接按此方法计算非常烦琐,不便于用计算机求解,故需要发展适合计算机编程的算法。

在电路分析中,对于比较简单的电路,可以直接应用基尔霍夫电流定律和基尔霍夫电压定律求解。然而,对于网络结构比较复杂的电路,直接应用基尔霍夫定律就显得很烦琐和不便,尤其要考虑如何便于在计算机上自动地把输入数据转化为所需要的网络方程,这时就需要利用一些网络图论和矩阵代数的概念来完成这项任务(可参考文献[29])。类似地,对于截面比较复杂的闭口薄壁杆件,也存在同样的问题。在电路分析理论中,网络理论可以很好地解决上述问题。网络理论解法主要包括节点电流法和回路电压法。对于实际电路,采用节点电流法比较方便,而对于闭口薄壁杆件,则采用类似于回路电压法的解法比较方便。

本节介绍闭口薄壁杆件自由扭转问题的网络理论解法,给出了该方法的算法及在计算机上实现的步骤。这个方法以普朗特应力函数解法为基础,借鉴电路分析中回路电压法的思路及有限元法的思想,可称为回路单元法。

10.10.1　回路单元法概述

假设薄壁杆件截面是多连通区域,由若干个孔组成。对第 i 个孔应用剪力环量公式 $\oint_{L_i} \tau_s \mathrm{d}s = 2G\alpha A_i$ 或 $\oint_{L_i} \dfrac{\partial \varphi}{\partial \boldsymbol{n}} \mathrm{d}s = -2G\alpha A_i$,其中 φ 为普朗特应力函数;A_i 为 L_i 的面积;α 为单位长度的扭角;G 为剪切模量;$\boldsymbol{n}$ 为 L_i 的外法向;τ_s 为沿 L_i 切线方向的剪力;φ 在 L_i 上为常数,即 $\varphi\big|_{L_i} = C_i$,通常取外边界上 $\varphi = 0$。此处,积分沿曲线 L_i 逆时针方向进行。由于杆壁很薄,可以近似地认为 φ 沿杆壁厚度方向线性变化,例如对图 10-13 所示的第 1 个孔,可列出方程 $\dfrac{C_1}{\delta_1}L_1 + \dfrac{C_1 - C_2}{\delta_6}L_6 + \dfrac{C_1 - C_4}{\delta_5}L_5 = 2G\alpha A_1$。

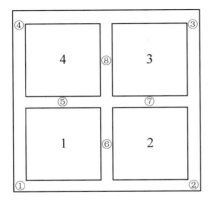

图 10-13　四孔正方形截面示意图

对每个孔应用剪力环量公式,列出方程,联立求解,即可解出 $C_i (i = 1, 2, 3, \cdots, n)$。然后,由扭矩 $M =$

$2\sum_{i=1}^{n}C_iA_i$ 求出扭角 α，由 $D=\dfrac{M}{G\alpha}$ 求出扭转刚度 D，由 $\tau_s=-\dfrac{\partial\varphi}{\partial\boldsymbol{n}}$ 求出各段杆壁上的剪应力。

下面结合图 10-13 所示的实例来说明回路单元法的实施步骤。

1. 确定回路和支路并编号

如图 10-13 所示，每一个孔视为一个回路，给每一回路编号：1，2，…，m，杆壁间的交点为节点，每两节点之间的部分视为一条支路，每个回路由若干个支路组成，给每个支路编号：①，②，…，n，一个支路中若壁厚变化，也可划分为多条支路。在本例中，$m=4$，$n=8$。

2. 截面的几何参数

各回路的面积组成列阵 $\boldsymbol{A}=[A_1，A_2，A_3，\cdots，A_m]^{\mathrm{T}}$，各条支路的长度形成列阵 $\boldsymbol{L}=[L_1，L_2，L_3，\cdots，L_n]^{\mathrm{T}}$，各条支路的壁厚组成列阵 $\boldsymbol{\delta}=(\delta_1，\delta_2，\delta_3，\cdots，\delta_n)^{\mathrm{T}}$。

3. 形成关联矩阵 $\boldsymbol{R}$

关联矩阵描述回路与支路的关联性质，从关联矩阵可以看出每个回路由哪几条支路组成，以及每条支路属于哪几个回路。关联矩阵 $\boldsymbol{R}=(a_{ij})_{m\times n}$，下标 i 表示回路编号，下标 j 表示支路编号。若第 j 条支路属于第 i 个回路，则 $a_{ij}=1$，否则，$a_{ij}=0$。对图 10-13 所示的截面，关联矩阵为

$$\boldsymbol{R}=\begin{bmatrix}1&0&0&0&1&1&0&0\\0&1&0&0&0&1&1&0\\0&0&1&0&0&0&1&1\\0&0&0&1&1&0&0&1\end{bmatrix}\tag{10-58}$$

4. 计算系数矩阵 $\boldsymbol{P}$

先由已知向量 $\boldsymbol{L}$、$\boldsymbol{\delta}$ 得到列阵 $\boldsymbol{E}=\left[\dfrac{L_1}{\delta_1}，\dfrac{L_2}{\delta_2}，\dfrac{L_3}{\delta_3}，\cdots\dfrac{L_n}{\delta_n}\right]^{\mathrm{T}}$，然后根据关联矩阵 $\boldsymbol{R}$ 和列阵 $\boldsymbol{E}$，得到系数矩阵 $\boldsymbol{P}=(p_{ij})_{m\times m}$，$p_{ij}$ 的确定原则：

(1) 若 $i=j$，则 p_{ij} 等于关联矩阵 $\boldsymbol{R}$ 的第 i 行左乘列阵 $\boldsymbol{E}$。

(2) 若 $i\neq j$，则先把关联矩阵 $\boldsymbol{R}$ 的第 i 行和第 j 行按元素相乘形成一个新的行阵，即 $[a_{i1}a_{j1}，a_{i2}a_{j2}，a_{i3}a_{j3}，\cdots，a_{in}a_{jn}]$，将此行阵左乘列阵 $\boldsymbol{E}$ 后再乘以 -1，即得到元素 p_{ij}。

5. 求解代数方程组

根据剪力环量公式可以列出代数方程组

$$\boldsymbol{PC}=2G\alpha\boldsymbol{A}$$

其中，$\boldsymbol{C}=[C_1，C_2，C_3，\cdots，C_m]^{\mathrm{T}}$。设 $\boldsymbol{C}^*=[C_1^*，C_2^*，C_3^*，\cdots，C_m^*]^{\mathrm{T}}$ 为方程组 $\boldsymbol{PC}^*=2\boldsymbol{A}$ 的解，则 $\boldsymbol{C}=G\alpha\boldsymbol{C}^*$。

6. 计算扭转刚度 D

由以上所得结果，容易求出扭转刚度 $D=2\boldsymbol{A}^{\mathrm{T}}\boldsymbol{C}^*$，扭角 $\alpha=\dfrac{M}{2G\boldsymbol{A}^{\mathrm{T}}\boldsymbol{C}^*}$，第 i 条支路上的剪应力为 $\dfrac{|C_rR_{ri}-C_sR_{si}|}{\delta_i}$（相同下标不求和），其中 R_{ri}，R_{si} 为关联矩阵 $\boldsymbol{R}$ 第 i 列中两个不为零的元素。如果 $\boldsymbol{R}$ 中第 j 列中只有第 k 个元素不为零，则第 j 条支路上的剪应力为 $\dfrac{C_kR_{kj}}{\delta_j}$

（相同下标不求和），剪力方向为梯度 $\nabla \varphi$ 顺时针转 $90°$ 的方向，即 φ 增加方向顺时针转 $90°$ 的方向。

10.10.2 算例

根据上述算法，用任何编程语言或工具软件都很容易编写程序，下面给出两个算例。

1. 算例 1

如图 10-13 所示，计算有 4 个正方形孔截面的薄壁杆件的扭转。正方形孔的边长为 a，壁厚均为 δ。回路和支路按图 10-13 所示划分，关联矩阵由式（10-58）给出，则有 $\boldsymbol{A} = [a^2, a^2, a^2, a^2]^T$，$\boldsymbol{L} = [2a, 2a, 2a, 2a, a, a, a, a]^T$，$\boldsymbol{\delta} = [\delta, \delta, \delta, \delta, \delta, \delta, \delta, \delta]^T$，用支持符号运算的软件（如 Maple、Mathematica 或 Matlab 等）编程计算，可得 $D = 8a^3\delta$，$\alpha = \dfrac{M}{8Ga^3\delta}$。

2. 算例 2

如图 10-14 所示，三角形截面有 4 个孔，$AB = BC = CD = DE = 1$ m，角 $\angle IAB = 30°$，AE 段的厚度为 0.01 m，AF 段的厚度为 0.015 m，其余各竖直段厚度为 0.02 m。回路和支路按图 10-14 所示划分，回路面积列阵、支路长度列阵、厚度列阵及关联矩阵如下：

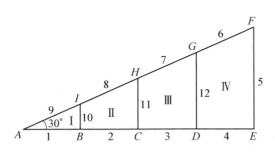

图 10-14　四孔三角形截面示意图

$$\boldsymbol{A} = \frac{\sqrt{3}}{6}[1, 3, 5, 7]^T, \quad \boldsymbol{L} = \frac{\sqrt{3}}{3}[\sqrt{3}, \sqrt{3}, \sqrt{3}, \sqrt{3}, 4, 2, 2, 2, 2, 1, 2, 3]^T$$

$$\boldsymbol{\delta} = [0.01, 0.01, 0.01, 0.01, 0.02, 0.015, 0.015, 0.015, 0.015, 0.02, 0.02, 0.02]^T$$

$$\boldsymbol{R} = \begin{bmatrix} 1 & 0 & 0 & 0 & 0 & 0 & 0 & 0 & 1 & 1 & 0 & 0 \\ 0 & 1 & 0 & 0 & 0 & 0 & 0 & 1 & 0 & 1 & 1 & 0 \\ 0 & 0 & 1 & 0 & 0 & 0 & 1 & 0 & 0 & 0 & 1 & 1 \\ 0 & 0 & 0 & 1 & 1 & 1 & 0 & 0 & 0 & 0 & 0 & 1 \end{bmatrix}$$

$$(10-59)$$

按照回路单元法的求解步骤，编程计算可得：扭转刚度 $D = 0.118\ 9$ m^4，单位长度扭角 $\alpha = \dfrac{M}{0.118\ 9G}$。

本节介绍了求解闭口薄壁杆件扭转问题的回路单元法，适用于具有复杂几何截面形状的闭口薄壁杆件的扭转问题。该方法以普朗特应力函数解法为基础，借鉴了电路分析中回路电压法的思路及有限元法的思想。在扭转理论中，当扭矩为正时，可严格证明普朗特应力函数在孔边的值 C_i 均大于零（可参考文献[4]），求解闭口薄壁杆件扭转时，虽然做了 φ 沿壁厚方向线性变化的近似假设，从几个算例的结果看，仍有 $C_i > 0$。通过本节方法的介绍，可以看到各个学科之间是相互联系的，可以互相借鉴。同时，该方法对解决复杂截面闭口薄壁杆件扭转的工程问题也有一定的应用价值，本节介绍的方法摘自作者发表的教学论文（可参考文献[30]）。

习　题

1. 试比较圣维南问题与平面应变问题。

2. 从剪应力环量定理证明 $\oint_{L_i^*} \dfrac{\partial \varphi}{\partial \boldsymbol{n}^+} \mathrm{d}s = 2GKA_i^*$ 或 $\oint_{L_i^*} \dfrac{\partial \varphi}{\partial \boldsymbol{n}} \mathrm{d}s = -2GKA_i^*$。

3. 试比较边长为 a 的正方形截面杆与面积相等的圆截面杆,承受同样大小扭矩作用时所产生的最大剪应力和抗扭刚度。

4. 如图 1 所示,杆的截面为等边三角形 OAB,其高为 a,坐标系按图示选取 AB、OA、OB 三边的方程分别为 $x - a = 0$、$x - \sqrt{3}\,y = 0$、$x + \sqrt{3}\,y = 0$,取应力函数 $\varphi = m(x - a)(x - \sqrt{3}\,y)(x + \sqrt{3}\,y)$,$m$ 为常数,试求最大剪应力和扭转刚度。

5. 如图 2 所示,半径为 a 的圆柱面扭杆,有半径为 b 的圆弧槽,取坐标轴如图所示,则圆截面边界的方程为 $x^2 + y^2 - 2ax = 0$,圆弧槽的方程为 $x^2 + y^2 - b^2 = 0$。 试证明应力函数

$$\varphi = -GK \frac{(x^2 + y^2 - b^2)(x^2 + y^2 - 2ax)}{2(x^2 + y^2)} = -\frac{GK}{2}\left[x^2 + y^2 - b^2 - \frac{2ax(x^2 + y^2 - b^2)}{x^2 + y^2} \right]$$

能满足控制方程和边界条件;试求最大剪应力和边界上离圆弧槽较远处(如 B 点)的应力;设圆弧槽很小($b \ll a$),试求槽边的应力集中因子 f。

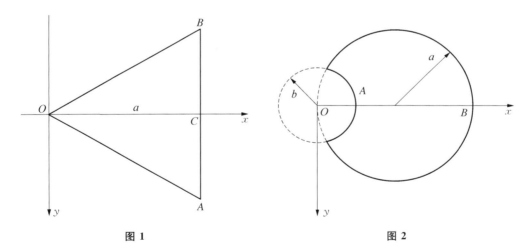

图 1　　　　　　　　　　　　　　图 2

6. 设 $\varphi = C(x^2 - 3y^2 - 1)(2 - x)$ 为等截面直杆的扭转函数,截面为单连通区域,已知材料的剪切弹性常数 G 和杆的单位长度扭角 K,试确定常数 C,并绘出截面形状。

7. 如图 3 所示为均匀厚度的薄壁管,承受扭矩 M 的作用,试求管壁中的剪应力和管的单位长度扭转角。

8. 闭口薄壁杆件如图 4 所示,正方形边长为 a,

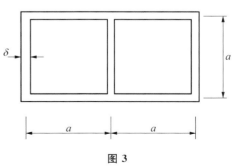

图 3

4 个正方形孔大小相等,厚度均为 δ,受扭矩 M 的作用,求扭转刚度和最大剪应力。

9. 薄壁杆件截面如图 5 所示,受扭矩 M 作用,求扭转刚度和最大剪应力。

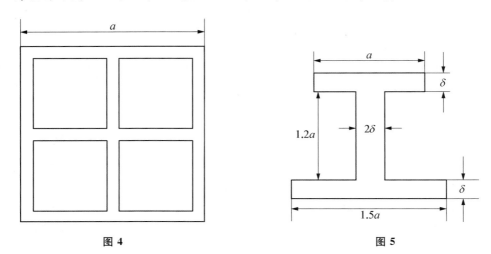

图 4   图 5

10. 如图 6 所示的薄壁杆件受扭矩 M 作用,材料的剪切模量为 G,试求扭转刚度。

11. 薄壁圆管半径为 R,壁厚为 δ,且 $R \gg \delta$,如图 7(a)所示。如果沿管的母线切一小的缝隙,如图(b)所示。设外加扭矩为 M,材料的剪切弹性模量为 G,试比较这两个薄壁管的扭转刚度及最大扭转剪应力。

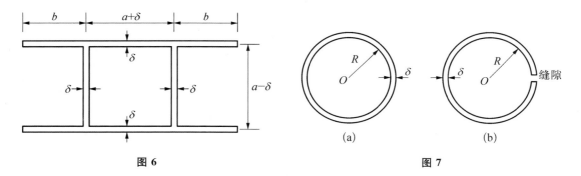

图 6   图 7

12. 如图 8 所示为等厚度双连薄壁杆,其右侧竖壁开一水平缝口,两个正方形孔的边长均为 a,壁厚为 t $(t \ll a)$,当承受扭矩 M 时,问最大剪应力和单位长度上扭角各为多少?

13. 如图 9 所示,两端固定的直杆,由两段组成。长度为 l_1 的一段是半径为 r 的圆柱,另

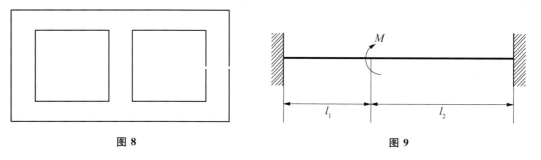

图 8   图 9

一段是长度为 l_2、半径为 r、壁厚为 δ 的薄壁圆筒,在两段交接处作用扭矩 M,求该处的扭角(两段为同种材料剪切模量为 G,$l_1 \gg r$,$l_2 \gg r$)。

14. 思考题:在薄壁闭口杆件扭转问题研究中,假设 φ 沿厚度线性变化,但从 $\nabla^2 \varphi = -2GK$ 中得左边为零,右边不可能为零,出现矛盾,为什么还能得到合理的结果?

11 空 间 问 题

严格来说，任何弹性力学问题本质上都是空间问题（三维问题），在一定条件下空间问题可以转化为二维问题，比如我们前面几章所研究的平面应力、平面应变问题和柱体扭转问题。一般来说，空间问题（三维问题）比二维问题更加复杂，更难于求解。回顾平面问题和扭转问题的求解，应力函数在解题中起着关键作用。弹性力学平衡方程解的一般形式称为应力函数，而以位移表示的弹性力学方程（纳维方程）一般形式的解称为通解。通过通解来研究具体问题的求解是一种切实可行的方法。本章先介绍 Boussinesq - Galerkin（B - G）通解和 Papkovich - Neuber（P - N）通解，然后利用通解求解全空间作用集中力的问题（Kelvin 解）和半空间表面作用法向和切向集中力问题的解（Boussinesq 解和 Cerruti 解）。

11.1　Boussinesq - Galerkin 通解

无体力时，以位移表示的弹性力学方程（纳维方程）为

$$\nabla^2 \boldsymbol{u} + \frac{1}{1-2\nu} \nabla(\nabla \cdot \boldsymbol{u}) = \boldsymbol{0} \tag{11-1}$$

式中，$\boldsymbol{u} = \begin{bmatrix} u & v & w \end{bmatrix}$ 为位移向量。

Boussinesq - Galerkin 通解（简称 B - G 通解）说明纳维方程一般形式的解为

$$\boldsymbol{u} = \nabla^2 \boldsymbol{g} - \frac{1}{2(1-\nu)} \nabla(\nabla \cdot \boldsymbol{g}) \tag{11-2}$$

式中，$\nabla^2 \nabla^2 \boldsymbol{g} = 0$；$\boldsymbol{g}$ 为向量函数，也称为伽辽金（Galerkin）向量。可以直接验证式（11-2）的确是纳维方程式（11-1）的解。

Boussinesq 最初在 19 世纪给出 B - G 通解 $\boldsymbol{g} = (g_1, 0, 0)$ 的特殊形式，后来 20 世纪 30 年代 Galerkin 给出了完整的形式。Boussinesq 和 Galerkin 给出的通解都是通过试凑得到的，并没有说明如何想到这样凑的。后来苏联科学 Lurie 说明这个通解可以用下面的算子矩阵代数方法推出（可参考文献[31]）。

纳维方程写成分量形式为

$$\begin{cases} \nabla^2 u + \dfrac{1}{1-2\nu} \dfrac{\partial}{\partial x}\left(\dfrac{\partial u}{\partial x} + \dfrac{\partial v}{\partial y} + \dfrac{\partial w}{\partial z} \right) = 0 \\[2mm] \nabla^2 v + \dfrac{1}{1-2\nu} \dfrac{\partial}{\partial y}\left(\dfrac{\partial u}{\partial x} + \dfrac{\partial v}{\partial y} + \dfrac{\partial w}{\partial z} \right) = 0 \\[2mm] \nabla^2 w + \dfrac{1}{1-2\nu} \dfrac{\partial}{\partial z}\left(\dfrac{\partial u}{\partial x} + \dfrac{\partial v}{\partial y} + \dfrac{\partial w}{\partial z} \right) = 0 \end{cases} \tag{11-3}$$

也写成矩阵形式

$$Au = 0 \tag{11-4}$$

式中,算子 A 的表达式为

$$A = \begin{bmatrix} \nabla^2 + \alpha \dfrac{\partial^2}{\partial x^2} & \alpha \dfrac{\partial^2}{\partial x \partial y} & \alpha \dfrac{\partial^2}{\partial x \partial z} \\[2mm] \alpha \dfrac{\partial^2}{\partial x \partial y} & \nabla^2 + \alpha \dfrac{\partial^2}{\partial y^2} & \alpha \dfrac{\partial^2}{\partial z \partial y} \\[2mm] \alpha \dfrac{\partial^2}{\partial x \partial z} & \alpha \dfrac{\partial^2}{\partial z \partial y} & \nabla^2 + \alpha \dfrac{\partial^2}{\partial z^2} \end{bmatrix} \tag{11-5}$$

式中, $\alpha = \dfrac{1}{1-2\nu}$; ν 是泊松比。

如果 u 可以表示为 $u = Bk$, B 取为 A 的伴随矩阵,即

$$B = (1+\alpha)\nabla^2 \begin{bmatrix} \nabla^2 - \dfrac{\alpha}{1+\alpha} \dfrac{\partial^2}{\partial x^2} & -\dfrac{\alpha}{1+\alpha} \dfrac{\partial^2}{\partial x \partial y} & -\dfrac{\alpha}{1+\alpha} \dfrac{\partial^2}{\partial x \partial z} \\[2mm] -\dfrac{\alpha}{1+\alpha} \dfrac{\partial^2}{\partial x \partial y} & \nabla^2 - \dfrac{\alpha}{1+\alpha} \dfrac{\partial^2}{\partial y^2} & -\dfrac{\alpha}{1+\alpha} \dfrac{\partial^2}{\partial y \partial z} \\[2mm] -\dfrac{\alpha}{1+\alpha} \dfrac{\partial^2}{\partial x \partial z} & -\dfrac{\alpha}{1+\alpha} \dfrac{\partial^2}{\partial y \partial z} & \nabla^2 - \dfrac{\alpha}{1+\alpha} \dfrac{\partial^2}{\partial z^2} \end{bmatrix} \tag{11-6}$$

则纳维方程就成为 $ABk = 0$, $k = [k_1 \quad k_2 \quad k_3]^{\mathrm{T}}$ 是一个向量函数, $AB = \det(A)I$, 容易验证 $\det(A) = (1+\alpha)\nabla^2\nabla^2\nabla^2$, 纳维方程就成为 $\nabla^2\nabla^2\nabla^2 k = 0$ 。也就是说,只要满足 $\nabla^2\nabla^2\nabla^2 k = 0$, 由 k 确定的 $u = Bk$ 就满足纳维方程。令 $g = (1+\alpha)\nabla^2 k$, u 可以表示为

$$u = \begin{bmatrix} u \\ v \\ w \end{bmatrix} = \begin{bmatrix} \nabla^2 - \dfrac{1}{2(1-\nu)} \dfrac{\partial^2}{\partial x^2} & -\dfrac{1}{2(1-\nu)} \dfrac{\partial^2}{\partial x \partial y} & -\dfrac{1}{2(1-\nu)} \dfrac{\partial^2}{\partial x \partial z} \\[2mm] -\dfrac{1}{2(1-\nu)} \dfrac{\partial^2}{\partial x \partial y} & \nabla^2 - \dfrac{1}{2(1-\nu)} \dfrac{\partial^2}{\partial y^2} & -\dfrac{1}{2(1-\nu)} \dfrac{\partial^2}{\partial y \partial z} \\[2mm] -\dfrac{1}{2(1-\nu)} \dfrac{\partial^2}{\partial x \partial z} & -\dfrac{1}{2(1-\nu)} \dfrac{\partial^2}{\partial y \partial z} & \nabla^2 - \dfrac{1}{2(1-\nu)} \dfrac{\partial^2}{\partial z^2} \end{bmatrix} \begin{bmatrix} g_1 \\ g_2 \\ g_3 \end{bmatrix} \tag{11-7}$$

由于 k 满足 $\nabla^2\nabla^2\nabla^2 k = 0$, 所以 g 满足 $\nabla^2\nabla^2 g = 0$ 。

式(11-7)还可以写为

$$u = \nabla^2 g - \frac{1}{2(1-\nu)} \nabla(\nabla \cdot g) \tag{11-8}$$

式(11-7)或式(11-8)即为纳维方程的 Boussinesq - Galerkin 通解,利用泊松方程的性质(或称为牛顿位势),可以证明 B - G 通解是完备的。完备性的含义是指任何 B - G 通解形式的向量函数都是纳维方程的解,而且纳维方程的任意一个解都可以表示成 B - G 通解的形式,B - G 通解的完备性证明最先由美国学者 Mindlin 给出(可参考文献[4])。

11.2　Papakovich‐Neuber 通解

由于调和函数在数学上比双调和函数研究得更充分,人们更希望用调和函数来表示通解,这样可以更多地应用数学上调和函数的研究结果。下面从 B‐G 通解出发,导出以调和函数表示的通解。

令 $\boldsymbol{p} = \nabla^2 \boldsymbol{g}$,则 $\nabla^2 \boldsymbol{p} = \nabla^2 \nabla^2 \boldsymbol{g} = \boldsymbol{0}$,即 $\boldsymbol{p}$ 是调和函数,并且

$$\nabla^2 \left(\frac{1}{2} \boldsymbol{r} \cdot \boldsymbol{p} \right) = \nabla^2 \left[\frac{1}{2} (x p_1 + y p_2 + z p_3) \right] = \nabla \cdot \boldsymbol{p} + \frac{1}{2} \boldsymbol{r} \cdot \nabla^2 \boldsymbol{p}$$
$$= \nabla \cdot \boldsymbol{p} = \nabla \cdot (\nabla^2 \boldsymbol{g}) = \nabla^2 (\nabla \cdot \boldsymbol{g}) \tag{11-9}$$

式中,$\boldsymbol{r} = (x, y, z)$ 为一点的矢径(位置向量);$\boldsymbol{p} = (p_1, p_2, p_3)$。

由式(11-9)可知,如果令 $\nabla \cdot \boldsymbol{g} - \frac{1}{2} \boldsymbol{r} \cdot \boldsymbol{p} = \frac{1}{2} P_0$,则 P_0 为调和函数。B‐G 通解式(11-8)可写为

$$\boldsymbol{u} = \boldsymbol{p} - \frac{1}{4(1-\nu)} \nabla (P_0 + \boldsymbol{r} \cdot \boldsymbol{p}) \tag{11-10}$$

式中,P_0 和 $\boldsymbol{p}$ 满足 $\nabla^2 P_0 = 0$,$\nabla^2 \boldsymbol{p} = 0$,这就是 P‐N 通解,也可以证明 P‐N 通解是完备的,由于 P‐N 通解中只出现人们更熟悉的调和函数,因此 P‐N 通解要比 B‐G 通解的应用广泛一些。

下面介绍轴对称问题 P‐N 通解的形式。在柱坐标 (ρ, θ, z) 中,P‐N 通解表示为

$$\begin{cases} u_\rho = p_\rho - \dfrac{1}{4(1-\nu)} \dfrac{\partial}{\partial \rho} (P_0 + \rho p_\rho + z p_z) \\[2mm] u_\theta = p_\theta - \dfrac{1}{4(1-\nu)} \dfrac{\partial}{\rho \partial \theta} (P_0 + \rho p_\rho + z p_z) \\[2mm] u_z = p_z - \dfrac{1}{4(1-\nu)} \dfrac{\partial}{\partial z} (P_0 + \rho p_\rho + z p_z) \end{cases} \tag{11-11}$$

式中,$\nabla^2 p_\rho - \dfrac{2}{\rho^2} \dfrac{\partial p_\theta}{\partial \theta} - \dfrac{p_\rho}{\rho^2} = 0$;$\nabla^2 p_\theta + \dfrac{2}{\rho^2} \dfrac{\partial p_\rho}{\partial \theta} - \dfrac{p_\theta}{\rho^2} = 0$;$\nabla^2 p_z = 0$;$\nabla^2 P_0 = 0$,其中 $\nabla^2 = \dfrac{\partial^2}{\partial \rho^2} + \dfrac{1}{\rho} \dfrac{\partial}{\partial \rho} + \dfrac{1}{\rho^2} \dfrac{\partial^2}{\partial \theta^2} + \dfrac{\partial^2}{\partial z^2}$。

对轴对称问题,所有物理量均与极角 θ 无关,并且位移分量 $u_\theta = 0$,$u_\rho = u_\rho(\rho, z)$,$u_z = u_z(\rho, z)$,根据一些学者的研究结果,轴对称问题的 P‐N 通解可以表示为以下形式,而且这样形式的解也是完备的(可参考文献[32][33])。

$$\begin{cases} u_\rho = -\dfrac{1}{4(1-\nu)} \dfrac{\partial}{\partial \rho} (P_0 + z p_z) \\[2mm] u_z = p_z - \dfrac{1}{4(1-\nu)} \dfrac{\partial}{\partial z} (P_0 + z p_z) \end{cases} \tag{11-12}$$

式中，P_0、p_z 均是调和函数。

11.3　开尔文解

本节研究无限空间作用一个集中力的解，称为开尔文（Kelvin）基本解。可以把集中力看成体力，有体力 f 时，纳维方程为

$$\nabla^2 u + \frac{1}{1-2\nu}\nabla(\nabla \cdot u) = -\frac{1}{\mu}f \qquad (11-13)$$

式中，μ 为剪切模量。

假设上述方程具有 P - N 通解形式的解

$$u = \psi - \frac{1}{4(1-\nu)}\nabla(\psi_0 + r \cdot \psi) \qquad (11-14)$$

式中，ψ_0 和 ψ 并不是调和函数，而是待定函数。

将式（11-14）代入式（11-13），利用 $\nabla^2(r \cdot \psi) = 2\nabla \cdot \psi + r \cdot \nabla^2 \psi$，得

$$\nabla^2 \psi - \frac{1}{2(1-2\nu)}\nabla(\nabla^2 \psi_0 + r \cdot \nabla^2 \psi) = -\frac{1}{\mu}f \qquad (11-15)$$

观察上述方程，如果让 ψ 满足 $\nabla^2 \psi = -\dfrac{1}{\mu}f$，$\psi_0$ 满足 $\nabla^2 \psi_0 = \dfrac{1}{\mu}r \cdot f$，则式（11-15）就可满足，根据泊松方程的性质（可参考文献[34]），有

$$\psi = \frac{1}{4\pi\mu}\iiint\limits_{\Omega} \frac{f(\xi,\eta,\zeta)}{\widetilde{\rho}}\mathrm{d}\xi\mathrm{d}\eta\mathrm{d}\zeta$$

$$\psi_0 = -\frac{1}{4\pi\mu}\iiint\limits_{\Omega} \frac{\xi \cdot f(\xi,\eta,\zeta)}{\widetilde{\rho}}\mathrm{d}\xi\mathrm{d}\eta\mathrm{d}\zeta \qquad (11-16)$$

式中，$\xi = (\xi,\eta,\zeta)$，$\widetilde{\rho} = \sqrt{[(x-\xi)^2 + (y-\eta)^2 + (z-\zeta)^2]}$，积分在整个全空间进行。

将式（11-16）代入式（11-14），得

$$u = \frac{1}{16\pi\mu(1-\nu)}\left[(3-4\nu)\iiint\limits_{\Omega}\frac{f}{\widetilde{\rho}}\mathrm{d}\xi\mathrm{d}\eta\mathrm{d}\zeta + \iiint\limits_{\Omega}\frac{\widetilde{\rho}\cdot f}{\widetilde{\rho}^3}\widetilde{\rho}\mathrm{d}\xi\mathrm{d}\eta\mathrm{d}\zeta\right] \qquad (11-17)$$

式中，$\widetilde{\rho} = r - \xi = (x-\xi, y-\eta, z-\zeta)$。

可以把作用在弹性体上的集中力看成是一种特殊的体力，设 $f = F\delta(x-x_0, y-y_0, z-z_0)$，其中 $\delta(x-x_0, y-y_0, z-z_0)$ 为 δ 函数，$F = (F_x, F_y, F_z)$，F_x, F_y, F_z 为集中力 f 在 x, y, z 方向的分量，$r_0 = (x_0, y_0, z_0)$ 为 f 的作用点，则有

$$\psi = \frac{1}{4\pi\mu}\frac{F}{R},\quad \psi_0 = -\frac{1}{4\pi\mu}\frac{r_0 \cdot F}{R} \qquad (11-18)$$

$$u = \frac{1}{16\pi\mu(1-\nu)}\left[(3-4\nu)\frac{F}{R} + \frac{R \cdot F}{R^3}R\right] \qquad (11-19)$$

式中，$\boldsymbol{R}=\boldsymbol{r}-\boldsymbol{r}_0=(x-x_0,\ y-y_0,\ z-z_0)$；$R=\sqrt{[(x-x_0)^2+(y-y_0)^2+(z-z_0)^2]}$。

当集中力作用在坐标原点，方向沿 z 轴方向时，即 $\boldsymbol{r}_0=(0,\ 0,\ 0)$，$\boldsymbol{F}=(0,\ 0,\ F_z)$ 时，结果为

$$u=\frac{1}{16\pi\mu(1-\nu)}\ \frac{xzF_z}{r^3}$$

$$v=\frac{1}{16\pi\mu(1-\nu)}\ \frac{yzF_z}{r^3} \tag{11-20}$$

$$w=\frac{1}{16\pi\mu(1-\nu)}\left[(3-4\nu)\ \frac{F_z}{r}+\frac{z^2F_z}{r^3}\right]$$

式中，$r=\sqrt{x^2+y^2+z^2}$，这个解就是著名的开尔文(Kelvin)解。

11.4 半空间表面作用法向和切向集中力问题

1. 半空间表面作用法向集中力问题

如图 11-1 所示，集中力作用于半空间表面，以集中力的作用点为原点建立坐标系。这个问题属于空间轴对称问题，采用柱坐标求解比较方便。对轴对称问题，所有物理量均与角度坐标 θ 无关，并且位移分量 $u_\theta=0$，$u_\rho=u_\rho(\rho,z)$，$u_z=u_z(\rho,z)$。对于轴对称问题，在 P-N 通解中取 $p_\rho=p_\theta=0$，$p_z=p_z(\rho,z)$，$P_0=P_0(\rho,z)$，位移分量可表示为

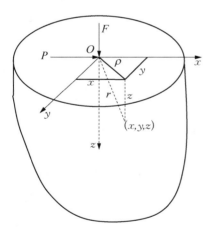

$$u_\rho=-\frac{1}{4(1-\nu)}\ \frac{\partial}{\partial\rho}(P_0+zp_z)$$

$$u_z=p_z-\frac{1}{4(1-\nu)}\ \frac{\partial}{\partial z}(P_0+zp_z) \tag{11-21}$$

图 11-1 半空间表面作用法向和切向集中力

由量纲分析，应力应该依赖于 $\dfrac{F}{r^2}$，$\dfrac{F}{\rho^2}$，$\dfrac{F}{z^2}$，应变也是长度坐标负二次幂的函数。因此，位移应该是长度坐标的负一次幂的函数。根据这样的考虑，可以取 $p_z=\dfrac{A}{r}$，$P_0=$

$B\ln(r+z)$，$r^2=\rho^2+z^2$，$\rho^2=x^2+y^2$，A，B 为待定常数。容易验证 $p_z=\dfrac{A}{r}$，$P_0=B\ln(r+z)$ 均为调和函数。

由本构关系可求出应力分量：

$$\sigma_z=\frac{\mu}{2(1-\nu)}\left\{B\ \frac{z}{r^3}-A\left[\frac{3z^3}{r^5}+(1-2\nu)\ \frac{z}{r^3}\right]\right\}$$

$$\tau_{z\rho} = \frac{\mu}{2(1-\nu)} \left\{ B\,\frac{\rho}{r^3} - A \left[\frac{3\rho z^2}{r^5} + (1-2\nu)\,\frac{\rho}{r^3} \right] \right\} \tag{11-22}$$

边界条件：在 $z=0$(除坐标原点外)处，$\sigma_z = \tau_{z\rho} = 0$。由此可得

$$B - A(1-2\nu) = 0 \tag{11-23}$$

再考察距半空间表面为 a 的平面，该平面上的面力应与半空间表面作用的集中力平衡，所以有

$$F + \int_0^\infty 2\pi\rho\sigma_z \Big|_{z=a} \mathrm{d}\rho = 0 \tag{11-24}$$

即

$$F - \frac{\pi\mu}{(1-\nu)} \big[2(1-\nu)A - B \big] = 0 \tag{11-25}$$

由式(11-23)和式(11-25)解出 $A = \dfrac{(1-\nu)F}{\pi\mu}$，$B = \dfrac{(1-\nu)(1-2\nu)F}{\pi\mu}$。

半空间表面的位移为

$$w\Big|_{z=0} = \frac{(1-\nu)F}{2\pi\mu\rho} \tag{11-26}$$

注意到这个解应力和位移在集中力作用点处都是奇异的。实际上，该解适用于除集中力作用点外的任意一点，半空间表面作用法向集中力问题的解也称为 Boussinesq 解。

2. 半空间表面作用切向集中力问题

在 P-N 通解中，取 $p_x = \dfrac{4(1-\nu)A_1}{r}$，$p_y = 0$，$p_z = \dfrac{4(1-\nu)A_2 x}{r(r+z)}$，$P_0 = \dfrac{4(1-\nu)A_0 x}{r+z}$，容易验证这些都是调和函数，则位移分量(可参考文献[35])为

$$u = \frac{(A_2 - A_1)}{r} \left[\frac{r}{r+z} - \frac{x^2}{(r+z)^2} \right] + \frac{\big[(3-4\nu)A_1 - A_2 \big]}{r} + \frac{(A_1 + A_2)x^2}{r^3}$$

$$v = \frac{(A_1 + A_2)xy}{r^3} - \frac{(A_2 - A_0)xy}{r(r+z)^2}$$

$$w = (A_1 + A_2)\frac{xz}{r^3} + \big[A_0 + (3-4\nu)A_2 \big] \frac{x}{r(r+z)}$$

$$\tag{11-27}$$

其中的待定常数需由边界条件确定，在半空间表面($z=0$ 处)，$\sigma_z = \tau_{zx} = \tau_{zy} = 0$。还需要利用距半空间表面为 a 的平面上 x 方向面力的合力与 P 平衡的条件：

$$P + \int_{-\infty}^\infty \int_{-\infty}^\infty \tau_{xz}\,\mathrm{d}x\,\mathrm{d}y = 0 \tag{11-28}$$

由这些条件可得到关于待定常数 A_0，A_1，A_2 的 3 个方程

$$A_0 - (1-2\nu)A_1 - 2(\nu-1)A_2 = 0$$
$$A_0 + (1-2\nu)A_2 = 0 \qquad\qquad (11-29)$$
$$4\pi\mu(A_1 + A_2) = Q$$

解此方程组可确定待定常数为

$$A_0 = -\frac{(1-2\nu)^2 P}{8(1-\nu)\pi\mu}, \quad A_1 = -\frac{P}{8(1-\nu)\pi\mu}, \quad A_2 = \frac{(1-2\nu)P}{8(1-\nu)\pi\mu} \qquad (11-30)$$

半空间表面作用切向集中力问题的解也称为 Cerruti 解。半空间表面作用法向和切向集中力问题的解主要应用在以下几个方面：

（1）半空间表面受任意载荷的解，可利用叠加原理由 Boussinesq 解和 Cerruti 解积分得到。

（2）可应用于接触和摩擦问题的求解。

（3）土木工程中可用于求地基沉降。

习　题

1. 半空间体在边界平面的一个圆形区域内受均布压力 q。设圆形区域的半径为 a，试求圆心下方距边界为 h 处的位移。

2. 如果在 B-G 通解中取 $g_1 = 0$，$g_2 = 0$，$g_3 = 2(1-\nu)L$，则 B-G 通解为 $u = -\dfrac{\partial^2 L}{\partial x \partial z}$，$v = -\dfrac{\partial^2 L}{\partial y \partial z}$，$w = 2(1-\nu)\nabla^2 L - \dfrac{\partial^2 L}{\partial z^2}$（$L$ 是双调和函数，称为勒夫（Love）应变函数），在柱坐标中的形式为 $u_\rho = -\dfrac{\partial^2 L}{\partial \rho \partial z}$，$u_\theta = -\dfrac{1}{\rho}\dfrac{\partial^2 L}{\partial \theta \partial z}$，$u_z = 2(1-\nu)\nabla^2 L - \dfrac{\partial^2 L}{\partial z^2}$。试验证这种形式的解满足以位移表示的弹性力学方程（纳维方程）：

$$\begin{cases} \nabla^2 u_\rho - \dfrac{2}{\rho^2}\dfrac{\partial u_\theta}{\partial \theta} - \dfrac{u_\rho}{\rho^2} + \dfrac{1}{(1-2\nu)}\dfrac{\partial}{\partial \rho}\left(\dfrac{\partial u_\rho}{\partial \rho} + \dfrac{u_\rho}{\rho} + \dfrac{1}{\rho}\dfrac{\partial u_\theta}{\partial \theta} + \dfrac{\partial u_z}{\partial z}\right) = 0 \\[2mm] \nabla^2 u_\theta + \dfrac{2}{\rho^2}\dfrac{\partial u_\rho}{\partial \theta} - \dfrac{u_\theta}{\rho^2} + \dfrac{1}{(1-2\nu)}\dfrac{1}{\rho}\dfrac{\partial}{\partial \theta}\left(\dfrac{\partial u_\rho}{\partial \rho} + \dfrac{u_\rho}{\rho} + \dfrac{1}{\rho}\dfrac{\partial u_\theta}{\partial \theta} + \dfrac{\partial u_z}{\partial z}\right) = 0 \\[2mm] \nabla^2 u_z + \dfrac{1}{(1-2\nu)}\dfrac{\partial}{\partial z}\left(\dfrac{\partial u_\rho}{\partial \rho} + \dfrac{u_\rho}{\rho} + \dfrac{1}{\rho}\dfrac{\partial u_\theta}{\partial \theta} + \dfrac{\partial u_z}{\partial z}\right) = 0 \end{cases}$$

式中，$\nabla^2 = \left(\dfrac{\partial^2}{\partial \rho^2} + \dfrac{1}{\rho}\dfrac{\partial}{\partial \rho} + \dfrac{1}{\rho^2}\dfrac{\partial^2}{\partial \theta^2} + \dfrac{\partial^2 u_z}{\partial z^2}\right)$。

3. 试求由伽辽金（Galerkin）向量 $\boldsymbol{g}_1 = 0$，$\boldsymbol{g}_2 = 0$，$\boldsymbol{g}_3 = CR^2$（$R^2 = x^2 + y^2 + z^2$）（C 为常数）所确定的位移和应力（材料的杨氏模量和泊松比分别为 E、ν）。

4. 验证 P-N 通解形式的解为以位移表示的弹性力学方程（纳维方程）的解。

5. 推导半空间表面作用法向集中力的解，写出位移和应力分量。

6. 取 $P_0=0$，$p_z=\dfrac{A}{R}$（$R=\sqrt{x^2+y^2+z^2}$），利用 P–N 通解求开尔文解，考虑两个平面 $z=\pm a$ 隔离的弹性层，在 $z=\pm a$ 面上的面力与集中力 F 平衡（见图 1）。

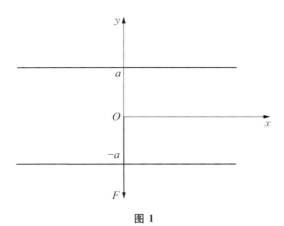

图 1

7. 试用 11.3 节的方法推导平面开尔文解，即无限大平面内一点作用集中力的解。

12 能量原理和变分解法

从前面几章关于弹性力学平面、扭转和空间问题的学习中可以看出,能求出解析解的问题非常少,大量工程实际中的问题需要用数值方法求解,而本章要介绍的能量原理就是近似方法和数值方法的理论基础。能量原理将弹性力学问题的微分方程转换成等价的积分形式,微分方程需要逐点满足,而能量原理的积分形式只要整体满足,对位移、应力的连续性要求降低,解的范围也有所扩大。从能量观点研究弹性力学问题可以获得更深刻的认识,发现更多的内在规律。另外,能量原理还是推导梁、板、壳近似理论的有力工具。

在物理学中,能量观点的适用范围更广,比如在量子力学中,微观粒子位置和速度的概念可能不再有效,但粒子的动能、势能概念仍然适用。无论在物理学还是其他自然科学学科中,从能量观点出发都是一种行之有效的研究方法。

12.1 弹性体的应变能

由第 5 章 5.1 节和 5.3 节可知,弹性体受外力作用的变形过程中,外力做的功转变为弹性势能储存在弹性体中,称为应变能;外力撤除后,弹性体恢复原状。应变能只与应力、应变状态有关,而与加载路径无关。单位体积的应变能称为应变能密度(或比应变能),记为 $W = W(\sigma_{ij}, \varepsilon_{ij})$,它完全由最终的应力和应变状态决定。由第 5 章的结果可知应变能密度可表示为 $W = \dfrac{1}{2}\sigma_{ij}\varepsilon_{ij}$,整个弹性体内的应变能为 $U = \iiint\limits_V W\mathrm{d}v = \dfrac{1}{2}\iiint\limits_V \sigma_{ij}\varepsilon_{ij}\,\mathrm{d}v$。

各向同性材料的应变能密度可以表达为

$$
\begin{aligned}
W &= \frac{1}{2}\sigma_{ij}\varepsilon_{ij} = \frac{1}{2}(\lambda\varepsilon_{kk}\delta_{ij} + 2\mu\varepsilon_{ij})\varepsilon_{ij} = \frac{1}{2}\lambda\varepsilon_{kk}\varepsilon_{ii} + \mu\varepsilon_{ij}\varepsilon_{ij} \\
&= \frac{1}{2}\lambda(\varepsilon_{11} + \varepsilon_{22} + \varepsilon_{33})^2 + \mu(\varepsilon_{11}^2 + \varepsilon_{22}^2 + \varepsilon_{33}^2 + 2\varepsilon_{12}^2 + 2\varepsilon_{23}^2 + 2\varepsilon_{13}^2)
\end{aligned}
\tag{12-1}
$$

应变能密度具有以下性质:

(1) $\dfrac{\partial W}{\partial \varepsilon_{ij}} = \sigma_{ij}$,因为当 $i \neq j$ 时,$\dfrac{\partial W}{\partial \varepsilon_{ij}} = 2\mu\varepsilon_{ij} = \sigma_{ij}$($\varepsilon_{ij}$ 和 ε_{ji} 看作不同的变量);而当 $i = j$

时,$\dfrac{\partial W}{\partial \varepsilon_{kk}} = \dfrac{\partial\left[\dfrac{1}{2}\lambda\left(\displaystyle\sum_{i=1}^{3}\varepsilon_{ii}\right)^2 + \mu\displaystyle\sum_{i=1}^{3}\varepsilon_{ii}^2\right]}{\partial \varepsilon_{kk}} = \lambda\displaystyle\sum_{i=1}^{3}\varepsilon_{ii} + 2\mu\varepsilon_{kk} = \sigma_{kk}$(此处重复下标不求和)。

(2) 同样可以证明:$\dfrac{\partial W}{\partial \sigma_{ij}} = \varepsilon_{ij}$。

也就是说,弹性体应变能密度对任意应力分量的改变率等于相应的应变分量;弹性体应变能密度对任意应变分量的改变率等于相应的应力分量。

12.2　虚功原理简介

1. 静力可能应力

设有一组应力分量 σ_{ij}，满足平衡方程 $\sigma_{ij,j}+f_i=0$（f_i 为体力分量），在面力已知的边界上满足应力边界条件：在 S_σ 上，$\sigma_{ij}n_j=\bar{t}_i$（S_σ 为面力已知的边界；$\bar{t}_i$ 是边界上已知的面力）。满足平衡方程和应力边界条件的应力称为静力可能应力，记为 σ_{ij}^S。　显然，静力可能应力不等于真实应力，因为真实应力除满足平衡方程和应力边界条件外，还要满足应力协调方程（Beltrami - Michell 方程）。反之，真实应力必为静力可能应力。

2. 几何可能位移

只满足位移边界条件的位移称为几何可能位移，记为 u_i^k，即 u_i^k 在位移给定的边界 S_u 上满足位移边界条件 $u_i^k=\bar{u}_i$，相应的应变为 $\varepsilon_{ij}^k=\dfrac{1}{2}(u_{i,j}^k+u_{j,i}^k)$。　很明显，几何可能位移 $u_i^k \neq$ 真实位移，因为真实位移除了位移边界条件外，还要满足以位移表示的平衡方程（纳维方程）以及以位移形式表示的应力边界条件。反之，真实位移必为几何可能位移。

3. 虚位移

虚位移指几何可能位移与真实位移之差，即 $\delta u_i=u_i^k-u_i$。　虚位移可以理解为在实际平衡状态附近发生的，几何约束所容许的任意微小位移改变量。相应的虚应变为 $\delta\varepsilon_{ij}=\dfrac{1}{2}(\delta u_{i,j}+\delta u_{j,i})$，且 $\varepsilon_{ij}^k=\dfrac{1}{2}(u_{i,j}^k+u_{j,i}^k)=\varepsilon_{ij}+\delta\varepsilon_{ij}$。　从虚位移的定义易知它有下列性质：在 S_u 上 $\delta u_i=0$，也可设 σ_{ij}^s 为在真实应力附近的静力可能应力，$\sigma_{ij}^s=\sigma_{ij}+\delta\sigma_{ij}$，因为真实应力和静力可能应力都满足平衡方程和应力边界条件，于是有

$$\delta\sigma_{ij,j}=0，在 V 内$$
$$\delta\sigma_{ij}n_j=0，在 S_\sigma 上$$

4. 虚功原理

在理论力学中曾学过质点系的虚功原理：如果一个质点系处于平衡状态，则作用在此质点系的外力在任意虚位移上的总虚功必定等于零，或叙述为若作用于质点系的力在任意虚位移上的总虚功为零，则该质点系一定是平衡的。质点系的虚功原理可以推广到弹性体及一般连续体的受力变形问题，弹性体的虚功原理叙述如下：

弹性体上，外力在任意一组虚位移上所做的功，等于任意一组静力可能应力在与上述虚位移相对应的虚应变上所做的功。

证明：

注意到　　$\sigma_{ij}^s\delta\varepsilon_{ij}=\dfrac{1}{2}\sigma_{ij}^s(\delta u_{i,j}+\delta u_{j,i})=\sigma_{ij}^s\delta u_{i,j}=(\sigma_{ij}^s\delta u_i)_{,j}-\delta u_i\sigma_{ij,j}^s$

于是

$$\iiint\limits_{V} \sigma_{ij}^{s} \delta\varepsilon_{ij}\,\mathrm{d}v = \iiint\limits_{V} (\sigma_{ij}^{s}\delta u_{i})_{,j}\,\mathrm{d}v - \iiint\limits_{V} \delta u_{i}\sigma_{ij,j}^{s}\,\mathrm{d}v = \iint\limits_{S} \delta u_{i}\sigma_{ij}^{s}n_{j}\,\mathrm{d}s + \iiint\limits_{V} \delta u_{i}f_{i}\,\mathrm{d}v$$

$$= \iint\limits_{S_{\sigma}} \delta u_{i}\bar{t}_{i}\,\mathrm{d}s + \iiint\limits_{V} \delta u_{i}f_{i}\,\mathrm{d}v \tag{12-2}$$

即

$$\iiint\limits_{V} \delta u_{i}f_{i}\,\mathrm{d}v + \iint\limits_{S_{\sigma}} \delta u_{i}\bar{t}_{i}\,\mathrm{d}s = \iiint\limits_{V} \sigma_{ij}^{s}\delta\varepsilon_{ij}\,\mathrm{d}v \tag{12-3}$$

有些书中把虚功原理表述如下：弹性体上，外力在任意一组几何可能位移上所做的功，等于任意一组静力可能应力在与上述几何可能位移相对应的虚应变上所做的功，表示为

$$\iint\limits_{S} u_{i}^{k}\sigma_{ij}^{s}n_{j}\,\mathrm{d}s + \iiint\limits_{V} u_{i}^{k}f_{i}\,\mathrm{d}v = \iiint\limits_{V} \sigma_{ij}^{s}\varepsilon_{ij}^{k}\,\mathrm{d}v \tag{12-4}$$

但其中左边第一项不仅包括外加面力在几何可能位移上做的功，还包括支反力（约束反力）在几何可能位移上做的功，这样的表述不太严谨，因此本书不采用，但是式（12-4）在后面的推导中还是有用的。

为了进一步理解虚功原理，在此做以下几点说明：

（1）从推导过程我们可以看到，虚功原理只用到小变形条件而未涉及材料性质。因此在小变形条件下适用于任何材料（非线性、塑性等）。

（2）静力可能应力 σ_{ij}^{s} 和几何可能位移 u_{i}^{k} 可以是同一弹性体的两种不同受力和变形状态，互相独立而不相关。

（3）虚功原理的逆命题也成立，即对于任意虚位移场 δu_{i}，如果某应力场 σ_{ij} 能使虚功方程式（12-3）始终成立，则该应力场必为与外力相平衡的静力可能应力场，也就是说式（12-3）可用来代替平衡方程和应力边界条件。

12.3　功的互等定理

式（12-4）对真实应力和位移场也成立，将其用于同一物体的两种不同状态，第一种状态：体力为 $f_{i}^{(1)}$，面力为 $\bar{t}_{i}^{(1)}$，应力、位移分别为 $\sigma_{ij}^{(1)}$、$u_{i}^{(1)}$；第二种状态：体力为 $f_{i}^{(2)}$，面力为 $\bar{t}_{i}^{(2)}$，应力、位移分别为 $\sigma_{ij}^{(2)}$、$u_{i}^{(2)}$。

首先把第一种状态的应力取为静力可能应力，把第二种状态的位移取为几何可能位移，则有

$$\iiint\limits_{V} u_{i}^{(2)}f_{i}^{(1)}\,\mathrm{d}v + \iint\limits_{S} u_{i}^{(2)}\bar{t}_{i}^{(1)}\,\mathrm{d}s = \iiint\limits_{V} \sigma_{ij}^{(1)}\varepsilon_{ij}^{(2)}\,\mathrm{d}v \tag{12-5}$$

再把 $\sigma_{ij}^{(2)}$ 取为静力可能应力，$u_{i}^{(1)}$ 为几何可能位移，得

$$\iiint\limits_{V} u_{i}^{(1)}f_{i}^{(2)}\,\mathrm{d}v + \iint\limits_{S} u_{i}^{(1)}\bar{t}_{i}^{(2)}\,\mathrm{d}s = \iiint\limits_{V} \sigma_{ij}^{(2)}\varepsilon_{ij}^{(1)}\,\mathrm{d}v \tag{12-6}$$

对于线弹性体，$\sigma_{ij} = C_{ijkl}\varepsilon_{kl}$，于是

$$\sigma_{ij}^{(1)}\varepsilon_{ij}^{(2)}=C_{ijkl}\varepsilon_{kl}^{(1)}\varepsilon_{ij}^{(2)}=C_{klij}\varepsilon_{kl}^{(1)}\varepsilon_{ij}^{(2)}=C_{klij}\varepsilon_{ij}^{(2)}\varepsilon_{kl}^{(1)}=\sigma_{kl}^{(2)}\varepsilon_{kl}^{(1)}=\sigma_{ij}^{(2)}\varepsilon_{ij}^{(1)} \qquad (12-7)$$

这样就得到

$$\iiint_V u_i^{(2)}f_i^{(1)}\,\mathrm{d}v+\iint_S u_i^{(2)}\bar{t}_i^{(1)}\,\mathrm{d}s=\iiint_V u_i^{(1)}f_i^{(2)}\,\mathrm{d}v+\iint_S u_i^{(1)}\bar{t}_i^{(2)}\,\mathrm{d}s \qquad (12-8)$$

这个结论称为功的互等定理，或称为 Betti 定理，即若弹性体受两组不同的力作用，则第一组力在第二组力引起的位移上所做的功等于第二组力在第一组力所引起的位移上所做的功。用功的互等定理对某些问题可以很方便地求出变形量，也是推导边界积分方程和边界元理论的有力工具。

例 1　如图 12-1 所示，任意形状的弹性体，沿直线 L 的两端作用有一对压力 P，求由此引起的物体体积的改变。

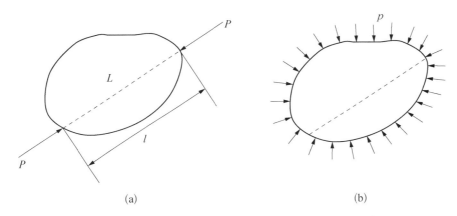

图 12-1　沿直线 L 的两端作用一对集中力(a)与弹性体受到均匀压力(b)

解：取图 12-1(a)中弹性体受一对集中力为第一种状态；取图 12-1(b)中弹性体受均匀压力 p 为第二种状态。第二种状态中的应力分量为 $\sigma_x=\sigma_y=\sigma_z=-p$，其他应力分量均为零。由应力-应变关系可知，$\varepsilon_x=\dfrac{1+\nu}{E}\sigma_x-\dfrac{\nu}{E}(\sigma_x+\sigma_y+\sigma_z)=-\dfrac{1-2\nu}{E}p$，剪应变分量均为零，任何方向的正应变都是 $\varepsilon=-\dfrac{1-2\nu}{E}p$。集中力 P 作用点之间的距离为 l，在第二种状态下这段距离的缩短量为 $\dfrac{(1-2\nu)}{E}pl$，第二种状态边界上面力为 $\bar{t}^{(2)}=-p(n_1,\ n_2,\ n_3)$，其中 $(n_1,\ n_2,\ n_3)$ 为边界法向方向，根据功的互等定理，有

$$P\,\frac{(1-2\nu)}{E}pl=\iint_S \bar{\boldsymbol{t}}^{(2)}\boldsymbol{\cdot}\boldsymbol{u}^{(1)}\,\mathrm{d}s=\iint_S (\bar{t}_1^{(2)}u^{(1)}+\bar{t}_2^{(2)}v^{(1)}+\bar{t}_3^{(2)}w^{(1)})\,\mathrm{d}s$$

$$=-p\iint_S (u^{(1)}n_1+v^{(1)}n_2+w^{(1)}n_3)\,\mathrm{d}s$$

$$=-p\iiint_V \left(\frac{\partial u^{(1)}}{\partial x}+\frac{\partial v^{(1)}}{\partial y}+\frac{\partial w^{(1)}}{\partial z}\right)\mathrm{d}v=-p\,\frac{\Delta V}{V}V=-p\,\Delta V$$

因此,得到 $\Delta V = -P\dfrac{(1-2\nu)}{E}l$,也就是说体积缩小了 $P\dfrac{(1-2\nu)}{E}l$ 。

12.4 最小势能原理

弹性力学边值问题可以归结为寻求一组连续的位移函数使其满足以位移表示的平衡方程(纳维方程)以及给定的力和位移边界条件,下面我们考察在几何可能位移中,真实位移究竟应该满足的条件。

取虚功原理中静力可能应力为真实应力

$$\iiint\limits_{V}\delta u_i f_i \,\mathrm{d}v + \iint\limits_{S_\sigma}\delta u_i \bar{t}_i \,\mathrm{d}s = \iiint\limits_{V}\sigma_{ij}\,\delta\varepsilon_{ij}\,\mathrm{d}v \qquad (12-9)$$

这个关系又称为虚位移方程。

在高等数学中我们学过函数和微分的概念,现在将函数和微分的概念推广,函数的函数称为泛函,比如应变能密度可以看作是应变和应力的泛函。由于自变函数的微小变化而引起的泛函的改变称为变分,变分是函数微分概念的拓展。

式(12-9)右端积分号内部分可以写为应变能密度的变分:

$$\sigma_{ij}\,\delta\varepsilon_{ij} = \frac{\partial W}{\partial\varepsilon_{ij}}\delta\varepsilon_{ij} = \delta W \qquad (12-10)$$

考虑到几何可能位移与真实应力无关,而外力在虚位移发生的过程中保持不变,于是式(12-9)可进一步改写为

$$\delta\left[\iiint\limits_{V}W\,\mathrm{d}v - \iint\limits_{S_\sigma}\bar{t}_i u_i\,\mathrm{d}s - \iiint\limits_{V}f_i u_i\,\mathrm{d}v\right] = 0 \qquad (12-11)$$

记 $\Pi = \iiint\limits_{V}W\,\mathrm{d}v - \int\limits_{S_\sigma}\bar{t}_i u_i\,\mathrm{d}s - \iiint\limits_{V}f_i u_i\,\mathrm{d}v$,第一项为储存在弹性体中的总应变能,后两项分别表示面力势能和体力势能,总和称为系统的总势能。

式(12-11)可表示为 $\delta\Pi = 0$,也就是说总势能 Π 的变分等于零。这说明在所有的几何可能位移中,真实位移使总势能取极值(驻值),进一步可以证明取最小值,称为最小势能原理。可表述为在一切可能的变形状态中,真实状态的总势能最小。

证明:设 u_i^k 为一种几何可能位移,u_i 为真实位移,记 $u_i^k - u_i = \Delta u_i$,则

$$\Pi(u_i^k) - \Pi(u_i) = \iiint\limits_{V}[W(u_i^k) - W(u_i)]\mathrm{d}v - \iint\limits_{S_\sigma}\bar{t}_i(u_i^k - u_i)\mathrm{d}s - \iiint\limits_{V}f_i(u_i^k - u_i)\mathrm{d}v$$

$$= \iiint\limits_{V}[W(u_i^k) - W(u_i)]\mathrm{d}v - \iint\limits_{S_\sigma}\bar{t}_i\Delta u_i\,\mathrm{d}s - \iiint\limits_{V}f_i\Delta u_i\,\mathrm{d}v$$

$$(12-12)$$

式(12-12)右端第一项积分号内可展开为

$$W(u_i^k) - W(u_i) = \frac{1}{2}\sigma_{ij}^k \varepsilon_{ij}^k - \frac{1}{2}\sigma_{ij}\varepsilon_{ij} = \frac{1}{2}(\sigma_{ij} + \Delta\sigma_{ij})(\varepsilon_{ij} + \Delta\varepsilon_{ij}) - \frac{1}{2}\sigma_{ij}\varepsilon_{ij}$$

$$= \frac{1}{2}\sigma_{ij}\Delta\varepsilon_{ij} + \frac{1}{2}\Delta\sigma_{ij}\varepsilon_{ij} + \frac{1}{2}\Delta\sigma_{ij}\Delta\varepsilon_{ij}$$

$$(12-13)$$

注意到 $\Delta\sigma_{ij}\varepsilon_{ij} = C_{ijkl}\Delta\varepsilon_{kl}\varepsilon_{ij} = C_{klij}\varepsilon_{ij}\Delta\varepsilon_{kl} = \sigma_{kl}\Delta\varepsilon_{kl} = \sigma_{ij}\Delta\varepsilon_{ij}$，则有

$$W(u_i^k) - W(u_i) = \sigma_{ij}\Delta\varepsilon_{ij} + \frac{1}{2}\Delta\sigma_{ij}\Delta\varepsilon_{ij} \qquad (12-14)$$

将式(12-14)代入式(12-12)，得到

$$\Pi(u_i^k) - \Pi(u_i) = \frac{1}{2}\iiint\limits_V \Delta\sigma_{ij}\Delta\varepsilon_{ij}\,\mathrm{d}v + \iiint\limits_V \sigma_{ij}\Delta\varepsilon_{ij}\,\mathrm{d}v - \iint\limits_{S_\sigma} \bar{t}_i \Delta u_i\,\mathrm{d}s - \iiint\limits_V f_i \Delta u_i\,\mathrm{d}v$$

$$(12-15)$$

$$= \frac{1}{2}\iiint\limits_V \Delta\sigma_{ij}\Delta\varepsilon_{ij}\,\mathrm{d}v = \frac{1}{2}\iiint\limits_V C_{ijkl}\Delta\varepsilon_{kl}\Delta\varepsilon_{ij}\,\mathrm{d}v$$

上述推导中用到了 $\iiint\limits_V \sigma_{ij}\Delta\varepsilon_{ij}\,\mathrm{d}v = \iint\limits_{S_\sigma} \bar{t}_i \Delta u_i\,\mathrm{d}s + \iiint\limits_V f_i \Delta u_i\,\mathrm{d}v$，其中，$\Delta u_i = u_i^k - u_i$ 可以看作是虚位移，真实应力 σ_{ij} 也是静力可能应力，由虚功原理式(12-3)可以得到这个结果，也可以直接验证这个关系成立。由应变能密度的正定性可知 $\Pi(u_i^k) - \Pi(u_i) \geqslant 0$，当且仅当 $u_i^k = u_i$ 时，$\Pi(u_i^k) = \Pi(u_i)$。 这说明在所有几何可能位移中，真实位移使总势能取最小值。从证明过程可以看到，$u_i^k - u_i = \Delta u_i$ 不仅限于无穷小量，还可以是有限量，所以这是一个大范围的极值原理，因此称为最小势能原理。其逆命题也成立：设 u_i^0 是某个几何可能位移，如果对任意几何可能位移 u_i^k 都有 $\Pi(u_i^0) \leqslant \Pi(u_i^k)$，则 u_i^0 是真实位移。

真实位移除了满足位移边界条件外，还要满足以位移表示的平衡方程和应力边界条件，现在我们看到在真实位移处总势能取最小值，所以最小势能原理可以替代平衡方程和应力边界条件。

12.5　最小余能原理

弹性力学应力解法要求应力分量要满足平衡方程和应力协调方程及应力边界条件。下面考察在静力可能应力中，真实应力应该满足什么条件？

在以几何可能位移表示虚功的方程式(12-4) $\iint\limits_S u_i^k \sigma_{ij}^s n_j\,\mathrm{d}s + \iiint\limits_V u_i^k f_i\,\mathrm{d}v = \iiint\limits_V \sigma_{ij}^s \varepsilon_{ij}^k\,\mathrm{d}v$ 中，取 $u_i^k = u_i$ 为真实位移，静力可能应力为上述真实应力附近的静力可能应力，得

$$\iint\limits_S u_i(\sigma_{ij} + \delta\sigma_{ij})n_j\,\mathrm{d}s + \iiint\limits_V u_i f_i\,\mathrm{d}v = \iiint\limits_V (\sigma_{ij} + \delta\sigma_{ij})\varepsilon_{ij}\,\mathrm{d}v \qquad (12-16)$$

即

$$\iint\limits_{S_u} \bar{u}_i \delta\sigma_{ij} n_j\,\mathrm{d}s = \iiint\limits_V \delta\sigma_{ij}\varepsilon_{ij}\,\mathrm{d}v \qquad (12-17)$$

这个关系又称为虚应力方程。注意到 $\delta\sigma_{ij}\varepsilon_{ij} = \dfrac{\partial W}{\partial \sigma_{ij}}\delta\sigma_{ij} = \delta W$，式（12-17）可改写为

$$\iiint\limits_{V}\delta W \mathrm{d}v - \iint\limits_{S_u}\delta t_i \bar{u}_i \mathrm{d}s = 0 \qquad (12-18)$$

或

$$\delta\left[\iiint\limits_{V}W \mathrm{d}v - \iint\limits_{S_u}t_i \bar{u}_i \mathrm{d}s\right] = 0$$

式中，$t_i = \sigma_{ij}n_j$ 为位移已知边界上的面力（约束反力）。括号中第一项为应变能（对于线弹性体来说也是应变余能），第二项为面力在给定位移上所做的功，括号中的整体称为总余能，以 Γ 表示为

$$\Gamma = \iiint\limits_{V}W \mathrm{d}v - \iint\limits_{S_u}t_i \bar{u}_i \mathrm{d}s \qquad (12-19)$$

式（12-19）说明总余能的一阶变分为零，意味着在静力可能应力中，真实应力使余能取极值，进一步可以证明真实应力使余能取最小值，称为最小余能原理。

证明： 设 σ_{ij}^s 为静力可能应力，σ_{ij} 为真实应力，$\sigma_{ij}^s = \sigma_{ij} + \Delta\sigma_{ij}$，则有

$$\Gamma(\sigma_{ij}^s) - \Gamma(\sigma_{ij}) = \iiint\limits_{V}\left[W(\sigma_{ij}^s) - W(\sigma_{ij})\right]\mathrm{d}v - \iint\limits_{S_u}\Delta\sigma_{ij}n_j \bar{u}_i \mathrm{d}s \qquad (12-20)$$

注意到

$$
\begin{aligned}
W(\sigma_{ij}^s) - W(\sigma_{ij}) &= \frac{1}{2}\sigma_{ij}^s S_{ijkl}\sigma_{kl}^s - \frac{1}{2}\sigma_{ij}S_{ijkl}\sigma_{kl} = \frac{1}{2}(\sigma_{ij} + \Delta\sigma_{ij})S_{ijkl}(\sigma_{kl} + \Delta\sigma_{kl}) - \frac{1}{2}\sigma_{ij}S_{ijkl}\sigma_{kl} \\
&= \frac{1}{2}\sigma_{ij}S_{ijkl}\Delta\sigma_{kl} + \frac{1}{2}\Delta\sigma_{ij}S_{ijkl}\sigma_{kl} + \frac{1}{2}\Delta\sigma_{ij}S_{ijkl}\Delta\sigma_{kl} \\
&= \Delta\sigma_{ij}S_{ijkl}\sigma_{kl} + \frac{1}{2}\Delta\sigma_{ij}S_{ijkl}\Delta\sigma_{kl} = \Delta\sigma_{ij}\varepsilon_{ij} + \frac{1}{2}\Delta\sigma_{ij}S_{ijkl}\Delta\sigma_{kl} \\
&= \Delta\sigma_{ij}u_{i,j} + \frac{1}{2}\Delta\sigma_{ij}S_{ijkl}\Delta\sigma_{kl} = (\Delta\sigma_{ij}u_i)_{,j} - \Delta\sigma_{ij,j}u_i + \frac{1}{2}\Delta\sigma_{ij}S_{ijkl}\Delta\sigma_{kl} \\
&= (\Delta\sigma_{ij}u_i)_{,j} + \frac{1}{2}\Delta\sigma_{ij}S_{ijkl}\Delta\sigma_{kl}
\end{aligned}
$$

$$(12-21)$$

式中，S_{ijkl} 为柔度张量；应变-应力之间的关系为 $\varepsilon_{ij} = S_{ijkl}\sigma_{kl}$；上面的推导过程用到了 $\Delta\sigma_{ij,j} = 0$。

最后得到 $\Gamma(\sigma_{ij}^s) - \Gamma(\sigma_{ij}) = \dfrac{1}{2}\iiint\limits_{V}\Delta\sigma_{ij}S_{ijkl}\Delta\sigma_{kl}\mathrm{d}v$，由应变能密度的正定性，得 $\Gamma(\sigma_{ij}^s) \geqslant \Gamma(\sigma_{ij})$，当且仅当 $\sigma_{ij}^k = \sigma_{ij}$ 时取等号。同样，$\Delta\sigma_{ij}$ 可以是有限量，所以最小余能原理是大范围极值原理，最小余能原理可以用来代替应力协调方程，其逆命题也成立：设 σ_{ij}^0 是一组静力可能应力，如果对任意静力可能应力 σ_{ij}^s 都有 $\Gamma(\sigma_{ij}^0) \leqslant \Gamma(\sigma_{ij}^s)$，则 σ_{ij}^0 是真实应力。

下面讨论最小势能原理和最小余能原理的关系，当 σ_{ij} 和 u_i 为真实应力和位移时，下列关系成立：

$$\Pi + \Gamma = 2\iiint_V W\,\mathrm{d}v - \iiint_V f_i u_i\,\mathrm{d}v - \iint_{S_\sigma} \bar{t}_i u_i\,\mathrm{d}s - \iint_{S_u} t_i \bar{u}_i\,\mathrm{d}s = 0 \qquad (12-22)$$

即 $\Pi = -\Gamma$。 于是有

$$\Pi(u_i^k) \geqslant \Pi(u_i) = -\Gamma(\sigma_{ij}) \geqslant -\Gamma(\sigma_{ij}^s) \qquad (12-23)$$

另外，当 σ_{ij} 和 u_i 为真实应力和位移时，有

$$\Gamma = -\Pi = \iiint_V f_i u_i\,\mathrm{d}v + \iint_{S_\sigma} \bar{t}_i u_i\,\mathrm{d}s - \iiint_V W\,\mathrm{d}v \triangleq A - U$$

所以，Γ 可以看作是外力对系统做的功减去弹性体内的应变能后多余的部分，故称为余能。

12.6　广义变分原理简介

最小势能原理的独立自变函数为位移，最小余能原理的独立自变函数为应力，这些称为一类变量的变分原理，那么有没有二类或三类变量的变分原理呢？1914 年由 Hellinger 最先提出、1950 年 Reissner 进一步完善了以应力和位移作为独立变量的两类变量的变分原理，现在称为 Hellinger – Reissner 变分原理，其能量泛函为

$$E = \iiint_V W\,\mathrm{d}v + \iiint_V u_i(\sigma_{ij,j} + f_i)\,\mathrm{d}v - \iint_{S_\sigma} u_i(\sigma_{ij}n_j - \bar{t}_i)\,\mathrm{d}s - \iint_{S_u} \bar{u}_i\sigma_{ij}n_j\,\mathrm{d}s \qquad (12-24)$$

能量泛函 E 的变分等于零（$\delta E = 0$），等价于平衡方程、本构关系和全部边界条件。

中国学者胡海昌于 1954 年建立了三类变量（位移、应变、应力）的广义势能原理和广义余能原理，等价于弹性力学的全部方程和边界条件（可参考文献[3]）。1955 年日本东京大学的鹫津久一郎也得到了类似结果（可参考文献[36]），现在文献中一般称为胡-鹫原理（可参考文献[27]）。

广义变分原理可以通过在势能泛函的基础上用拉格朗日乘子放松约束导出：

$$E_p = \iiint_V W\,\mathrm{d}v - \iint_{S_\sigma} \bar{t}_i u_i\,\mathrm{d}s - \iiint_V f_i u_i\,\mathrm{d}v + \iiint_V \lambda_{ij}\left[\frac{1}{2}(u_{i,j} + u_{j,i}) - \varepsilon_{ij}\right]\mathrm{d}v +$$
$$\iint_{S_u} \mu_i(u_i - \bar{u}_i)\,\mathrm{d}s \qquad (12-25)$$

由能量泛函变分为零（$\delta E_p = 0$）可以导出拉格朗日乘子 $\mu_i = -\sigma_{ij}n_j$，$\lambda_{ij} = \sigma_{ij}$。 这样就得到包含三类独立自变函数（$u_i$，$\varepsilon_{ij}$，$\sigma_{ij}$）的能量泛函

$$E_p = \iiint_V W\,\mathrm{d}v - \iint_{S_\sigma} \bar{t}_i u_i\,\mathrm{d}s - \iiint_V f_i u_i\,\mathrm{d}v + \iiint_V \sigma_{ij}\left[\frac{1}{2}(u_{i,j} + u_{j,i}) - \varepsilon_{ij}\right]\mathrm{d}v -$$
$$\iint_{S_u} \sigma_{ij}n_j(u_i - \bar{u}_i)\,\mathrm{d}s \qquad (12-26)$$

胡-鹫原理可叙述如下：在三类变量 u_i，ε_{ij}，σ_{ij} 可以任意变化的所有可能的状态中，真实状态

使泛函 E_p 取极值(驻值),$\delta E_p = 0$ 可导出弹性力学的全部方程和边界条件。

最小势能原理和最小余能原理指出真实位移、应力使能量泛函取最小值,但广义变分原理一般来说只能说明能量泛函取极值(驻值),广义变分原理是有限元方法中杂交元和非协调元的理论基础。

12.7 能量原理的应用

前面几节介绍了两个重要的能量原理,最小势能原理和最小余能原理,通过能量原理可以把弹性力学问题转化为能量泛函求极值的问题。具体地说,弹性力学位移解法等价于寻找几何可能位移使势能取最小值的问题;应力解法等价于寻找静力可能应力使余能取最小值的问题。

弹性力学边值问题等价于势能或余能取最小值,利用能量原理可以建立近似解法,数值求解弹性力学问题,也可用来推导梁、板、壳的近似理论。下面以铁摩辛柯梁理论为例,来说明如何运用能量原理来推导近似理论,基于能量原理的近似方法将在 12.8 节中介绍。

材料力学中学过的欧拉-伯努利梁理论适用于细长梁,假设变形后的梁截面仍然是平面,且与中线垂直。由此假设可得到位移为 $w = w(x)$,$u = -zw'(x)$,剪应变 $\varepsilon_{xz} = 0$。欧拉-伯努利梁理论对于比较短的梁,结果误差较大;对于振动问题,即使是长的梁,高阶振动模态下,有效跨度仍可能是比较短的。为了克服欧拉-伯努利梁理论的缺点,1921 年铁摩辛柯提出了两个广义位移的梁理论,称为铁摩辛柯梁理论。

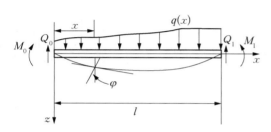

图 12-2 铁摩辛柯梁变形示意图

如图 12-2 所示,铁摩辛柯梁模型仍然假设变形后截面是平面,但不再与中线垂直,铁摩辛柯梁理论的位移模式为

$$w = w(x), \quad u = -z\varphi$$

式中,φ 为截面的转角。于是有

$$\varepsilon_x = -z\varphi'(x), \quad \varepsilon_{xz} = \frac{1}{2}(w' - \varphi)$$

应变能密度为

$$W = \frac{1}{2}\sigma_x \varepsilon_x + \tau_{xz}\varepsilon_{xz} \approx \frac{1}{2}E\varepsilon_x^2 + 2G\varepsilon_{xz}^2 = \frac{1}{2}Ez^2(\varphi')^2 + \frac{1}{2}G(w' - \varphi)^2$$

整个梁内的应变能为

$$
\begin{aligned}
U = \iiint_V W \mathrm{d}v &= \frac{1}{2}\iiint_{0\,S}^{l} \left[(Ez^2(\varphi')^2) + G(w' - \varphi)^2 \right] \mathrm{d}s\,\mathrm{d}x \\
&= \frac{1}{2}\int_0^l EI(\varphi')^2 \mathrm{d}x + \frac{1}{2}\int_0^l GA(w' - \varphi)^2 \mathrm{d}x
\end{aligned}
\tag{12-27}
$$

式中,E 为弹性模量;A 截面面积;$I = \iint_S z^2 \mathrm{d}y\mathrm{d}z$ 截面惯性矩。

作用在梁上的载荷，一部分是沿跨度的分布载荷，另一部分是两端面上的剪力和弯矩，外力做的功（外力势能）为

$$A = \int_0^l q(x) w(x) \mathrm{d}x + Q_0 w_0 + M_0 \varphi_0 + Q_l w_l + M_l \varphi_l \tag{12-28}$$

式中，$q(x)$ 是梁上作用的分布载荷；w_0，w_l 为两端的挠度；Q_0，Q_l 是两端给定的剪力；M_0，M_l 两端给定的弯矩。

梁的总势能为

$$\Pi = \frac{1}{2}\int_0^l EI(\varphi')^2 \mathrm{d}x + \frac{1}{2}\int_0^l GA(w'-\varphi)^2 \mathrm{d}x - \int_0^l qw \mathrm{d}x - \tag{12-29}$$
$$Q_0 w_0 - M_0 \varphi_0 - Q_l w_l - M_l \varphi_l$$

由总势能的一阶变分等于零，可以导出梁的方程和边界条件：

$$\delta\Pi = EI\varphi'\delta\varphi \Big|_0^l - \int_0^l \frac{\mathrm{d}}{\mathrm{d}x}(EI\varphi')\delta\varphi' \mathrm{d}x + GA(w'-\varphi')\delta w \Big|_0^l -$$
$$\int_0^l \frac{\mathrm{d}}{\mathrm{d}x}(GA(w'-\varphi'))\delta w \mathrm{d}x - \int_0^l GA(w'-\varphi')\delta\varphi \mathrm{d}x - \int_0^l q\delta w \mathrm{d}x -$$
$$Q_0 \delta w \Big|_{x=0} - Q_l \delta w \Big|_{x=i} - M_0 \delta\varphi \Big|_{x=0} - M_l \delta\varphi \Big|_{x=l}$$
$$= (EI\varphi' - M_l)\delta\varphi \Big|_{x=l} - (EI\varphi' + M_0)\delta\varphi \Big|_{x=0} + [GA(w'-\varphi) - Q_l]\delta w \Big|_{x=l} -$$
$$[GA(w'-\varphi) + Q_0]\delta w \Big|_{x=0} - \int_0^l \left[\frac{\mathrm{d}}{\mathrm{d}x}(EI\varphi' + GA(w'-\varphi))\right]\delta\varphi \mathrm{d}x -$$
$$\int_0^l \left[\frac{\mathrm{d}}{\mathrm{d}x}(GA(w'-\varphi)) + q\right]\delta w \mathrm{d}x = 0$$

$$\tag{12-30}$$

由此得

$$\begin{cases} \dfrac{\mathrm{d}}{\mathrm{d}x}(GA(w'-\varphi)) + q = 0 \\ \dfrac{\mathrm{d}}{\mathrm{d}x}(EI\varphi') + GA(w'-\varphi) = 0 \end{cases} \tag{12-31}$$

和

$$\begin{cases} [GA(w'-\varphi) \pm Q] \Big|_{x=0,\ l} = 0 \\ (EI\varphi' \pm M_0) \Big|_{x=0,\ l} = 0 \end{cases} \tag{12-32}$$

式（12-31）为铁摩辛柯梁方程；式（12-32）为可能的应力边界条件，式（12-32）中的±号按照

弹性力学中应力符号的规定而定(左端面法向为 x 轴的负向)。

通常式(12-31)第二个方程修正为

$$\frac{\mathrm{d}}{\mathrm{d}x}(EI\varphi') + C(w' - \varphi) = 0 \tag{12-33}$$

式中, $C = kGA$, 称为剪切刚度系数; k 为剪切修正系数,对不同的截面形状取不同的值。

为什么还需要修正呢? 因为从弹性力学的观点看,铁摩辛柯梁仍有如下缺点: ① 同一截面上各点的 z 方向的位移并不是常数,而这里假定它是常数;② 横截面在变形后实际上并不再保持为平面,而这里假定它仍然为一平面;③ 同一截面上假定剪应变为常数而剪应力却不是常数,因而不满足胡克定律。一般来说,梁理论从弹性力学观点看,几何方程精确满足,平衡方程在平均意义下满足,本构关系满足的程度最低(可参考文献[4])。

12.8 基于能量原理的近似方法

12.8.1 基于最小势能原理的近似方法

从一般方程求解弹性力学问题比较困难,只有很少的简单几何形状和载荷形式的问题可以得到解析解。由最小势能原理可知,在所有的几何可能位移中,使总势能取最小值的几何可能位移就是真实解。这就提供了一种建立近似解法的途径,我们可以设定一组几何可能位移,其中含有待定常数,由总势能取最小值,可以确定这些待定常数,这样就可求得近似解。

设位移取下列形式:

$$u = u_0 + \sum_{m=1}^{N} A_m u_m$$

$$v = v_0 + \sum_{m=1}^{N} B_m v_m \tag{12-34}$$

$$w = w_0 + \sum_{m=1}^{N} C_m w_m$$

式中, u_0, v_0, w_0 为设定函数,在边界上等于给定位移; u_m, v_m, w_m 在边界上为零,这样就保证 u, v, w 为几何可能位移; A_m, B_m, C_m 为待定常数。

在这样的假设位移模式下,总势能只是待定常数 A_m, B_m, C_m 的函数,由 $\dfrac{\partial \Pi}{\partial A_m} = 0$,

$\dfrac{\partial \Pi}{\partial B_m} = 0$, $\dfrac{\partial \Pi}{\partial C_m} = 0$ 可确定常数 A_m, B_m, C_m, 具体形式为

$$\frac{\partial U}{\partial A_m} = \iiint_V f_x u_m \mathrm{d}v + \iint_{S_\sigma} \bar{t}_x u_m \mathrm{d}s$$

$$\frac{\partial U}{\partial B_m} = \iiint_V f_y v_m \mathrm{d}v + \iint_{S_\sigma} \bar{t}_y v_m \mathrm{d}s \tag{12-35}$$

$$\frac{\partial U}{\partial C_m} = \iiint_V f_z w_m \mathrm{d}v + \iint_{S_\sigma} \bar{t}_z w_m \mathrm{d}s$$

应变能为 A_m，B_m，C_m 的二次项，所以式(12-35)可形成线性方程组，解此方程组就可确定常数 A_m，B_m，C_m，上述方法称为瑞利-里茨(Rayleigh-Ritz)法。

下面主要介绍伽辽金(Galerkin)法。

注意到

$$\delta\Pi = \iiint_V \frac{\partial W}{\partial \varepsilon_{ij}} \delta\varepsilon_{ij}\,\mathrm{d}v - \iint_{S_\sigma} \bar{t}_i \delta u_i\,\mathrm{d}s - \iiint_V f_i \delta u_i\,\mathrm{d}v$$

$$= \iiint_V \sigma_{ij} \delta\varepsilon_{ij}\,\mathrm{d}v - \iint_{S_\sigma} \bar{t}_i \delta u_i\,\mathrm{d}s - \iiint_V f_i \delta u_i\,\mathrm{d}v$$

$$= \iiint_V \sigma_{ij} \delta u_{i,j}\,\mathrm{d}v - \iint_{S_\sigma} \bar{t}_i \delta u_i\,\mathrm{d}s - \iiint_V f_i \delta u_i\,\mathrm{d}v$$

$$= \iint_{S_\sigma} (\sigma_{ij} n_j - \bar{t}_i)\delta u_i\,\mathrm{d}s - \iiint_V (\sigma_{ij,j} + f_i)\delta u_i\,\mathrm{d}v = 0$$

$(12-36)$

由此可以看出，如果选取的几何可能位移不仅满足位移边界条件，还满足应力边界条件，则式(12-36)可简化为

$$\iiint_V (\sigma_{ij,j} + f_i)\delta u_i\,\mathrm{d}v = 0 \qquad (12-37)$$

写成分量形式为

$$\iiint_V \left(\frac{\partial\sigma_x}{\partial x} + \frac{\partial\tau_{xy}}{\partial y} + \frac{\partial\tau_{xz}}{\partial z} + f_x\right)\delta u\,\mathrm{d}v = 0$$

$$\iiint_V \left(\frac{\partial\tau_{yx}}{\partial x} + \frac{\partial\sigma_y}{\partial y} + \frac{\partial\tau_{yz}}{\partial z} + f_y\right)\delta v\,\mathrm{d}v = 0$$

$$\iiint_V \left(\frac{\partial\tau_{zx}}{\partial x} + \frac{\partial\tau_{zy}}{\partial y} + \frac{\partial\sigma_z}{\partial z} + f_z\right)\delta w\,\mathrm{d}v = 0$$

$(12-38)$

将式(12-34)形式的几何可能位移代入式(12-38)，对各向同性材料，由 δA_m，δB_m，δC_m 的任意性，得

$$\iiint_V \left\{\frac{E}{2(1+\nu)}\left[\frac{1}{(1-2\nu)}\frac{\partial}{\partial x}\left(\frac{\partial u}{\partial x} + \frac{\partial v}{\partial y} + \frac{\partial w}{\partial z}\right) + \nabla^2 u\right] + f_x\right\}u_m\,\mathrm{d}v = 0$$

$$\iiint_V \left\{\frac{E}{2(1+\nu)}\left[\frac{1}{(1-2\nu)}\frac{\partial}{\partial y}\left(\frac{\partial u}{\partial x} + \frac{\partial v}{\partial y} + \frac{\partial w}{\partial z}\right) + \nabla^2 v\right] + f_y\right\}v_m\,\mathrm{d}v = 0$$

$$\iiint_V \left\{\frac{E}{2(1+\nu)}\left[\frac{1}{(1-2\nu)}\frac{\partial}{\partial z}\left(\frac{\partial u}{\partial x} + \frac{\partial v}{\partial y} + \frac{\partial w}{\partial z}\right) + \nabla^2 w\right] + f_z\right\}w_m\,\mathrm{d}v = 0$$

$(12-39)$

这是一个关于 A_m，B_m，C_m 的线性方程组，解此方程组即可确定待定常数 A_m，B_m，C_m，这种方法称为伽辽金(Galerkin)法。它比里茨法数学运算简单，但要使几何可能位移既满足位移边界条件，又满足应力边界条件，一般说来这样的几何可能位移不太容易选取，但如果问题中

只有位移边界条件,而没有应力边界条件,则可以方便地应用伽辽金法。

例 2 如图 12-3 所示,等截面简支梁受均布载荷作用,求其挠度曲线。

系统的总势能为 $\Pi = \dfrac{EI}{2}\displaystyle\int_0^l (w'')^2 \mathrm{d}x - \int_0^l qw\mathrm{d}x$,位移边界条件:在 $x=0,l$ 处,挠度 $w=0$,

于是,可取几何可能位移为

$$w = \sum_{m=1}^{\infty} c_m \sin\frac{m\pi x}{l} \tag{12-40}$$

求出总势能 $\Pi = \dfrac{EI\pi^4}{4l^3}\displaystyle\sum_{m=1}^{\infty} m^4 c_m^2 - \frac{2ql}{\pi}\sum_{m=1,3,5,\cdots}^{\infty}\frac{c_m}{m}$。

应用瑞利-里茨法,由势能取极值的条件 $\dfrac{\partial \Pi}{\partial c_m}=0$,得

$$\begin{cases} \dfrac{EI\pi^4}{4l^3}m^4 c_m - \dfrac{ql}{m\pi} = 0, & \text{当 } m \text{ 是奇数时} \\[3mm] \dfrac{EI\pi^4}{4l^3}m^4 c_m = 0, & \text{当 } m \text{ 是偶数时} \end{cases} \tag{12-41}$$

即

$$c_m = \begin{cases} \dfrac{4ql^4}{EI\pi^5}\dfrac{1}{m^5}, & \text{当 } m \text{ 是奇数时} \\[3mm] 0, & \text{当 } m \text{ 是偶数时} \end{cases} \tag{12-42}$$

求出挠度为 $w = \dfrac{4ql^4}{EI\pi^5}\displaystyle\sum_{m=1,3,5,\cdots}^{\infty}\frac{1}{m^5}\sin\frac{m\pi x}{l}$,最大挠度 $w_{\max} = \dfrac{4ql^4}{EI\pi^5}\left(1-\dfrac{1}{3^5}+\dfrac{1}{5^5}-\right.$

$\left.\dfrac{1}{7^5}+\cdots\right)$。只取一项 $w_{\max}\approx\dfrac{ql^4}{76.4EI}$,精确解为 $\dfrac{5ql^4}{384EI}\approx\dfrac{ql^4}{76.8EI}$,误差只有 0.26%。

例 3 如图 12-4 所示,设有宽度为 $2a$,高度为 b 的矩形薄板,左右两边及下边均被固定,而上边的位移给定为 $u=0, v=-\eta\left(1-\dfrac{x^2}{a^2}\right)$($\eta$ 是常数),不计体力,求位移。

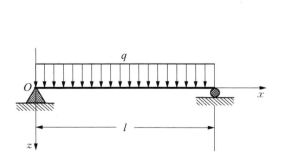

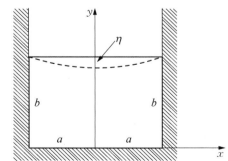

图 12-3 受均布载荷作用的简支梁 图 12-4 左右两边及下边均被固定约束的矩形薄板

解：根据问题的特点，可以推断竖向位移 v 关于 y 轴对称，而 u 关于 y 轴是反对称的，于是位移可设定为

$$
\begin{cases}
u = A_1\left(1 - \dfrac{x^2}{a^2}\right)\dfrac{x}{a}\dfrac{y}{b}\left(1 - \dfrac{y}{b}\right) \\
v = -\eta\left(1 - \dfrac{x^2}{a^2}\right)\dfrac{y}{b} + B_1\left(1 - \dfrac{x^2}{a^2}\right)\dfrac{y}{b}\left(1 - \dfrac{y}{b}\right)
\end{cases}
\tag{12-43}
$$

因为在这个问题中，没有应力边界条件，所以可以认为设定的位移式(12-43)既满足位移边界条件，又满足应力边界条件，可以应用伽辽金法。

不计体力，对于平面问题伽辽金法可写成

$$
\iint\limits_S \frac{E}{1-\nu^2}\left(\frac{\partial^2 u}{\partial x^2} + \frac{1-\nu}{2}\frac{\partial^2 u}{\partial y^2} + \frac{1+\nu}{2}\frac{\partial^2 v}{\partial x\partial y}\right)u_m\,\mathrm{d}s = 0
$$

$$
\iint\limits_S \frac{E}{1-\nu^2}\left(\frac{\partial^2 v}{\partial y^2} + \frac{1-\nu}{2}\frac{\partial^2 v}{\partial x^2} + \frac{1+\nu}{2}\frac{\partial^2 u}{\partial x\partial y}\right)v_m\,\mathrm{d}s = 0
\tag{12-44}
$$

在此问题中，

$$
\begin{cases}
u_1 = \left(1 - \dfrac{x^2}{a^2}\right)\dfrac{x}{a}\dfrac{y}{b}\left(1 - \dfrac{y}{b}\right) \\
v_1 = \left(1 - \dfrac{x^2}{a^2}\right)\dfrac{y}{b}\left(1 - \dfrac{y}{b}\right)
\end{cases}
\tag{12-45}
$$

将式(12-43)和式(12-45)代入式(12-44)，得到关于 A_1，B_1 的二元一次方程组，解得

$$
A_1 = \frac{35(1+\nu)\eta}{42\dfrac{b}{a} + 20(1-\nu)\dfrac{a}{b}}, \quad B_1 = \frac{5(1-\nu)\eta}{16\dfrac{a^2}{b^2} + 2(1-\nu)}
$$

如果要求出保持这样的位移要施加多大的力，那么还需要由本构关系求出应力。

12.8.2 基于最小余能原理的近似方法

最小余能原理的逆命题可叙述为使余能取最小值的静力可能应力就是真实应力，如果静力可能应力取为

$$
\sigma_{ij} = \sigma_{ij}^{(0)} + \sum_{m=1}^{N} A_m^{(ij)}\sigma_{ij}^{(m)}
\tag{12-46}
$$

式中，$\sigma_{ij}^{(0)}$ 满足平衡方程和应力边界条件；$\sigma_{ij}^{(m)}$ 满足无体力的平衡方程和面力为零的边界条件；$A_m^{(ij)}$ 是待定常数。要使余能取最小值，则

$$
\frac{\partial U}{\partial A_m^{(ij)}} = \iint\limits_{S_u}\sigma_{ij}^{(m)}n_j\bar{u}_i\,\mathrm{d}s
\tag{12-47}
$$

总应变能 U 是 $A_m^{(ij)}$ 的二次式，式(12-47)形成一个关于 $A_m^{(ij)}$ 的线性方程组，由此可解出 $A_m^{(ij)}$。

应用这种基于最小余能原理的近似解法(也称为应力变分解法),设定的应力分量既要满足平衡方程,又要满足应力边界条件,这对一般问题往往是比较困难的,但某些问题中存在应力函数,比如平面问题、扭转问题。用应力函数表示应力,则平衡方程已经满足,只需要设法满足应力边界条件,这样就大大降低了应用应力变分解法的难度。

需要说明的是用应力变分法求得应力分量后,位移仍无法求出,这是因为求出的应力分量并不能精确地满足协调方程,不能再积分求出位移。

1. 应用

(1) 平面问题。

常体力或体力有势时,可以用应力函数 φ 表示应力:

$$\sigma_x = \frac{\partial^2 \varphi}{\partial y^2} - Xx, \ \sigma_y = \frac{\partial^2 \varphi}{\partial x^2} - Yy, \ \tau_{xy} = -\frac{\partial^2 \varphi}{\partial x \partial y} \tag{12-48}$$

应力函数 φ 可设定为 $\varphi = \varphi_0 + \sum_{m=1}^{N} A_m \varphi_m (A_m$ 是待定常数),只需要使 φ_0 满足应力边界条件,φ_m 满足无面力的应力边界条件(φ_0、φ_m 不必是双调和函数)。

对平面问题,应变能可表示为

$$U = \frac{1}{2E} \iint_S [\sigma_x^2 + \sigma_y^2 - 2\nu\sigma_x\sigma_y + 2(1+\nu)\tau_{xy}^2] \mathrm{d}x\mathrm{d}y \tag{12-49}$$

对平面应变问题,E 换为 $\frac{E}{(1-\nu^2)}$;ν 换为 $\frac{\nu}{1-\nu}$。

如果所考虑的弹性体是单连通区域,且只有应力边界条件,由第 9 章的分析结果可知应力分量 σ_x,σ_y,τ_{xy} 与材料常数 E,ν 无关。因此,对这类问题,为计算方便可取 $\nu = 0$,于是

$$U = \frac{1}{2E} \iint_S [\sigma_x^2 + \sigma_y^2 + 2\tau_{xy}^2] \mathrm{d}x\mathrm{d}y \tag{12-50}$$

将式(12-48)代入式(12-50),得

$$U = \frac{1}{2E} \iint_S \left[\left(\frac{\partial^2 \varphi}{\partial y^2} - Xx \right)^2 + \left(\frac{\partial^2 \varphi}{\partial x^2} - Yy \right)^2 + 2\left(\frac{\partial^2 \varphi}{\partial x \partial y} \right)^2 \right] \mathrm{d}x\mathrm{d}y \tag{12-51}$$

由余能取最小值,得

$$\iint_S \left[\left(\frac{\partial^2 \varphi}{\partial y^2} - Xx \right) \frac{\partial^2 \varphi_m}{\partial y^2} + \left(\frac{\partial^2 \varphi}{\partial x^2} - Yy \right) \frac{\partial^2 \varphi_m}{\partial y^2} + 2 \frac{\partial^2 \varphi}{\partial x \partial y} \frac{\partial^2 \varphi_m}{\partial x \partial y} \right] \mathrm{d}x\mathrm{d}y = 0 \tag{12-52}$$

由此可确定 A_m。

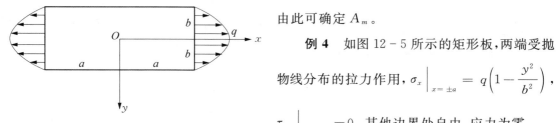

例 4 如图 12-5 所示的矩形板,两端受抛物线分布的拉力作用,$\sigma_x \Big|_{x=\pm a} = q\left(1 - \frac{y^2}{b^2}\right)$,$\tau_{xy} \Big|_{x=\pm a} = 0$,其他边界处自由、应力为零。

图 12-5 两端受抛物线分布拉力作用的矩形板

解： 对这个问题，可取 $\varphi_0 = \dfrac{q}{2}y^2\left(1 - \dfrac{y^2}{6b^2}\right)$，$\varphi$ 取为

$$
\begin{aligned}
\varphi &= \varphi_0 + \sum_m A_m \varphi_m \\
&= \varphi_0 + qb^2\left(1 - \frac{x^2}{a^2}\right)^2\left(1 - \frac{y^2}{b^2}\right)^2\left[A_1 + A_2\frac{x^2}{a^2} + A_3\frac{y^2}{b^2} + \right. \\
&\qquad \left. A_4\frac{x^4}{a^4} + A_5\frac{x^2y^2}{a^2b^2} + A_6\frac{y^4}{b^4} + \cdots\right]
\end{aligned}
\tag{12-53}
$$

考虑到应力关于 x，y 轴对称分布，故式（12-53）中只取偶次项。如果只取一项 A_1，则有

$$
\iint_{0}^{a\ b}\left[\frac{\partial^2\varphi}{\partial y^2}\frac{\partial^2\varphi_1}{\partial y^2} + \frac{\partial^2\varphi}{\partial x^2}\frac{\partial^2\varphi_1}{\partial x^2} + 2\frac{\partial^2\varphi}{\partial x\partial y}\frac{\partial^2\varphi_1}{\partial x\partial y}\right]\mathrm{d}x\,\mathrm{d}y = 0
\tag{12-54}
$$

由此求出 $A_1 = 1\left/\left(\dfrac{64}{7} + \dfrac{256}{49}\dfrac{b^2}{a^2} + \dfrac{64}{7}\dfrac{b^4}{a^4}\right)\right.$。

（2）扭转问题。

扭转问题的应变能为 $U = \dfrac{L}{2G}\iint\limits_{S}\left[\left(\dfrac{\partial\varphi}{\partial x}\right)^2 + \left(\dfrac{\partial\varphi}{\partial y}\right)^2\right]\mathrm{d}x\,\mathrm{d}y$（$L$ 为杆的长度，φ 是扭转函数），位移为 $u = -Kyz$，$v = Kxz$（K 为单位长度扭角），面力在端面上做的功为

$$
\begin{aligned}
\iint\limits_{S}(\tau_{zx}u + \tau_{zy}v)\mathrm{d}x\,\mathrm{d}y &= LK\iint\limits_{S}(-y\tau_{zx} + x\tau_{zy})\mathrm{d}x\,\mathrm{d}y = LKM \\
&= LK\left[2\iint\limits_{S}\varphi\,\mathrm{d}x\,\mathrm{d}y + 2\sum_{i=1}^{n}C_iA_i\right]
\end{aligned}
\tag{12-55}
$$

余能为

$$
\Gamma = \frac{L}{2G}\iint\limits_{S}\left[\left(\frac{\partial\varphi}{\partial x}\right)^2 + \left(\frac{\partial\varphi}{\partial y}\right)^2\right]\mathrm{d}x\,\mathrm{d}y - LK\left[2\iint\limits_{S}\varphi\,\mathrm{d}x\,\mathrm{d}y + 2\sum_{i=1}^{n}C_iA_i\right]
\tag{12-56}
$$

设 $\varphi = \sum_m B_m\varphi_m$（$B_m$ 为待定常数），为了满足柱面的边界条件 φ_m 在外边界为零，在内边界为常数。由余能取最小值，得

$$
\begin{aligned}
&\iint\limits_{S}\left[\frac{\partial\varphi}{\partial x}\frac{\partial\varphi_m}{\partial x} + \frac{\partial\varphi}{\partial y}\frac{\partial\varphi_m}{\partial y} - 2GK\varphi_m\right]\mathrm{d}x\,\mathrm{d}y - \\
&2GK\sum_{i=1}^{n}\varphi_m\Big|_{L_i}A_i = 0
\end{aligned}
\tag{12-57}
$$

由此可确定 B_m。

例 5　如图 12-6 所示，矩形截面杆的截面长为 a，宽为 b，取 $\varphi = \left(x^2 - \dfrac{a^2}{4}\right)\left(y^2 - \dfrac{b^2}{4}\right)\sum_{m,n}B_{mn}x^my^n$，根据薄膜比拟，$\varphi$ 应是 x，y 的偶函数，m，n 只取偶数。

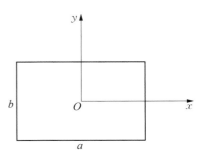

图 12-6　矩形截面杆的扭转

解：看一个简单的情况，正方形截面只取一项 $\varphi = B_{00}\left(x^2 - \dfrac{a^2}{4}\right)\left(y^2 - \dfrac{a^2}{4}\right)$，求出 $B_{00} = \dfrac{5GK}{2a^2}$，由 $M = 2\iint\limits_{S} \varphi\, dx\, dy$，得 $M = \dfrac{5}{36}GKa^4$，扭转刚度为 $D = \dfrac{M}{GK} = \dfrac{5}{36}a^4$，只比精确解小约 1.4%。

12.9　有限元法和边界元法简介

12.9.1　有限元法

在瑞利-里茨法中，几何可能位移中的设定函数 u_0，v_0，w_0，u_m，v_m，w_m 对复杂问题很难选取，不同问题的取法不同，对工程实际中的复杂问题很难实施。为解决这个问题，20 世纪 50 年代以后出现有限元法（finite element method，FEM），其要点是将待解的连续体划分为许多小区域所组成的组合体（见图 12-7），每个小区域称为单元，这一过程称为离散化。在有限元方法中，常以节点位移作为基本未知量，并对每个单元根据分块近似的思想，利用插值函数近似地表示单元体内部的位移，再利用变分原理（如最小势能原理等），建立节点力与节点位移之间的定量关系，得到一组以节点位移为未知量的线性代数方程组，从而求解得到所有节点的位移分量，进一步可求得单元体内部的位移、应变和应力。如果单元的位移函数满足一定要求（完备性和协调性），那么随着单元尺寸的缩小，求解区域内单元数量的增加，解的近似程度将不断改进，最终收敛于精确解。

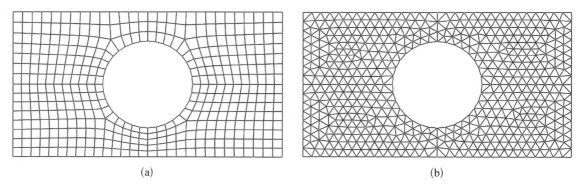

（a）　　　　　　　　　　　　　　　（b）

图 12-7　四边形单元网格划分（a）与三角形单元网格划分（b）

由于有限元法可适应于任何复杂的几何区域，便于处理不同的边界条件，因此经过几十年的发展已在各个工程领域得到了广泛的应用。基于有限元法的大型 CAE 软件（如 ANSYS、ADINA、ABAQUS、NASTRAN 等）已成为现代工程设计中不可缺少的计算工具。现在许多大型有限元分析软件都已具备了功能很强的前后置处理功能，并实现了部分功能的自动化和智能化。特别是近年来，随着计算机辅助设计在工程设计中日益广泛的应用，有限元程序与 CAD 软件以及结构优化设计、疲劳分析、抗冲击分析等相结合，形成了大规模的集成系统。工程技术人员使用这些系统可以高效而准确地确定最佳设计方案及进行结构安全性评估。

12.9.2 边界元法

在功的互等定理中,有

$$\iiint_V u_i^{(2)} f_i^{(1)} \,\mathrm{d}v + \iint_S u_i^{(2)} t_i^{(1)} \,\mathrm{d}s = \iiint_V u_i^{(1)} f_i^{(2)} \,\mathrm{d}v + \iint_S u_i^{(1)} t_i^{(2)} \,\mathrm{d}s \qquad (12-58)$$

取第一组解为开尔文解,第二组解为待求问题的解,$u_j^{(1)} = u_j^{(i)*}$,$t_j^{(1)} = t_j^{(i)*}$,$f_j^{(1)} = \delta(\boldsymbol{r} - \boldsymbol{\xi})\delta_{ij}$,表示单位力作用在 $\boldsymbol{\xi}$ 点,且沿坐标轴 $\boldsymbol{e}_i$ 方向。

应用功的互等定理,则有下列情况:

对区域内的点,有

$$u_i(\boldsymbol{\xi}) = \iint_S u_j^{(i)*}(\boldsymbol{x}, \boldsymbol{\xi}) t_j \,\mathrm{d}s - \iint_S u_j t_j^{(i)*} \,\mathrm{d}s + \iiint_V u_j^{(i)*} f_j \,\mathrm{d}v \qquad (12-59)$$

对边界点,有

$$C_{ij}(\boldsymbol{\xi}) u_j(\boldsymbol{\xi}) = \iint_S u_j^{(i)*}(\boldsymbol{x}, \boldsymbol{\xi}) t_j \,\mathrm{d}s - \iint_S u_j t_j^{(i)*} \,\mathrm{d}s + \iiint_V u_j^{(i)*} f_j \,\mathrm{d}v \qquad (12-60)$$

式(12-60)中 $C_{ij}(\boldsymbol{\xi})$ 与 $\boldsymbol{\xi}$ 点所在边界处的几何特征有关。对于光滑边界,$C_{ij}(\boldsymbol{\xi})$ 等于 $\dfrac{1}{2}$。

在式(12-60)中,只有边界上的位移和面力是未知量,称为边界积分方程。如果将边界离散化,分成许多小块(小段),在每个小块内假设位移和面力的模式,可形成线性代数方程组,边界上的位移和面力求得后,由式(12-59)可求内部任意一点的位移值,这种方法称为边界元法(boundary element method,BEM,可参考文献[37])。

与常用的有限元方法和有限差分方法相比,边界元法仅需要求解关于未知边界位移和面力的线性方程组,这意味着数值离散化是在空间维数降低的情况下进行的。例如,对于三维问题,边界元法仅在边界表面上进行离散化;将边界元法用于平面问题中,离散化仅在边界轮廓上进行。这种降低维数的方法,形成更小的线性方程组,只需要更小的计算机内存,所以能进行更高效的计算。同时在计算域内物理量时,用边界元法处理只需对给定点的值进行计算,避免了不必要的计算,这也使得它的处理效率更高。对于无限域、半无限域问题,运用边界元法来处理效果尤为突出。无穷远处的边界条件可以自动地满足,而不需要像有限元法那样用一个有限域去近似无限域。对于涉及移动的边界问题,用边界元法处理时,对网格的调整更容易,因此它是处理涉及移动边界情况的重要工具。边界元法具有较高的计算精度,并且边界元法的误差只在边界上产生。这是因为它的离散处理只在边界上进行。对区域中的物理量,边界元法里仍然通过解析公式得到,即式(12-59),所以区域内不会产生误差。边界元法具有如上所述的诸多优点,这使得它成为现代工程计算工具的一个重要部分。

边界单元法虽然有很多优点,但也存在一些缺点。例如,边界单元法得出的线性代数方程组的系数矩阵是非对称的满阵。这种矩阵并不能应用发展成熟的处理稀疏对称矩阵的数学方法。应用边界单元法必须先找到所求问题控制方程的基本解,所以当物体严重非均质时,它的应用效果和范围将受到很大影响。

习　　题

1. 证明 $\dfrac{\partial W}{\partial \sigma_{ij}} = \varepsilon_{ij}$。

2. 写出扭转问题应变能的表达式。

3. 试说明功的互等定理的适用条件。

4. 如图 1 所示,一等截面直杆承受一对大小相等、方向相反的压力 F,试用功的互等定理求杆的总伸长 δ(选取第二种状态为同一杆受轴向均匀拉伸)。

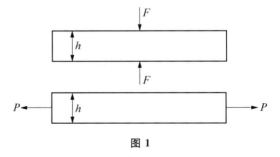

图 1

5. 证明最小余能原理。

6. 证明当 σ_{ij} 和 u_i 为真实应力和位移时,势能和余能之和为零,$\Pi + \Gamma = 0$。

7. 试用伽辽金法解 12.8 节例 2。

8. 如图 2 所示,变截面简支梁取挠度曲线为 $w = a_1 \sin \dfrac{\pi x}{l} + a_3 \sin \dfrac{3\pi x}{l}$,试用瑞利–里茨法求最大挠度。

9. 如图 3 所示,铅直平面内的正方形薄板,边长为 $2a$,四边固定,只受重力作用,设泊松比 $\nu = 0$,密度为 ρ,试取位移分量为 $u = A_1 \left(1 - \dfrac{x^2}{a^2}\right)\left(1 - \dfrac{y^2}{a^2}\right)\dfrac{xy}{a^2}$,$v = B_1 \left(1 - \dfrac{x^2}{a^2}\right)\left(1 - \dfrac{y^2}{a^2}\right)$,用瑞利–里茨法或伽辽金法求应力分量。

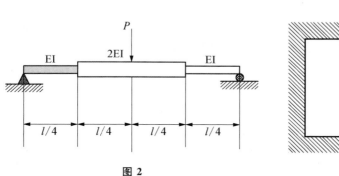

图 2

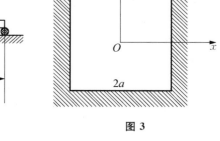

图 3

10. 悬臂梁受均布载荷 q 的作用,取可能挠度为 $w = ax^2 + bx^3$,用瑞利–里茨法求最大挠度并和材料力学的结果比较。

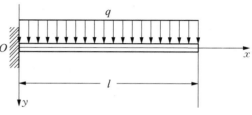

图 4

13 热 应 力

热胀冷缩是一种尽人皆知的自然现象,当温度变化时,弹性体各部分因温度变化而发生膨胀或收缩,当这种变形受外界约束或内部变形协调条件限制而不能自由发生时,物体内部就会产生应力,这种由温度变化而引起的应力称为热应力。热应力有其有害的一面,但也可以加以利用。

严格来说,机械变形和温度变化是耦合在一起的,温度变化可以引起变形,变形也可以引起温度变化,压缩部分温度上升,膨胀部分温度降低,热量由高温处向低温处传递,这又会影响热的传导和机械能的耗散。但热传导的速度要比机械变形传递的速度慢许多,如果温度变化不快,则由温度引起的变形率不大,那么惯性力和热传导方程中与变形率有关的项可以忽略,这时,温度和变形不再相互耦合,可以独立求解,当温度变化不大时,热传导方程可以线性化,这类问题属于非耦合线性热弹性问题,即只考虑温度变化引起的变形,而不考虑变形生热,这正是本章要介绍的内容。

13.1 热传导基本概念和热传导定律

热传递有 3 种方式:辐射、对流、传导。一般来说,物体内各点的温度随位置变化,也可能随时间变化,温度可以表示为 $T=T(x,y,z,t)$。如果温度场不随时间变化,即 $T=T(x,y,z)$,$\dfrac{\partial T}{\partial t}=0$,则称为定常温度场,否则称为非定常温度场。

如图 13-1 所示,温度场中温度相同的所有点构成的曲面称为等温面,热量总是从高温处向低温处传递。因此,沿等温面没有热量传递,等温面两侧温度不同,所以通过等温面才有热量传递。为了描述热量的传递,引进热流密度 q 的概念,表示单位时间内通过等温面单位面积的热量,由于热传递有方向性,热流密度是矢量,热流密度的方向沿等温面的法向。我们知道温度梯度 ∇T 沿等温面的法向,所以

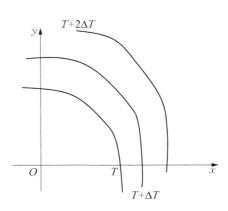

图 13-1 等温面示意图

$$q = -\lambda \nabla T \qquad (13-1)$$

式中,负号表示热量从高温处向低温处传递;λ 为热传导系数或导热系数。式(13-1)为热传导的基本规律,称为傅里叶(Fourier)热传导定律。

现在考察通过法向为 n 的曲面的热量传递,法向为 n 的微面元 $\mathrm{d}S$,单位时间内流过此微元的热量为

$$\mathrm{d}Q = q \cdot n \, \mathrm{d}S = -\lambda \nabla T \cdot n \, \mathrm{d}S = -\lambda \frac{\partial T}{\partial n} \mathrm{d}S = q_n \mathrm{d}S \qquad (13-2)$$

189

式中，$q_n = -\lambda \dfrac{\partial T}{\partial \boldsymbol{n}}$ 称为该曲面法向的热流密度。

13.2 热 传 导 方 程

考虑一个如图 13-2 所示的小微元热平衡，在任意一段时间内，微元所积蓄的热量（温度升高所需要的热量）等于外界传入该微元的热量加上微元内部热源产生的热量之和。

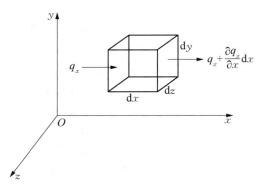

图 13-2 小微元热平衡

假设该微元的温度在 dt 时间内由温度 $T(t)$ 升到 $T(t + dt) = T + \dfrac{\partial T}{\partial t} dt$，所积蓄的热量为 $c\rho\, dx\, dy\, dz\, \dfrac{\partial T}{\partial t} dt$，其中 ρ 为密度；c 为比热容 (specific heat)。同一时间段内，由左面传入的热量是 $q_x\, dy\, dz\, dt$，由右面传出的热量是 $\left(q_x + \dfrac{\partial q_x}{\partial x} dx\right) dy\, dz\, dt$，因此，左、右面传入的净热量是

$-\dfrac{\partial q_x}{\partial x} dx\, dy\, dz\, dt$。 同理，上、下面和前、后面传入的净热量分别是 $-\dfrac{\partial q_y}{\partial y} dy\, dx\, dz\, dt$，

$-\dfrac{\partial q_z}{\partial z} dz\, dx\, dy\, dt$。 因此传入微元的净热量总和是 $-\left(\dfrac{\partial q_x}{\partial x} + \dfrac{\partial q_y}{\partial y} + \dfrac{\partial q_z}{\partial z}\right) dx\, dy\, dz\, dt$。

假设微元内部有热源，强度为 h，则该热源在 dt 时间内所释放的热量为 $h\, dx\, dy\, dz\, dt$。 根据热平衡（能量守恒），有

$$c\rho\, dx\, dy\, dz\, \frac{\partial T}{\partial t} dt = -\nabla \cdot \boldsymbol{q}\, dx\, dy\, dz\, dt + h\, dx\, dy\, dz\, dt \tag{13-3}$$

即

$$c\rho\, \frac{\partial T}{\partial t} = \lambda \nabla^2 T + h \tag{13-4}$$

或

$$\frac{\partial T}{\partial t} - \frac{\lambda}{c\rho} \nabla^2 T = \frac{h}{c\rho} \tag{13-5}$$

式中，$\dfrac{\lambda}{c\rho} = a$ 称为导温系数。

如果无热源，则热传导方程为

$$\frac{\partial T}{\partial t} - a \nabla^2 T = 0 \tag{13-6}$$

式(13-6)属于抛物型方程(扩散方程),对定常问题,则变为 $\nabla^2 T = 0$,为椭圆型方程。

以上讨论中,均指各向同性材料,如果是各向异性材料,则 x,y,z 3 个方向的热传导系数不同。

热传导方程式(13-6)需要适当的定解条件才能求解,包括初始条件和边界条件。初始条件给定初始时刻弹性体内的温度分布 $T\Big|_{t=0} = f(x, y, z)$,对某些问题,初始温度分布是均匀的,即 $T\Big|_{t=0} = c$(c 为常数)。常见的边界条件有三类:

(1) 已知边界处的温度 $T\Big|_s = f(t)$。

(2) 已知边界处的热流 $q_n\Big|_s = f(t)$,或 $-\lambda \dfrac{\partial T}{\partial \boldsymbol{n}}\Big|_s = f(t)$,如果边界处热流密度为零 $\dfrac{\partial T}{\partial \boldsymbol{n}}\Big|_s = 0$,则称为绝热边界条件,即边界上没有热量流入和流出。

(3) 对流换热边界条件 $q_n\Big|_s = \beta(T_s - T_a)$,其中 T_a 是周围环境介质的温度;β 为对流换热系数,与两种材料和环境因素有关,即边界处的热流与边界和环境温度差成正比。如果 $\beta \to 0$,则成为绝热边界条件;若 $\beta \to \infty$,则 $T_s = T_a$,为第一类边界条件,所以第一类边界条件和第二类中的绝热边界条件可以看作是第三类边界条件的特例。

在热弹性问题中,重要的是温度增量 $\theta = T - T_0$(T_0 初始参考温度),而不是温度本身,如果 T_0 是均匀的,则温度增量 $\theta = T - T_0$ 也满足热传导方程

$$\frac{\partial \theta}{\partial t} - \frac{\lambda}{c\rho} \nabla^2 \theta = \frac{h}{c\rho} \tag{13-7}$$

13.3 热弹性问题的基本方程

本章研究线弹性、各向同性均匀材料的非耦合热弹性问题,下面列出基本方程。几何方程不变,仍然为 $\varepsilon_{ij} = \dfrac{1}{2}(u_{i,j} + u_{j,i})$。运动方程只考虑力和运动的关系,是牛顿第二定律在连续介质中的体现,未涉及热学量,所以也不变,即

$$\sigma_{ij,j} + f_i = \rho \frac{\partial^2 u_i}{\partial t^2} \tag{13-8}$$

式中,f_i 是体力。

对只由温度变化引起的热弹性问题,因为热量的传导相对于机械变形的传播要慢很多,惯性项可以忽略,$\sigma_{ij,j} + f_i = 0$,也就是说,平衡方程也不变。

考虑热膨胀影响应力-应变关系为

$$\varepsilon_{ij} = \frac{1}{E}\big[(1+\nu)\sigma_{ij} - \nu\sigma_{kk}\delta_{ij}\big] + \alpha\theta\delta_{ij} \tag{13-9}$$

式中，α 为热膨胀系数。写成分量的形式为

$$\begin{cases} \varepsilon_x = \dfrac{1}{E}[\sigma_x - \nu(\sigma_y + \sigma_z)] + \alpha\theta \\[2ex] \varepsilon_y = \dfrac{1}{E}[\sigma_y - \nu(\sigma_x + \sigma_z)] + \alpha\theta \\[2ex] \varepsilon_z = \dfrac{1}{E}[\sigma_z - \nu(\sigma_x + \sigma_y)] + \alpha\theta \\[2ex] \varepsilon_{yz} = \dfrac{1+\nu}{E}\tau_{yz} \\[2ex] \varepsilon_{xz} = \dfrac{1+\nu}{E}\tau_{xz} \\[2ex] \varepsilon_{xy} = \dfrac{1+\nu}{E}\tau_{xy} \end{cases} \qquad (13-10)$$

写成用应变表示应力的形式为

$$\sigma_{ij} = \lambda\varepsilon_{kk}\delta_{ij} + 2\mu\varepsilon_{ij} + \beta\theta\delta_{ij} \qquad (13-11)$$

式中，$\beta = -\dfrac{E\alpha}{1-2\nu}$ 称为热模量。

热弹性问题的力学边界条件与纯粹的弹性问题完全相同，也可分为两类：① 位移边界条件，在 S_u 上，$u_i = \bar{u}_i$；② 应力边界条件，在 S_σ 上，$\sigma_{ij}n_j = \bar{t}_i$。

在线性热弹性问题中，由于基本方程及边界条件都是线性的，因而当温度变化和机械载荷同时存在时，可以将它们分别求解，然后再进行叠加。本章只研究由温度变化引起的热应力和变形问题，假设物体上作用的外力为零，即

在整个物体内 $\qquad\qquad\qquad\qquad \sigma_{ij,j} = 0 \qquad\qquad\qquad\qquad (13-12)$

在 S_u 上， $\qquad\qquad\qquad\qquad\qquad u_i = 0 \qquad\qquad\qquad\qquad (13-13)$

在 S_σ 上， $\qquad\qquad\qquad\qquad\qquad \sigma_{ij}n_j = 0 \qquad\qquad\qquad\qquad (13-14)$

例 1 如图 13-3 所示，一根长为 l、横截面为 A 的均质杆两端固定，杆的温度由 T_1 均匀升至 T_2，求杆中的热应力。

解：杆中因温度上升而产生的伸长为 $\Delta l = \alpha l(T_2 - T_1)$，但因受约束所以实际上没有伸长，即应变为零：

$$0 = \varepsilon_x = \frac{1}{E}[\sigma_x - \nu(\sigma_y + \sigma_z)] + \alpha(T_2 - T_1)$$

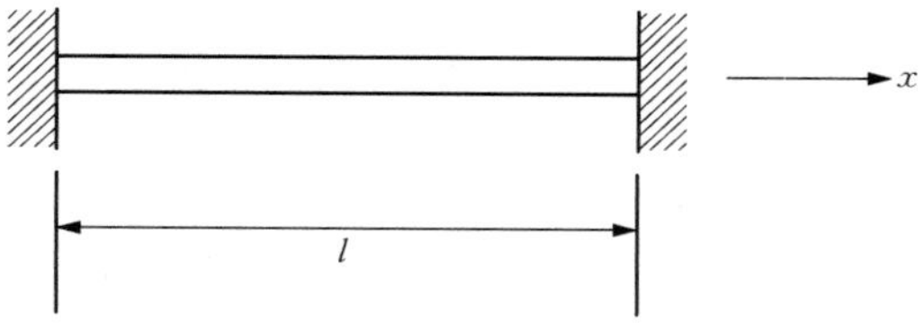

图 13-3 两端固定、受热的杆

在杆的中部，$\sigma_y \approx 0$，$\sigma_z \approx 0$，杆近似处于单向受力状态。所以 $\sigma_x = -E\alpha(T_2 - T_1)$，注意这个结果在两端附近不适用。

13.3.1　以位移表示的热弹性方程

将本构关系式(13-11)代入式(13-12),则平衡方程为

$$\mu \nabla^2 u_i + (\lambda + \mu) e_{,i} + \beta \theta_{,i} = 0 \tag{13-15}$$

式中,$e = \dfrac{\partial u}{\partial x} + \dfrac{\partial v}{\partial y} + \dfrac{\partial w}{\partial z}$ 为体积应变。应力边界条件为 $(\lambda \varepsilon_{kk} \delta_{ij} + 2\mu \varepsilon_{ij}) n_j = -\beta \theta n_i$。

与弹性问题方程比较,热弹性问题相当于弹性问题中体力为 $f_i = \beta \theta_{,i}$,面力为 $t_i = -\beta \theta n_i$,这说明由于温度变化而产生的位移场就等于等温弹性问题中,在假想体力 $\beta \theta_{,i}$ 和假想面力 $-\beta \theta n_i$ 作用下产生的位移场,这种将热弹性问题和等温弹性问题进行类比的方法称为杜阿梅尔-诺依曼(Duhamel-Neumann)对应性原理(correspondence principle),对热应力模型试验有很大帮助,可以用施加力载荷代替施加热,而施加热和温度远比力载荷难以控制(可参考文献[27])。

13.3.2　以应力表示的热弹性方程

将本构关系式(13-9)代入应变协调方程,得

$$(1 + \nu) \nabla^2 \sigma_{ij} + \frac{\partial \Theta}{\partial x_i \partial x_j} = -E\alpha \left(\frac{\partial^2 \theta}{\partial x_i \partial x_j} + \frac{1 + \nu}{1 - \nu} \nabla^2 \theta \delta_{ij} \right) \tag{13-16}$$

式中,$\Theta = \sigma_x + \sigma_y + \sigma_z$。

从式(13-16)可以看出,如果温度增量 θ 是 x,y,z 的线性函数,则式(13-16)右端为零,如果边界自由,则所有应力分量为零就是这个问题的解,而根据解的唯一性,这就是唯一的解。所以,对于一个表面允许自由膨胀的物体,线性分布的温度变化不产生热应力。

13.4　平面热弹性问题

对等厚度薄板的平面应力问题,假设没有体力和面力作用而只有温度变化 θ,下列讨论中,在不引起误解的情况下,为简便起见仍以 T 表示温度增量。平面应力问题中,有

$$\sigma_z = \tau_{yz} = \tau_{xz} = 0, \ u = u(x, y), \ v = v(x, y), \ T = T(x, y, t)。$$

本构关系为

$$\begin{cases} \varepsilon_x = \dfrac{1}{E} (\sigma_x - \nu \sigma_y) + \alpha T \\[2mm] \varepsilon_y = \dfrac{1}{E} (\sigma_y - \nu \sigma_x) + \alpha T \\[2mm] \varepsilon_{xy} = \dfrac{1 + \nu}{E} \tau_{xy} \end{cases} \tag{13-17}$$

$$\begin{cases} \sigma_x = \dfrac{E}{1-\nu^2}(\varepsilon_x + \nu\varepsilon_y) - \dfrac{E\alpha T}{1-\nu} \\[3mm] \sigma_y = \dfrac{E}{1-\nu^2}(\varepsilon_y + \nu\varepsilon_x) - \dfrac{E\alpha T}{1-\nu} \\[3mm] \tau_{xy} = \dfrac{E}{1+\nu}\varepsilon_{xy} \end{cases} \tag{13-18}$$

求解平面热应力问题一般宜采用位移解法,因为按应力求解,归结为求解方程 $\nabla^4 U = c\nabla^2 T$(c 为常数),应力函数并不是一个双调和函数,会比位移解法复杂一些。

以位移表示的平面热弹性问题方程为

$$\begin{cases} \dfrac{\partial^2 u}{\partial x^2} + \dfrac{1-\nu}{2}\dfrac{\partial^2 u}{\partial y^2} + \dfrac{1+\nu}{2}\dfrac{\partial^2 v}{\partial x \partial y} - (1+\nu)\alpha\dfrac{\partial T}{\partial x} = 0 \\[3mm] \dfrac{\partial^2 v}{\partial y^2} + \dfrac{1-\nu}{2}\dfrac{\partial^2 v}{\partial x^2} + \dfrac{1+\nu}{2}\dfrac{\partial^2 u}{\partial x \partial y} - (1+\nu)\alpha\dfrac{\partial T}{\partial y} = 0 \end{cases} \tag{13-19}$$

对于平面问题也有 Duhamel – Neumann 对应性原理:平面热弹性问题相当于等温弹性问题作用,① 体力 $\left(-\dfrac{E\alpha}{1-\nu}\dfrac{\partial T}{\partial x}, -\dfrac{E\alpha}{1-\nu}\dfrac{\partial T}{\partial y}\right)$;② 法向面力 $\sigma_n = \dfrac{E\alpha T}{1-\nu}$ 的解。

解出位移后,代入本构关系可求出应力。平面应变问题也可同样处理,只需将杨氏模量和泊松比做替换,$E \to \dfrac{E}{(1-\nu^2)}$,$\nu \to \dfrac{\nu}{1-\nu}$,$\alpha \to \alpha(1+\nu)$。平面应变问题中 $u = u(x, y)$,$v = v(x, y)$,$w = 0$,$\sigma_z = \nu(\sigma_x + \sigma_y) - E\alpha T$,但是需要注意的是,$\sigma_z = \nu(\sigma_x + \sigma_y) - E\alpha T$ 中的杨氏模量、泊松比、热膨胀系数不需要做替换。

13.5 平面热弹性问题的位移解法

按位移求解热弹性平面问题时,要使位移 u,v 满足

$$\begin{cases} \dfrac{\partial^2 u}{\partial x^2} + \dfrac{1-\nu}{2}\dfrac{\partial^2 u}{\partial y^2} + \dfrac{1+\nu}{2}\dfrac{\partial^2 v}{\partial x \partial y} - (1+\nu)\alpha\dfrac{\partial T}{\partial x} = 0 \\[3mm] \dfrac{\partial^2 v}{\partial y^2} + \dfrac{1-\nu}{2}\dfrac{\partial^2 v}{\partial x^2} + \dfrac{1+\nu}{2}\dfrac{\partial^2 u}{\partial x \partial y} - (1+\nu)\alpha\dfrac{\partial T}{\partial y} = 0 \end{cases} \tag{13-20}$$

并在边界上满足位移和应力边界条件,要得到同时满足边界条件和方程的解有一定困难,可分以下两步进行:

(1) 求(13-20)的一组特解,只满足方程,不一定满足边界条件。

(2) 不考虑温度变化,求式(13-20)的一组补充解,使它与特解叠加后,满足边界条件。

13.5.1 特解

假设位移可表示为 $u' = \dfrac{\partial \psi}{\partial x}$,$v' = \dfrac{\partial \psi}{\partial y}$,$\psi$ 称为位移势函数,代入式(13-20)中,则有

$$\frac{\partial}{\partial x}\nabla^2\psi=(1+\nu)\alpha\frac{\partial T}{\partial x}$$

$$\frac{\partial}{\partial y}\nabla^2\psi=(1+\nu)\alpha\frac{\partial T}{\partial y} \tag{13-21}$$

这说明 $\nabla^2\psi-(1+\nu)\alpha T$ 是常数,可取为零(因为现在是求特解,所以只要求出式(13-20)的一个解即可),于是 $\alpha T=\dfrac{1}{(1+\nu)}\nabla^2\psi$, $\varepsilon_x=\dfrac{\partial^2\psi}{\partial x^2}$, $\varepsilon_y=\dfrac{\partial^2\psi}{\partial y^2}$, $\varepsilon_{xy}=\dfrac{\partial^2\psi}{\partial x\partial y}$, 代入本构方程得

$$\sigma'_x=-\frac{E}{(1+\nu)}\frac{\partial^2\psi}{\partial y^2}$$

$$\sigma'_y=-\frac{E}{(1+\nu)}\frac{\partial^2\psi}{\partial x^2} \tag{13-22}$$

$$\tau'_{xy}=\frac{E}{(1+\nu)}\frac{\partial^2\psi}{\partial x\partial y}$$

13.5.2 补充解

补充解只需要满足齐次方程,即

$$\begin{cases}\dfrac{\partial^2 u''}{\partial x^2}+\dfrac{1-\nu}{2}\dfrac{\partial^2 u''}{\partial y^2}+\dfrac{1+\nu}{2}\dfrac{\partial^2 v''}{\partial x\partial y}=0\\[2mm]\dfrac{\partial^2 v''}{\partial y^2}+\dfrac{1-\nu}{2}\dfrac{\partial^2 v''}{\partial x^2}+\dfrac{1+\nu}{2}\dfrac{\partial^2 u''}{\partial x\partial y}=0\end{cases} \tag{13-23}$$

相应的应力分量(注意这时不考虑温度增量)为

$$\sigma''_x=\frac{E}{1-\nu^2}\left(\frac{\partial u''}{\partial x}+\nu\frac{\partial v''}{\partial y}\right)$$

$$\sigma''_y=\frac{E}{1-\nu^2}\left(\frac{\partial v''}{\partial y}+\nu\frac{\partial u''}{\partial x}\right) \tag{13-24}$$

$$\tau''_{xy}=\frac{E}{2(1+\nu)}\left(\frac{\partial v''}{\partial x}+\frac{\partial u''}{\partial y}\right)$$

总的位移为 $u=u'+u''$, $v=v'+v''$, 总位移要求满足位移边界条件。总应力为 $\sigma_x=\sigma'_x+\sigma''_x$, $\sigma_y=\sigma'_y+\sigma''_y$, $\tau_{xy}=\tau'_{xy}+\tau''_{xy}$, 总应力要求满足应力边界条件。

在一些应力边值问题和位移边值问题中,求补充解可利用应力函数,即

$$\sigma''_x=\frac{\partial^2 U}{\partial y^2},\ \sigma''_y=\frac{\partial^2 U}{\partial x^2},\ \tau''_{xy}=-\frac{\partial^2 U}{\partial x\partial y}$$

应力函数的选取可参考有关平面问题的论述。对于平面应变问题,杨氏模量、泊松比、热膨胀系数需做替换: $E\rightarrow\dfrac{E}{1-\nu^2}$, $\nu\rightarrow\dfrac{\nu}{1-\nu}$, $\alpha\rightarrow(1+\nu)\alpha$, ψ 满足的方程变为 $\nabla^2\psi=\dfrac{1+\nu}{1-\nu}\alpha T$。

例2 如图 13-4 所示,矩形薄板四边自由,设温度变化为 $T=T_0\left(1-\dfrac{y^2}{b^2}\right)$,$T_0$ 为常数。求板中的热应力。

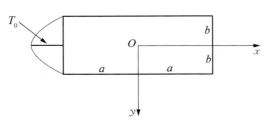

图 13-4 温度二次变化的自由矩形薄板

解: 先求位移势函数,位移势函数满足方程 $\nabla^2\psi=(1+\nu)\alpha T_0\left(1-\dfrac{y^2}{b^2}\right)$,注意到方程右边只是 y 的函数,不妨假设 ψ 也只与 y 有关,积分两次并忽略一次项(因为线性项不产生热应力),得 $\psi=(1+\nu)\alpha T_0\left(\dfrac{y^2}{2}-\dfrac{y^4}{12b^2}\right)$。 相应的应力分量为

$$\sigma'_x=-E\alpha T_0\left(1-\frac{y^2}{b^2}\right)$$

$$\sigma'_y=0,\ \tau'_{xy}=0$$

补充解必须满足两端 $\sigma_x=E\alpha T_0\left(1-\dfrac{y^2}{b^2}\right)$,$\tau_{xy}=0$,才能满足两端的边界条件。但要使边界上产生这样应力分布的艾里应力函数,很难精确求得,只能用变分解法求近似解。

当 $a\gg b$ 时,左右两边成为次要的边界,这样就可以按照圣维南原理把两边的面力化为等效的均布力,补充解可以选取应力函数 $U=cy^2$ 求出,对应于补充解的应力分量为

$$\sigma''_x=\frac{\partial^2 U}{\partial y^2}=2c,\ \sigma''_y=\frac{\partial^2 U}{\partial x^2},\ \tau''_{xy}=-\frac{\partial^2 U}{\partial x\partial y}$$

总应力分量为 $\sigma_x=\sigma'_x+\sigma''_x=2c-E\alpha T_0\left(1-\dfrac{y^2}{b^2}\right)$,$\sigma_y=0$,$\tau_{xy}=0$。 边界条件为 $\sigma_x\big|_{x=\pm a}=0$,$\tau_{xy}\big|_{x=\pm a}=0$,$\sigma_y\big|_{y=\pm b}=0$,$\tau_{xy}\big|_{y=\pm b}=0$,后 3 个条件已经满足,而第 1 个条件不能严格满足,只能整体满足,即在板的两端合力和合力矩为零,即 $\displaystyle\int_{-b}^{b}\sigma_x\big|_{x=\pm a}\mathrm{d}y=0$,$\displaystyle\int_{-b}^{b}y\sigma_x\big|_{x=\pm a}\mathrm{d}y=0$,由此可求出 $c=\dfrac{1}{3}E\alpha T_0$。

矩形板内的热应力为 $\sigma_x=E\alpha T_0\left(\dfrac{y^2}{b^2}-\dfrac{1}{3}\right)$,$\sigma_y=0$,$\tau_{xy}=0$,根据圣维南原理,当长度远大于宽度时,这个解只在两端附近有较大误差,在其他部分有足够的精度。矩形板内的应力分布如图 13-5 所示。

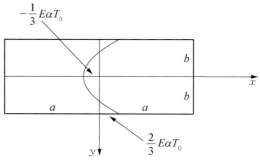

图 13-5 矩形板内的应力分布(σ_x)

13.6 极 坐 标 解 法

对于圆形、扇形、楔形等形状的热弹性问题,采用极坐标求解比较方便。在极坐标中,各向同性材料的本构关系不变,即

$$\begin{cases} \varepsilon_r = \dfrac{1}{E}(\sigma_r - \nu\sigma_\theta) + \alpha T \\[2mm] \varepsilon_\theta = \dfrac{1}{E}(\sigma_\theta - \nu\sigma_r) + \alpha T \\[2mm] \varepsilon_{r\theta} = \dfrac{1+\nu}{E}\tau_{r\theta} \end{cases} \tag{13-25}$$

同样,可以引进位移势函数求特解,$(u_r, u_\theta) = \nabla\psi = \left(\dfrac{\partial\psi}{\partial r}, \dfrac{1}{r}\dfrac{\partial\psi}{\partial\theta}\right)$,$\psi$ 所满足的方程仍然是 $\nabla^2\psi = (1+\nu)\alpha T$,极坐标中拉普拉斯算子为 $\nabla^2 = \dfrac{\partial^2}{\partial r^2} + \dfrac{1}{r}\dfrac{\partial}{\partial r} + \dfrac{1}{r^2}\dfrac{\partial^2}{\partial\theta^2}$。极坐标中的几何方程为 $\varepsilon_r = \dfrac{\partial u_r}{\partial r}$,$\varepsilon_\theta = \dfrac{u_r}{r} + \dfrac{1}{r}\dfrac{\partial u_\theta}{\partial\theta}$,$\varepsilon_{r\theta} = \dfrac{1}{2}\left(\dfrac{1}{r}\dfrac{\partial u_r}{\partial\theta} + \dfrac{\partial u_\theta}{\partial r} - \dfrac{u_\theta}{r}\right)$,对应于特解的应变为 $\varepsilon_r = \dfrac{\partial^2\psi}{\partial r}$,$\varepsilon_\theta = \dfrac{\partial\psi}{\partial r} + \dfrac{1}{r^2}\dfrac{\partial^2\psi}{\partial\theta^2}$,$\varepsilon_{r\theta} = \dfrac{1}{r}\dfrac{\partial^2\psi}{\partial r\partial\theta} - \dfrac{1}{r^2}\dfrac{\partial^2\psi}{\partial\theta}$。

对应于特解的应力分量为

$$\sigma'_r = -\frac{E}{(1+\nu)}\left(\frac{1}{r}\frac{\partial\psi}{\partial r} + \frac{1}{r^2}\frac{\partial^2\psi}{\partial\theta^2}\right)$$

$$\sigma'_\theta = -\frac{E}{(1+\nu)}\frac{\partial^2\psi}{\partial r^2} \tag{13-26}$$

$$\tau'_{r\theta} = \frac{E}{(1+\nu)}\frac{\partial}{\partial r}\left(\frac{1}{r}\frac{\partial\psi}{\partial\theta}\right)$$

如果温度变化与角度 θ 无关,即 $T = T(r)$,T 沿周向均匀分布,则称为轴对称问题,这时,位移函数 ψ 满足下列方程:

$$\left(\frac{\mathrm{d}^2}{\mathrm{d}r^2} + \frac{1}{r}\frac{\mathrm{d}}{\mathrm{d}r}\right)\psi = (1+\nu)\alpha T \tag{13-27}$$

或

$$\frac{1}{r}\frac{\mathrm{d}}{\mathrm{d}r}\left(r\frac{\mathrm{d}\psi}{\mathrm{d}r}\right) = (1+\nu)\alpha T \tag{13-28}$$

两次积分可求出 ψ:

$$\psi = \int\left[\frac{1}{r}\int(1+\nu)\alpha Tr\,\mathrm{d}r\right]\mathrm{d}r + (1+\nu)\alpha A\ln r + B \tag{13-29}$$

式中，A，B 为待定常数。

对应于特解的位移和应力为

$$\begin{cases} u'_r = \dfrac{\partial \psi}{\partial r} = \dfrac{1}{r}\int (1+\nu)\alpha Tr\,\mathrm{d}r + \dfrac{(1+\nu)\alpha A}{r} \\ u'_\theta = 0 \end{cases}$$

$$\begin{cases} \sigma'_r = -\dfrac{E}{(1+\nu)}\dfrac{1}{r}\dfrac{\mathrm{d}\psi}{\mathrm{d}r} = -\dfrac{E\alpha}{r^2}\Big(\int Tr\,\mathrm{d}r + A\Big) \\ \sigma'_\theta = -\dfrac{E}{(1+\nu)}\dfrac{\mathrm{d}^2\psi}{\mathrm{d}r^2} = \dfrac{E\alpha}{r^2}\Big(\int Tr\,\mathrm{d}r + A - Tr^2\Big) \\ \tau'_{r\theta} = 0 \end{cases} \tag{13-30}$$

实际应用时，式(13-30)中的积分可以全部取为不定积分，也可以写成定积分，积分限取

为 $\displaystyle\int_{r_0}^{r}(\cdot)\mathrm{d}\rho$，对于圆板 $r_0=0$，对于圆环或圆筒 $r_0=a$（a 为内环半径）。补充解可利用平面轴对称问题的应力函数 $U=A\ln r+Br^2\ln r+Cr^2+D$ 求得，特解和补充解叠加后得到的总应力和位移要满足应力和位移边界条件。

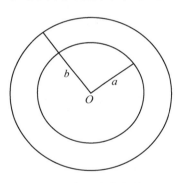

对平面应变问题，杨氏模量、泊松比和热膨胀系数需做替换：$E\rightarrow\dfrac{E}{1-\nu^2}$，$\nu\rightarrow\dfrac{\nu}{1-\nu}$，$\alpha\rightarrow(1+\nu)\alpha$，轴向应力为 $\sigma_z=\nu(\sigma_r+\sigma_\theta)-E\alpha T$。

例3 如图 13-6 所示，圆环内半径为 a，外半径为 b，温度变化为 $T=T(r)$，内外边界均自由，求热应力。

解： 对应于特解的应力分量为

$$\sigma'_r = -\dfrac{E\alpha}{r^2}\Big(\int_a^r T\rho\,\mathrm{d}\rho + A\Big)$$

$$\sigma'_\theta = \dfrac{E\alpha}{r^2}\Big(\int_a^r T\rho\,\mathrm{d}\rho - Tr^2 + A\Big)$$

$$\tau'_{r\theta} = 0$$

图 13-6 有温度变化的圆环

补充解：回顾平面轴对称问题，应力函数为 $U=A\ln r+Br^2\ln r+Cr^2+D$，$r^2$ 项对应于均匀拉伸或压缩，取 $U=\dfrac{C}{2}r^2$，相应的应力分量为 $\sigma''_r=\sigma''_\theta=C$，$\tau''_{r\theta}=0$。

总应力为

$$\sigma_r = -\dfrac{E\alpha}{r^2}\Big(\int_a^r T\rho\,\mathrm{d}\rho + A\Big) + C$$

$$\sigma_\theta = \dfrac{E\alpha}{r^2}\Big(\int_a^r T\rho\,\mathrm{d}\rho - Tr^2 + A\Big) + C$$

$$\tau_{r\theta} = 0$$

由边界条件 $\sigma_r\Big|_{r=a,b}=0$，$\tau_{r\theta}\Big|_{r=a,b}=0$，可确定 $A=\dfrac{a^2}{b^2-a^2}\int_a^b Tr\,\mathrm{d}r$，$C=\dfrac{E\alpha}{b^2-a^2}\int_a^b Tr\,\mathrm{d}r$。

对于圆筒，杨氏模量 E 需要用 $\dfrac{E}{1-\nu^2}$ 代替，$\nu\rightarrow\dfrac{\nu}{1-\nu}$，$\alpha\rightarrow(1+\nu)\alpha$，$\sigma_z=$

$\dfrac{E\alpha}{1-\nu}\left(\dfrac{2\nu}{b^2-a^2}\int_a^b Tr\,\mathrm{d}r-T\right)$。

如果圆环从某一均匀温度开始加热，内表面保持温度增量为 T_a，外表面温度增量为 T_b，假设无热源，当热流稳定后，温度增量的分布可以由热传导方程 $\dfrac{1}{r}\dfrac{\mathrm{d}}{\mathrm{d}r}\left(r\dfrac{\mathrm{d}T}{\mathrm{d}r}\right)=0$ 求出，$T=A\ln r+B$，由边界条件可求出 $A=\dfrac{T_b-T_a}{\ln b-\ln a}$，$B=\dfrac{T_a\ln b-T_b\ln a}{\ln b-\ln a}$，于是温度增量为 $T=$

$T_a\dfrac{\ln\dfrac{b}{r}}{\ln\dfrac{b}{a}}+T_b\dfrac{\ln\dfrac{a}{r}}{\ln\dfrac{a}{b}}$。

例 4 如图 13-7 所示，圆板周边刚性固定，温度增量为 T（常数），求圆板中的应力。

解：位移势函数为 $\psi=\dfrac{(1+\nu)\alpha T}{4}r^2+(1+\nu)\alpha A\ln r+B$，

相应的位移为 $u'_r=\dfrac{\partial\psi}{\partial r}=\dfrac{(1+\nu)\alpha T}{2}r+\dfrac{(1+\nu)\alpha A}{r}$，考虑到原点的位移必为有限值，$A=0$。相应的应力为

$$\sigma'_r=-\frac{E\alpha}{r^2}\int_0^r T\rho\,\mathrm{d}\rho=-\frac{E\alpha T}{2}$$

$$\sigma'_\theta=-\frac{E\alpha T}{2}$$

$$\tau'_{r\theta}=0$$

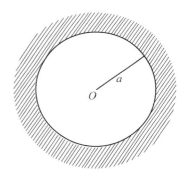

图 13-7 周边刚性固定、有温度变化的圆板

再求补充解，取应力函数 $U=\dfrac{c}{2}r^2$，对应的应力分量为 $\sigma''_r=\sigma''_\theta=c$，$\tau''_{r\theta}=0$，位移为 $u''_r=\dfrac{(1-\nu)c}{E}r$。于是，总位移为 $u_r=u'_r+u''_r=\left[\dfrac{(1+\nu)\alpha T}{2}+\dfrac{(1-\nu)c}{E}\right]r$。

由边界条件 $u_r\Big|_{r=a}=0$，可确定 $c=-\dfrac{(1+\nu)E\alpha T}{2(1-\nu)}$，最后求得圆板内应力分量为 $\sigma_r=\sigma'_r+$

$\sigma''_r=-\dfrac{\alpha ET}{1-\nu}$，$\sigma_\theta=-\dfrac{\alpha ET}{1-\nu}$，$\tau_{r\theta}=0$。

习 题

1. 证明热模量与热膨胀系数的关系为 $\beta = -\dfrac{E\alpha}{1-2\nu}$。

2. 写出有温度变化时各向同性材料应变能密度的表达式(用应变和温度增量表示)。

3. 一无限大平面弹性体,设其中一圆形区域发生均匀升温,试分析圆形区域内部产生的热应力是拉应力还是压应力?圆形区域以外的径向应力和环向应力是拉应力还是压应力?

4. 如图 1 所示,设四边自由的矩形薄板中的温度变化为

$$T = T_0 \cos \frac{\pi y}{2b}$$

假设 $a \gg b$,求板中的热应力。

5. 如图 1 所示,设四边自由的矩形薄板中的温度变化为 $T = -T_0 \dfrac{y^3}{b^3}$,假设 $a \gg b$,求板中的热应力(提示:取应力函数 $U = cy^3$ 求补充解)。

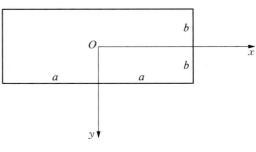

图 1

6. 如图 1 所示,设四边自由的矩形形薄板中的温度变化为

$$T = T_0 + T_1 \frac{x}{a} + T_2 \frac{y}{b}$$

式中,T_0、T_1、T_2 均为常数,求板中的热应力。

7. 如图 2 所示,设坝体内有半径为 a 的圆形孔道,孔道附近的温度变化为 $T = T_a \dfrac{a}{r}$,T_a 为孔边的温度增量,试求热应力(平面应变问题,σ_z 也要求)。

8. 如图 3 所示,设有圆环内半径为 a,外半径为 b,其内表面保持温度增量为 T_a,外表面温度增量为 T_b,内外边界均自由,求热应力。

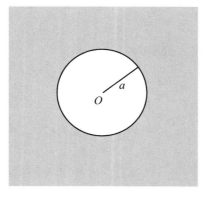

图 2

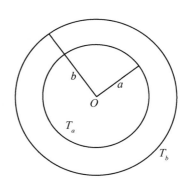

图 3

9. 如图 4 所示,有一个矩形薄板,杨氏模量为 E_1,泊松比为 ν_1,热膨胀系数为 α_1,开有一半径为 R 的小圆孔,在常温 T_0 下与半径为 R 的同一厚度的圆板理想黏结,其杨氏模量为 E_2,泊松比为 ν_2,热膨胀系数为 α_2。黏结时内部无应力,假定材料常数与温度无关,然后将其温度升高至温度 T_1。试求在高温状态 T_1 下圆板内的残余应力。

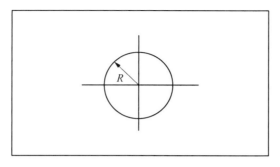

图 4

14 弹性波的传播

前面各章研究的都是静力学问题,加载速度很慢,位移、应力、应变都不随时间变化,但在很多实际问题中(如冲击问题、振动问题等),载荷是随时间变化的,导致位移、应力、应变也随时间变化,必须考虑惯性效应,称为弹性动力学问题。

当处于平衡状态的弹性体受到动载荷作用时,并不是在弹性体的所有各部分都立即引起位移、形变和应力。在外力作用开始时,距载荷作用点较远的部分仍保持不受干扰的状态,当载荷作用到弹性体时,载荷作用的部位将产生变形和应力,由于材料的弹性性质,载荷作用区域的物质微元将会试图回到平衡位置,进一步会影响到邻近区域,而又会影响邻近区域的邻域。这样,动载荷所引起的变形会以波的形式传递至远处,称为弹性波。简单地说,波是一种能量的传递方式。历史上,弹性波理论对于揭开地震成因和大地构造起到了重要作用。19世纪初,在光学理论的发展中,一种认为存在假想介质——以太(Ether)的理论曾起到积极作用,这种理论认为光是在以太介质中传播的波。19世纪后期麦克斯韦创立了电磁理论,阐明光是一种电磁波,进一步支持了以太假说。但是,后来迈克耳孙-莫雷干涉试验否定了以太的存在,而后爱因斯坦用光量子学说解释光电效应,最终在光的波粒二象性理论提出后才终结了光的本质是波动还是粒子的争论。虽然以太假说被否定,但它对科学的发展仍起到了积极作用。在互联网发展的早期,研究者将当时的实验型网络命名为以太网,希望实现一种像假想介质以太那样无处不在,让所有计算机都能相连的网络,现在以太网(Ethernet)一般指一种计算机局域网技术。

弹性波理论在科学研究和工程技术中有广泛的应用,在地震相关的研究与地质构造、地球物理学领域可用于地震震中的确定、地下矿物的勘探,还能利用弹性波进行无损探伤、无损检测以及残余应力的测量。另外,利用弹性波传播的特性还设计建造了各种传感器、滤波器等体声波和声表面波器件。

14.1 弹性体的运动方程

在冲击、振动、波动等动力学问题中,变形和应力都随时间变化,必须考虑惯性效应。弹性体中任意一点的位移为 u、v、w,该点的加速度分量为 $\dfrac{\partial^2 u}{\partial t^2}$、$\dfrac{\partial^2 v}{\partial t^2}$、$\dfrac{\partial^2 w}{\partial t^2}$。根据达朗贝尔原理,在单位体积上施加惯性力 $-\rho\dfrac{\partial^2 u}{\partial t^2}$、$-\rho\dfrac{\partial^2 v}{\partial t^2}$、$-\rho\dfrac{\partial^2 w}{\partial t^2}$,将惯性力视为体积力,加到平衡方程中就得到运动方程为

$$\sigma_{ij,j} + f_i - \rho\frac{\partial^2 u_i}{\partial t^2} = 0 \quad (i,j = 1, 2, 3) \tag{14-1}$$

几何方程和本构关系不变,分别为 $\varepsilon_{ij} = \dfrac{1}{2}(u_{i,j} + u_{j,i})$ 和 $\sigma_{ij} = \lambda\varepsilon_{kk}\delta_{ij} + 2\mu\varepsilon_{ij}$。代入式

(14-1),得

$$\mu \nabla^2 \boldsymbol{u} + (\lambda + \mu) \nabla (\nabla \cdot \boldsymbol{u}) + \boldsymbol{f} = \rho \frac{\partial^2 \boldsymbol{u}}{\partial t^2} \tag{14-2}$$

式中，$\boldsymbol{u}$ 为位移；$\boldsymbol{f}$ 为体力。

写成下标形式为

$$\mu \nabla^2 u_i + (\lambda + \mu) e_{,i} + f_i = \rho \frac{\partial^2 u_i}{\partial t^2} \tag{14-3}$$

写成分量形式为

$$\mu \nabla^2 u + (\lambda + \mu) \frac{\partial e}{\partial x} + f_x = \rho \frac{\partial^2 u}{\partial t^2}$$

$$\mu \nabla^2 v + (\lambda + \mu) \frac{\partial e}{\partial y} + f_y = \rho \frac{\partial^2 v}{\partial t^2} \tag{14-4}$$

$$\mu \nabla^2 w + (\lambda + \mu) \frac{\partial e}{\partial z} + f_z = \rho \frac{\partial^2 w}{\partial t^2}$$

上面各式中 e 为体积应变，$e = \dfrac{\partial u}{\partial x} + \dfrac{\partial v}{\partial y} + \dfrac{\partial w}{\partial z}$。拉梅常数与杨氏模量和泊松比的关系为 $\lambda = E\nu/(1+\nu)(1-2\nu)$，$\mu = E/2(1+\nu)$。

　　动力学问题需要运动方程加上适当的定解条件才能求解，定解条件包括初始条件和边界条件。初始条件：$u_i \big|_{t=0} = u_i^{(0)}$，$u_i^{(0)}$ 为初始位移，$\dfrac{\partial u_i}{\partial t} \big|_{t=0} = v_i^{(0)}$，$v_i^{(0)}$ 是初始速度；边界条件：在位移给定的边界 S_u 上，$u_i = \bar{u}_i$，在面力已知的边界 S_σ 上，$\sigma_{ij} n_j = \bar{t}_i$。

　　在动力学问题中，如果体力不大且不随时间变化，可用叠加原理分开求解，即把整个问题看成有体力的静力问题和无体力的动力问题的叠加，所以动力问题中一般不考虑体力。

14.2　弹性体中的无旋波与等容波

　　弹性体受外载荷作用时，并不是所有各部分都立即引起变形和应力，而是作用点附近处先引起变形，依次影响到远离作用点的地方，外载荷所引起的变形和应力以波动的形式向远处传播，称为弹性波。

　　要研究弹性波的传播，需要将位移分解为等容和无旋两部分，为此先介绍矢量的亥姆霍兹 (Helmholtz)分解：任意矢量 $\boldsymbol{a}$ 可以表示为一个标量的梯度和一个矢量的旋度之和，即 $\boldsymbol{a} = \nabla \varphi + \nabla \times \boldsymbol{b}$，其中 φ 为标量，$\boldsymbol{b}$ 为矢量，且 $\nabla \cdot \boldsymbol{b} = 0$。可以这样来推导矢量的亥姆霍兹分解，在恒等式 $\nabla \times (\nabla \times \boldsymbol{c}) = \nabla (\nabla \cdot \boldsymbol{c}) - \nabla^2 \boldsymbol{c}$ 中，令 $\nabla^2 \boldsymbol{c} = \boldsymbol{a}$，$\nabla \times \boldsymbol{c} = -\boldsymbol{b}$，$\nabla \cdot \boldsymbol{c} = \varphi$，则 $\boldsymbol{a} = \nabla \varphi + \nabla \times \boldsymbol{b}$。

　　根据矢量的亥姆霍兹分解，位移可以表示为

$$\boldsymbol{u} = \nabla \varphi + \nabla \times \boldsymbol{b} \tag{14-5}$$

先考察位移分解的第一项，$\boldsymbol{u}' = \nabla \varphi$，即 $u' = \dfrac{\partial \varphi}{\partial x}$，$v' = \dfrac{\partial \varphi}{\partial y}$，$w' = \dfrac{\partial \varphi}{\partial z}$。相应的体积应变

$e = \nabla \cdot \boldsymbol{u}' = \nabla^2 \varphi$，则 $\dfrac{\partial e}{\partial x} = \dfrac{\partial}{\partial x} \nabla^2 \varphi = \nabla^2 \dfrac{\partial \varphi}{\partial x} = \nabla^2 u'$，同理 $\dfrac{\partial e}{\partial y} = \nabla^2 v'$，$\dfrac{\partial e}{\partial z} = \nabla^2 w'$。

代入式（14-4），得

$$\frac{\partial^2 u'}{\partial t^2} = c_1^2 \nabla^2 u', \quad \frac{\partial^2 v'}{\partial t^2} = c_1^2 \nabla^2 v', \quad \frac{\partial^2 w'}{\partial t^2} = c_1^2 \nabla^2 w' \tag{14-6}$$

可见位移分量 u'，v'，w' 均满足波动方程，波速为 $c_1 = \sqrt{\dfrac{\lambda + 2\mu}{\rho}} = \sqrt{\dfrac{E(1-\nu)}{(1+\nu)(1-2\nu)\rho}}$。

根据第 3 章变形分析式（3-40），$\mathrm{d}\boldsymbol{u} = \boldsymbol{\omega} \times \mathrm{d}\boldsymbol{r} + \boldsymbol{\Gamma} \cdot \mathrm{d}\boldsymbol{r}$，其中 $\boldsymbol{\omega}$ 为局部刚体转动；$\boldsymbol{\Gamma} \cdot \mathrm{d}\boldsymbol{r}$ 为变形，其中

$$\boldsymbol{\omega} = \frac{1}{2}(\nabla \times \boldsymbol{u}) = \left[\frac{1}{2}\left(\frac{\partial w}{\partial y} - \frac{\partial v}{\partial z} \right), \frac{1}{2}\left(\frac{\partial u}{\partial z} - \frac{\partial w}{\partial x} \right), \frac{1}{2}\left(\frac{\partial v}{\partial x} - \frac{\partial u}{\partial y} \right) \right]$$

对于 $\boldsymbol{u}' = \nabla \varphi$，显然有 $\boldsymbol{\omega} = 0$，所以 $\boldsymbol{u}' = \nabla \varphi$ 对应的弹性波称为无旋波。

再看位移分解式（14-5）的第二项 $\boldsymbol{u}'' = \nabla \times \boldsymbol{b}$，则 $\nabla \cdot \boldsymbol{u}'' = 0$，即体积应变为零。代入运动方程，得

$$\frac{\partial^2 u''}{\partial t^2} = c_2^2 \nabla^2 u'', \quad \frac{\partial^2 v''}{\partial t^2} = c_2^2 \nabla^2 v'', \quad \frac{\partial^2 w''}{\partial t^2} = c_2^2 \nabla^2 w'' \tag{14-7}$$

式中，$c_2 = \sqrt{\dfrac{\mu}{\rho}} = \sqrt{\dfrac{E}{2(1+\nu)\rho}}$。可见位移分量满足波速为 c_2 的波动方程，这部分位移的体积应变为零，相应的弹性波称为等容波。

从无旋波和等容波波速的表达式可以看出，无旋波波速总是大于等容波波速，即 $c_1 > c_2$。弹性波波速一般在几千米每秒的量级，例如常用的低碳钢，杨氏模量 $E = 210\,\mathrm{GPa}$，泊松比 $\nu = 0.26$，密度 $\rho = 7\,800\,\mathrm{kg/m^3}$，算出 $c_1 = 5\,731.5\,\mathrm{m/s}$，$c_2 = 3\,268.6\,\mathrm{m/s}$。

波动方程有一个性质，如果 $\varphi_0 = \varphi_0(x, y, z, t)$ 是波动方程 $\nabla^2 \varphi = c^2 \dfrac{\partial^2 \varphi}{\partial t^2}$ 的解，则

$\dfrac{\partial \varphi_0}{\partial x}$，$\dfrac{\partial \varphi_0}{\partial y}$，$\dfrac{\partial \varphi_0}{\partial z}$，$\dfrac{\partial \varphi_0}{\partial t}$ 也是其解，由此可推断在无旋波中，应力、应变和质点速度也以速度 c_1 传播，在等容波中，应力、应变和质点速度也以速度 c_2 传播。

14.3　平面波的传播

弹性体内某处受到载荷作用后，载荷所引起的变形和应力以弹性波的形式向远处传播。确切地说，弹性体内部一点受到的扰动在各向同性材料中是以球面波的形式向外传播的，在离作用点较远处可以看作是平面波。所谓平面波是某一时刻具有相同位移的点在一个平面上的波。与此类似，球面波是某一时刻具有相同位移的点在一个球面上的波，还有柱面波等波动类

型。从质点运动方向和波传播方向相对关系上分类,可以分为纵波和横波。纵波指质点运动方向平行于波传播方向的波动;横波指质点运动方向垂直于波传播方向的波动类型。

14.3.1 纵波

为了简单起见,这里只讨论一维问题,设弹性波沿 x 轴传播(见图 14-1),只有 x 方向的位移存在,$u = u(x, t)$,$v = 0$,$w = 0$。 代入式 (14-4),得 $\dfrac{\partial^2 u}{\partial t^2} = c_1^2 \dfrac{\partial^2 u}{\partial x^2}$($c_1$ 为无旋波波速),做变量代换:$\xi = x + c_1 t$,$\eta = x - c_1 t$,由求导的链导法则,上述方程变换为 $\dfrac{\partial^2 u}{\partial \xi \partial \eta} = 0$,其通解为

$$u = u_1 + u_2 = f_1(x - c_1 t) + f_2(x + c_1 t)$$

$$(14-8)$$

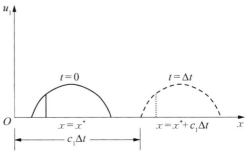

图 14-1 弹性波的传播

式中,函数 f_1,f_2 由初始条件确定。

下面考察波动方程的解 $u_1 = f_1(x - c_1 t)$,$u_2 = f_2(x + c_1 t)$ 的物理意义。

(1) $u_1 = f_1(x - c_1 t)$(见图 14-1),当 $t = 0$ 时,$u_1 = f_1(x)$ 是初始扰动的波形。当 $t = 0$ 时,在 $x = x^*$ 处的位移为 $u_1 = f_1(x^*)$。 当 $t = \Delta t$ 时,$x = x^* + c_1 \Delta t$ 处的位移为 $u_1 = f_1(x^* + c_1 \Delta t - c_1 \Delta t) = f_1(x^*)$,可见初始扰动在时间间隔 Δt 内向右传播了 $c_1 \Delta t$。 所以,$f_1(x - c_1 t)$ 表示向右传播的纵波,速度为 $c_1 \Delta t / \Delta t = c_1$。 x 方向的应变分量为

$$\varepsilon_x = \frac{\partial u_1}{\partial x} = \frac{\mathrm{d} f_1(x - c_1 t)}{\mathrm{d}(x - c_1 t)} \frac{\partial(x - c_1 t)}{\partial x} = \frac{\mathrm{d} f_1}{\mathrm{d}(x - c_1 t)} \qquad (14-9)$$

其他应变分量为零,可见弹性体上每一点都处于简单拉伸或压缩的状态,因此又称为压缩波或 P 波。相应的应力分量为

$$\sigma_x = \frac{E(1 - \nu)}{(1 + \nu)(1 - 2v)} \varepsilon_x$$

$$\sigma_y = \frac{E\nu}{(1 + \nu)(1 - 2v)} \varepsilon_x \qquad (14-10)$$

$$\sigma_z = \frac{E\nu}{(1 + \nu)(1 - 2v)} \varepsilon_x$$

其他应力分量为零。质点的速度为 $\dot{u}_1 = \dfrac{\partial u_1}{\partial t} = -c_1 \dfrac{\mathrm{d} f_1}{\mathrm{d}(x - c_1 t)}$,即 $\dfrac{\dot{u}_1}{c_1} = \dfrac{\mathrm{d} f_1}{\mathrm{d}(x - c_1 t)} = -\varepsilon_x$。

一般在波动问题中,应变很小,所以质点的运动速度远小于弹性波的速度 c_1。 例如,在钢中,c_1 为几千米每秒,质点的运动速度只有几米每秒。

(2) $u_2 = f_2(x + c_1 t)$ 表示一个沿 x 轴负向传播的纵波,传播速度为 c_1,显然纵波是一种无旋波。

14.3.2 横波

假设弹性波沿 x 方向传播,只有 y 方向的位移不为零,即 $u=0$, $v=v(x,t)$, $w=0$。 由此可见 $e=0$,代入式(14-4),得

$$\frac{\partial^2 v}{\partial t^2} = c_2^2 \frac{\partial^2 v}{\partial x^2} \qquad (14-11)$$

其通解为 $v=v_1+v_2=f_1(x-c_2 t)+f_2(x+c_2 t)$, f_1、f_2 由初始条件确定。

考察通解第一项 $v_1=f_1(x-c_2 t)$,因为位移沿 y 方向,传播方向沿 x 方向,所以是横波,传播速度为 c_2。 剪应变(工程剪应变)$\gamma_{xy}=\dfrac{\partial v_1}{\partial x}=\dfrac{\mathrm{d}f_1(x-c_2 t)}{\mathrm{d}(x-c_2 t)}$,其他应变分量为零,这说明弹性体上的每一点都始终处于 x、y 方向的剪切状态,剪应力 $\tau_{xy}=\dfrac{E}{2(1+v)}\dfrac{\mathrm{d}f_1(x-c_2 t)}{\mathrm{d}(x-c_2 t)}$,其他应力分量为零。

质点的速度 $\dot{v}_1=\dfrac{\partial v_1}{\partial t}=-c_2\dfrac{\mathrm{d}f_1(x-c_2 t)}{\mathrm{d}(x-c_2 t)}=-c_2\gamma_{xy}$,因为一般应变很小,所以质点速度 $\dot{v}_1$ 远小于波的传播速度 c_2。

通解第二项 $v_2=f_2(x+c_2 t)$ 表示沿着 x 轴负向传播的横波,速度等于 c_2。 横波是一种等容波,因为其体积应变 e 等于零。

本节讨论的纵波也称为压缩波或 P 波(pressure wave),横波又称为剪切波、畸变波或 S 波(shear wave)。横波与纵波的速度之比为

$$\frac{c_2}{c_1} = \sqrt{\frac{1-2v}{2(1-v)}} \qquad (14-12)$$

由于泊松比的取值范围为 $-1\sim 0.5$,则 $0<\dfrac{c_2}{c_1}<0.87$。 例如当 $v=\dfrac{1}{3}$ 时,$\dfrac{c_2}{c_1}=\dfrac{1}{2}$,可见在一般金属中,横波的速度大约只有纵波速度的一半。地震中,纵波总是比横波先到,根据其相差的时间,可推算出震源的距离,用两个以上观测点的数据即可推断出震中的位置。在无限大各向同性弹性体中,只有两种弹性波波速 c_1 和 c_2;在各向异性体中,一般情况可能有 3 个波速。本节和 14.2 节讨论的波都属于体波(bulk wave),其特点是与传播方向垂直的面上各质点的运动一致。还有另一类在半空间表间传播的波,与体波不同,其与传播方向垂直的面上各质点的运动不一致,这就是 14.4 节将要介绍的表面波。

14.4 表 面 波

如果弹性体的一部分边界是自由表面,则在表面附近可能出现一种波,其特点是① 随着距自由边界的距离增大而迅速减弱;② 大部分能量集中在表面附近,因此阻尼较小,可以传播到远处。最初英国科学家瑞利(J. W. Rayleigh)通过理论分析,预测存在这样类型的波,后来

在地震观测中被证实，又称为瑞利波。瑞利曾任英国皇家学会会长，因发现惰性气体氩气 (Argon)而于 1904 年获诺贝尔物理学奖，是少数可以称为力学家的诺贝尔奖获得者，他在力学领域的另一个贡献是第 12 章介绍的瑞利-里茨法。

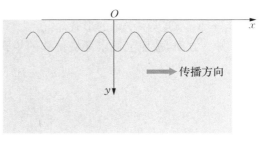

图 14-2　表面波的传播

在距波源较远处，表面波相应的位移可以看作是平面变形问题。设表面波沿 x 方向传播，$y=0$ 为自由表面，y 轴指向半空间内部，坐标系如图 14-2 所示。根据矢量的亥姆霍兹分解，位移可表示为无旋位移与等容位移的叠加。

无旋位移的表达式为

$$u_1 = A\mathrm{e}^{-ay}\sin(pt-sx)$$
$$v_1 = -Aa\mathrm{e}^{-ay}\cos(pt-sx) \qquad (14-13)$$
$$w_1 = 0$$

式中，A，a，p，s 均为常数。直接验证可知 $\omega_z = \dfrac{1}{2}\left(\dfrac{\partial v_1}{\partial x} - \dfrac{\partial u_1}{\partial y}\right) = 0$，所以这样设定的位移形式是无旋位移，式(14-13)中 u_1，v_1 分别表示为正弦函数和余弦函数的形式是为了使位移满足无旋条件。

式(14-13)中 a 为正数（$a>0$），它反映了表面波随着离自由表面距离增大而迅速衰减的特性，注意到 $\sin(pt-sx) = -\sin s\left(x - \dfrac{p}{s}t\right)$，与一般的波动方程的解 $f(x-ct)$ 比较，可见波速 $c_3 = \dfrac{p}{s}$。$\sin(x-ct)$，$\cos(x-ct)$ 形式的波称为简谐波，一般形式的波可以看作是许多简谐波的叠加。

下面说明式(14-13)形式的无旋位移是怎样得到的。式(14-13)中 e^{-ay} 项可从假设 $u = f(y)\sin(pt-sx)$ 形式的位移导出，代入运动方程 $\dfrac{\partial^2 u}{\partial t^2} = c_1^2\nabla^2 u$，得

$$-p^2 f(y)\sin(pt-sx) = c^2(-s^2 f(y))\sin(pt-sx) + f''(y)\sin(pt-sx) \qquad (14-14)$$

即

$$f'' - \left(s^2 - \dfrac{p^2}{c_1^2}\right)f = 0 \qquad (14-15)$$

解出 $f(y) = C_1\mathrm{e}^{-ay}$（$C_1$ 为常数），$a^2 = s^2 - \dfrac{p^2}{c_1^2} = s^2\left(1 - \dfrac{c_3^2}{c_1^2}\right)$。

同样假设 $v_1 = g(y)\cos(pt-sx)$，代入运动方程 $\dfrac{\partial^2 v}{\partial t^2} = c_1^2\nabla^2 v$，可解得 $g(y) = C_2\mathrm{e}^{-ay}$（$C_2$ 为常数），$a^2 = s^2\left(1 - \dfrac{c_3^2}{c_1^2}\right)$。

u_1，v_1 要满足无旋条件 $\theta_z = \dfrac{1}{2}\left(\dfrac{\partial v_1}{\partial x} - \dfrac{\partial u_1}{\partial y}\right) = 0$，则 $aC_1 + sC_2 = 0$，那么可将 C_1，C_2 写为 $C_1 = As$，$C_2 = -Aa$ 的形式。

另一方面，按照上述求无旋位移的步骤，同样可求得等容位移：

$$
\begin{aligned}
u_2 &= Bb\,\mathrm{e}^{-by}\sin(pt - sx) \\
v_2 &= -Bs\,\mathrm{e}^{-by}\cos(pt - sx) \\
w_2 &= 0
\end{aligned}
\tag{14-16}
$$

式中，B，b，p，s 均为常数；$b^2 = s^2 - \dfrac{p^2}{c_2^2} = s^2\left(1 - \dfrac{c_3^2}{c_2^2}\right)$；$u_2$，$v_2$ 的系数 Bb；$-Bs$ 是等容位移所要求的。

将无旋位移和等容位移叠加得到

$$
\begin{aligned}
u &= u_1 + u_2 = (As\,\mathrm{e}^{-ay} + Bb\,\mathrm{e}^{-by})\sin(pt - sx) \\
v &= v_1 + v_2 = -(Aa\,\mathrm{e}^{-ay} + Bs\,\mathrm{e}^{-by})\cos(pt - sx) \\
w &= w_1 + w_2 = 0
\end{aligned}
\tag{14-17}
$$

自由表面的边界条件为 σ_y，$\tau_{xy}\,|_{y=0} = 0$，即

$$
\begin{aligned}
&\left(\frac{v}{1-v}\frac{\partial u}{\partial x} + \frac{\partial v}{\partial y}\right)\Big|_{y=0} = 0 \\
&\left(\frac{\partial u}{\partial y} + \frac{\partial v}{\partial x}\right)\Big|_{y=0} = 0
\end{aligned}
\tag{14-18}
$$

将式(14-17)代入式(14-18)，得

$$
\begin{cases}
\left(a^2 - \dfrac{v}{1-v}s^2\right)A + \dfrac{1-2v}{1-v}bsB = 0 \\[2mm]
2asA + (b^2 + s^2)B = 0
\end{cases}
\tag{14-19}
$$

这是一个关于 A，B 的齐次线性方程组，要使 A，B 有非零解，系数行列式必须为零，则有

$$
\begin{vmatrix}
a^2 - \dfrac{v}{1-v}s^2 & \dfrac{1-2v}{1-v}bs \\[2mm]
2as & b^2 + s^2
\end{vmatrix} = 0
\tag{14-20}
$$

展开行列式，得 $4(1-2v)^2 a^2 b^2 s^4 = (b^2+s^2)^2\left[(1-v)a^2 - vs^2\right]^2$，将 a，b 的表达式代入，并约去 s，得到下列方程：

$$
\left(\frac{c_3}{c_2}\right)^6 - 8\left(\frac{c_3}{c_2}\right)^4 + 8\left(\frac{2-v}{1-v}\right)\left(\frac{c_3}{c_2}\right)^2 - \frac{8}{1-v} = 0
\tag{14-21}
$$

由 $a^2 = s^2\left(1 - \dfrac{c_3^2}{c_1^2}\right) > 0$，$b^2 = s^2\left(1 - \dfrac{c_3^2}{c_2^2}\right) > 0$，可知 $c_3 < c_2 < c_1$。

设 $R(x) = \left(\dfrac{x}{c_2}\right)^6 - 8\left(\dfrac{x}{c_2}\right)^4 + 8\left(\dfrac{2-v}{1-v}\right)\left(\dfrac{x}{c_2}\right)^2 - \dfrac{8}{1-v}$，则有 $R(c_2) = 1$，$R(0) =$

$-\dfrac{8}{1-\nu}<0$，所以 $R(x)$ 在 $[0, c_2]$ 内一定有实根，运用复变函数理论的辐角原理可以证明式(14-21)在 $[0, c_2]$ 区间内只有一个实根。例如，设 $v=\dfrac{1}{4}$，则式(14-21)变为

$$\left(\frac{c_3}{c_2}\right)^6-8\left(\frac{c_3}{c_2}\right)^4+\frac{56}{3}\left(\frac{c_3}{c_2}\right)^2-\frac{32}{3}=0 \tag{14-22}$$

解得 $\left(\dfrac{c_3}{c_2}\right)^2=4, 2+\dfrac{2\sqrt{3}}{3}, 2-\dfrac{2\sqrt{3}}{3}$，在 $[0, 1]$ 内只有一个根 $2-\dfrac{2\sqrt{3}}{3}$。这时 $c_3=0.919\,4c_2=0.581\,5\sqrt{\dfrac{E}{\rho}}$，$c_1=1.095\,44\sqrt{\dfrac{E}{\rho}}$，$c_2=0.632\,4\sqrt{\dfrac{E}{\rho}}$。

下面主要介绍质点的运动轨迹。在半空间表面 $x=x_0$，$y=y_0=0$ 处的质点，在表面波传播过程中，其位置为

$$\begin{aligned} x'&=u+x_0=(As+Bb)\sin(pt-sx_0)+x_0 \\ y'&=v+y_0=-(Aa+Bs)\cos(pt-sx_0) \end{aligned} \tag{14-23}$$

由此可见质点运动的轨迹是一个以 $(x_0, 0)$ 为中心的椭圆，方程为

$$\frac{(x'-x_0)^2}{(As+Bb)^2}+\frac{y'^2}{(Aa+Bs)^2}=1 \tag{14-24}$$

其长短轴之比为 $\dfrac{As+Bb}{Aa+Bs}$，由 $2asA+(b^2+s^2)B=0$ 可知 $\dfrac{A}{B}=-\dfrac{b^2+s^2}{2as}$。因此，$\dfrac{As+Bb}{Aa+Bs}=\dfrac{2abs-(b^2+s^2)s}{2as^2-(b^2+s^2)a}$。一般来说，图 14-3 中沿 x 轴正向传播的表面波，自由表面质点的运动轨迹是逆时针旋转的椭圆。

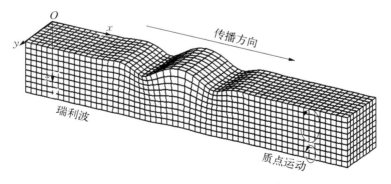

图 14-3　表面波的传播和质点的运动轨迹

由于表面波的能量集中在自由表面附近，所以在传播过程中能量衰减比体波(纵波和横波)要弱，可传播到更远的地方，在地震中对地面建筑破坏性更大。表面波不是纵波，也不是横波。

习　题

1. 试证明：纵波和横波分别为无旋波和等容波。

2. 试证明：当纵波或横波在弹性体中传播时，该弹性体中的动能与应变能保持相等。

3. 设地震震中距你居住的地方直线距离为 l，地层的弹性常数 E，ν 和密度 ρ 均为已知。假设你在纵波到达 t_0 秒后惊醒。试问你在横波到达之前还有多少时间跑到安全区域？试根据 $l = 200\ \text{km}$，$E = 20\ \text{GPa}$，$\nu = 0.3$，$\rho = 2\,000\ \text{kg/m}^3$，$t_0 = 3\ \text{s}$ 来进行具体估算。

4. 试求当 $v = 0$ 及 $v = 1/3$ 时的 c_1，c_2，c_3（用 $\sqrt{\dfrac{E}{\rho}}$ 表示）。

5. 当 $v = 1/4$ 时，试求自由表面质点运动轨迹的长短轴之比，并指出长、短轴的方向。

6. 试证明沿 x 轴正向传播的表面波，自由表面质点的运动轨迹是逆时针旋转的椭圆。

7. 思考题：地球表面大部分由海洋所覆盖，地震时在海底传播的表面波由于海水的存在会改变传播性质，对此问题应怎样分析？

8. 思考题：海啸是地震发生于海底时海水中形成的强大波浪，传播到海岸时可造成巨大破坏。若海啸在深海中的传播可看作是浅水波，传播速度为 $\sqrt{gh}$（g 为重力加速度、h 海水深度）。根据弹性波的传播特点，应如何建立一种预警机制，使得地震发生后可迅速判断是否可能引起海啸？多长时间后地震引起的海啸会到来？

15　薄板小挠度弯曲问题

在平面应力问题中我们曾经研究过薄板,本章的研究对象与平面应力问题相同,但作用的载荷不同。薄板只受面内载荷作用时属于平面应力问题;当受到垂直于板面载荷作用时,板的变形模式为弯曲变形,本章研究薄板的弯曲问题。

板是指一个方向的尺寸远小于另外两个方向的尺寸的几何体,如果两个尺寸较大的方向形成的表面平行且是平面则称为平板。如图 15-1所示,如果平板厚度为 t,平分厚度 t 的平面称为板的中面,坐标系 xy 平面取在中面上。如果板厚 t 小于中面最小尺寸的 $1/5$,即 $t/b < 1/5$(b 为板的宽度),则称为薄板。如果 $t/b > 1/5$,则称为中厚板或厚板。

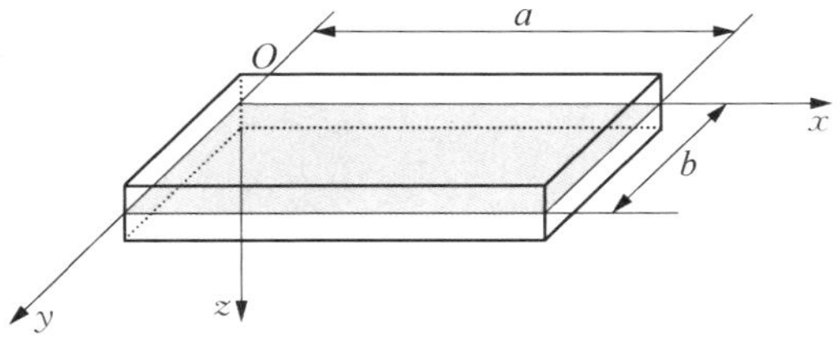

薄板因为一个方向的尺寸远小于另外两个方向尺寸的特点,采用一定的变形假设后,板的弯曲问题可由三维问题简化为二维问题。

图 15-1　矩形薄板的几何尺寸和中面

工程中应用最广的是薄板理论,本章介绍薄板弯曲问题的基尔霍夫理论。当薄板受一般载荷作用时,总可以将载荷分解为两部分,一部分是作用在薄板中面面内的纵向载荷,另一部分是垂直于中面的横向载荷。对于纵向载荷,由于是薄板,可以认为纵向载荷沿薄板厚度均匀分布,因此由它们引起的应力、变形可以按平面应力问题计算。横向载荷将使薄板弯曲,如何计算横向载荷所引起的应力、变形正是本章所要解决的问题。中面变形后所形成的曲面称为薄板的弹性曲面,或称为挠曲面。中面上各点在垂直于中面方向的位移称为挠度。本章只研究薄板小挠度理论,也就是说虽然薄板很薄,但仍具有相当大的刚度,挠度远远小于厚度。

如果挠度与厚度的量级相当,则属于大挠度问题。与欧拉梁理论类似,薄板基尔霍夫理论不考虑剪切变形的影响,但对中厚板弯曲问题则需要考虑剪切变形的影响,应采用Reissner - Mindlin板、Reddy 板等中厚板理论来分析。由于篇幅所限,本书仅介绍薄板理论,中厚板理论和大挠度问题请读者参阅文献[27][38][39]。

15.1　基本假设和问题的简化

根据薄板弯曲问题的特点,对薄板变形可以做如下假设,称为基尔霍夫假设,这些假设已被大量实验和薄板理论的工程应用所证实。

(1)垂直于中面方向的正应变 ε_z 很小,可以忽略,即 $\varepsilon_z = \dfrac{\partial w}{\partial z} = 0$。由此可知 $w = w(x, y)$,也就是说 w 沿厚度方向无变化,中面沿厚度方向的位移可以代表板各点的位移。这条假设类似于梁的纵向纤维无挤压假设。

（2）直法向假设，对应于梁理论的直法向假设。变形前垂直于中面的法向，变形后仍为直线并垂直于变形后的中面，因此 $\varepsilon_{xz}=0$，$\varepsilon_{yz}=0$，即中面法向在弯曲时保持不伸缩，变形后仍为中面的法向。

（3）板的中面只有与中面垂直方向的位移，而无平行于中面的位移，即 $u\mid_{z=0}=v\mid_{z=0}=0$，在 $z=0$ 处，$\varepsilon_x=\varepsilon_y=\varepsilon_{xy}=0$，也就是说中面的任意一部分，虽然弯曲成挠曲面的一部分，但它在 xy 平面的投影形状保持不变。简单地说，就是中面面内无变形。

另外，由于 σ_z 和 σ_x、σ_y 相比很小，在本构关系中可忽略 σ_z 的影响，则本构关系变成以下形式：

$$\begin{cases} \varepsilon_x = \dfrac{1}{E}(\sigma_x - \nu\sigma_y) \\[2mm] \varepsilon_y = \dfrac{1}{E}(\sigma_y - \nu\sigma_x) \\[2mm] \varepsilon_{xy} = \dfrac{1+\nu}{E}\tau_{xy} \end{cases} \tag{15-1}$$

或

$$\begin{cases} \sigma_x = \dfrac{E}{1-\nu^2}(\varepsilon_x + \nu\varepsilon_y) \\[2mm] \sigma_y = \dfrac{E}{1-\nu^2}(\varepsilon_y + \nu\varepsilon_x) \\[2mm] \tau_{xy} = \dfrac{E}{(1+\nu)}\varepsilon_{xy} \end{cases} \tag{15-2}$$

15.2　基本方程的导出

因为挠度是表征变形的重要物理量，所以薄板弯曲问题宜采用位移解法，将所有的量均用挠度 w 来表示，利用边界条件和平衡方程导出挠度 w 所满足的微分方程。

首先求位移 u、v，由直法向假设，有 $\varepsilon_{xz}=\varepsilon_{yz}=0$，即 $\dfrac{\partial u}{\partial z}+\dfrac{\partial w}{\partial x}=0$，$\dfrac{\partial w}{\partial y}+\dfrac{\partial v}{\partial z}=0$，于是

$$u = -\frac{\partial w}{\partial x}z + f_1(x,y)$$
$$v = -\frac{\partial w}{\partial y}z + f_2(x,y) \tag{15-3}$$

式中，$f_1(x,y)$，$f_2(x,y)$ 为任意函数。

利用中面面内无变形的假设 u，$v\mid_{z=0}=0$，可知 $u=-\dfrac{\partial w}{\partial x}z$，$v=-\dfrac{\partial w}{\partial y}z$。

然后求应变，应变分量可以表示为

$$\varepsilon_x = \frac{\partial u}{\partial x} = -\frac{\partial^2 w}{\partial x^2} z$$

$$\varepsilon_y = \frac{\partial v}{\partial y} = -\frac{\partial^2 w}{\partial y^2} z \tag{15-4}$$

$$\varepsilon_{xy} = \frac{1}{2}\left(\frac{\partial u}{\partial y} + \frac{\partial v}{\partial x}\right) = -\frac{\partial^2 w}{\partial x \partial y} z$$

记 $\chi_x = -\dfrac{\partial^2 w}{\partial x^2}$，$\chi_y = -\dfrac{\partial^2 w}{\partial y^2}$，$\chi_{xy} = -\dfrac{\partial^2 w}{\partial x \partial y}$，则应变分量可以写为

$$\varepsilon_x = \chi_x z, \ \varepsilon_y = \chi_y z, \ \varepsilon_{xy} = \chi_{xy} z \tag{15-5}$$

在小变形条件下，可近似地认为 χ_x、χ_y 是中面在 x、y 方向的曲率，χ_{xy} 为扭率，表示 x 方向的斜率在 y 方向的变化率，曲率反映了板的弯曲变形特征，扭率反映了板的扭曲变形特征。

接下来由本构关系和平衡方程求出应力分量，将应变分量代入简化的本构关系式 (15-2)，得

$$\sigma_x = -\frac{Ez}{1-\nu^2}\left(\frac{\partial^2 w}{\partial x^2} + \nu \frac{\partial^2 w}{\partial y^2}\right)$$

$$\sigma_y = -\frac{Ez}{1-\nu^2}\left(\frac{\partial^2 w}{\partial y^2} + \nu \frac{\partial^2 w}{\partial x^2}\right) \tag{15-6}$$

$$\tau_{xy} = -\frac{Ez}{1+\nu}\frac{\partial^2 w}{\partial y \partial x}$$

其他应力分量 τ_{zx}、τ_{zy}、σ_z 需要由平衡方程求出，由于不考虑纵向载荷，可设 x，y 方向的体力 X，$Y = 0$。

由平衡方程前两式得

$$\frac{\partial \tau_{zx}}{\partial z} = -\frac{\partial \sigma_x}{\partial x} - \frac{\partial \tau_{xy}}{\partial y} = \frac{Ez}{1-\nu^2}\frac{\partial}{\partial x}\nabla^2 w$$

$$\frac{\partial \tau_{zy}}{\partial z} = -\frac{\partial \sigma_y}{\partial y} - \frac{\partial \tau_{xy}}{\partial x} = \frac{Ez}{1-\nu^2}\frac{\partial}{\partial y}\nabla^2 w \tag{15-7}$$

对式 (15-7) 中两个方程积分，可求得剪应力分量为

$$\begin{cases} \tau_{zx} = \dfrac{Ez^2}{2(1-\nu^2)}\dfrac{\partial}{\partial x}\nabla^2 w + F_1(x, y) \\[3mm] \tau_{zy} = \dfrac{Ez^2}{2(1-\nu^2)}\dfrac{\partial}{\partial y}\nabla^2 w + F_2(x, y) \end{cases} \tag{15-8}$$

进一步由薄板的上、下表面边界条件 $\left.\tau_{zx}\right|_{z=\pm\frac{t}{2}} = \left.\tau_{zy}\right|_{z=\pm\frac{t}{2}} = 0$，得

$$\tau_{zx} = \frac{E}{2(1-\nu^2)}\left(z^2 - \frac{t^2}{4}\right)\frac{\partial}{\partial x}\nabla^2 w$$

$$\tau_{zy} = \frac{E}{2(1-\nu^2)}\left(z^2 - \frac{t^2}{4}\right)\frac{\partial}{\partial y}\nabla^2 w \tag{15-9}$$

最后求正应力分量 σ_z，假设 z 方向的体力 Z 为 0，如果 Z 不为 0，可将其归并到横向载荷 q 中去，横向载荷按 $q^* = q + \int_{-t/2}^{t/2} Z \mathrm{d}z$ 计算，这样处理只对次要的应力分量 σ_z 有影响。

由平衡方程 $\dfrac{\partial \sigma_z}{\partial z} = -\dfrac{\partial \tau_{xz}}{\partial x} - \dfrac{\partial \tau_{yz}}{\partial y}$，有 $\dfrac{\partial \sigma_z}{\partial z} = \dfrac{E}{2(1-\nu^2)}\left(\dfrac{t^2}{4} - z^2\right)\nabla^4 w$，对 z 积分，得

$$\sigma_z = \frac{E}{2(1-\nu^2)}\left(\frac{t^2 z}{4} - \frac{z^3}{3}\right)\nabla^4 w + F_3(x, y) \tag{15-10}$$

由板下表面的边界条件 $\sigma_z\Big|_{z=\frac{t}{2}} = 0$（如果下表面有载荷作用，则最后方程中下表面载荷和上表面载荷合在一起作为横向载荷），确定出 $F_3(x, y)$，则有

$$\sigma_z = -\frac{Et^3}{6(1-\nu^2)}\left(\frac{1}{2} - \frac{z}{t}\right)^2\left(1 + \frac{z}{t}\right)\nabla^4 w \tag{15-11}$$

最后利用薄板上表面的边界条件，$\sigma_z\Big|_{z=-\frac{t}{2}} = -q$，得

$$\frac{Et^3}{12(1-\nu^2)}\nabla^4 w = q \tag{15-12}$$

或

$$D\nabla^4 w = q \tag{15-13}$$

式中，$D = \dfrac{Et^3}{12(1-\nu^2)}$，$D$ 称为薄板的弯曲刚度，量纲是［力］×［长度］，代表薄板抵抗弯曲的能力。

式（15-13）即为薄板小挠度弯曲问题的基本方程，称为挠曲微分方程。求解薄板小挠度弯曲问题需要求出满足边界条件的挠曲方程的解，求出挠度 w 后，可由式（15-6）、式（15-9）和式（15-11）求应力分量。

15.3 薄板横截面上的内力和应力

在绝大多数情况下，都很难使应力分量在薄板的侧面（板边）上精确地满足应力边界条件，而只能应用圣维南原理，使这些应力分量整体满足边界条件（或称为在圣维南意义下满足）。这就需要得到内力（应力的合力和合力矩）与挠度的关系。如图 15-2 所示，从薄板中取出一个小六面体，在垂直于 x 轴的横截面上，作用着 σ_x，τ_{xy} 和 τ_{xz}。由它们的表达式可以看出 σ_x，τ_{xy} 是 z 的线性函数，它们在板厚度上的合力为零，合成为弯矩和扭矩。

在该横截面的每单位宽度上，σ_x 合成弯矩：

$$M_x = \int_{-t/2}^{t/2} z\sigma_x \mathrm{d}z = -\frac{Et^3}{12(1-\nu^2)}\left(\frac{\partial^2 w}{\partial x^2} + \nu\frac{\partial^2 w}{\partial y^2}\right) \tag{15-14}$$

剪应力 τ_{xy} 合成扭矩：

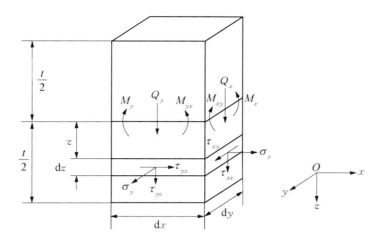

图 15 - 2　薄板截面上的内力

$$M_{xy} = \int_{-t/2}^{t/2} z\tau_{xy}\,\mathrm{d}z = -\frac{Et^3}{12(1+\nu)}\,\frac{\partial^2 w}{\partial x \partial y} \tag{15-15}$$

τ_{xz} 合成横向剪力：

$$Q_x = \int_{-t/2}^{t/2} \tau_{xz}\,\mathrm{d}z = -\frac{Et^3}{12(1-\nu^2)}\,\frac{\partial}{\partial x}\,\nabla^2 w \tag{15-16}$$

同样在垂直于 y 轴的横截面上，有弯矩 M_y、扭矩 M_{yx} 和横向剪力 Q_y：

$$M_y = -\frac{Et^3}{12(1-\nu^2)}\left(\frac{\partial^2 w}{\partial y^2} + \nu\,\frac{\partial^2 w}{\partial x^2}\right) \tag{15-17}$$

$$M_{yx} = -\frac{Et^3}{12(1+\nu)}\,\frac{\partial^2 w}{\partial x \partial y} = M_{xy} \tag{15-18}$$

$$Q_y = -\frac{Et^3}{12(1-\nu^2)}\,\frac{\partial}{\partial y}\,\nabla^2 w \tag{15-19}$$

弯矩、扭矩和剪力也可以改写成以下形式：

$$M_x = -D\left(\frac{\partial^2 w}{\partial x^2} + \nu\,\frac{\partial^2 w}{\partial y^2}\right)$$

$$M_y = -D\left(\frac{\partial^2 w}{\partial y^2} + \nu\,\frac{\partial^2 w}{\partial x^2}\right) \tag{15-20}$$

$$M_{xy} = M_{yx} = -D(1-\nu)\,\frac{\partial^2 w}{\partial x \partial y}$$

$$Q_x = -D\,\frac{\partial}{\partial x}\,\nabla^2 w$$

$$Q_y = -D\,\frac{\partial}{\partial y}\,\nabla^2 w \tag{15-21}$$

从应力分量和内力分量的表达式可以看出,应力和内力有如下关系:

$$\sigma_x = \frac{12M_x}{t^3}z$$

$$\sigma_y = \frac{12M_y}{t^3}z$$

$$\tau_{xy} = \tau_{yx} = \frac{12M_{xy}}{t^3}z \qquad (15-22)$$

$$\tau_{xz} = \frac{6Q_x}{t^3}\left(\frac{t^2}{4} - z^2\right)$$

$$\tau_{yz} = \frac{6Q_y}{t^3}\left(\frac{t^2}{4} - z^2\right)$$

z 方向的应力为

$$\sigma_z = -2q\left(\frac{1}{2} - \frac{z}{t}\right)^2\left(1 + \frac{z}{t}\right) \qquad (15-23)$$

由此可以看出,沿着薄板的厚度,σ_x、σ_y、τ_{xy} 的最大值发生在板面,τ_{xz}、τ_{yz} 的最大值在中面,σ_z 的最大值在板的上表面(如果下面无载荷)。

上面所讨论的内力都是每单位宽度上的内力,M_x、M_y、M_{yx} 的量纲是[力],Q_x、Q_y 的量纲是[力][长度]$^{-1}$。 正应力 σ_x、σ_y 与弯矩 M_x、M_y 成正比,因而称为弯应力。剪应力 τ_{xy} 与扭矩 M_{yx} 成正比,称为扭应力。τ_{xz}、τ_{yz} 分别与横向剪力 Q_x、Q_y 成正比,称为横向剪应力,正应力 σ_z 与横向载荷 q 成正比,称为挤压应力。在薄板小挠度弯曲问题中,弯应力和扭应力数值上最大,是主要应力;横向剪应力数值较小,是次要应力;挤压应力数值上最小,是最次要的应力。

剪力、弯矩和扭矩是由应力导出的量,所以它们也是具有张量性质的量。当边界是斜边界或曲线边界时,可以以边界外法向和切向为坐标轴建立局部坐标系。在坐标变换下,弯矩和扭矩的变化规律为

$$M_\xi = M_x\cos^2\theta + M_{xy}\sin 2\theta + M_y\sin^2\theta$$
$$M_\eta = M_x\sin^2\theta - M_{xy}\sin 2\theta + M_y\cos^2\theta$$
$$M_{\xi\eta} = \frac{1}{2}(M_y - M_x)\sin 2\theta + M_{xy}\cos 2\theta \qquad (15-24)$$

剪力的变化规律为

$$Q_\xi = Q_x\cos\theta + Q_y\sin\theta$$
$$Q_\eta = -Q_x\sin\theta + Q_y\cos\theta \qquad (15-25)$$

如果用 ξ,η 表示边界的法向和切向,则 $\xi = (\cos\theta \quad \sin\theta)$,$\eta = (-\sin\theta \quad \cos\theta)$。

挠度的微分方程也可以根据内力与载荷的平衡导出(见图 15-3),考虑薄板中的任意一块微元,其中面尺寸是 $dx \times dy$。 弯矩和扭矩方向按右手螺旋法则确定,也用矢量表示,实心箭头表示力矩,空心箭头表示力。

根据力矩平衡条件,x、y 方向的合力矩应等于 0,得

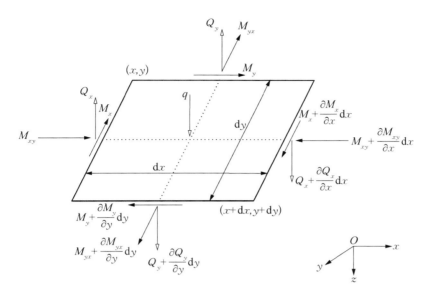

图 15 - 3   薄板微元上作用的内力

$$M_{xy}\mathrm{d}y - \left(M_{xy} + \frac{\partial M_{xy}}{\partial x}\mathrm{d}x\right)\mathrm{d}y + M_y\mathrm{d}x - \left(M_y + \frac{\partial M_y}{\partial y}\mathrm{d}y\right)\mathrm{d}x +$$

$$Q_y\frac{\mathrm{d}y}{2}\mathrm{d}x + \left(Q_y + \frac{\partial Q_y}{\partial y}\mathrm{d}y\right)\frac{\mathrm{d}y}{2}\mathrm{d}x = 0$$

$$-M_{yx}\mathrm{d}x + \left(M_{yx} + \frac{\partial M_{yx}}{\partial y}\mathrm{d}y\right)\mathrm{d}x - M_x\mathrm{d}y +$$

$$\left(M_x + \frac{\partial M_x}{\partial x}\mathrm{d}x\right)\mathrm{d}y - Q_x\frac{\mathrm{d}x}{2}\mathrm{d}y - \left(Q_x + \frac{\partial Q_x}{\partial x}\mathrm{d}x\right)\frac{\mathrm{d}x}{2}\mathrm{d}y = 0$$

忽略高阶小量后，得到剪力与弯矩、扭矩之间的关系为

$$\begin{cases} Q_x = \dfrac{\partial M_x}{\partial x} + \dfrac{\partial M_{yx}}{\partial y} \\[3mm] Q_y = \dfrac{\partial M_y}{\partial y} + \dfrac{\partial M_{xy}}{\partial x} \end{cases} \tag{15-26}$$

由 z 方向力的平衡，得

$$\frac{\partial Q_x}{\partial x} + \frac{\partial Q_y}{\partial y} + q = 0 \tag{15-27}$$

将式(15-26)代入式(15-27)，并注意到 $M_{xy} = M_{yx}$，得

$$\frac{\partial^2 M_x}{\partial x^2} + 2\frac{\partial^2 M_{xy}}{\partial x \partial y} + \frac{\partial^2 M_y}{\partial y^2} + q = 0 \tag{15-28}$$

将弯矩和扭矩的表达式代入，就得到挠度的微分方程为

$$D \nabla^4 w = q \qquad (15-29)$$

15.4 边界条件,扭矩的等效剪力

挠度的微分方程必须配合适当的边界条件才能求解挠度 w,以矩形薄板 $OABC$ 为例(见图 15-4),OA 边为固支,OC 边为简支,AB 和 BC 边自由,固支边 OA,挠度 $w=0$,斜率 $\dfrac{\partial w}{\partial x}$ (转角)应等于零,即

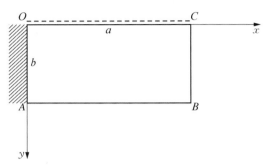

图 15-4 有固支、简支和自由边的矩形薄板

$$w \mid_{x=0} = 0, \quad \frac{\partial w}{\partial x}\bigg|_{x=0} = 0 \qquad (15-30)$$

对于一般的固支边界,边界条件应为 $w\mid_{s_c}=0$,$\dfrac{\partial w}{\partial \boldsymbol{n}}\bigg|_{s_c}=0$,其中 S_c 为固支部分边界,$\boldsymbol{n}$ 为边界的法向。

对简支边 OC,边界条件为挠度 $w=0$,弯矩 $M_y=0$,即

$$w \mid_{y=0} = 0, \quad \left(\frac{\partial^2 w}{\partial y^2} + v \frac{\partial^2 w}{\partial x^2} \right)\bigg|_{y=0} = 0 \qquad (15-31)$$

由式(15-31)第一个条件 $w\mid_{y=0}=0$ 可知 $\dfrac{\partial^2 w}{\partial x^2}\bigg|_{y=0}=0$,所以简支边 OC 的边界条件可简化为

$$w \mid_{y=0} = 0, \quad \frac{\partial^2 w}{\partial y^2}\bigg|_{y=0} = 0 \qquad (15-32)$$

若简支边上有分布弯矩 M,则

$$-D \left(\frac{\partial^2 w}{\partial y^2} + v \frac{\partial^2 w}{\partial x^2} \right)\bigg|_{y=0} = M \qquad (15-33)$$

如果简支边的外法向沿坐标轴的负向,则式(15-33)右端应等于 $-M$。

自由边 AB 和 BC、弯矩 M_y、扭矩 M_{yx} 以及横向剪力都等于 0。以 AB 边为例,有

$$M_y \mid_{y=b} = 0, \ M_{yx} \mid_{y=b} = 0, \ Q_y \mid_{y=b} = 0 \qquad (15-34)$$

但挠度所满足的方程是四阶微分方程,任意一段边界只可能满足两个边界条件,如何解决这一矛盾呢?

回顾材料力学中的梁理论,挠度方程是 $\mathrm{EI}w^{(4)}=q$,梁端点的边界条件只能是固支($w=0$,$w'=0$)、简支($w=0$,$w''=0$)和自由($w''=0$,$w'''=0$)三种边界条件之一,而每一种边界条件中只包含关于挠度 w 的两个条件。在一般弹性力学问题中,有应力边界条件、位移边界条件和弹性支撑,每一段边界只能有一种边界条件,否则可能无解,微分方程定解条件表述的一般问题称为适定性问题,微分方程配合适当的边界条件才能求解,否则可能无解。

　　基尔霍夫理论指出：薄板任意一边界上的扭矩都可以转换成等效的横向剪力，和原有的横向剪力合并后，两个条件可归并为一个条件。

　　如图 15-5 所示，设一段与 x 轴平行的边界 AB 上作用有分布扭矩 M_{yx}（不一定是自由边），在微段 $EF=dx$ 上，作用有扭矩 $M_{yx}dx$。可以将扭矩 $M_{yx}dx$ 用两个等效力代替，一个作用在 E 点，另一个作用在 F 点，大小都等于 M_{yx}，这两个力构成一个力偶，力偶矩等于 $M_{yx}dx$。根据圣维南原理，这样做只会显著影响这一段边界附近的应力，而其他各处的应力不会受到显著影响。同样 FG 段上的扭矩 $\left(M_{yx}+\dfrac{\partial M_{yx}}{\partial x}dx\right)dx$ 也可用两个力代替，分别作用于 F 和 G 点。这样在 F 点的力合成为 $\dfrac{\partial M_{yx}}{\partial x}dx$，因此 AB 上的分布扭矩就变换为等效的分布剪力 $\dfrac{\partial M_{yx}}{\partial x}$（见图 15-6），所以边界 AB 上总的分布剪力是 $V_y=Q_y+\dfrac{\partial M_{yx}}{\partial x}$。

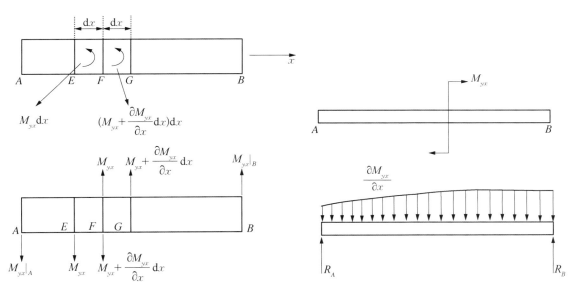

图 15-5　分布扭矩转换成分布剪力　　　　图 15-6　分布扭矩转换成分布剪力和
　　　　　　　　　　　　　　　　　　　　　　　　　在端点的集中剪力

　　此外，在 A 点和 B 点，还有未被抵消的集中力剪力（见图 15-6）。

　　AB 上作用的扭矩 M_{yx}，可以转换为等效分布剪力 $\dfrac{\partial M_{yx}}{\partial x}$ 和 A，B 处的集中剪力 R_A，R_B，根据力的等效原则，分布剪力和集中剪力的合力应等于零，即 $R_A+R_B+\displaystyle\int_A^B \dfrac{\partial M_{yx}}{\partial x}dx=0$，也就是 $R_A+R_B+M_{yx}\Big|_B-M_{yx}\Big|_A=0$，由此可见 $R_A=M_{yx}\Big|_A$，$R_B=-M_{yx}\Big|_B$。另外，容易直接验证，这样得到的分布剪力和集中剪力对 AB 上任意一点的合力矩等于总的扭矩 $\displaystyle\int_A^B M_{yx}dx$。所以，这样的转换是符合静力等效原则的。关于集中剪力 R_A，R_B 方向的判断，可按弹性力学

中的符号规则确定,后面将结合例题详细说明。

经上述变换后,自由边 AB 上的边界条件可表示为

$$M_y\Big|_{y=b}=0, \ V_y\Big|_{y=b}=\left(Q_y+\frac{\partial M_{yx}}{\partial x}\right)\Big|_{y=b}=0 \tag{15-35}$$

以挠度表示为

$$\left(\frac{\partial^2 w}{\partial y^2}+v\,\frac{\partial^2 w}{\partial x^2}\right)\Big|_{y=b}=0$$

$$\left(\frac{\partial^3 w}{\partial y^3}+(2-v)\,\frac{\partial^3 w}{\partial x^2\partial y}\right)\Big|_{y=b}=0 \tag{15-36}$$

如果有分布弯矩和分布横向载荷(分布剪力),则式(15-36)中两方程右边不为 0。同样,沿着 BC $(x=a)$,扭矩 M_{xy} 也可以变换为等效分布剪力 $\dfrac{\partial M_{xy}}{\partial y}$,总的分布剪力为

$$V_x=Q_x+\frac{\partial M_{xy}}{\partial y} \tag{15-37}$$

另外,在 C 点和 B 点还有集中剪力

$$R_C=M_{xy}\Big|_C, \ R_B=-M_{xy}\Big|_B \tag{15-38}$$

如果 BC 边自由,则边界条件为

$$M_x\Big|_{x=a}=0, \ V_x\Big|_{x=a}=\left(Q_x+\frac{\partial M_{xy}}{\partial y}\right)\Big|_{x=a}=0 \tag{15-39}$$

用挠度 w 表示为

$$\left(\frac{\partial^2 w}{\partial x^2}+v\,\frac{\partial^2 w}{\partial y^2}\right)\Big|_{x=a}=0$$

$$\left(\frac{\partial^3 w}{\partial x^3}+(2-v)\,\frac{\partial^3 w}{\partial x\partial y^2}\right)\Big|_{x=a}=0 \tag{15-40}$$

两边相交于点 B,B 点总的集中剪力为

$$R_B=-M_{xy}\Big|_B-M_{yx}\Big|_B=-2M_{xy}\Big|_B \tag{15-41}$$

以挠度 w 表示为

$$R_B=2D(1-v)\,\frac{\partial^2 w}{\partial x\partial y}\Big|_B \tag{15-42}$$

B 是自由边 AB、BC 的交点,B 自由无支撑,所以 $R_B=0$,即

$$\left(\frac{\partial^2 w}{\partial x\partial y}\right)\Big|_B=0 \tag{15-43}$$

如果 B 点有刚性支柱,则 $w\big|_{B} = w\big|_{x=a, \ y=b} = 0$。

例 1 如图 15-7 所示,设有椭圆形薄板,其方程为 $\dfrac{x^2}{a^2} + \dfrac{y^2}{b^2} = 1$,板边为固支边界,求在均布载荷 q_0 作用下的挠度。

解： 试取挠度为

$$w = m\left(\frac{x^2}{a^2} + \frac{y^2}{b^2} - 1\right)^2 \qquad (15-44)$$

的形式,其中 m 为待定常数。显然在板边挠度 $w = 0$,同时在板边还满足

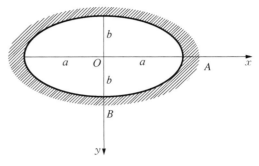

图 15-7 周边固支的椭圆形薄板

$$\frac{\partial w}{\partial x} = \frac{4mx}{a^2}\left(\frac{x^2}{a^2} + \frac{y^2}{b^2} - 1\right) = 0$$

$$\frac{\partial w}{\partial y} = \frac{4my}{b^2}\left(\frac{x^2}{a^2} + \frac{y^2}{b^2} - 1\right) = 0$$

$$(15-45)$$

于是,$\dfrac{\partial w}{\partial \boldsymbol{n}} = \dfrac{\partial w}{\partial x}\cos(\boldsymbol{n}, x) + \dfrac{\partial w}{\partial y}\cos(\boldsymbol{n}, y) = 0$（$\boldsymbol{n}$ 为边界的法向）,可见这样假设的挠度形式可以解决椭圆形薄板周边固支的问题。

将式(15-44)代入挠度微分方程,得

$$D\left(\frac{24m}{a^4} + \frac{16m}{a^2b^2} + \frac{24m}{b^4}\right) = q_0 \qquad (15-46)$$

由此可确定 $m = \dfrac{q_0}{8D\left(\dfrac{3}{a^4} + \dfrac{2}{a^2b^2} + \dfrac{3}{b^4}\right)}$。

最后可得挠度及弯矩分别为

$$w = \frac{q_0\left(\dfrac{x^2}{a^2} + \dfrac{y^2}{b^2} - 1\right)^2}{8D\left(\dfrac{3}{a^4} + \dfrac{2}{a^2b^2} + \dfrac{3}{b^4}\right)} \qquad (15-47)$$

$$M_x = -D\left(\frac{\partial^2 w}{\partial x^2} + v\frac{\partial^2 w}{\partial y^2}\right)$$

$$= -\frac{q_0}{2\left(\dfrac{3}{a^4} + \dfrac{2}{a^2b^2} + \dfrac{3}{b^4}\right)}\left[\left(\frac{3x^2}{a^4} + \frac{y^2}{a^2b^2} - \frac{1}{a^2}\right) + v\left(\frac{3y^2}{b^4} + \frac{x^2}{a^2b^2} - \frac{1}{b^2}\right)\right]$$

$$(15-48)$$

$$M_y = -D\left(\frac{\partial^2 w}{\partial y^2} + v\frac{\partial^2 w}{\partial x^2}\right)$$

$$= -\frac{q_0}{2\left(\dfrac{3}{a^4} + \dfrac{2}{a^2 b^2} + \dfrac{3}{b^4}\right)}\left[\left(\frac{3y^2}{b^4} + \frac{x^2}{a^2 b^2} - \frac{1}{b^2}\right) + v\left(\frac{3x^2}{a^4} + \frac{y^2}{a^2 b^2} - \frac{1}{a^2}\right)\right]$$

$$(15-49)$$

可见，M_x 的最大值出现在 O 点（正值），最小值出现在 A 点（负值），M_y 的最大值和最小值分别出现在 O、B 点。

如果令 $a \to \infty$，椭圆薄板成为跨度为 $2b$ 的平面应变状态的固支梁，弯矩的表达式为 $M_y = -\dfrac{q_0 b^2}{6}\left(\dfrac{3y^2}{b^2} - 1\right)$，在梁的中心和两端弯矩分别为 $M_y\Big|_{y=0} = \dfrac{q_0 b^2}{6}$ 和 $M_y\Big|_{y=\pm b} = -\dfrac{q_0 b^2}{3}$，这些结果与材料力学的解相同。

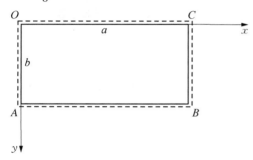

图 15-8 四边简支的矩形薄板

例 2 如图 15-8 所示，四边简支的矩形薄板，其角点 B 发生沉陷 ζ，不计支撑构件的弹性变形，则 BC 边及 AB 边的横向位移为

$$(w)_{x=a} = \frac{\zeta}{b}y, \quad (w)_{y=b} = \frac{\zeta}{a}x \quad (15-50)$$

BC 边、AB 边还应满足 $M_x\Big|_{x=a} = 0$，$M_y\Big|_{y=b} = 0$，OA、OC 边应满足：$(w)_{x=0} = 0$，$(w)_{y=0} = 0$，$M_x\Big|_{x=0} = 0$，$M_y\Big|_{y=0} = 0$，无横向载荷。取薄板挠度表达式为 $w = \dfrac{\zeta}{ab}xy$，显然，这样设定的挠度满足 $D\nabla^4 w = 0$，并且弯矩、扭矩和剪力为

$$M_x = M_y = 0$$

$$M_{xy} = M_{yx} = -D(1-v)\frac{\partial^2 w}{\partial x \partial y} = -\frac{D(1-v)\zeta}{ab}$$

$$Q_x = Q_y = 0$$

$$V_x = Q_x + \frac{\partial M_{xy}}{\partial y} = 0 \qquad\qquad (15-51)$$

$$V_y = Q_y + \frac{\partial M_{yx}}{\partial x} = 0$$

虽然分布反力 V_x、V_y 都等于零，但集中反力还是存在的，下面分别讨论 4 条边上的集中反力。

（1）AB 边。

$\boldsymbol{R}_A^{(AB)} = (M_{yx})_A = -\dfrac{D(1-v)\zeta}{ab}$，因为 AB 边法向指向 y 轴正向，所以 $\boldsymbol{R}_A^{(AB)}$ 方向向上。

$$\boldsymbol{R}_B^{(AB)} = -(M_{yx})_B = \frac{D(1-v)\zeta}{ab}, \text{方向向下。}$$

（2）CB 边。

$$\boldsymbol{R}_C^{(CB)} = (M_{xy})_A = -\frac{D(1-v)\zeta}{ab}, \text{因为 } CB \text{ 边法向指向 } x \text{ 轴正向，所以 } R_C^{(CB)} \text{ 方向向上。}$$

$$\boldsymbol{R}_B^{(CB)} = -(M_{xy})_B = \frac{D(1-v)\zeta}{ab}, \text{方向向下。}$$

B 点总的反力为 $\boldsymbol{R}_B^{(AB)} + \boldsymbol{R}_B^{(CB)} = \dfrac{2D(1-v)\zeta}{ab}$，方向向下。

（3）OA 边。

$$\boldsymbol{R}_O^{(OA)} = (M_{xy})_O = -\frac{D(1-v)\zeta}{ab}, \text{因为 } OA \text{ 边法向指向 } x \text{ 轴负向，所以 } \boldsymbol{R}_O^{OA} \text{ 方向向下。}$$

$$\boldsymbol{R}_A^{(OA)} = -(M_{xy})_A = \frac{D(1-v)\zeta}{ab}, \text{方向向上。}$$

A 点的总反力为 $\boldsymbol{R}_A = \boldsymbol{R}_A^{(OA)} + \boldsymbol{R}_A^{(AB)} = \dfrac{2D(1-v)\zeta}{ab}$，方向向上。

（4）OC 边。

$$\boldsymbol{R}_O^{(OC)} = (M_{xy})_O = -\frac{D(1-v)\zeta}{ab}, \text{因为 } OC \text{ 边法向指向 } y \text{ 轴负向，所以 } \boldsymbol{R}_O^{(OC)} \text{ 方向向下。}$$

$$\boldsymbol{R}_C^{(OC)} = -(M_{yx})_C = \frac{D(1-v)\zeta}{ab}, \text{方向向上。} C \text{ 点总的反力是 } \frac{2D(1-v)\zeta}{ab}, \text{方向向上。}$$

O 点总的反力为 $\dfrac{2D(1-v)\zeta}{ab}$，方向向下。

本书中，薄板集中反力的符号确定完全按照弹性力学的符号规则，没有引入另外的符号约定，这一点与有些教材不同，请读者阅读时注意。

15.5　四边简支矩形板的解法

如图 15－8 所示四边简支的矩形薄板，边界条件为

$$
\begin{gathered}
(w)_{x=0} = 0 \quad \left(\frac{\partial^2 w}{\partial x^2}\right)_{x=0} = 0 \quad (w)_{y=0} = 0 \quad \left(\frac{\partial^2 w}{\partial y^2}\right)_{y=0} = 0 \\
(w)_{x=a} = 0 \quad \left(\frac{\partial^2 w}{\partial x^2}\right)_{x=a} = 0 \quad (w)_{y=b} = 0 \quad \left(\frac{\partial^2 w}{\partial y^2}\right)_{y=b} = 0
\end{gathered}
\tag{15-52}
$$

可以将挠度表示成如下双重傅里叶级数：

$$w = \sum_{m=1}^{\infty} \sum_{n=1}^{\infty} A_{mn} \sin\frac{m\pi x}{a} \sin\frac{n\pi y}{b} \tag{15-53}$$

其中 m、n 为正整数，代入挠度满足的方程 $D\nabla^4 w = q$，得

$$\pi^4 D \sum_{m=1}^{\infty} \sum_{n=1}^{\infty} \left(\frac{m^2}{a^2} + \frac{n^2}{b^2} \right)^2 A_{mn} \sin \frac{m\pi x}{a} \sin \frac{n\pi y}{b} = q \qquad (15-54)$$

为求系数 A_{mn}，首先将 q 展开成双重傅里叶级数

$$q = \sum_{m=1}^{\infty} \sum_{n=1}^{\infty} C_{mn} \sin \frac{m\pi x}{a} \sin \frac{n\pi y}{b} \qquad (15-55)$$

然后将式(15-55)的左右两边都乘以 $\sin \dfrac{i\pi x}{a}$，其中的 i 为任意正整数，然后对 x 从 0 到 a 积分，注意到三角函数的正交性：

$$\int_0^a \sin \frac{m\pi x}{a} \sin \frac{i\pi x}{a} dx = \begin{cases} 0, & m \neq i \\ a/2, & m = i \end{cases}$$

$$\int_0^b \sin \frac{n\pi y}{b} \sin \frac{j\pi x}{b} dy = \begin{cases} 0, & n \neq j \\ b/2, & n = j \end{cases} \qquad (15-56)$$

就得到

$$\int_0^a q(x, y) \sin \frac{i\pi x}{a} dx = \frac{a}{2} \sum_{n=1}^{\infty} C_{in} \sin \frac{n\pi y}{b} \qquad (15-57)$$

再将式(15-57)的左右两边都乘以 $\sin \dfrac{j\pi y}{b}$，其中的 j 为任意正整数，然后对 y 从 0 到 b 积分，得

$$\int_0^a \int_0^b q(x, y) \sin \frac{i\pi x}{a} \sin \frac{j\pi y}{b} dx dy = \frac{ab}{4} C_{ij} \qquad (15-58)$$

因为 i 和 j 是任意正整数，可以分别改写成 m 和 n，所以式(15-58)可以改写为

$$C_{mn} = \frac{4}{ab} \int_0^a \int_0^b q \sin \frac{m\pi x}{a} \sin \frac{n\pi y}{b} dx dy \qquad (15-59)$$

将式(15-55)代入式(15-54)，比较两边系数，得

$$A_{mn} = \frac{4 \displaystyle\int_0^a \int_0^b q \sin \dfrac{m\pi x}{a} \sin \dfrac{n\pi y}{b} dx dy}{\pi^4 ab D \left(\dfrac{m^2}{a^2} + \dfrac{n^2}{b^2} \right)^2} \qquad (15-60)$$

下面讨论两种特殊情况。

(1) 受均布载荷 $q = q_0$，这时有

$$A_{mn} = \frac{4q_0 (1 - \cos m\pi)(1 - \cos n\pi)}{\pi^6 D mn \left(\dfrac{m^2}{a^2} + \dfrac{n^2}{b^2} \right)^2} = \frac{16q_0}{\pi^6 D mn \left(\dfrac{m^2}{a^2} + \dfrac{n^2}{b^2} \right)^2}, \quad (m, n = 1, 3, 5, \cdots)$$

$$w = \frac{16q_0}{\pi^6 D} \sum_{m=1,3,5,\cdots}^{\infty} \sum_{n=1,3,5,\cdots}^{\infty} \frac{\sin\frac{m\pi x}{a}\sin\frac{n\pi y}{b}}{mn\left(\frac{m^2}{a^2}+\frac{n^2}{b^2}\right)^2} \tag{15-61}$$

（2）在 (ξ,η) 点受集中力 P，则 $q = P\delta(x-\xi)\delta(y-\eta)$，根据 δ 函数的性质，有

$$A_{mn} = \frac{4P}{\pi^4 abD\left(\frac{m^2}{a^2}+\frac{n^2}{b^2}\right)^2}\sin\frac{m\pi\xi}{a}\sin\frac{n\pi\eta}{b} \tag{15-62}$$

$$w = \sum_{m=1}^{\infty}\sum_{n=1}^{\infty}\frac{4P}{\pi^4 abD\left(\frac{m^2}{a^2}+\frac{n^2}{b^2}\right)^2}\sin\frac{m\pi\xi}{a}\sin\frac{n\pi\eta}{b}\sin\frac{m\pi x}{a}\sin\frac{n\pi y}{b} \tag{15-63}$$

薄板问题的傅里叶级数解法也称为纳维解法，这种方法的缺点是只适用于四边简支矩形板，有时级数收敛速度比较慢。

15.6　矩形薄板的莱维(Levy)解法

如图 15-9 所示，矩形薄板左右边简支，上下两边边界条件任意，取

$$w = \sum_{m=1}^{\infty}Y_m(y)\sin\frac{m\pi x}{a} \tag{15-64}$$

显然，这样假设的 w 满足左右简支边的边界条件，代入 $D\nabla^4 w = q$，得

$$\sum_{m=1}^{\infty}\left[\frac{\mathrm{d}^4 Y_m}{\mathrm{d}y^4} - 2\left(\frac{m\pi}{a}\right)^2\frac{\mathrm{d}^2 Y_m}{\mathrm{d}y^2} + \right.$$
$$\left.\left(\frac{m\pi}{a}\right)^4 Y_m(y)\right]\sin\frac{m\pi x}{a} = \frac{q}{D}$$
$$\tag{15-65}$$

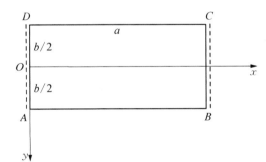

图 15-9　左右两边简支的矩形薄板

将 $\dfrac{q}{D}$ 展开成 $\sin\dfrac{m\pi x}{a}$ 的级数，对比等式两边 $\sin\dfrac{m\pi x}{a}$ 项的系数，得

$$\frac{\mathrm{d}^4 Y_m}{\mathrm{d}y^4} - 2\left(\frac{m\pi}{a}\right)^2\frac{\mathrm{d}^2 Y_m}{\mathrm{d}y^2} + \left(\frac{m\pi}{a}\right)^4 Y_m(y) = \frac{2}{aD}\int_0^a q\sin\frac{m\pi x}{a}\mathrm{d}x \tag{15-66}$$

其通解可写成

$$Y_m = A_m\cosh\frac{m\pi y}{a} + B_m\frac{m\pi y}{a}\sinh\frac{m\pi y}{a} + C_m\sinh\frac{m\pi y}{a} + D_m\frac{m\pi y}{a}\cosh\frac{m\pi y}{a} + f_m(y)$$
$$\tag{15-67}$$

式中，$f_m(y)$ 为任意一个特解，可由常微分方程的常数变易法求得，例如受均布载荷 q_0，

$$f_m(y) = \frac{4q_0 a^4}{\pi^5 D m^5} \quad (m = 1, 3, 5, \cdots)，利用上、下边界条件的 4 个方程可确定 A_m、B_m、C_m、$$

D_m。

　　任意边界条件的矩形板，可在简支边界条件的基础上通过解除约束求解，固支边等于简支加弯矩 $M_x^*(y)$、$M_y^*(x)$，假设 $M_x^*(y)$、$M_y^*(x)$ 展开成三角级数，由边界条件得到关于待定常数的无穷多个联立方程，截断、取若干项，可求近似解。历史上，四边固支矩形板的问题曾经是法国科学院的悬赏题目。

15.7　圆形薄板的弯曲

　　对圆形薄板问题，采用极坐标（柱坐标）比较方便。在极坐标中 $w = w(r, \theta)$，$q = q(r, \theta)$，$\nabla^2 = \dfrac{\partial^2 w}{\partial r^2} + \dfrac{1}{r} \dfrac{\partial w}{\partial r} + \dfrac{1}{r^2} \dfrac{\partial^2 w}{\partial \theta^2}$，挠曲微分方程 $D\nabla^2\nabla^2 w = q$ 在极坐标中的形式为

$$D\left(\frac{\partial^2}{\partial r^2} + \frac{1}{r}\frac{\partial}{\partial r} + \frac{1}{r^2}\frac{\partial^2}{\partial \theta^2}\right)\left(\frac{\partial^2 w}{\partial r^2} + \frac{1}{r}\frac{\partial w}{\partial r} + \frac{1}{r^2}\frac{\partial^2 w}{\partial \theta^2}\right) = q \quad (15-68)$$

　　极坐标中的几何方程的形式为 $\varepsilon_r = \dfrac{\partial u_r}{\partial r}$，$\varepsilon_\theta = \dfrac{u_r}{r} + \dfrac{1}{r}\dfrac{\partial u_\theta}{\partial \theta}$，$\varepsilon_{r\theta} = \dfrac{1}{2}\left(\dfrac{1}{r}\dfrac{\partial u_r}{\partial \theta} + \dfrac{\partial u_\theta}{\partial r} - \dfrac{u_\theta}{r}\right)$，$\varepsilon_{rz} = \dfrac{1}{2}\left(\dfrac{\partial u_r}{\partial z} + \dfrac{\partial w}{\partial r}\right)$ 和 $\varepsilon_{\theta z} = \dfrac{1}{2}\left(\dfrac{\partial u_\theta}{\partial z} + \dfrac{1}{r}\dfrac{\partial w}{\partial \theta}\right)$。由直法向假设 $\varepsilon_{zr} = \varepsilon_{z\theta} = 0$，可以推出 $u_r = -z\dfrac{\partial w}{\partial r}$，$u_\theta = -z\dfrac{1}{r}\dfrac{\partial w}{\partial \theta}$。

　　极坐标中应力-应变关系与直角坐标中式(15-2)的形式相同：

$$\begin{cases} \sigma_r = \dfrac{E}{1-\nu^2}(\varepsilon_r + \nu\varepsilon_\theta) \\[2mm] \sigma_\theta = \dfrac{E}{1-\nu^2}(\varepsilon_\theta + \nu\varepsilon_r) \\[2mm] \tau_{r\theta} = \dfrac{E}{(1+\nu)}\varepsilon_{r\theta} \end{cases} \quad (15-69)$$

以挠度表示应力分量为

$$\begin{cases} \sigma_r = -\dfrac{E}{1-\nu^2}\left[\dfrac{\partial^2 w}{\partial r^2} + \nu\left(\dfrac{1}{r}\dfrac{\partial w}{\partial r} + \dfrac{1}{r^2}\dfrac{\partial^2 w}{\partial \theta^2}\right)\right]z \\[3mm] \sigma_\theta = -\dfrac{E}{1-\nu^2}\left(\dfrac{1}{r}\dfrac{\partial w}{\partial r} + \dfrac{1}{r^2}\dfrac{\partial^2 w}{\partial \theta^2} + \nu\dfrac{\partial^2 w}{\partial r^2}\right)z \\[3mm] \tau_{r\theta} = -\dfrac{E}{(1+\nu)}\left(\dfrac{\partial^2 w}{r\partial r\partial \theta} - \dfrac{1}{r^2}\dfrac{\partial w}{\partial \theta}\right)z \end{cases} \quad (15-70)$$

进一步可以得到弯矩和扭矩的表达式为

$$M_r = \int_{-t/2}^{t/2} z\sigma_r \mathrm{d}z = -D\left[\frac{\partial^2 w}{\partial r^2} + \nu\left(\frac{1}{r}\frac{\partial w}{\partial r} + \frac{1}{r^2}\frac{\partial^2 w}{\partial \theta^2}\right)\right]$$

$$M_\theta = \int_{-t/2}^{t/2} z\sigma_\theta \mathrm{d}z = -D\left[\left(\frac{1}{r}\frac{\partial w}{\partial r} + \frac{1}{r^2}\frac{\partial^2 w}{\partial \theta^2}\right) + \nu\frac{\partial^2 w}{\partial r^2}\right] \qquad (15-71)$$

$$M_{r\theta} = \int_{-t/2}^{t/2} z\tau_{r\theta} \mathrm{d}z = -D(1-\nu)\left(\frac{1}{r}\frac{\partial^2 w}{\partial r\partial\theta} - \frac{1}{r^2}\frac{\partial w}{\partial\theta}\right)$$

应力分量 τ_{zr}、$\tau_{z\theta}$ 和 σ_z 需由平衡方程求出：

$$\begin{cases} \dfrac{\partial\sigma_r}{\partial r} + \dfrac{1}{r}\dfrac{\partial\tau_{r\theta}}{\partial\theta} + \dfrac{\partial\tau_{zr}}{\partial z} + \dfrac{\sigma_r - \sigma_\theta}{r} = 0 \\[2mm] \dfrac{\partial\tau_{r\theta}}{\partial r} + \dfrac{1}{r}\dfrac{\partial\sigma_\theta}{\partial\theta} + \dfrac{\partial\tau_{z\theta}}{\partial z} + \dfrac{2\tau_{r\theta}}{r} = 0 \\[2mm] \dfrac{\partial\tau_{rz}}{\partial r} + \dfrac{1}{r}\dfrac{\partial\tau_{z\theta}}{\partial\theta} + \dfrac{\partial\sigma_z}{\partial z} + \dfrac{\tau_{rz}}{r} = 0 \end{cases} \qquad (15-72)$$

式(15-72)中的第一式对 z 积分，利用上、下表面边界条件 $\tau_{zr}\Big|_{z=\pm\frac{t}{2}} = 0$，得

$$\tau_{zr} = \frac{E}{2(1-\nu^2)}\left(z^2 - \frac{t^2}{4}\right)\frac{\partial}{\partial r}\nabla^2 w \qquad (15-73)$$

同理，$\tau_{z\theta} = \dfrac{E}{2(1-\nu^2)}\left(z^2 - \dfrac{t^2}{4}\right)\dfrac{\partial}{r\partial\theta}\nabla^2 w$，于是，横向剪力为

$$Q_r = \int_{-t/2}^{t/2} \tau_{rz}\mathrm{d}z = -D\frac{\partial}{\partial r}\nabla^2 w$$

$$\qquad (15-74)$$

$$Q_\theta = \int_{-t/2}^{t/2} \tau_{\theta z}\mathrm{d}z = -D\frac{1}{r}\frac{\partial}{\partial\theta}\nabla^2 w$$

同样可求得挤压应力 σ_z，其形式与直角坐标中的形式相同，即 $\sigma_z = -\dfrac{Et^3}{6(1-\nu^2)}$ $\left(\dfrac{1}{2} - \dfrac{z}{t}\right)^2\left(1 + \dfrac{z}{t}\right)\nabla^4 w$。

作用于薄板任意一微元块的上述各个内力，如图 15-10 所示。由应力和内力的表达式，可以得到它们之间的关系为

$$\sigma_r = \frac{12M_r}{t^3}z, \quad \sigma_\theta = \frac{12M_\theta}{t^3}z, \quad \tau_{r\theta} = \frac{12M_{r\theta}}{t^3}z$$

$$\tau_{rz} = \frac{6Q_r}{t^3}\left(\frac{t^2}{4} - z^2\right), \quad \tau_{\theta z} = \frac{6Q_\theta}{t^3}\left(\frac{t^2}{4} - z^2\right) \qquad (15-75)$$

$$\sigma_z = -2q\left(\frac{1}{2} - \frac{z}{t}\right)^2\left(1 + \frac{z}{t}\right)$$

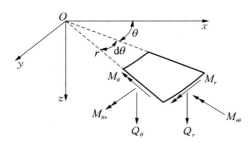

图 15-10 薄板微元上作用的内力

可以看出最大应力出现在

$$\sigma_r \Big|_{z=\pm\frac{t}{2}} = \pm\frac{6M_r}{t^2}, \quad \sigma_\theta \Big|_{z=\pm\frac{t}{2}} = \pm\frac{6M_\theta}{t^2},$$

$$\tau_{r\theta} \Big|_{z=\pm\frac{t}{2}} = \pm\frac{6M_{r\theta}}{t^2},$$

$$\tau_{zr} \Big|_{z=0} = \frac{3Q_r}{2t}, \quad \tau_{z\theta} \Big|_{z=0} = \frac{3Q_\theta}{2t},$$

$$\sigma_z \Big|_{z=-t/2} = -q$$

(15-76)

对于半径为 a 的圆形薄板,一般坐标原点取在薄板的圆心,常见边界条件为固支或简支。如果 $r=a$ 处固支,则 $w \Big|_{r=a} = 0$, $\dfrac{\partial w}{\partial r} \Big|_{r=a} = 0$;如果 $r=a$ 处简支,则 $w \Big|_{r=a} = 0$, $M_r \Big|_{r=a} = 0$,如果有分布弯矩 M_0,则 $M_r \Big|_{r=a} = M_0$。

与直线边界类似,扭矩 $M_{r\theta}$ 可以转换为等效剪力 $\dfrac{1}{r} \dfrac{\partial M_{r\theta}}{\partial \theta}$,合成总剪力为 $V_r = Q_r + \dfrac{1}{r} \dfrac{\partial M_{r\theta}}{\partial \theta}$。在圆板中由于圆周是一个光滑的连续边界,所以不存在集中剪力 R,但在扇形板和其他包含非完整圆周形状板的问题中,仍可能存在集中剪力。如果 $r=a$ 处自由,则有 $M_r |_{r=a} = 0$, $V_r |_{r=a} = \left(Q_r + \dfrac{1}{r} \dfrac{\partial M_{r\theta}}{\partial \theta}\right) \Big|_{r=a} = 0$。

15.8　圆形薄板的轴对称弯曲

如果在适当选择的坐标系中横向载荷 $q = q(r)$ 只是 r 的函数,而不随周向极角 θ 变化,称为是绕 z 轴对称的。这时挠度 w 也是绕 z 轴对称的,这类问题称为圆板的轴对称弯曲。这时挠曲微分方程呈以下形式:

$$D\left(\frac{\mathrm{d}^2}{\mathrm{d}r^2} + \frac{1}{r}\frac{\mathrm{d}}{\mathrm{d}r}\right)\left(\frac{\mathrm{d}^2 w}{\mathrm{d}r^2} + \frac{1}{r}\frac{\mathrm{d}w}{\mathrm{d}r}\right) = q$$

(15-77)

即

$$D\left(\frac{\mathrm{d}^4 w}{\mathrm{d}r^4} + \frac{2}{r}\frac{\mathrm{d}^3 w}{\mathrm{d}r^3} - \frac{1}{r^2}\frac{\mathrm{d}^2 w}{\mathrm{d}r^2} + \frac{1}{r^3}\frac{\mathrm{d}w}{\mathrm{d}r}\right) = q$$

(15-78)

其通解为 $w = c_1\ln r + c_2 r^2\ln r + c_3 r^2 + c_4 + w_1$ (c_1, c_2, c_3, c_4 为常数),其中 w_1 是任意一个特解,可根据 q 的分布形式来求解。如果 q 是常量,则 $w_1 = mr^4$, $m = \dfrac{q_0}{64D}$。对于一般形式的横向载荷 q,可用变量替换 $r = e^\xi$ 将式(15-78)变换成常系数微分方程,再用常数变易法求特解。

当 q 是常量 q_0 时，$w = c_1 \ln r + c_2 r^2 \ln r + c_3 r^2 + c_4 + \dfrac{q_0 r^4}{64D}$，此时，相应的轴对称内力为

$$M_r = -D\left[-(1-\nu)\frac{c_1}{r^2} + (3+\nu)c_2 + 2(1+\nu)c_2 \ln r + 2(1+\nu)c_3\right] - \frac{3+\nu}{16}q_0 r^2$$

$$M_\theta = -D\left[(1-\nu)\frac{c_1}{r^2} + (1+3\nu)c_2 + 2(1+\nu)c_2 \ln r + 2(1+\nu)c_3\right] - \frac{3+\nu}{16}q_0 r^2$$

$$M_{r\theta} = M_{\theta r} = 0$$

$$Q_r = -D\,\frac{\partial}{\partial r}\,\nabla^2 w = -\frac{4Dc_2}{r} - \frac{q_0 r}{2}, \quad Q_\theta = 0$$

$$(15-79)$$

如果薄板的中心没有孔（实心圆板），则 c_1 和 c_2 都应等于 0，否则在薄板中心挠度和内力将成为无穷大。于是，挠度和内力为

$$w = c_3 r^2 + c_4 + \frac{q_0 r^4}{64D}$$

$$M_r = -2(1+\nu)Dc_3 - \frac{3+\nu}{16}q_0 r^2$$

$$M_\theta = -2(1+\nu)Dc_3 - \frac{3+\nu}{16}q_0 r^2 \qquad (15-80)$$

$$M_{r\theta} = M_{\theta r} = 0$$

$$Q_r = -D\,\frac{\partial}{\partial r}\,\nabla^2 w = -\frac{q_0 r}{2}, \quad Q_\theta = 0$$

式中，c_3、c_4 由边界条件确定。

挠度表达式中 $c_2 r^2 \ln r$ 项虽然含有 $\ln r$，但当 $r \to 0$ 时，$r^2 \ln r \to 0$，所以在有些情况下 c_2 可以不为 0。后面将会看到，当圆心处作用有集中力时，c_2 不等于 0，相应的内力在集中力的作用点圆心处为无穷大。下面针对几种不同的边界条件和载荷情况分别讨论。

1. 圆板周边固支

边界条件为 $w\,|_{r=a} = 0$，$\left.\dfrac{\mathrm{d}w}{\mathrm{d}r}\right|_{r=a} = 0$，由此可得 $c_3 = -\dfrac{q_0 a^2}{32D}$　$c_4 = \dfrac{q_0 a^4}{64D}$。于是可求出挠度和内力及剪力为

$$w = \frac{q_0 a^4}{64D}\left(1 - \frac{r^2}{a^2}\right)^2$$

$$M_r = \frac{q_0 a^2}{16}\left[(1+\nu) - (3+\nu)\frac{r^2}{a^2}\right]$$

$$M_\theta = \frac{q_0 a^2}{16}\left[(1+\nu) - (1+3\nu)\frac{r^2}{a^2}\right] \qquad (15-81)$$

$$Q_r = -\frac{q_0 r}{2}, \quad Q_\theta = 0$$

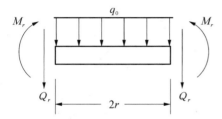

图 15-11　半径为 r 的圆片

剪力 Q_r 也可以通过取出半径为 r 的中间部分的一块小圆片,考虑其平衡条件得到,如图 15-11 所示,由小圆片的平衡得

$$2\pi r Q_r + q_0 \pi r^2 = 0 \qquad (15-82)$$

同样可以得到 $Q_r = -\dfrac{q_0 r}{2}$。

在板的中心挠度和弯矩达到最大值,$w\big|_{r=0} = \dfrac{q_0 a^4}{64D}$,$M_r\big|_{r=0} = M_\theta\big|_{r=0} = \dfrac{(1+\nu)q_0 a^2}{16}$。

2. 圆板周边简支

边界条件可表示为 $w\big|_{r=a} = 0$,$M_r\big|_{r=a} = 0$。由此可确定 $c_3 = -\dfrac{(3+\nu)q_0 a^2}{32D(1+\nu)}$,$c_4 = \dfrac{(5+\nu)q_0 a^4}{64D(1+\nu)}$,代入式(15-80),得

$$
\begin{aligned}
w &= \frac{q_0 a^4}{64D}\left(1 - \frac{r^2}{a^2}\right)\left(\frac{5+\nu}{1+\nu} - \frac{r^2}{a^2}\right) \\
M_r &= \frac{(3+\nu)q_0 a^2}{16}\left(1 - \frac{r^2}{a^2}\right) \\
M_\theta &= \frac{q_0 a^2}{16}\left[(3+\nu) - (1+3\nu)\frac{r^2}{a^2}\right] \\
Q_r &= -\frac{q_0 r}{2}
\end{aligned}
\qquad (15-83)
$$

3. 周边简支

若没有横向载荷,但在边界上有均布弯矩 M 作用,这时 $q = 0$,$w = c_3 r^2 + c_4$。

边界条件为 $w\big|_{r=a} = 0$,$M_r\big|_{r=a} = M$,由此可确定 $c_3 = -\dfrac{M}{2(1+\nu)D}$,$c_4 = \dfrac{Ma^2}{2(1+\nu)D}$,于是挠度和内力为

$$
\begin{aligned}
w &= \frac{Ma^2}{2(1+\nu)D}\left(1 - \frac{r^2}{a^2}\right) \\
M_r &= M_\theta = M \\
Q_r &= 0
\end{aligned}
\qquad (15-84)
$$

4. 实心圆板圆心处作用集中力

如图 15-12 所示,圆形薄板外边界固支,半径为 a,中心受集中载荷 P,试求薄板挠度及内力。

因为没有均布载荷 $q = 0$,可取挠度 $w = c_2 r^2 \ln r + c_3 r^2 + c_4$。边界条件为 $w\big|_{r=a} = 0$,$\dfrac{\mathrm{d}w}{\mathrm{d}r}\big|_{r=a} = 0$。如图 15-13 所示,圆心处的条件可以通过取出半径为 r

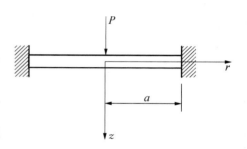

图 15-12　外边固支的圆形薄板

的中间部分的一块小圆片,考虑其平衡条件得到,由小圆片的平衡得

$$2\pi r Q_r + P = 0 \tag{15-85}$$

由边界条件和式(15-85),可得

$$\begin{cases} c_2 a^2 \ln a + c_3 a^2 + c_4 = 0 \\ c_2(2\ln a + 1) + 2c_3 = 0 \\ -2\pi r \dfrac{4Dc_2}{r} + P = 0 \end{cases} \tag{15-86}$$

解得

$$\begin{cases} c_2 = \dfrac{P}{8\pi D} \\ c_3 = -\dfrac{P(2\ln a + 1)}{16\pi D} \\ c_4 = \dfrac{Pa^2}{16\pi D} \end{cases} \tag{15-87}$$

相应的挠度和内力为

$$\begin{aligned}
w &= \frac{Pa^2}{16\pi D}\left(1 - \frac{r^2}{a^2} + 2\frac{r^2}{a^2}\ln\frac{r}{a}\right) \\
M_r &= -\frac{P}{4\pi}\left[1 + (1+\nu)\ln\frac{r}{a}\right] \\
M_\theta &= -\frac{P}{4\pi}\left[\nu + (1+\nu)\ln\frac{r}{a}\right] \\
Q_r &= -\frac{P}{2\pi r}
\end{aligned} \tag{15-88}$$

5. 圆环形板

利用内、外边界处的边界条件可确定 4 个待定常数。例如,内边界简支,外边界自由,在外边界受均布弯矩 M 作用(见图 15-14)。这时 $q=0$,$w = c_1\ln r + c_2 r^2\ln r + c_3 r^2 + c_4$。

边界条件为 $w|_{r=a}=0$,$M_r|_{r=a}=0$,$M_r|_{r=b}=M$,$V_r|_{r=b}=0$,由此可确定常数 c_1,c_2,c_3,c_4,进而求得挠度和剪力、弯矩为

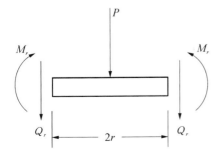

图 15-13 半径为 r、中心受集中力作用的圆片

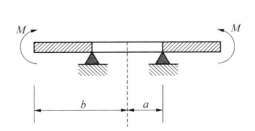

图 15-14 外边界受均布弯矩作用的圆环形板

$$w = - \frac{Ma^2\left(\dfrac{r^2}{a^2} - 1 + 2\dfrac{1+\nu}{1-\nu}\ln\dfrac{r}{a}\right)}{2(1+\nu)D\left(1-\dfrac{a^2}{b^2}\right)}$$

$$M_r = M\frac{1-\dfrac{a^2}{r^2}}{1-\dfrac{a^2}{b^2}}, \quad M_\theta = M\frac{1+\dfrac{a^2}{r^2}}{1-\dfrac{a^2}{b^2}} \tag{15-89}$$

$$Q_r = 0$$

15.9 圆形薄板的非轴对称弯曲

一般的横向载荷 $q = q(r, \theta)$ 可以表示为 $\sum_{n=1}^{\infty} f_n(r)\sin(n\theta)$ 或 $\sum_{n=0}^{\infty} g_n(r)\cos(n\theta)$ 的级数形式,其中每一项都是分离变量的形式,对形如 $f_n(r)\sin(n\theta)$ 或 $g_n(r)\cos(n\theta)$ 的横向载荷,可用分离变量法求解,然后利用叠加原理就能得到作用任意横向载荷的解。

例 3 讨论圆板在静水压力下的弯曲(见图 15-15)。

解:圆板浸没在水中,则相当于横向载荷为 $q = \rho g(h_0 + a + x) = \rho g(h_0 + a) + \rho g x$($\rho$ 水的密度,g 重力加速度)。其中第一部分为均布载荷,15.8 节已经讨论过;第二部分为反对称载荷(见图 15-16),可表示为 $q^* = \rho g x = q_1\dfrac{x}{a} = \dfrac{q_1}{a}r\cos\theta$ ($q_1 = \rho g a$),代入挠度所满足的方程:

$$\left(\frac{\partial^2}{\partial r^2} + \frac{1}{r}\frac{\partial}{\partial r} + \frac{1}{r^2}\frac{\partial^2}{\partial\theta^2}\right)\left(\frac{\partial^2 w}{\partial r^2} + \frac{1}{r}\frac{\partial w}{\partial r} + \frac{1}{r^2}\frac{\partial^2 w}{\partial\theta^2}\right) = \frac{q_1}{aD}r\cos\theta \tag{15-90}$$

设 $w = f(r)\cos\theta$,代入式(15-90),得

$$\left(\frac{\mathrm{d}^2}{\mathrm{d}r^2} + \frac{1}{r}\frac{\mathrm{d}}{\mathrm{d}r} - \frac{1}{r^2}\right)\left(\frac{\mathrm{d}^2 f}{\mathrm{d}r^2} + \frac{1}{r}\frac{\mathrm{d}f}{\mathrm{d}r} - \frac{1}{r^2}f\right) = \frac{q_1 r}{aD} \tag{15-91}$$

即

$$\frac{\mathrm{d}^4 f}{\mathrm{d}r^4} + \frac{2}{r}\frac{\mathrm{d}^3 f}{\mathrm{d}r^3} - \frac{3}{r^2}\frac{\mathrm{d}^2 f}{\mathrm{d}r^2} + \frac{3}{r^3}\frac{\mathrm{d}f}{\mathrm{d}r} - \frac{3}{r^4}f = \frac{q_1 r}{aD} \tag{15-92}$$

其解为 $f(r) = c_1 r + c_2 r^3 + \dfrac{c_3}{r} + c_4 r\ln r + \dfrac{q_1 r^5}{192aD}$ (c_1, c_2, c_3, c_4 为待定常数)。

圆板中心($r = 0$)的挠度和内力应为有限值,所以 c_3、$c_4 = 0$。如果边界条件是简支,则 $w\,|_{r=a} = 0$,$M_r\,|_{r=a} = \left[\dfrac{\partial^2 w}{\partial r^2} + v\left(\dfrac{1}{r}\dfrac{\partial w}{\partial r} + \dfrac{1}{r^2}\dfrac{\partial^2 w}{\partial\theta^2}\right)\right]\Big|_{r=a} = 0$,由此可确定 c_1 和 c_2,最后

得到挠度的解

$$w = \frac{qa^4}{192D}\left(1 - \frac{r^2}{a^2}\right)\left(\frac{7+\nu}{3+\nu} - \frac{r^2}{a^2}\right)\frac{r}{a}\cos\theta \tag{15-93}$$

如果边界条件是固支,则有 $w\,|_{r=a} = 0$, $\left(\frac{\partial w}{\partial r}\right)_{r=a} = 0$,由此两个条件可求出 c_1 和 c_2,最终得到 $w = \frac{q_1 a^4}{192D}\left(1 - \frac{r^2}{a^2}\right)^2 \frac{r}{a}\cos\theta$。将挠度的解代入内力的表达式可进一步求出弯矩、扭矩和剪力。

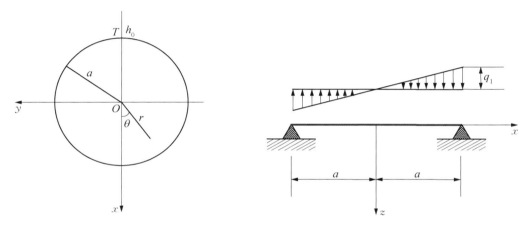

图 15-15　浸没于水中的圆形薄板(T 点水的深度为 h_0)　　图 15-16　受反对称载荷作用的薄板

15.10　文克勒(Winkler)地基上的板

文克勒地基指当在弹性地基上的薄板受横向载荷时,地基对薄板产生反作用力 p,反作用力的大小与挠度成正比,方向与挠度相反,即 $p = -kw$,k 为地基刚度。由于有地基反力,薄板所受的总的横向分布力为 $q + p$,于是挠曲微分方程为

$$D\nabla^4 w = q + p = q - kw \tag{15-94}$$

即

$$D\nabla^4 w + kw = q \tag{15-95}$$

式(15-95)即为挠度满足的微分方程,可以看到只是挠度满足的微分方程形式上有所改变,内力及边界条件的表达式不变。

对于四边简支矩形板,仍然可用纳维解法,将挠度表示为

$$w = \sum_{m=1}^{\infty}\sum_{n=1}^{\infty} A_{mn}\sin\frac{m\pi x}{a}\sin\frac{n\pi y}{b} \tag{15-96}$$

q 也展开成傅里叶级数,代入挠曲微分方程,可求出待定常数 A_{mn}

$$A_{mn} = \frac{\dfrac{4}{ab} \displaystyle\int_0^a \int_0^b q \sin\dfrac{m\pi x}{a} \sin\dfrac{n\pi y}{b} \,dx\,dy}{\pi^4 D\left(\dfrac{m^2}{a^2} + \dfrac{n^2}{b^2}\right) + k} \tag{15-97}$$

当受均布载荷时 $q = q_0$，有

$$w = \frac{16q_0}{\pi^2} \sum_{m=1,3,5,\cdots}^{\infty} \sum_{n=1,3,5,\cdots}^{\infty} \frac{\sin\dfrac{m\pi x}{a} \sin\dfrac{n\pi y}{b}}{mn\left[\pi^4 D\left(\dfrac{m^2}{a^2} + \dfrac{n^2}{b^2}\right) + k\right]} \tag{15-98}$$

当在任意一点 (ξ, η) 作用集中力 P 时，有

$$w = \frac{4P}{ab} \sum_{m=1}^{\infty} \sum_{n=1}^{\infty} \frac{\sin\dfrac{m\pi\xi}{a} \sin\dfrac{n\pi\eta}{b}}{\pi^4 D\left(\dfrac{m^2}{a^2} + \dfrac{n^2}{b^2}\right) + k} \sin\frac{m\pi x}{a} \sin\frac{n\pi y}{b} \tag{15-99}$$

对边（$x=0$，$x=a$ 边）简支的矩形板，仍可采用莱维解法，挠度表示为

$$w = \sum_{m=1}^{\infty} Y_m(y) \sin\frac{m\pi x}{a} \tag{15-100}$$

代入式（15-95），得

$$Y_m^{(4)}(y) - 2\left(\frac{m\pi}{a}\right)^2 Y_m^{(2)}(y) + \left(\frac{m^4\pi^4}{a^4} + \frac{k}{D}\right) Y_m = \frac{2}{aD} \int_0^a q \sin\frac{m\pi x}{a} \,dx \tag{15-101}$$

Y_m 的解等于齐次方程的通解加上非齐次方程的特解。

当文克勒地基上的板全部边界均为自由时，有一个有趣的性质：在线性变化的横向载荷作用下，薄板的弯曲内力全部等于 0。

首先假设薄板只具有平行于坐标轴的边界（见图 15-17），横向载荷线性变化可表示为 $q = A + Bx + Cy$（A，B，C 为常数），挠曲微分方程为

$$\nabla^4 w + \frac{k}{D} w = \frac{A + Bx + Cy}{D} \tag{15-102}$$

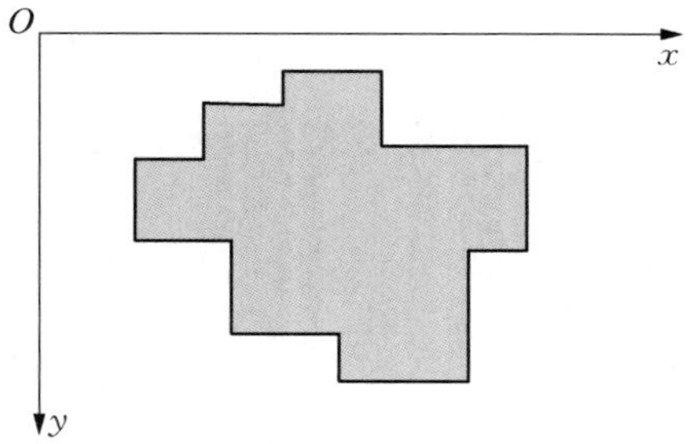

在垂直于 x 轴的边界上，边界条件为

$$\frac{\partial^2 w}{\partial x^2} + v\frac{\partial^2 w}{\partial y^2} = 0, \qquad \frac{\partial^3 w}{\partial x^3} + (2-v)\frac{\partial^3 w}{\partial x \partial y^2} = 0 \tag{15-103}$$

在垂直于 y 轴的边界上，边界条件为

图 15-17 边界均平行于坐标轴的板

$$\frac{\partial^2 w}{\partial y^2}+v\,\frac{\partial^2 w}{\partial x^2}=0,\qquad \frac{\partial^3 w}{\partial y^3}+(2-v)\,\frac{\partial^3 w}{\partial x^2\partial y}=0 \qquad (15-104)$$

在角点处,有 $\dfrac{\partial^2 w}{\partial x\partial y}=0$。

试取挠度为 $w=\dfrac{q}{k}=\dfrac{A+Bx+Cy}{k}$,则式(15-95)和边界条件全部满足,即为该问题的正确解,相应的内力、弯矩、扭矩全为 0。一般形状的边界可用平行于坐标轴的小直线段代替,所以对一般边界这个性质仍然成立。

习　　题

1. 从弹性力学三维理论看,薄板理论有哪些近似和矛盾之处?

2. 如图 1 所示的矩形薄板 $OABC$,OA、OC 边简支,AB、BC 边自由,在 B 点受横向集中载荷 P,试证明:$w=mxy$ 能满足一切条件,并求挠度、内力及反力。

3. 如图 2 所示的 $AOBC$ 半椭圆形薄板,直线边界 AOB 简支,曲线边界固支,受到横向载荷 $q=\dfrac{q_1}{a}x$ 作用,q_1 为常数,试证:$w=mx\left(\dfrac{x^2}{a^2}+\dfrac{y^2}{b^2}-1\right)^2$ 能满足一切条件,并求出挠度及内力。

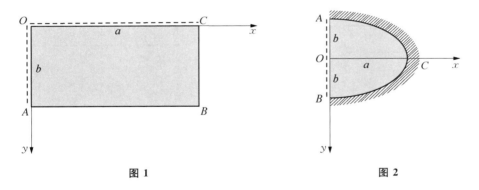

图 1　　　　　　　　　　　　　　　图 2

4. 如图 3 所示的矩形薄板 $OABC$,其 OA 边及 BC 边为简支边,OC 边及 AB 边为自由边,不受横向载荷,但在两个简支边上受大小相等而方向相反的均布弯矩 M。试证为了使薄板弯成柱面,即 $w=f(x)$,必须在自由边上施以均布弯矩 νM(ν 为泊松比),并求挠度、内力及反力。

5. 如图 4 所示,四边简支的矩形薄板,横向载荷 $q=q_0\sin\dfrac{\pi x}{a}\sin\dfrac{\pi y}{b}$,试证明:$w=m\sin\dfrac{\pi x}{a}\sin\dfrac{\pi y}{b}$($m$ 为常数)能满足一切条件,并求出挠度、弯矩及边界上的反力,以及它们的最大值。

6. 正方形薄板,边长为 a,四边简支,在板中心受集中载荷 F,试求最大挠度。

7. 推导极坐标中的剪力 Q_r,Q_θ 和弯矩、扭矩 M_r,M_θ,$M_{r\theta}$ 的表达式。

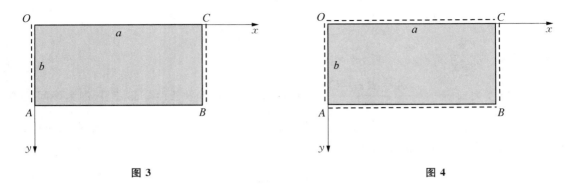

图 3　　　　　　　　　　　　　图 4

8. 如图 5 所示的圆形薄板，半径为 a，边界自由，在一面上受锥形分布的横向载荷，由另一面上的均匀反力维持平衡，试求弯矩和剪力。

9. 如图 6 所示的圆形薄板，半径为 a，边界简支，中心有刚性连杆支座相连，设板边受到均布弯矩 M，试求挠度及内力。

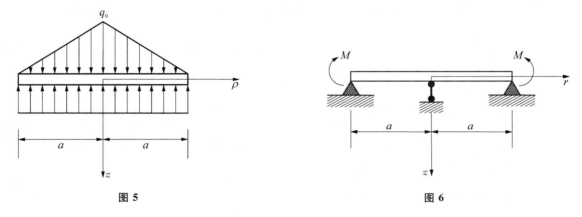

图 5　　　　　　　　　　　　　图 6

10. 如图 7 所示的圆形薄板，半径为 a，边界简支，中心受集中载荷 P，试求薄板挠度及内力。

11. 如图 8 所示的圆形薄板，半径为 a，边界固支，中心有连杆支座，设中心沉陷为 ζ，试求薄板的挠度及内力。

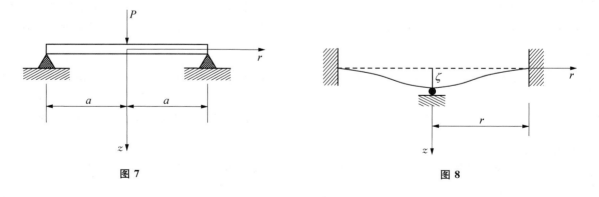

图 7　　　　　　　　　　　　　图 8

12. 如图 9 所示的圆环形薄板,内半径为 a,外半径为 b,内边界简支,外边界自由,在内边界处受到均匀弯矩 M,试求挠度、弯矩及剪力。

13. 如图 10 所示的环形板,内径为 a,外径为 b,弯曲刚度为 D,支撑情况与边界上的受力如图中所示,试求板的挠度 w 及内力。

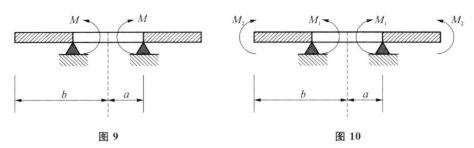

图 9   图 10

16　薄板的振动

弹性体受到外力作用会发生变形,当外力突然撤除后,弹性体就会在平衡位置附近做往复运动,这种往复运动就是振动,在振动过程中弹性势能和动能相互转换。实际的物体总会有阻尼,机械能不断被消耗,振动将逐渐衰减,并在一段时间后停止。振动的频率只与弹性体本身的材料性质、形状和尺寸有关,振动过程中弹性体不同部位的振动幅度不同,本章介绍薄板的无阻尼自由振动和受迫振动的特点及分析方法。

16.1　薄板的运动方程

薄板振动分为两种形式,即挠度方向的横向振动和平行于中面的纵向振动。纵向振动一般来说需要较大的力才能激励起来,而且频率高(因为弯曲刚度 $D = \dfrac{Et^3}{12(1-v^2)}$ 远小于纵向刚度 E),所以在工程中并不重要,属于平面问题。本章只研究薄板的横向振动问题。

设薄板在平衡位置的静挠度为

$$w_s = w_s(x, y) \tag{16-1}$$

横向静载荷为 $q = q(x, y)$,根据挠曲微分方程,有

$$D\nabla^4 w_s = q \tag{16-2}$$

假设薄板在振动过程中任意瞬时 t 挠度为 $w_t(x, y, t)$,根据达朗贝尔原理,得到

$$D\nabla^4 w_t = q + q_i \tag{16-3}$$

式中,惯性力 $q_i = -\rho \dfrac{\partial^2 w_t}{\partial t^2}$($\rho$ 为薄板的面密度),代入式(16-3),得

$$D\nabla^4 w_t = q - \rho \frac{\partial^2 w_t}{\partial t^2} \tag{16-4}$$

将式(16-4)与式(16-2)相减,得

$$D\nabla^4(w_t - w_s) = -\rho \frac{\partial^2 w_t}{\partial t^2} = -\rho \frac{\partial^2}{\partial t^2}(w_t - w_s) \tag{16-5}$$

式中,$w_t - w_s$ 是任意一时刻从平衡位置算起的挠度,记为 w,则有

$$\nabla^4 w + \frac{\rho}{D} \frac{\partial^2 w}{\partial t^2} = 0 \tag{16-6}$$

这个方程的通解可以写成分离变量的形式

$$w = \sum_{m=1}^{\infty} \sum_{n=1}^{\infty} w_{mn} = \sum_{m=1}^{\infty} \sum_{n=1}^{\infty} (A_{mn} \cos \omega_{mn} t + B_{mn} \sin \omega_{mn} t) W_{mn}(x, y) \qquad (16-7)$$

式中，A_{mn}，B_{mn} 为常数，这说明挠度的通解可以看成是无数多个频率为 ω_{mn}、振型为 W_{mn} 的简谐振动的叠加。频率和振型是自由振动的重要参量，在小变形范围内，振动频率 ω_{mn} 只与结构本身的状况有关(形状、材料性质、边界条件)，而与振幅无关，因此称为固有频率或自然频率。这个线性振动的特点是近代钟表等机械计时仪器的物理基础。

为了求频率和振型函数，取

$$w = (A \cos \omega t + B \sin \omega t) W(x, y) \quad (A、B \text{ 为常数}) \qquad (16-8)$$

代入式(16-6)，得

$$\nabla^4 W - \frac{\omega^2 \rho}{D} W = 0 \qquad (16-9)$$

求振型和频率的问题就归结为式(16-9)在 ω 为何值时有满足边界条件的非零解，在数学上这是微分方程的本征值问题。如果面密度 ρ 是常数，$\dfrac{\omega^2 \rho}{D}$ 也是常数，记为 $\gamma^4 = \dfrac{\omega^2 \rho}{D}$。不同频率的振型 W_{mn} 之间有正交性，如果已知初始挠度 w_0 和初速度 v_0，则可以求出自由振动的完整解。

16.2　四边简支矩形板的自由振动

如图 16-1 所示，取振型函数为

$$W = A \sin \frac{m \pi x}{a} \sin \frac{n \pi y}{b} \qquad (16-10)$$

显然满足简支边界条件，代入振型满足的方程式(16-9)，得

$$A \left[\pi^4 \left(\frac{m^2}{a^2} + \frac{n^2}{b^2} \right)^2 - \gamma^4 \right] \sin \frac{m \pi x}{a} \sin \frac{n \pi y}{b} = 0 \qquad (16-11)$$

要得到非零解，须使 $A \neq 0$，则

$$\gamma^4 = \pi^4 \left(\frac{m^2}{a^2} + \frac{n^2}{b^2} \right)^2 \qquad (16-12)$$

于是，解得自然频率为

$$\omega_{mn} = \pi^2 \left(\frac{m^2}{a^2} + \frac{n^2}{b^2} \right) \sqrt{\frac{D}{\rho}} \qquad (16-13)$$

相应的振型函数为

$$W_{mn} = \sin \frac{m \pi x}{a} \sin \frac{n \pi y}{b} \qquad (16-14)$$

而挠度为

$$w = (A_{mn}\cos\omega_{mn}t + B_{mn}\sin\omega_{mn}t)\sin\frac{m\pi x}{a}\sin\frac{n\pi y}{b} \qquad (16-15)$$

下面将介绍矩形薄板前几阶振动的频率和振型函数。

（1）当 $m = n = 1$ 时，自然频率为

$$\omega_{11} = \pi^2\left(\frac{1}{a^2} + \frac{1}{b^2}\right)\sqrt{\frac{D}{\rho}} \qquad (16-16)$$

这是薄板的最低固有频率，也称为基频。相应的振形函数为 $W_{11} = \sin\dfrac{\pi x}{a}\sin\dfrac{\pi y}{b}$，$x$，$y$ 方向都只有一个正弦半波，最大挠度出现在薄板中心。

（2）$m = 2$、$n = 1$ 时，自然频率为

$$\omega_{21} = \pi^2\left(\frac{4}{a^2} + \frac{1}{b^2}\right)\sqrt{\frac{D}{\rho}} \qquad (16-17)$$

对应的振型函数为 $W_{21} = \sin\dfrac{2\pi x}{a}\sin\dfrac{\pi y}{b}$，$x$ 方向有两个正弦半波，y 方向只有一个正弦半波。$x = a/2$ 直线上的挠度在振动过程中总是零，称为节线（见图 16-2）。

（3）当 $m = 1$、$n = 2$ 时，自然频率为

$$\omega_{12} = \pi^2\left(\frac{1}{a^2} + \frac{4}{b^2}\right)\sqrt{\frac{D}{\rho}} \qquad (16-18)$$

振型函数为 $W_{12} = \sin\dfrac{\pi x}{b}\sin\dfrac{2\pi y}{b}$，节线为 $y = b/2$（见图 16-3）。

（4）当 $m = 2$、$n = 2$ 时，自然频率为

$$\omega_{22} = \pi^2\left(\frac{4}{a^2} + \frac{4}{b^2}\right)\sqrt{\frac{D}{\rho}} \qquad (16-19)$$

振型函数为 $W_{22} = \sin\dfrac{2\pi x}{a}\sin\dfrac{2\pi y}{b}$，节线为 $x = a/2$，$y = b/2$（见图 16-4）。

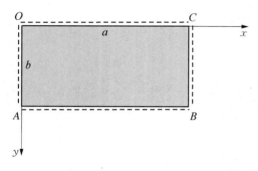

图 16-1　四边简支矩形板的振动

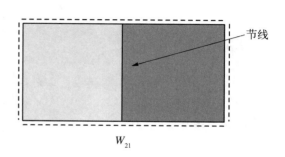

图 16-2　$m = 2$、$n = 1$ 时的振型函数

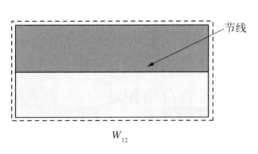

W_{12}

图 16-3 $m=1$、$n=2$ 时的振型函数

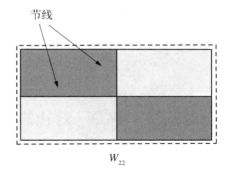

W_{22}

图 16-4 $m=2$、$n=2$ 时的振型函数

不同振型节线的位置不同,这个性质可以应用到乐器中。1978 年湖北随州出土了战国时期的楚国编钟,人们惊奇地发现编钟具有"一钟双音"的特点,即敲击位置不同发出的音高也不同,每板钟体都能发出两个音。这是因为敲击不同部位激发了不同振型的振动,于是就发出了不同频率的声音(可参考文献[40]),楚国编钟体现了我国古代劳动人民的非凡智慧和精湛技艺。

任意时刻总挠度 w 为各阶振动的叠加,可以表示为

$$w = \sum_{m=1}^{\infty} \sum_{n=1}^{\infty} (A_{mn} \cos \omega_{mn} t + B_{mn} \sin \omega_{mn} t) \sin \frac{m\pi x}{a} \sin \frac{n\pi y}{b} \tag{16-20}$$

将初挠度和初速度 $w|_{t=0} = w_0$、$\left. \dfrac{\partial w}{\partial t} \right|_{t=0} = v_0$ 展开成振型函数的级数,即

$$w_0 = \sum_{m=1}^{\infty} \sum_{n=1}^{\infty} C_{mn} \sin \frac{m\pi x}{a} \sin \frac{n\pi y}{b}$$
$$v_0 = \sum_{m=1}^{\infty} \sum_{n=1}^{\infty} D_{mn} \sin \frac{m\pi x}{a} \sin \frac{n\pi y}{b} \tag{16-21}$$

式中

$$C_{mn} = \frac{4}{ab} \int_0^a \int_0^b w_0 \sin \frac{m\pi x}{a} \sin \frac{n\pi y}{b} \, dx \, dy$$
$$D_{mn} = \frac{4}{ab} \int_0^a \int_0^b v_0 \sin \frac{m\pi x}{a} \sin \frac{n\pi y}{b} \, dx \, dy \tag{16-22}$$

由式(16-20)、式(16-21),得

$$\sum_{m=1}^{\infty} \sum_{n=1}^{\infty} A_{mn} \sin \frac{m\pi x}{a} \sin \frac{n\pi y}{b} = \sum_{m=1}^{\infty} \sum_{n=1}^{\infty} C_{mn} \sin \frac{m\pi x}{a} \sin \frac{n\pi y}{b}$$

$$\sum_{m=1}^{\infty} \sum_{n=1}^{\infty} \omega_{mn} B_{mn} \sin \frac{m\pi x}{a} \sin \frac{n\pi y}{b} = \sum_{m=1}^{\infty} \sum_{n=1}^{\infty} D_{mn} \sin \frac{m\pi x}{a} \sin \frac{n\pi y}{b}$$

$$\tag{16-23}$$

比较等式两边同类项的系数,得 $A_{mn} = C_{mn}$, $B_{mn} = \dfrac{D_{mn}}{\omega_{mn}}$,最终得到挠度的完整解为

$$w = \sum_{m=1}^{\infty} \sum_{n=1}^{\infty} \left(C_{mn} \cos \omega_{mn} t + \frac{D_{mn}}{\omega_{mn}} \sin \omega_{mn} t \right) \sin \frac{m \pi x}{a} \sin \frac{n \pi y}{b} \qquad (16-24)$$

16.3　对边简支的矩形板的自由振动

对边简支、另外两边具有任意边界条件的矩形薄板的自由振动问题,可用类似于弯曲问题莱维解法的方法求解。首先我们需考虑对边简支、另外两边自由的情况。如图 16-5 所示,矩形薄板左右两边简支,其余两边自由,取振型函数为 $W(x,y) = Y_m(y) \sin \dfrac{m \pi x}{a}$,将其代入振型函数满足的微分方程 $\nabla^4 W - \gamma^4 W = 0$,其中 $\gamma^4 = \dfrac{\omega^2 \rho}{D}$,$\omega$ 为固有频率,ρ 为板的密度,D 为弯曲刚度,得到

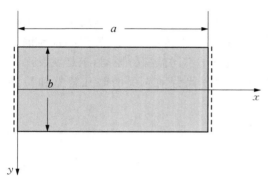

图 16-5　对边简支、另外两边自由的矩形薄板

$$\frac{\mathrm{d}^4 Y_m}{\mathrm{d} y^4} - \frac{2 m^2 \pi^2}{a^2} \frac{\mathrm{d}^2 Y_m}{\mathrm{d} y^2} + \left(\frac{m^4 \pi^4}{a^4} - \gamma^4 \right) Y_m = 0 \qquad (16-25)$$

其特征方程为

$$\lambda^4 - \frac{2 m^2 \pi^2}{a^2} \lambda^2 + \left(\frac{m^4 \pi^4}{a^4} - \gamma^4 \right) = 0 \qquad (16-26)$$

不妨假设式(16-26)有 4 个实特征根,则振型函数的表达式为

$$W(x,y) = \left[c_1 \cosh(\alpha y) + c_2 \sinh(\alpha y) + c_3 \cosh(\beta y) + c_4 \sinh(\beta y) \right] \sin \frac{m \pi x}{a} \qquad (16-27)$$

式中,$\alpha = \sqrt{\dfrac{m^2 \pi^2}{a^2} + \gamma^2}$,$\beta = \sqrt{\dfrac{m^2 \pi^2}{a^2} - \gamma^2}$。

上、下两边自由的边界条件以挠度表示为

$$\begin{cases} \left(\dfrac{\partial^2 w}{\partial y^2} + \nu \dfrac{\partial^2 w}{\partial x^2} \right) \Big|_{y = \pm b/2} = 0 \\[3mm] \left(\dfrac{\partial^3 w}{\partial y^3} + (2 - \nu) \dfrac{\partial^3 w}{\partial x^2 \partial y} \right) \Big|_{y = \pm b/2} = 0 \end{cases} \qquad (16-28)$$

将式(16-27)代入式(16-28),要求挠度的非零解,系数行列式必须为零,由此可得频率方程。

对于对称模态,频率方程为

$$\begin{vmatrix} \alpha^2 - \dfrac{m^2\pi^2}{a^2}\nu & \beta^2 - \dfrac{m^2\pi^2}{a^2}\nu \\[2mm] \left[\alpha^3 - \alpha(2-\nu)\dfrac{m^2\pi^2}{a^2}\right]\tanh\left(\dfrac{\alpha b}{2}\right) & \left[\beta^3 - \beta(2-\nu)\dfrac{m^2\pi^2}{a^2}\right]\tanh\left(\dfrac{\beta b}{2}\right) \end{vmatrix} = 0$$

$$(16-29)$$

对于反对称模态,频率方程为

$$\begin{vmatrix} \alpha^2 - \dfrac{m^2\pi^2}{a^2}\nu & \beta^2 - \dfrac{m^2\pi^2}{a^2}\nu \\[2mm] \left[\alpha^3 - \alpha(2-\nu)\dfrac{m^2\pi^2}{a^2}\right]\coth\left(\dfrac{\alpha b}{2}\right) & \left[\beta^3 - \beta(2-\nu)\dfrac{m^2\pi^2}{a^2}\right]\coth\left(\dfrac{\beta b}{2}\right) \end{vmatrix} = 0$$

$$(16-30)$$

为了数值求解方便,将最小固有频率表示为 $\omega_{\min} = \dfrac{k}{b^2}\sqrt{\dfrac{D}{\rho}}$ 的形式,其中 k 为无量纲参数,这种情况最小固有频率均出现在对称模态,结果见表 16-1。为了方便对比,上下两边为简支-简支及简支-固支情况下 k 的值也列于其中,计算中 ν 取 0.3,计算中可以看到式(16-26)确实有 4 个实特征根。当长宽比较大时,最小固有频率的值接近简支梁的结果 $\dfrac{m^2\pi^2}{a^2}\sqrt{\dfrac{D}{\rho}}$,约为简支梁结果的 0.98。但并不随着长宽比的增大而趋近于简支梁的结果,这是因为梁理论中不出现泊松比,而薄板理论中会出现泊松比,从式(16-29)、式(16-30)中可以看出,即使 $a/b \to \infty$,频率方程仍与泊松比有关。只有当泊松比 $\nu = 0$,薄板理论才能退化到梁理论,具体说明如下。

表 16-1　对边简支,另两边为自由-自由、简支-简支、简支-固支的矩形薄板的振动频率

a/b	0.5	0.75	1.0	1.25	1.5	2.0	3.0
k(自由-自由)	38.945	17.210	9.631	6.138	4.248	2.378	1.052
k(简支-简支)	49.348	27.416	19.739	16.186	14.256	12.337	10.966
k(简支-固支)	51.673	30.667	23.642	20.533	18.899	17.331	16.251

当泊松比 $\nu = 0$ 时,由频率方程式(16-29)可知 $\beta = 0$,但此时方程式(16-26)有相等的特征根,振型函数式(16-27)不再适用,振型函数应为

$$W(x,y) = \left[c_1\cosh(\alpha y) + c_2\sinh(\alpha y) + c_3 y + c_4\right]\sin\frac{m\pi x}{a} \qquad (16-31)$$

要使其满足边界条件式(16-28),则有 $c_1 = c_2 = c_3 = 0$,这说明当 $\beta = 0$,即 $\omega = \dfrac{m^2\pi^2}{a^2}\sqrt{\dfrac{D}{\rho}}$ 时,

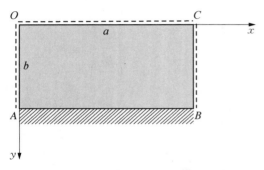

图 16 - 6   对边简支、另外两边简支和固支的矩形薄板

存在非零的振型函数 $W(x,y) = c_4 \sin \dfrac{m\pi}{a}$，满足左右简支、上下自由的边界条件，因此，$\omega = \dfrac{m^2\pi^2}{a^2}\sqrt{\dfrac{D}{\rho}}$ 即为这种情形的固有频率。

对于 $y=0$ 简支，$y=b$ 固支（见图 16-6）。假设 $\gamma^2 > \dfrac{m^2\pi^2}{a^2}$，$\omega > \dfrac{m^2\pi^2}{a^2}\sqrt{\dfrac{D}{\rho}}$。振型函数为

$$W = C_1\cosh(\alpha y) + C_2\sinh(\alpha y) + C_3\cos(\beta y) + C_4\sin(\beta y)\sin\frac{m\pi x}{a} \tag{16-32}$$

由上、下两边的边界条件，得

$$
\begin{aligned}
&C_1 + C_3 = 0 \\
&\alpha^2 C_1 - \beta^2 C_3 = 0 \\
&C_1\cosh(\alpha b) + C_2\sinh(\alpha b) + C_3\cos(\beta b) + C_4\sin(\beta b) = 0 \\
&\alpha C_1\sinh(\alpha b) + \alpha C_2\cosh(\alpha b) - \beta C_3\sin(\beta b) + \beta C_4\cos(\beta b) = 0
\end{aligned}
\tag{16-33}
$$

由式（16-33）的前两式可知，$C_1 = C_3 = 0$，系数行列式等于零，得到频率方程

$$\beta\tanh(\alpha b) - \alpha\tan(\beta b) = 0 \tag{16-34}$$

这种情况的计算结果见表 16-1，与文献[38]的结果完全一致。为了对比方便，将四边简支矩形板的结果也列于其中，由表 16-1 可见矩形板的边界约束越强，其固有频率越高。

实际上，当方程式（16-26）有虚数特征根时，振型函数也可以统一写为式（16-27）的形式。数值计算时，频率方程式（16-29）和式（16-34）左端的值总是实数或纯虚数，当其从负实数变到正实数，从负虚数变到正虚数或从实数变到虚数时均有根，根据这个特点可以编写程序对频率方程数值求解，本节数值结算的结果（见表 16-1）均经过有限元计算验证。上下两边是其他边界条件的情况也可以用本节介绍的方法求解。

16.4   圆形薄板的自由振动

极坐标中，拉普拉斯算子 $\nabla^2 = \dfrac{\partial^2}{\partial r^2} + \dfrac{1}{r}\dfrac{\partial}{\partial r} + \dfrac{1}{r^2}\dfrac{\partial^2}{\partial\theta^2}$，极坐标中薄板自由振动方程仍然可以写成

$$\nabla^4 w + \frac{\rho}{D}\frac{\partial^2 w}{\partial t^2} = 0 \tag{16-35}$$

挠度 w 仍可表示为无数个简谐振动叠加的形式，表示为

$$w = \sum_{m=1}^{\infty}\sum_{n=1}^{\infty}(A_{mn}\cos\omega_{mn}t + B_{mn}\sin\omega_{mn}t)W_{mn}(r,\theta) \tag{16-36}$$

式中，ω_{mn} 为各个简谐振动的频率；$W_{mn}(r，\theta)$ 为相应的振型函数。

为了求频率和振型，取挠度为以下形式：

$$w = (A\cos\omega t + B\sin\omega t)W(r，\theta) \tag{16-37}$$

代入式(16-35)，得

$$\nabla^4 W - \frac{\omega^2\rho}{D}W = 0 \tag{16-38}$$

即

$$\nabla^4 W - \gamma^4 W = 0 \tag{16-39}$$

式中，$\gamma^4 = \dfrac{\omega^2\rho}{D}$。

式(16-39)可改写为

$$(\nabla^2 + \gamma^2)(\nabla^2 - \gamma^2)W = 0 \tag{16-40}$$

取振型函数为 $W = F(r)\cos n\theta$ $(n = 0，1，2，3)$，$n = 0$ 对应于轴对称振动，取 $W = F(r)\cos n\theta$ 形式可以将轴对称振动包含其中。将振型函数代入式(16-39)，得

$$\left(\frac{\mathrm{d}^2}{\mathrm{d}r^2} + \frac{1}{r}\frac{\mathrm{d}}{\mathrm{d}r} - \frac{n^2}{r^2} + \gamma^2\right)\left(\frac{\mathrm{d}^2}{\mathrm{d}r^2} + \frac{1}{r}\frac{\mathrm{d}}{\mathrm{d}r} - \frac{n^2}{r^2} - \gamma^2\right)F = 0 \tag{16-41}$$

显然

$$\frac{\mathrm{d}^2 F}{\mathrm{d}r^2} + \frac{1}{r}\frac{\mathrm{d}F}{\mathrm{d}r} + \left(-\frac{n^2}{r^2} \pm \gamma^2\right)F = 0 \tag{16-42}$$

的解都是式(16-41)的解。做变量替换 $r = \xi/\gamma$，得

$$\xi^2\frac{\mathrm{d}^2 F}{\mathrm{d}\xi^2} + \xi\frac{\mathrm{d}F}{\mathrm{d}\xi} + (\pm\xi^2 - n^2)F = 0 \tag{16-43}$$

则式(16-41)的通解为

$$F = C_1\mathrm{J}_n(\xi) + C_2\mathrm{Y}_n(\xi) + C_3\mathrm{I}_n(\xi) + C_4\mathrm{K}_n(\xi) \tag{16-44}$$

式中，J_n，Y_n 分别为 n 阶第一类、第二类 Bessel 函数；I_n，K_n 分别为虚宗量的 n 阶第一类、第二类 Bessel 函数。振型函数为

$$W = [C_1\mathrm{J}_n(\gamma r) + C_2\mathrm{Y}_n(\gamma r) + C_3\mathrm{I}_n(\gamma r) + C_4\mathrm{K}_n(\gamma r)]\cos n\theta \tag{16-45}$$

如果是圆环板，内、外边界有 4 个条件，可列出待定常数 C_1，C_2，C_3，C_4 的齐次线性方程组，令系数行列式等于零，则可得频率方程。如果是实心圆板，圆板中心挠度为有限值，因为当 $\xi \to 0$，$\mathrm{Y}_n(\xi) \to -\infty$，$\mathrm{K}_n(\xi) \to +\infty$，振型函数中常数 C_2，C_4 需取为零，即 $C_2 = C_4 = 0$。振型函数为 $W = [C_1\mathrm{J}_n(\gamma r) + C_3\mathrm{I}_n(\gamma r)]\cos n\theta$，由板边边界条件，可得到 C_1、C_3 的齐次方程组，令系数行列式等于零，便可得频率方程。

16.5　薄板的受迫振动

当薄板受到周期性变化的动载荷作用时,薄板将在该载荷驱动下振动,称为受迫振动。设静横向载荷为 q_s,动载荷为 q_t,则薄板的运动方程可以写为

$$D\nabla^4 w_t = q_s + q_t + q_i \tag{16-46}$$

式中,惯性力 $q_i = -\rho \dfrac{\partial^2 w_t}{\partial t^2}$。 式(16-46)可改写为

$$D\nabla^4(w_t - w_s) + \rho \frac{\partial^2}{\partial t^2}(w_t - w_s) = q_t \tag{16-47}$$

式中,w_s 是静挠度,满足 $D\nabla^4 w_s = q_s$,记 $w = w_t - w_s$,则有

$$D\nabla^4 w + \rho \frac{\partial^2}{\partial t^2} w = q_t \tag{16-48}$$

或

$$\nabla^4 w + \frac{\rho}{D} \frac{\partial^2}{\partial t^2} w = \frac{q_t}{D} \tag{16-49}$$

这就是受动载荷作用的薄板运动方程,式中 w 是从平衡位置算起的挠度。

要求解薄板的受迫振动问题,首先需要求解自由振动问题,求出各阶振型 $W_{mn}(x, y)$ 和频率 ω_{mn},一方面将动载荷 q_t 展开为振型函数的级数,即

$$q_t = \sum_{m=1}^{\infty} \sum_{n=1}^{\infty} F_{mn}(t) W_{mn}(x, y) \tag{16-50}$$

式中,$F_{mn}(t)$ 可由振型的正交性确定。

另一方面,也将挠度展开成振型的级数,即

$$w = \sum_{m=1}^{\infty} \sum_{n=1}^{\infty} T_{mn}(t) W_{mn}(x, y) \tag{16-51}$$

将式(16-50)、式(16-51)代入运动方程式(16-49),得

$$\sum_{m=1}^{\infty} \sum_{n=1}^{\infty} T_{mn}(t) \nabla^4 W_{mn} + \frac{\rho}{D} \sum_{m=1}^{\infty} \sum_{n=1}^{\infty} \frac{d^2 T_{mn}(t)}{dt^2} W_{mn} = \frac{1}{D} \sum_{m=1}^{\infty} \sum_{n=1}^{\infty} F_{mn} W_{mn} \tag{16-52}$$

注意到振型满足:$\nabla^4 W_{mn} = \gamma^4 W_{mn} = \dfrac{\omega^2 \rho}{D} W_{mn}$,代入式(16-52),比较两边 W_{mn} 的系数,得

$$\rho \frac{d^2 T_{mn}(t)}{dt^2} + \rho \omega_{mn}^2 T_{mn}(t) = F_{mn} \tag{16-53}$$

即

$$\frac{\mathrm{d}^2 T_{mn}(t)}{\mathrm{d}t^2} + \omega_{mn}^2 T_{mn}(t) = \frac{1}{\rho} F_{mn} \tag{16-54}$$

这个方程的通解可以表示为(可参考文献[41])

$$T_{mn}(t) = A_{mn} \cos \omega_{mn} t + B_{mn} \sin \omega_{mn} t + \frac{1}{\rho \omega_{mn}} \int_0^t F_{mn}(\tau) \sin \omega_{mn}(t-\tau) \mathrm{d}\tau \tag{16-55}$$

式中第三项为以杜阿梅尔(Duhamel)积分表示的非齐次方程的特解；A_{mn}、B_{mn} 为待定常数，须由初始条件确定。

任意时刻的挠度可表示为

$$w = \sum_{m=1}^{\infty} \sum_{n=1}^{\infty} \left[A_{mn} \cos \omega_{mn} t + B \sin \omega_{mn} t + \frac{1}{\rho \omega_{mn}} \int_0^t F_{mn}(\tau) \sin \omega_{mn}(t-\tau) \mathrm{d}\tau \right] W_{mn}(x, y) \tag{16-56}$$

例 设简支矩形板受动载荷 $q_t = q_0(x, y) \cos \omega t$，求薄板的动挠度。

解：简支矩形板的振型函数为 $W_{mn} = \sin \dfrac{m \pi x}{a} \sin \dfrac{n \pi y}{b}$，$q_0(x, y)$ 可展开成振型的级数，

$$q_0(x, y) = \sum_{m=1}^{\infty} \sum_{n=1}^{\infty} C_{mn} \sin \frac{m \pi x}{a} \sin \frac{n \pi y}{b} \tag{16-57}$$

式中，$C_{mn} = \dfrac{4}{ab} \iint\limits_{0\ 0}^{a\ b} q_0(x, y) \sin \dfrac{m \pi x}{a} \sin \dfrac{n \pi y}{b} \mathrm{d}x \mathrm{d}y$。

比较式(16-50)和式(16-57)可见，$F_{mn} = C_{mn} \cos \omega t$。

令 $I = \displaystyle\int_0^t \cos(\omega \tau) \sin \omega_{mn}(t-\tau) \mathrm{d}\tau$，通过分部积分，则有

$$I = \frac{1}{\omega} \int_0^t \sin \omega_{mn}(t-\tau) \mathrm{d}\sin(\omega \tau) = -\frac{1}{\omega} \int_0^t \sin(\omega \tau) \mathrm{d}\sin \omega_{mn}(t-\tau)$$

$$= \frac{\omega_{mn}}{\omega} \int_0^t \cos \omega_{mn}(t-\tau) \sin(\omega \tau) \mathrm{d}\tau = -\frac{\omega_{mn}}{\omega^2} \int_0^t \cos \omega_{mn}(t-\tau) \mathrm{d}\cos(\omega \tau)$$

$$= -\frac{\omega_{mn}}{\omega^2} \left[\cos(\omega \tau) \cos \omega_{mn}(t-\tau) \Big|_0^t - \omega_{mn} \int_0^t \cos(\omega \tau) \sin \omega_{mn}(t-\tau) \mathrm{d}\tau \right]$$

$$= -\frac{\omega_{mn}}{\omega^2} \left[\cos(\omega t) - \cos(\omega_{mn} t) - \omega_{mn} I \right]$$

由此得

$$I = \frac{\omega_{mn}(\cos \omega t - \cos \omega_{mn} t)}{(\omega_{mn}^2 - \omega^2)}$$

根据式(16-56)，于是动挠度的表达式为

$$w = \sum_{m=1}^{\infty} \sum_{n=1}^{\infty} \left[A_{mn} \cos \omega_{mn} t + B_{mn} \sin \omega_{mn} t + \frac{C_{mn}(\cos \omega t - \cos \omega_{mn} t)}{\rho(\omega_{mn}^2 - \omega^2)} \right] \sin \frac{m \pi x}{a} \sin \frac{n \pi y}{b}$$

$$(16-58)$$

其中，特解中的 $\cos \omega_{mn} t$ 项可并入 $A_{mn} \cos \omega_{mn} t$，式(16-58)可改写为

$$w = \sum_{m=1}^{\infty} \sum_{n=1}^{\infty} \left[A_{mn} \cos \omega_{mn} t + B_{mn} \sin \omega_{mn} t + \frac{C_{mn} \cos \omega t}{\rho(\omega_{mn}^2 - \omega^2)} \right] \sin \frac{m \pi x}{a} \sin \frac{n \pi y}{b}$$

$$(16-59)$$

假设动载荷开始作用时，薄板处于静止状态，即 $w_0 = w \big|_{t=0} = 0$，$v_0 = \dfrac{\partial w}{\partial t} \Big|_{t=0} = 0$，由此可

确定 $A_{mn} = -\dfrac{C_{mn}}{\rho(\omega_{mn}^2 - \omega^2)}$，$B_{mn} = 0$。代入式(16-59)，得

$$w = \sum_{m=1}^{\infty} \sum_{n=1}^{\infty} \frac{C_{mn}}{\rho(\omega_{mn}^2 - \omega^2)} (\cos \omega t - \cos \omega_{mn} t) \sin \frac{m \pi x}{a} \sin \frac{n \pi y}{b} \qquad (16-60)$$

当动载荷的频率 ω 趋近于薄板的某个自然频率 ω_{mn} 时，式(16-60)中 $w_{mn} = \dfrac{C_{mn}(\cos \omega t - \cos \omega_{mn} t)}{\rho(\omega_{mn}^2 - \omega^2)}$ 的项成为 $\dfrac{0}{0}$ 的形式，需要应用洛必达法则求极限，即

$$\lim_{\omega \to \omega_{mn}} \frac{C_{mn}(\cos \omega t - \cos \omega_{mn} t)}{\rho(\omega_{mn}^2 - \omega^2)} = \lim_{\omega \to \omega_{mn}} \frac{-C_{mn} t \sin \omega t}{-2\rho \omega} = \frac{C_{mn} t \sin \omega_{mn} t}{2\rho \omega_{mn}}$$

于是，在式(16-60)中，含有 ω_{mn} 的项变成 $\dfrac{C_{mn} t \sin(\omega_{mn} t)}{2\rho \omega_{mn}} \sin \dfrac{m \pi x}{a} \sin \dfrac{n \pi y}{b}$。因为三角

函数有界，所以该项随着时间的增长而无限增大(见图16-7)，这表示发生了共振。实际材料

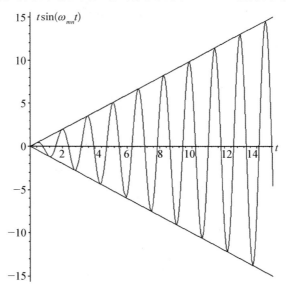

图 16-7 函数 $t \sin(\omega_{mn} t)$ 随时间变化的示意图

都有阻尼，振幅不可能无限增大，但增大到一定数值时会导致薄板破坏。所以，当设计薄板构件时，必须使薄板的各阶自然频率避开外部激励载荷的频率，通常是使薄板的最小自然频率远小于激励载荷的频率。因此在薄板振动问题的分析中，重要的是最小自然频率和前几阶频率的计算。

习　　题

1. 如图 16-1 所示，四边简支的矩形薄板，边长为 a 及 b，设其初始速度 v_0 为零，而初挠度为 $w_0 = \zeta \sin \dfrac{\pi x}{a} \sin \dfrac{\pi y}{b}$，试导出该薄板自由振动的完整解。

2. 如图 1 所示，矩形薄板长度为 a，宽度为 b，两对边简支、另外两边固支，设方程式 (16-25) 的特征根为两实两虚，试导出频率方程，并求出 $a=b$ 时的最小自然频率。

3. 设有圆形薄板，半径为 a，边界为固支，做轴对称自由振动，试导出频率方程，并求出最低自然频率。

4. 设简支矩形板受动载荷 $q_t = q_0 \sin \omega t$，初始挠度和速度为零，求挠度。

5. 如图 2 所示，矩形薄板长为 a，宽为 b，且 $a=1.5b$，弯曲刚度和面密度分别为 D、ρ。如果矩形薄板的中心处与一刚性支座相连，求最小固有频率。

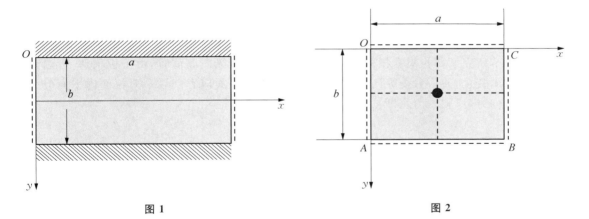

图 1　　　　　　　　　　　　　　图 2

17 薄板的稳定性

弹性体具有两种不同性质的平衡状态：稳定平衡和不稳定平衡。当弹性体在平衡位置受到小的扰动时，如果物体仍能在原来的平衡位置或其附近保持平衡，则这种平衡状态称为稳定平衡；反之，如果受到扰动后将偏离原来的平衡位置，则为不稳定平衡。

当薄板受到纵向载荷作用时，如果纵向载荷较小，则不论是拉力还是压力，薄板的平面平衡状态都是稳定的，也就是说此时如果薄板受横向载荷而弯曲，当横向载荷撤去后，薄板又会回到平面平衡状态。但是当纵向载荷大到一定数值时，板的平面平衡状态成为不稳定，这时当薄板受到干扰而弯曲时，即使撤除干扰力，薄板也回不到平面平衡状态，这种现象称为屈曲，这时的纵向载荷称为临界载荷。

屈曲是梁、板、壳结构构件的一种常见的失效模式，虽然屈曲后仍有一定的承载能力，但往往会产生很大的变形，使结构不能正常工作。薄板屈曲后也会发生较大变形，屈曲以后的变形情况属于非线性变形，需要用非线性弹性理论分析，临界载荷时是线性变形和非线性变形的分界点。本章首先推导薄板屈曲问题的基本方程，然后介绍矩形薄板和圆形薄板屈曲问题的分析方法。

17.1 薄板在纵向、横向载荷共同作用下的变形

前面章节研究了薄板只受横向载荷的弯曲问题，当有纵向载荷时，由于板很薄，可以认为不沿厚度方向变化，薄板只受纵向载荷作用的问题属于平面应力问题。薄板面内平面应力可合成为中面内力（薄膜内力），即

$$N_x = t\sigma_x, \quad N_y = t\sigma_y$$
$$N_{xy} = t\tau_{xy}, \quad N_{yx} = t\tau_{yx} \tag{17-1}$$

式中，t 为板的厚度；N_x、N_y 为面内拉力或压力；N_{yx}、N_{xy} 称为纵向剪力。

当薄板同时受横向和纵向载荷作用时，如果纵向载荷很小，则中面内力也很小，对弯曲的影响可以忽略不计，应用叠加原理分别计算两种载荷引起的内力，然后叠加。但当中面内力达到一定数值时，就必须考虑中面内力对弯曲的影响，下面推导考虑纵向载荷作用时薄板的挠曲微分方程。

如图 17-1 所示，考虑薄板任意一个微元体的平衡，为简单起见，只画出微元的中面。弯矩和扭矩按右手螺旋法则，也用矢量表示，实心箭头表示力矩，空心箭头表示力，将横向载荷、中面内力及弯矩和扭矩都用矢量表示在中面上。

由剪力互等定理，显然有 $N_{xy} = N_{yx}$。考虑 x、y 轴方向力的平衡，得

$$\left(N_x + \frac{\partial N_x}{\partial x}\mathrm{d}x\right)\mathrm{d}y - N_x\mathrm{d}y + \left(N_{yx} + \frac{\partial N_{yx}}{\partial y}\mathrm{d}y\right)\mathrm{d}x - N_{yx}\mathrm{d}x = 0$$
$$\left(N_y + \frac{\partial N_y}{\partial y}\mathrm{d}y\right)\mathrm{d}x - N_y\mathrm{d}x + \left(N_{xy} + \frac{\partial N_{xy}}{\partial x}\mathrm{d}x\right)\mathrm{d}y - N_{xy}\mathrm{d}y = 0 \tag{17-2}$$

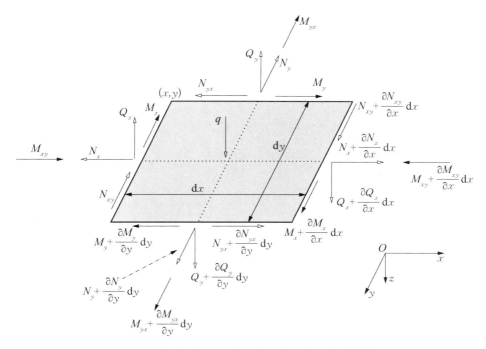

图 17 - 1   同时受面内载荷和横向载荷作用的薄板微元

即

$$\frac{\partial N_x}{\partial x} + \frac{\partial N_{yx}}{\partial y} = 0, \quad \frac{\partial N_y}{\partial y} + \frac{\partial N_{xy}}{\partial x} = 0 \tag{17-3}$$

考虑所有各力在 z 轴上的投影,有以下三部分贡献。

(1)横向载荷:$q \mathrm{d}x \mathrm{d}y$。

(2)横向剪力

$$\left(Q_x + \frac{\partial Q_x}{\partial x}\mathrm{d}x\right)\mathrm{d}y - Q_x \mathrm{d}y + \left(Q_y + \frac{\partial Q_y}{\partial y}\mathrm{d}y\right)\mathrm{d}x - Q_y \mathrm{d}x = \left(\frac{\partial Q_x}{\partial x} + \frac{\partial Q_y}{\partial y}\right)\mathrm{d}x \mathrm{d}y$$

$$\tag{17-4}$$

(3)中面内力:N_x、N_y、N_{xy}、N_{yx}。

薄板弯曲后中面内力在 z 轴上的分量不为零,如图 17 - 2 所示,微元左右两边的拉压内力 N_x 在 z 轴上的投影为

$$-N_x \mathrm{d}y \frac{\partial w}{\partial x} + \left(N_x + \frac{\partial N_x}{\partial x}\mathrm{d}x\right)\mathrm{d}y \frac{\partial}{\partial x}\left(w + \frac{\partial w}{\partial x}\mathrm{d}x\right) =$$

$$\left(N_x \frac{\partial^2 w}{\partial x^2} + \frac{\partial N_x}{\partial x} \frac{\partial w}{\partial x} + \frac{\partial N_x}{\partial x} \frac{\partial^2 w}{\partial x^2}\mathrm{d}x\right)\mathrm{d}x \mathrm{d}y$$

考虑在薄板弯曲问题中 w、$\dfrac{\partial w}{\partial x}$ 都是小量,略去高阶小量,得

$$\left(N_x \frac{\partial^2 w}{\partial x^2} + \frac{\partial N_x}{\partial x} \frac{\partial w}{\partial x}\right) \mathrm{d}x \mathrm{d}y \qquad (17-5)$$

同样，微元前后两边的拉压内力 N_y 在 z 轴上的投影为

$$\left(N_y \frac{\partial^2 w}{\partial y^2} + \frac{\partial N_y}{\partial y} \frac{\partial w}{\partial y}\right) \mathrm{d}x \mathrm{d}y \qquad (17-6)$$

如图 17-3 所示，微元左、右两边的纵向剪力在 z 轴上的投影为

$$\left(N_{xy} + \frac{\partial N_{xy}}{\partial x}\mathrm{d}x\right)\mathrm{d}y \frac{\partial}{\partial y}\left(w + \frac{\partial w}{\partial x}\mathrm{d}x\right) - N_{xy}\mathrm{d}y \frac{\partial w}{\partial y} =$$

$$\left(N_{xy} \frac{\partial^2 w}{\partial x \partial y} + \frac{\partial N_{xy}}{\partial x} \frac{\partial w}{\partial y} + \frac{\partial N_{xy}}{\partial x} \frac{\partial^2 w}{\partial x \partial y}\right)\mathrm{d}x\mathrm{d}y$$

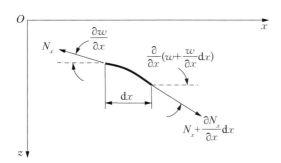

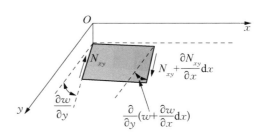

图 17-2 弯曲的薄板微元上的面内内力   图 17-3 弯曲的薄板微元上的纵向剪力

略去高阶小量，有

$$\left(N_{xy} \frac{\partial^2 w}{\partial x \partial y} + \frac{\partial N_{xy}}{\partial x} \frac{\partial w}{\partial y}\right) \mathrm{d}x \mathrm{d}y \qquad (17-7)$$

同样，微元前、后两边的纵向剪力在 z 轴上的投影为

$$\left(N_{yx} \frac{\partial^2 w}{\partial x \partial y} + \frac{\partial N_{yx}}{\partial y} \frac{\partial w}{\partial x}\right) \mathrm{d}x \mathrm{d}y \qquad (17-8)$$

由平衡条件可知，所有各力在 z 轴上的投影之和应等于零，即

$$q + \frac{\partial Q_x}{\partial x} + \frac{\partial Q_y}{\partial y} + N_x \frac{\partial^2 w}{\partial x^2} + \frac{\partial N_x}{\partial x} \frac{\partial w}{\partial x} + N_y \frac{\partial^2 w}{\partial y^2} + \frac{\partial N_y}{\partial y} \frac{\partial w}{\partial y} +$$

$$N_{xy} \frac{\partial^2 w}{\partial x \partial y} + \frac{\partial N_{xy}}{\partial x} \frac{\partial w}{\partial y} + N_{yx} \frac{\partial^2 w}{\partial x \partial y} + \frac{\partial N_{yx}}{\partial y} \frac{\partial w}{\partial x} = 0 \qquad (17-9)$$

或

$$q + \frac{\partial Q_x}{\partial x} + \frac{\partial Q_y}{\partial y} + N_x \frac{\partial^2 w}{\partial x^2} + N_y \frac{\partial^2 w}{\partial y^2} + (N_{xy} + N_{yx}) \frac{\partial^2 w}{\partial x \partial y} +$$

$$\left(\frac{\partial N_x}{\partial x} + \frac{\partial N_{yx}}{\partial y}\right) \frac{\partial w}{\partial x} + \left(\frac{\partial N_y}{\partial y} + \frac{\partial N_{yx}}{\partial x}\right) \frac{\partial w}{\partial y} = 0 \qquad (17-10)$$

利用中面内力的平衡方程式(17-3),式(17-10)可简化为

$$q + \frac{\partial Q_x}{\partial x} + \frac{\partial Q_y}{\partial y} + N_x \frac{\partial^2 w}{\partial x^2} + 2N_{xy} \frac{\partial^2 w}{\partial x \partial y} + N_y \frac{\partial^2 w}{\partial y^2} = 0 \qquad (17-11)$$

当只有横向载荷时,有 $\dfrac{\partial Q_x}{\partial x} + \dfrac{\partial Q_y}{\partial y} = -D\left(\dfrac{\partial^2}{\partial x^2} + \dfrac{\partial^2}{\partial y^2}\right)\nabla^2 w = -D\nabla^4 w$,下面说明在有纵向载荷时,这个关系仍然成立。

当有纵向载荷时,$u = -\dfrac{\partial w}{\partial x} z + u^P$,$v = -\dfrac{\partial w}{\partial y} z + v^P$,其中 u^P、v^P 为面内变形的位移。面内应力分量可以表示为 $\sigma_x = \sigma_x^B + \sigma_x^P$,$\tau_{yx} = \tau_{yx}^B + \tau_{yx}^P$,其中 σ_x^B,τ_{yx}^B 为弯曲应力,σ_x^P,τ_{yx}^P 为由纵向载荷引起的面内应力。由应力平衡方程 $\dfrac{\partial \sigma_x}{\partial x} + \dfrac{\partial \tau_{yx}}{\partial y} + \dfrac{\partial \tau_{zx}}{\partial z} = 0$ 及中面内力的平衡方程式(17-3),有

$$\begin{aligned}
\frac{\partial \tau_{zx}}{\partial z} &= -\frac{\partial \sigma_x^B}{\partial x} - \frac{\partial \tau_{yx}^B}{\partial y} - \left(\frac{\partial \sigma_x^P}{\partial x} + \frac{\partial \tau_{yx}^P}{\partial y}\right) \\
&= -\frac{\partial \sigma_x^B}{\partial x} - \frac{\partial \tau_{yx}^B}{\partial y} - \frac{1}{t}\left(\frac{\partial N_x}{\partial x} + \frac{\partial N_{yx}}{\partial y}\right) \\
&= -\frac{\partial \sigma_x^B}{\partial x} - \frac{\partial \tau_{yx}^B}{\partial y} = \frac{Ez}{(1-v^2)} \frac{\partial}{\partial x} \nabla^2 w
\end{aligned} \qquad (17-12)$$

所以当纵向载荷存在时,仍然有 $\tau_{zx} = \dfrac{E}{2(1-v^2)}\left(z^2 - \dfrac{t^2}{4}\right)\dfrac{\partial}{\partial x}\nabla^2 w$,同样 $\tau_{zy} = \dfrac{E}{2(1-v^2)}\left(z^2 - \dfrac{t^2}{4}\right)\dfrac{\partial}{\partial y}\nabla^2 w$ 仍然成立。因此,$Q_x = -D\dfrac{\partial}{\partial x}\nabla^2 w$,$Q_y = -D\dfrac{\partial}{\partial y}\nabla^2 w$。最后得到有纵向载荷时的挠曲微分方程为

$$D\nabla^4 w - \left(N_x \frac{\partial w^2}{\partial x^2} + 2N_{xy} \frac{\partial^2 w}{\partial x \partial y} + N_y \frac{\partial^2 w}{\partial y^2}\right) = q \qquad (17-13)$$

解题时先按平面问题求出 N_x、N_{xy}、N_y,然后由式(17-13)求解挠度 w,进一步可得到各内力分量。

17.2 薄板的屈曲——临界载荷

屈曲问题的关键是求临界载荷,求临界载荷时,先从平面应力问题理论求出中面内力 N_x、N_{xy}、N_y 的分布,它们之间的比例已知而大小是未知的。求临界载荷的问题归结为求无横向载荷作用的挠曲微分方程的本征值问题,即中面内力为何值时,存在满足边界条件的非零解。而满足上述条件的最小的纵向载荷就是临界载荷。

$$D\nabla^4 w - \left(N_x \frac{\partial^2 w}{\partial x^2} + 2N_{xy} \frac{\partial^2 w}{\partial x \partial y} + N_y \frac{\partial^2 w}{\partial y^2}\right) = 0 \qquad (17-14)$$

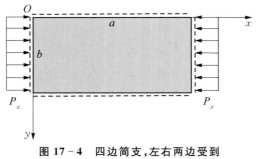

图 17－4 四边简支，左右两边受到
均匀压力的矩形薄板

下面讨论四边简支矩形板的屈曲问题。如图
17－4 所示的四边简支矩形薄板，左右两边受到均
匀压力 P_x（单位长度上的大小），则面内应力为
$\sigma_x = -\dfrac{P_x}{t}$，$\sigma_y = \tau_{xy} = 0$，$t$ 为板厚。中面内力为
$N_x = -P_x$，$N_y = 0 = N_{xy}$。

代入式（17－14），得

$$D\nabla^4 w + P_x \frac{\partial^2 w}{\partial x^2} = 0 \qquad (17-15)$$

取挠度表达式为

$$w = \sum_{m=1}^{\infty}\sum_{n=1}^{\infty} A_{mn}\sin\frac{m\pi x}{a}\sin\frac{n\pi y}{b} \qquad (17-16)$$

代入式（17－15），得

$$\sum_{m=1}^{\infty}\sum_{n=1}^{\infty} A_{mn}\left[D\left(\frac{m^2}{a^2}+\frac{n^2}{b^2}\right)^2 - P_x\frac{m^2}{\pi^2 a^2}\right]\sin\frac{m\pi x}{a}\sin\frac{n\pi y}{b} = 0 \qquad (17-17)$$

如果纵向载荷 P_x 较小或是拉力，则无论 m、n 取何值，式（17－17）中括号内的值总
大于零，因此所有系数 A_{mn} 必为零，薄板总是处于平面平衡状态。但是，当 P_x 增大到一
定数值时，存在 m，n，使得中括号内的值为零，A_{mn} 可以不为零，也就是说在纵向载荷作
用下，可能发生挠曲变形，挠曲函数为 $w = A_{mn}\sin\dfrac{m\pi x}{a}\sin\dfrac{n\pi y}{b}$。由此可见，发生屈曲
条件为

$$D\left(\frac{m^2}{a^2}+\frac{n^2}{b^2}\right)^2 - P_x\frac{m^2}{\pi^2 a^2} = 0 \qquad (17-18)$$

由此求出屈曲载荷 $P_x = \dfrac{\pi^2 a^2 D\left(\dfrac{m^2}{a^2}+\dfrac{n^2}{b^2}\right)^2}{m^2}$。

重要的问题是最小的屈曲载荷 P_x，即临界载荷。显然，n 越大，P_x 越大。所以，要求临
界载荷 n 应取为 1，则 $P_x = \dfrac{\pi^2 a^2 D}{m^2}\left(\dfrac{m^2}{a^2}+\dfrac{1}{b^2}\right)^2 = k\,\dfrac{\pi^2 D}{b^2}$，其中 $k = \left(\dfrac{mb}{a}+\dfrac{a}{mb}\right)^2$。

图 17－5 给出了 k 随不同 $\dfrac{a}{b}$ 和 m 的变化曲线。从图中可以看出，当 $\dfrac{a}{b} \leqslant \sqrt{2}$ 时，最小屈曲载

荷（临界载荷）总对应于 $m=1$，此时 $P_x^c = \dfrac{\pi^2 D}{b^2}\left(\dfrac{b}{a}+\dfrac{a}{b}\right)^2$；当 $\sqrt{2} \leqslant \dfrac{a}{b} \leqslant \sqrt{6}$ 时，临界载荷总

对应于 $m=2$；当 $\sqrt{6} \leqslant \dfrac{a}{b} \leqslant 2\sqrt{4}$ 时，临界载荷总对应于 $m=3$；当 $\dfrac{a}{b} \geqslant \sqrt{2}$ 时，k 在 4.0～4.5

之间变化，也就是说，临界载荷在 $4.0\,\dfrac{\pi^2 D}{b^2} \sim 4.5\,\dfrac{\pi^2 D}{b^2}$ 之间。

如果上下两边也有纵向载荷作用(见图 17-6)，$P_y = \alpha P_x$，这时中面内力为

$$N_x = -P_x, \quad N_y = -\alpha P_x, \quad N_{xy} = 0 \tag{17-19}$$

代入压曲微分方程式(17-14)，得 $D\nabla^4 w + P_x\left(\dfrac{\partial^2 w}{\partial x^2} + \alpha \dfrac{\partial^2 w}{\partial y^2}\right) = 0$，同样可以推得

$$P_x = \frac{\pi^2 D}{a^2} \frac{\left(m^2 + n^2 \dfrac{a^2}{b^2}\right)^2}{m^2 + \alpha n^2 \dfrac{a^2}{b^2}} \tag{17-20}$$

对给定的 a/b、α，可求出最小的 P_x，P_y 为拉力时式(17-20)仍然成立(这时 α 为负)。

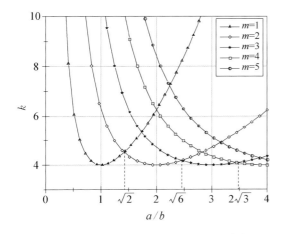

图 17-5 不同 m 值下 k 随长宽比的变化

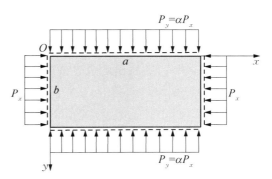

图 17-6 四边简支，左右两边、上下两边
都受到均布压力的矩形薄板

17.3 对边简支的矩形板在均布压力下的屈曲

左、右两边简支，另外两对边边界条件任意的矩形板，沿简支边受均布压力 P_x(单位长度上的大小)，压曲微分方程为

$$D\nabla^4 w + P_x \frac{\partial^2 w}{\partial x^2} = 0 \tag{17-21}$$

取挠度的表达式为 $w = \sum\limits_{m=1}^{\infty} Y_m(y)\sin\dfrac{m\pi x}{a}$，$Y_m(y)$ 为待定函数。显然这样的表达式满足左、右两边的边界条件，代入式(17-21)，得到 Y_m 满足的方程

$$\frac{\mathrm{d}^4 Y_m}{\mathrm{d}y^4} - \frac{2m^2\pi^2}{a^2}\frac{\mathrm{d}^2 Y_m}{\mathrm{d}y^2} + \left(\frac{m^4\pi^4}{a^4} - \frac{P_x}{D}\frac{m^2\pi^2}{a^2}\right)Y_m = 0 \tag{17-22}$$

这是一个常系数常微分方程，其特征方程为

$$\left(\lambda^2 - \frac{m^2\pi^2}{a^2}\right)^2 = \frac{P_x}{D}\,\frac{m^2\pi^2}{a^2} \tag{17-23}$$

4 个特征根为 $\lambda = \pm\alpha$，$\pm\beta$ $\left[\alpha = \sqrt{\dfrac{m\pi}{a}\left(\dfrac{m\pi}{a} + \sqrt{\dfrac{P_x}{D}}\right)}\,,\ \beta = \sqrt{\dfrac{m\pi}{a}\left(\dfrac{m\pi}{a} - \sqrt{\dfrac{P_x}{D}}\right)}\right]$，可能为 4 个实根或 2 个实根、2 个虚根。下面以另外两对边为自由或固支为例，说明具体的求解步骤。

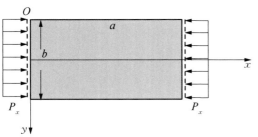

图 17 - 7　左右两边简支，上下两边自由的矩形薄板

1. 另外两边自由

如图 17 - 7 所示，假设 4 个特征根均为实数，则挠度的解为

$$w = \sum_{m=1}^{\infty}(C_1\cosh\alpha y + C_2\sinh\alpha y + C_3\cosh\beta y + C_4\sinh\beta y)\sin\frac{m\pi x}{a} \tag{17-24}$$

$y = -\dfrac{b}{2}$ 和 $y = \dfrac{b}{2}$ 边自由的边界条件可表示为

$$\left(\frac{\partial^2 w}{\partial y^2} + v\,\frac{\partial^2 w}{\partial x^2}\right)\bigg|_{y = \pm\frac{b}{2}} = 0$$
$$\left[\frac{\partial^3 w}{\partial y^3} + (2-v)\,\frac{\partial^3 w}{\partial x^2\partial y}\right]_{y = \pm\frac{b}{2}} = 0 \tag{17-25}$$

将式(17 - 24)代入式(17 - 25)，要使 C_1，C_2，C_3，C_4 有非零解，系数行列式必须为零，可得确定屈曲载荷的方程，对于对称屈曲模式，方程为

$$\begin{vmatrix} \alpha^2 - \nu\,\dfrac{m^2\pi^2}{a^2} & \beta^2 - \nu\,\dfrac{m^2\pi^2}{a^2} \\[2mm] \left[\alpha^3 - \alpha(2-\nu)\,\dfrac{m^2\pi^2}{a^2}\right]\tanh\!\left(\dfrac{\alpha b}{2}\right) & \left[\beta^3 - \beta(2-\nu)\,\dfrac{m^2\pi^2}{a^2}\right]\tanh\!\left(\dfrac{\beta b}{2}\right) \end{vmatrix} = 0 \tag{17-26}$$

对于反对称屈曲模式，方程为

$$\begin{vmatrix} \alpha^2 - \nu\,\dfrac{m^2\pi^2}{a^2} & \beta^2 - \nu\,\dfrac{m^2\pi^2}{a^2} \\[2mm] \left[\alpha^3 - \alpha(2-\nu)\,\dfrac{m^2\pi^2}{a^2}\right]\coth\!\left(\dfrac{\alpha b}{2}\right) & \left[\beta^3 - \beta(2-\nu)\,\dfrac{m^2\pi^2}{a^2}\right]\coth\!\left(\dfrac{\beta b}{2}\right) \end{vmatrix} = 0 \tag{17-27}$$

为了数值求解方便，将屈曲载荷表示为 $P_x = \dfrac{k\pi^2 D}{b^2}$ 的形式，其中 k 为无量纲参数。将式

(17-26)和式(17-27)改写为

$$\begin{vmatrix} (a\alpha)^2 - \nu m^2\pi^2 & (a\beta)^2 - \nu m^2\pi^2 \\ \left[(a\alpha)^3 - a\alpha(2-\nu)m^2\pi^2\right]\tanh\left(\dfrac{a\alpha}{2\zeta}\right) & \left[(a\beta)^3 - a\beta(2-\nu)m^2\pi^2\right]\tanh\left(\dfrac{a\beta}{2\zeta}\right) \end{vmatrix} = 0$$

(17-28)

$$\begin{vmatrix} (a\alpha)^2 - \nu m^2\pi^2 & (a\beta)^2 - \nu m^2\pi^2 \\ \left[(a\alpha)^3 - a\alpha(2-\nu)m^2\pi^2\right]\coth\left(\dfrac{a\alpha}{2\zeta}\right) & \left[(a\beta)^3 - a\beta(2-\nu)m^2\pi^2\right]\coth\left(\dfrac{a\beta}{2\zeta}\right) \end{vmatrix} = 0$$

(17-29)

式中，$a\alpha = \sqrt{(m\pi)^2 + m\zeta\pi^2\sqrt{k}}$；$a\beta = \sqrt{(m\pi)^2 - m\zeta\pi^2\sqrt{k}}$；$\zeta = a/b$。

当 $\nu = 0.25$ 时，临界载荷（最小屈曲载荷）的计算结果列于表 17-1，这些结果均对应于对称屈曲模式、$m = 1$。

表 17-1　临界载荷计算结果

a/b	0.5	0.75	1.0	1.25	1.5	2.0	3.0
k（简支-自由）	4.404	2.202	1.434	1.080	0.888	0.688	0.563
k（自由-自由）	3.929	1.733	0.968	0.616	0.426	0.238	0.105

当 $a \gg b$ 时，似乎这时板接近于简支梁，但因为薄板理论考虑了 x 方向拉伸、y 方向收缩的泊松比效应（弯曲刚度中有泊松比），而梁理论不考虑泊松比效应（弯曲刚度中不出现泊松比），所以薄板理论的结果无论如何退化不到梁理论的结果 $P_{cr} = \dfrac{(m\pi)^2 \mathrm{EI}}{l^2}$（$l$ 为梁的跨度，EI 为梁的弯曲刚度）。只有当泊松比 $\nu = 0$ 时，薄板理论才与梁理论一致。当 $a/b = 10.0$ 时，$k = 0.009\,383$，也就是 $P_x^{cr} = \dfrac{0.938\,2\pi^2 D}{a^2}$，而按梁理论 $P_x^{cr} = \dfrac{\pi^2 D}{a^2}$。

当泊松比 $\nu = 0$ 时，从式(17-23)得，$\alpha = \dfrac{\sqrt{2}\,m\pi}{a}$、$\beta = 0$，即 $P_x = \dfrac{(m\pi)^2 D}{a^2}$，这时特征方程有重根，式(17-24)形式的解不再适用，挠度的解应为

$$w(x,y) = (C_1\cosh(\alpha y) + C_2\sinh(\alpha y) + C_3 y + C_4)\sin\frac{m\pi x}{a}$$

(17-30)

使其满足边界条件(17-25)，得 $C_1 = C_2 = C_3 = 0$，说明当 $\beta = 0$，即 $P_x = \dfrac{(m\pi)^2 D}{a^2}$ 时，挠度有

非零解 $w(x,y) = C_4\sin\dfrac{m\pi x}{a}$，因此屈曲载荷就是 $P_x = \dfrac{(m\pi)^2 D}{a^2}$。

2. $y=0$ 边简支，$y=b$ 边自由

如图 17-8 所示，矩形薄板左、右边简支，上边简支、下边自由，左、右两边受均布压力 P_x。为解题方便，按图 17-18 所示建立坐标系，上、下边的边界条件可表示为

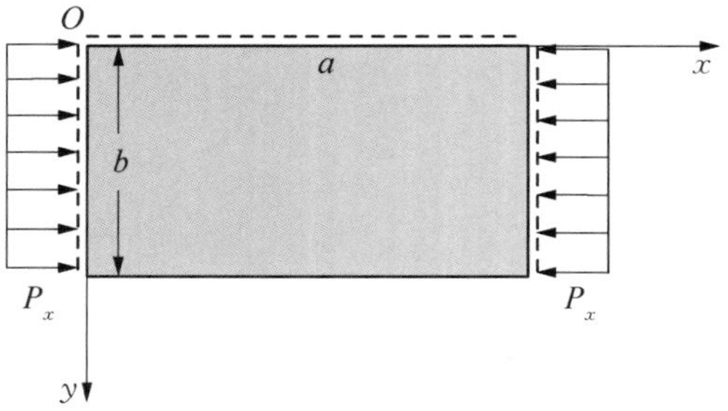

$$w\mid_{y=0}=0, \qquad \frac{\partial w^2}{\partial y^2}\bigg|_{y=0}=0$$

$$\begin{cases}\left(\dfrac{\partial^2 w}{\partial y^2}+v\,\dfrac{\partial^2 w}{\partial x^2}\right)_{y=b}=0 \\[2mm] \left[\dfrac{\partial^3 w}{\partial y^3}+(2-v)\,\dfrac{\partial^3 w}{\partial x^2\partial y}\right]\bigg|_{y=b}=0\end{cases}$$

$$(17-31)$$

图 17-8 左右两边为简支，上下两边
为简支、自由的矩形薄板

仍假设挠度为式（17-24）的形式：

$$w=\sum_{m=1}^{\infty}(C_1\cosh\alpha y+C_2\sinh\alpha y+C_3\cosh\beta y+C_4\sinh\beta y)\sin\frac{m\pi x}{a} \qquad (17-32)$$

将上述挠度的解代入边界条件式（17-31），由 $y=0$ 边简支可知 C_1、$C_3=0$，从 $y=b$ 边自由得

$$\begin{cases}C_2\left(\alpha^2-v\,\dfrac{m^2\pi^2}{a^2}\right)\sinh(\alpha b)+C_4\left(\beta^2-v\,\dfrac{m^2\pi^2}{a^2}\right)\sinh(\beta b)=0 \\[3mm] C_2\alpha\left[\alpha^2-(2-v)\,\dfrac{m^2\pi^2}{a^2}\right]\cosh(\alpha b)+C_4\beta\left[\beta^2-(2-v)\,\dfrac{m^2\pi^2}{a^2}\right]\cosh(\beta b)=0\end{cases}$$

$$(17-33)$$

要使挠度有非零解，必须使式（17-33）中的系数行列式为零，即

$$\begin{vmatrix}\left(\alpha^2-v\,\dfrac{m^2\pi^2}{a^2}\right)\sinh(\alpha b) & \left(\beta^2-v\,\dfrac{m^2\pi^2}{a^2}\right)\sinh(\beta b) \\[3mm] \alpha\left[\alpha^2-(2-v)\,\dfrac{m^2\pi^2}{a^2}\right]\cosh(\alpha b) & \beta\left[\beta^2-(2-v)\,\dfrac{m^2\pi^2}{a^2}\right]\cosh(\beta b)\end{vmatrix}=0$$

$$(17-34)$$

简化后得到

$$\beta\left(\alpha^2-v\,\frac{m^2\pi^2}{a^2}\right)^2\tanh(\alpha b)=\alpha\left(\beta^2-v\,\frac{m^2\pi^2}{a^2}\right)^2\tanh(\beta b) \qquad (17-35)$$

同样将屈曲载荷写为 $P_x=\dfrac{k\pi^2 D}{b^2}$ 的形式，其中 k 为无量纲参数，式（17-35）可改写为

$$a\beta((a\alpha)^2-vm^2\pi^2)^2\tanh\left(\frac{a\alpha}{\zeta}\right)=a\alpha(\beta^2-vm^2\pi^2)^2\tanh\left(\frac{a\beta}{\zeta}\right) \qquad (17-36)$$

式中，$a\alpha=\sqrt{(m\pi)^2+m\zeta\pi^2\sqrt{k}}$；$a\beta=\sqrt{(m\pi)^2-m\zeta\pi^2\sqrt{k}}$；$\zeta=a/b$。

计算结果列于表 17-1 中,表中的最小屈曲载荷均对应于 $m=1$,计算结果表明这种情况的特征根为两实、两虚。其他边界条件的问题可用同样方法求解。

比较表 17-1 中两种不同边界条件的临界载荷,可见另外两边是简支-自由的临界载荷大于另外两边是自由-自由的临界载荷,这说明约束越强,屈曲载荷越大,或者说约束越强,屈曲越难发生。当 $a/b=0.5$ 时,左右两边是主要边界,不同边界条件的临界载荷差别较小;当 $a/b=3.0$ 时,上下两边是主要边界,两种情况上、下两边的边界条件不同,所以临界载荷差别较大。

17.4 极坐标中薄板压曲方程的推导

当研究圆板、扇形板稳定性问题时,需要将直角坐标中的压曲微分方程

$$D\nabla^4 w - \left(N_x \frac{\partial^2 w}{\partial x^2} + 2N_{xy} \frac{\partial^2 w}{\partial x \partial y} + N_y \frac{\partial^2 w}{\partial y^2} \right) = 0 \tag{17-37}$$

转换成极坐标中的形式。极坐标中 $\nabla^2 = \frac{\partial^2}{\partial r^2} + \frac{1}{r}\frac{\partial}{\partial r} + \frac{1}{r^2}\frac{\partial^2}{\partial \theta^2}$,因此双调和算子很容易写出极坐标中的形式,关键是如何在极坐标中表示 $N_x \frac{\partial^2 w}{\partial x^2} + 2N_{xy}\frac{\partial^2 w}{\partial x \partial y} + N_y \frac{\partial^2 w}{\partial y^2}$,下面介绍两种方法。

(1)由应力分量在极坐标和直角坐标之间的转换关系:

$$\begin{aligned}
\sigma_x &= \sigma_r \cos^2\theta + \sigma_\theta \sin^2\theta - 2\tau_{r\theta}\sin\theta\cos\theta \\
\sigma_y &= \sigma_r \sin^2\theta + \sigma_\theta \cos^2\theta + 2\tau_{r\theta}\sin\theta\cos\theta \\
\tau_{xy} &= (\sigma_r - \sigma_\theta)\sin\theta\cos\theta + \tau_{r\theta}(\cos^2\theta - \sin^2\theta)
\end{aligned} \tag{17-38}$$

$$N_r = t\sigma_r, \quad N_\theta = t\sigma_\theta, \quad N_{r\theta} = t\tau_{r\theta} \tag{17-39}$$

$$\begin{aligned}
N_x &= N_r \cos^2\theta + N_\theta \sin^2\theta - 2N_{r\theta}\sin\theta\cos\theta \\
N_y &= N_r \sin^2\theta + N_\theta \cos^2\theta + 2N_{r\theta}\sin\theta\cos\theta \\
N_{xy} &= (N_r - N_\theta)\sin\theta\cos\theta + N_{r\theta}(\cos^2\theta - \sin^2\theta)
\end{aligned} \tag{17-40}$$

$$\begin{aligned}
\frac{\partial^2 w}{\partial x^2} &= \cos^2\theta \frac{\partial^2 w}{\partial r^2} - \frac{2\sin\theta\cos\theta}{r}\frac{\partial^2 w}{\partial r \partial\theta} + \frac{\sin^2\theta}{r}\frac{\partial w}{\partial r} + \\
&\quad \frac{2\sin\theta\cos\theta}{r^2}\frac{\partial w}{\partial\theta} + \frac{\sin^2\theta}{r^2}\frac{\partial^2 w}{\partial\theta^2} \\
\frac{\partial^2 w}{\partial y^2} &= \sin^2\theta \frac{\partial^2 w}{\partial r^2} + \frac{2\sin\theta\cos\theta}{r}\frac{\partial^2 w}{\partial r \partial\theta} + \frac{\cos^2\theta}{r}\frac{\partial w}{\partial r} - \\
&\quad \frac{2\sin\theta\cos\theta}{r^2}\frac{\partial w}{\partial\theta} + \frac{\cos^2\theta}{r^2}\frac{\partial^2 w}{\partial\theta^2} \\
\frac{\partial^2 w}{\partial x \partial y} &= \sin\theta\cos\theta \frac{\partial^2 w}{\partial r^2} + \frac{\cos^2\theta - \sin^2\theta}{r}\frac{\partial^2 w}{\partial r \partial\theta} - \frac{\sin\theta\cos\theta}{r}\frac{\partial w}{\partial r} - \\
&\quad \frac{\cos^2\theta - \sin^2\theta}{r}\frac{\partial w}{\partial\theta} - \frac{\sin\theta\cos\theta}{r^2}\frac{\partial^2 w}{\partial\theta^2}
\end{aligned} \tag{17-41}$$

将式(17-41)代入式(17-37),整理、简化后,就得到极坐标中的压曲微分方程

$$D\left(\frac{\partial^2}{\partial r^2}+\frac{1}{r}\frac{\partial}{\partial r}+\frac{1}{r^2}\frac{\partial^2}{\partial \theta^2}\right)^2 w-$$

$$\left[N_r\frac{\partial^2 w}{\partial r^2}+2N_{r\theta}\frac{\partial}{\partial r}\left(\frac{1}{r}\frac{\partial w}{\partial \theta}\right)+N_\theta\left(\frac{1}{r}\frac{\partial w}{\partial r}+\frac{1}{r^2}\frac{\partial^2 w}{\partial \theta^2}\right)\right]=0 \tag{17-42}$$

（2）曲率可以表示成 $\boldsymbol{K}=\begin{bmatrix} k_{11} & k_{12} \\ k_{21} & k_{22} \end{bmatrix}=\nabla\nabla w=\begin{bmatrix} \dfrac{\partial}{\partial x} \\ \dfrac{\partial}{\partial y} \end{bmatrix}\left(\dfrac{\partial w}{\partial x} \quad \dfrac{\partial w}{\partial y}\right)$ 的形式,显然 $\boldsymbol{K}=$

$\begin{bmatrix} k_{11} & k_{12} \\ k_{21} & k_{22} \end{bmatrix}=\begin{bmatrix} \dfrac{\partial^2 w}{\partial x^2} & \dfrac{\partial^2 w}{\partial x\partial y} \\ \dfrac{\partial^2 w}{\partial y\partial x} & \dfrac{\partial^2 w}{\partial y^2} \end{bmatrix}$ 是一个张量。极坐标中径向和周向基向量有下列关系:

$\dfrac{\partial \boldsymbol{r}^0}{\partial \theta}=\boldsymbol{\theta}^0$, $\dfrac{\partial \boldsymbol{\theta}^0}{\partial \theta}=-\boldsymbol{r}^0$, $\dfrac{\partial \boldsymbol{r}^0}{\partial r}=0$, $\dfrac{\partial \boldsymbol{\theta}^0}{\partial r}=0$, 于是

$$\boldsymbol{K}=\nabla\nabla w=\left(\frac{\partial}{\partial r}\boldsymbol{r}^0+\frac{1}{r}\frac{\partial}{\partial \theta}\boldsymbol{\theta}^0\right)\left(\frac{\partial w}{\partial r}\boldsymbol{r}^0+\frac{1}{r}\frac{\partial w}{\partial \theta}\boldsymbol{\theta}^0\right)=\frac{\partial^2 w}{\partial r^2}\boldsymbol{r}^0\boldsymbol{r}^0+$$

$$\left(\frac{1}{r}\frac{\partial^2 w}{\partial r\partial \theta}-\frac{1}{r^2}\frac{\partial w}{\partial \theta}\right)\boldsymbol{r}^0\boldsymbol{\theta}^0+\left(\frac{1}{r}\frac{\partial^2 w}{\partial r\partial \theta}-\frac{1}{r^2}\frac{\partial w}{\partial \theta}\right)\boldsymbol{\theta}^0\boldsymbol{r}^0+$$

$$\left(\frac{1}{r}\frac{\partial w}{\partial r}+\frac{1}{r^2}\frac{\partial^2 w}{\partial \theta^2}\right)\boldsymbol{\theta}^0\boldsymbol{\theta}^0$$

这样就得到极坐标中曲率张量分量的表达式,即

$$k_r=\frac{\partial^2 w}{\partial r^2}, \; k_\theta=\frac{1}{r}\frac{\partial w}{\partial r}+\frac{1}{r^2}\frac{\partial^2 w}{\partial \theta^2}, \; k_{r\theta}=\frac{\partial}{\partial r}\left(\frac{1}{r}\frac{\partial w}{\partial \theta}\right) \tag{17-43}$$

中面内力可以写成 $\boldsymbol{N}=\begin{bmatrix} N_x & N_{xy} \\ N_{yx} & N_y \end{bmatrix}$,因为由纵向载荷引起的平面应力是张量,所以 $\boldsymbol{N}$ 也是张量。

压曲微分方程中 $N_x\dfrac{\partial^2 w}{\partial x^2}+2N_{xy}\dfrac{\partial^2 w}{\partial x\partial y}+N_y\dfrac{\partial^2 w}{\partial y^2}$ 可以写成曲率张量和中面内力张量的双点乘运算,即

$$\boldsymbol{N}:\boldsymbol{K}=N_{ij}k_{ij}=N_r k_r+2N_{r\theta}k_{r\theta}+N_\theta k_\theta \tag{17-44}$$

将式(17-43)代入式(17-44),然后代入式(17-37)就得到极坐标中的压曲微分方程式(17-42)。

17.5　圆形薄板的屈曲

本节研究圆形薄板的屈曲问题。如图17-9所示,设有圆形薄板周边简支,板边受均匀压

力 P_r，面内应力按平面应力问题分析，薄板处于均匀压缩状态，即 $\sigma_r = \sigma_\theta = -\dfrac{P_r}{t}$，$\tau_{r\theta} = 0$，则中面内力为 $N_r = N_\theta = -P_r$，$N_{r\theta} = 0$，于是压曲微分方程为

$$D\left(\frac{\partial^2}{\partial r^2} + \frac{1}{r}\frac{\partial}{\partial r} + \frac{1}{r^2}\frac{\partial^2}{\partial \theta^2}\right)^2 w +$$

$$P_r\left(\frac{\partial^2 w}{\partial r^2} + \frac{1}{r}\frac{\partial w}{\partial r} + \frac{1}{r^2}\frac{\partial^2 w}{\partial \theta^2}\right) = 0 \tag{17-45}$$

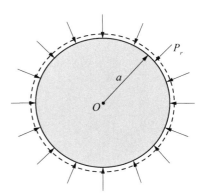

图 17-9 板边受均匀压力的简支圆形薄板

试取 $w = F(r)\cos(n\theta)$ $(n = 0,1,2,3,\cdots)$，$n = 0$ 对应于轴对称屈曲。代入式(17-45)，得

$$D\left(\frac{\partial^2}{\partial r^2} + \frac{1}{r}\frac{\partial}{\partial r} + \frac{n^2}{r^2}\right)^2 F + P_r\left(\frac{\mathrm{d}^2 F}{\mathrm{d} r^2} + \frac{1}{r}\frac{\mathrm{d} F}{\mathrm{d} r} - \frac{n^2}{r^2}\right)F = 0 \tag{17-46}$$

或写成

$$\left(\frac{\mathrm{d}^2}{\mathrm{d} r^2} + \frac{1}{r}\frac{\mathrm{d}}{\mathrm{d} r} - \frac{n^2}{r^2}\right)\left[\frac{\mathrm{d}^2 F}{\mathrm{d} r^2} + \frac{1}{r}\frac{\mathrm{d} F}{\mathrm{d} r} + \left(\frac{P_r}{D} - \frac{n^2}{r^2}\right)F\right] = 0 \tag{17-47}$$

令 $r = \dfrac{\rho}{\alpha}$，$\alpha = \sqrt{\dfrac{P_r}{D}}$，则式(17-47)变成

$$\left(\frac{\mathrm{d}^2}{\mathrm{d} \rho^2} + \frac{1}{\rho}\frac{\mathrm{d}}{\mathrm{d} \rho} - \frac{n^2}{\rho^2}\right)\left[\frac{\mathrm{d}^2 F}{\mathrm{d} \rho^2} + \frac{1}{\rho}\frac{\mathrm{d} F}{\mathrm{d} \rho} + \left(1 - \frac{n^2}{\rho^2}\right)F\right] = 0 \tag{17-48}$$

由式(17-48)可见，方程

$$\frac{\mathrm{d}^2 w}{\mathrm{d} \rho^2} + \frac{1}{\rho}\frac{\mathrm{d} w}{\mathrm{d} \rho} + \left(1 - \frac{n^2}{\rho^2}\right)F = 0 \tag{17-49}$$

即

$$\rho^2\frac{\mathrm{d}^2 F}{\mathrm{d} \rho^2} + \rho\frac{\mathrm{d} F}{\mathrm{d} \rho} + (\rho^2 - n^2)F = 0 \tag{17-50}$$

一定是式(17-48)的解。式(17-50)是贝塞尔方程，其通解为

$$F = C_1 \mathrm{J}_n(\rho) + C_2 \mathrm{Y}_n(\rho) \tag{17-51}$$

式中，J_n、Y_n 为 n 阶第一类及第二类贝塞尔函数。

如果令 $G = \left[\dfrac{\mathrm{d}^2 F}{\mathrm{d} \rho^2} + \dfrac{1}{\rho}\dfrac{\mathrm{d} F}{\mathrm{d} \rho} + \left(1 - \dfrac{n^2}{\rho^2}\right)F\right]$，则式(17-48)成为

$$\frac{\mathrm{d}^2 G}{\mathrm{d} \rho^2} + \frac{1}{\rho}\frac{\mathrm{d} G}{\mathrm{d} \rho} + \frac{n^2}{\rho^2}G = 0 \tag{17-52}$$

这是一个欧拉方程，其解为 $G = \rho^n$，ρ^{-n}，则由式(17-53)

$$\frac{\mathrm{d}^2 F}{\mathrm{d}\rho^2} + \frac{1}{\rho} \frac{\mathrm{d}F}{\mathrm{d}\rho} + \left(1 - \frac{n^2}{\rho^2}\right) F = \rho^{\pm n} \qquad (17-53)$$

可求出 F 的两个特解为 ρ^n，ρ^{-n}，所以 F 的完整解为

$$F(\rho) = C_1 \mathrm{J}_n(\rho) + C_2 \mathrm{Y}_n(\rho) + C_3 \rho^n + C_4 \rho^{-n} \qquad (17-54)$$

即

$$F(r) = C_1 \mathrm{J}_n(\alpha r) + C_2 \mathrm{Y}_n(\alpha r) + C_3 (\alpha r)^n + C_4 (\alpha r)^{-n} \qquad (17-55)$$

在薄板中心 $r = 0$ 处，挠度 w 应为有限值，由此可得 C_2，$C_4 = 0$（因为当 $r \rightarrow 0$ 时，$\mathrm{Y}_n(\alpha r) \rightarrow -\infty$，$(\alpha r)^{-n} \rightarrow \infty$）。于是，挠度的解为

$$w = [C_1 \mathrm{J}_n(\alpha r) + C_3 (\alpha r)^n] \cos(n\theta) \qquad (17-56)$$

周边简支的边界条件为 $w\mid_{r=a} = 0$，$M_r \Big|_{r=a} = \left(\frac{\partial^2 w}{\partial r^2} + \frac{v}{r} \frac{\partial w}{\partial r} + \frac{v}{r^2} \frac{\partial^2 w}{\partial \theta^2}\right)_{r=a} = 0$，由此得到关于 C_1、C_3 的方程组，即

$$C_1 \mathrm{J}_n(\alpha a) + C_3 (\alpha a)^n = 0$$
$$C_1 [(\alpha a)^2 \mathrm{J}_n''(\alpha a) + \nu(\alpha a) \mathrm{J}_n'(\alpha a) - \nu n^2 \mathrm{J}_n(\alpha a)] + C_3 (n^2 - n)(1 - \nu)(\alpha a)^n = 0$$
$$(17-57)$$

要使其有非零解，系数行列式必须为零，即

$$\begin{vmatrix} \mathrm{J}_n(\alpha a) & (\alpha a)^n \\ (\alpha a)^2 \mathrm{J}_n''(\alpha a) + \nu(\alpha a) \mathrm{J}_n'(\alpha a) - \nu n^2 \mathrm{J}_n(\alpha a) & (n^2 - n)(1 - \nu)(\alpha a)^n \end{vmatrix} = 0 \quad (17-58)$$

利用贝塞尔函数的关系式

$$\mathrm{J}_n'(x) = \frac{n}{x} \mathrm{J}_n(x) - \mathrm{J}_{n+1}(x)$$
$$\mathrm{J}_n''(x) = \left[\frac{n(n-1)}{x^2} - 1\right] \mathrm{J}_n(x) + \frac{1}{x} \mathrm{J}_{n+1}(x) \qquad (17-59)$$

式（17-58）可简化为

$$(\alpha a) \mathrm{J}_n(\alpha a) + (v-1) \mathrm{J}_{n+1}(\alpha a) = 0 \qquad (17-60)$$

如果取泊松比 $\nu = 0.3$，解式（17-60）可以求出 $n=0$，$P_r = 4.198 \dfrac{D}{a^2}$；$n=1$，$P_r = 13.138 \dfrac{D}{a^2}$；$n=2$，$P_r = 24.856 \dfrac{D}{a^2}$，所以临界屈曲载荷是 $P_r^{\mathrm{cr}} = 4.198 \dfrac{D}{a^2}$。

如果是圆环板，则由内、外边界处的边界条件可得到关于 C_1，C_2，C_3，C_4 的线性方程组，令其系数行列式等于零，就得到确定临界屈曲载荷的方程。

习　　题

1. 如图 1 所示，四边简支的正方形薄板，两对边上受均布纵向压力，为了增强薄板的稳定

性,在薄板的中线上布置一根刚性支撑梁,垂直于或平行于载荷的方向。问临界载荷分别提高多少?

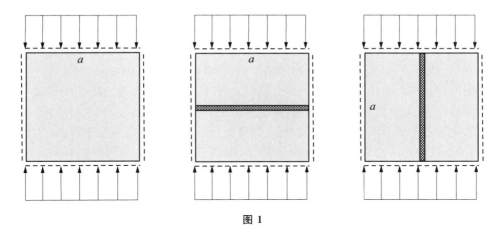

图 1

2. 图 17-6 所示的矩形薄板,$a=b$,试求 $\alpha=1$ 及 $\alpha=\pm\dfrac{1}{2}$ 时的临界载荷。

3. 如图 2 所示的圆形薄板,半径为 a,板边固支,沿板边受均布压力 P_r 作用,试求临界载荷。

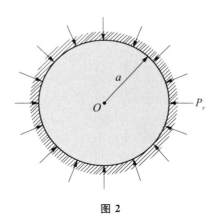

图 2

参 考 文 献

［1］ 黄克智,薛明德,陆明万.张量分析[M].2 版.北京：清华大学出版社,2003.

［2］ 陆明万,罗学富.弹性理论基础：上册[M].2 版.北京：清华大学出版社,2001.

［3］ 胡海昌.弹性力学的变分原理及其应用[M].北京：科学出版社,1981.

［4］ 王敏中,王炜,武际可.弹性力学教程：修订版[M].北京：北京大学出版社,2011.

［5］ 冯元桢.连续介质力学导论[M].吴云鹏等,译.重庆：重庆大学出版社,1997.

［6］ Sadd M H. Elasticity：Theory, applications, and numerics[M]. Burlington, MA：Elsevier Butterworth-Heinemann, 2004.

［7］ 俞文海,刘皖育.晶体物理学[M].合肥：中国科学技术大学出版社,1998.

［8］ Courtney T H.材料力学行为（英文版）Mechanical behavior of materials[M].北京：机械工业出版社,2004.

［9］ Lakes R. Foam structures with a negative poisson's ratio[J]. Science, 1987, 235(4792)：1038 – 1040.

［10］ Lakes, R S. Experimental micro mechanics methods for conventional and negative Poisson's ratio cellular solids as Cosserat continua [J]. Journal of Engineering Materials and Technology, 1991, 113(1)：148 – 155.

［11］ 杨卫,赵沛,王宏涛.力学导论[M].北京：科学出版社,2020.

［12］ Weiner J H. Statistical mechanics of elasticity[M]. New York, Wiley, 1983.

［13］ Fung, Y C. Foundations of Solids Mechanics[M], Prentice Hall International, 1965.

［14］ Barber J R. Elasticity[M]. Boston：Kluwer Academic Publisher, 1992.

［15］ 吴家龙.弹性力学[M].北京：高等教育出版社,2000.

［16］ 严宗达.结构力学中的傅里叶级数解法[M].天津：天津大学出版社,1989.

［17］ 丁皓江,黄德进,王惠明.Analytical solution for fixed-end beam subjected to uniform load[J].浙江大学学报 A（英文版）,2005,6(8)：779 – 783.

［18］ 徐芝纶.弹性力学上册[M].4 版.北京：高等教育出版社,2006.

［19］ 王敏中.受一般载荷的楔：佯谬的解决[J].力学学报,1986(3)：52 – 62.

［20］ 丁皓江,彭南陵,李育.受 r^n 分布载荷的楔：佯谬的解决[J].力学学报,1997,029(1)：62 – 73.

［21］ 杜善义,王彪.复合材料细观力学[M].北京：科学出版社,1998.

［22］ Qu J, Cherkaoui M. Fundamentals of micromechanics of solids[M]. New York：John Wiley & Sons Inc, 2007.

［23］ Cheng S, Chen D. On the stress distribution in laminae[J]. Journal of reinforced plastics and composites, 1988, 7(2)：136 – 144.

［24］ Ting T C, Ting T C. Anisotropic elasticity：theory and applications [M]. Oxford：Oxford University Press, 1996.

［25］ Moran B，Gosz M. Stress invariance in plane anisotropic elasticity［J］. Modelling and Simulation in Materials Science and Engineering，1994，2(3A)：677.

［26］ Zheng Q S，Hwang K C. Two-dimensional elastic compliances of materials with holes and microcracks ［J］. Proceedings of the Royal Society of London. Series A： Mathematical，Physical and Engineering Sciences，1997，453(1957)：353－364.

［27］ 陆明万，罗学富.弹性理论基础：下册［M］.2 版.北京：清华大学出版社，2001.

［28］ 恩·伊·穆斯海里什维里.数学弹性理论的几个基本问题［M］.赵惠元，范天佑，王成，译.北京：科学出版社，1965.

［29］ 邱关源.电路.第 5 版［M］.北京：高等教育出版社，2006.

［30］ 国凤林，钱智炜.闭口薄壁杆件自由扭转问题的网络理论解法［J］.力学与实践，2008，30(2)：2.

［31］ Lurie A I，Belyaev A. Three-dimensional problems in the theory of elasticity［M］. Heidelberg：Springer，2005：243－407.

［32］ 丁皓江.关于轴对称问题的应力函数［J］.上海力学，1987(第一期)：42－48.

［33］ 王炜，徐新生，王敏中.横观各向同性弹性体轴对称问题的通解及其完备性［J］.中国科学(A 辑)，1994：24.

［34］ 王明新.数学物理方程［M］.2 版.北京：清华大学出版社，2009.

［35］ 谢贻权，林忠祥，丁皓江.弹性力学［M］.杭州：浙江大学出版社，1988.

［36］ Washizu K. Variational methods in elasticity and plasticity ［M］. Oxford： Pergamon，1982.

［37］ 杜庆华.边界积分方程方法：边界元法 力学基础与工程应用［M］.北京：高等教育出版社，1989.

［38］ 徐芝纶.弹性力学(下册)［M］.4 版.北京：高等教育出版社，2006.

［39］ Reddy J N. Theory and analysis of elastic plates and shells［M］. CRC press，2006.

［40］ 严燕来，叶庆好.大学物理拓展与应用［M］.北京：高等教育出版社，2002.

［41］ S. P.铁摩辛柯.工程中的振动问题［M］.胡人礼，译.北京：人民铁道出版社，1978.